Dokumentation
zum Forschungs- und Entwicklungsprogramm
des Bundesministeriums für Forschung und Technologie
(BMFT)

TRIBOLOGIE

Reibung · Verschleiß · Schmierung

Band 3

Gleitlager · Wellendichtungen

Herausgeber:
Projektträgerschaft „Metallurgie, Werkstoffentwicklung, Rückgewinnung" des BMFT bei der DFVLR, Köln
Wissenschaftliche Leitung und Redaktion:
W. Bunk, J. Hansen, M. Geyer

Springer-Verlag Berlin Heidelberg New York 1982

Professor Dr. rer. nat. Wolfgang Bunk
Direktor des Instituts für Werkstoff-Forschung
der Deutschen Forschungs- und Versuchsanstalt für Luft- und Raumfahrt e.V., Köln-Porz
Lehrstuhl für angewandte Metallkunde, RWTH Aachen

Dr. rer. nat. Jörn Hansen
Wissenschaftlicher Mitarbeiter am Institut für Werkstoff-Forschung
der Deutschen Forschungs- und Versuchsanstalt für Luft- und Raumfahrt e.V., Köln-Porz

Dipl.-Ing. Manfred Geyer
Wissenschaftlicher Mitarbeiter am Institut für Werkstoff-Forschung
der Deutschen Forschungs- und Versuchsanstalt für Luft- und Raumfahrt e.V., Köln-Porz

Mit 228 Abbildungen und 14 Tabellen

CIP-Kurztitelaufnahme der Deutschen Bibliothek

Tribologie: Reibung, Verschleiß, Schmierung; Dokumentation zu dem Forschungs- und Entwicklungsprogramm des Bundesministeriums für Forschung und Technologie (BMFT) / Hrsg.: Projektträgerschaft „Metallurgie, Werkstoffentwicklung, Rückgewinnung" des BMFT bei der DFVLR, Köln. Wissenschaftliche Leitung und Redaktion: W. Bunk ... – Berlin; Heidelberg; New York: Springer

NE: Bunk, Wolfgang (Red.); Deutsche Forschungs- und Versuchsanstalt für Luft- und Raumfahrt ⟨Köln⟩ / Projektträgerschaft Metallurgie, Werkstoffentwicklung, Rückgewinnung

Band 3: Gleitlager, Wellendichtungen. – 1982.

ISBN 978-3-540-11299-0 ISBN 978-3-642-52221-5 (eBook)
DOI 10.1007/978-3-642-52221-5

Buch- und Offsetdruckerei Richard Thierbach, Bachstraße 24, 4330 Mülheim (Ruhr)

2362/3020 – 5 4 3 2 1 0

VORWORT ZUM 1. BAND

Reibung und Verschleiß verursachen an Maschinen und technischen Anlagen in der Industrie erhebliche Verluste durch Minderung der Lebensdauer und des Wirkungsgrades. Weitgehend unbekannt ist der erschreckend hohe Betrag, zu dem sich hierdurch die Kosten für Energieaufwand, Instandhaltung, für Ersatzteile und Ausfallzeiten in unserer deutschen Volkswirtschaft aufaddieren. Verschärft wird die Situation dadurch, daß die internationale Konkurrenz der deutschen Industrie Maschinenanlagen mit größeren Leistungsdichten, erhöhten Bauteilauslastungen und verbesserten Wirkungsgraden abverlangt. Mit dieser Entwicklung wachsen aber auch die durch Reibung und Verschleiß bedingten Schwierigkeiten erheblich an. Diese Erkenntnisse und die Einsparmöglichkeiten an Rohstoffen und Energie erfordern große Anstrengungen, um mit den Problemen der Reibung und des Verschleißes fertig zu werden. Hier kann das systematische Zusammenwirken mehrerer Wissensgebiete in dem interdisziplinären Fach "Tribologie" einen beachtlichen Beitrag liefern.

Nach Offenlegung der Situation in der Bundesrepublik Deutschland in dem BMFT-Forschungsbericht "Tribologie" entschloß sich das Bundesministerium für Forschung und Technologie (BMFT) im Rahmen seines Rohstofforschungs-Programms zu einer schwerpunktmäßigen Förderung der Tribologie mit einer Laufzeit von zunächst 6 Jahren und einem Fördervolumen in Höhe von ca. 37 Mio DM im Rahmen der Projektträgerschaft des Instituts für Werkstoff-Forschung der Deutschen Forschungs- und Versuchsanstalt für Luft- und Raumfahrt e. V. (DFVLR), Köln. Die Förderung begann 1978, heute werden ca. 100 Vorhaben gefördert.

Ein Bericht der Deutschen Gesellschaft für Mineralölwissenschaft und Kohlechemie e.V. (DGMK) von 1977 gibt an, daß rund 50 % der Verluste in Folge Reibung und Verschleiß durch intensive Nutzung der bekannten tribologischen Erkenntnisse einzusparen sind. Im Kampf gegen Reibungs- und Verschleißverluste müssen der Forschung und Entwicklung in der Tribologie die Kommunikation, Information und Innovation konsequent folgen. So ist neben der Forschungs- und Entwicklungsarbeit die Wissensverbreitung eine notwendige Ergänzung des Förderprogramms Tribologie. Diesem Ziel soll die mit dem vorliegenden ersten Band begonnene Buchreihe dienen, in der über die im Tribologie-Förderprogramm erarbeiteten Ergebnisse berichtet wird.

Köln, im Juni 1981 W. Bunk, J. Hansen, M. Geyer

V O R W O R T Z U M 2. U N D 3. B A N D

Neben der Erarbeitung von Forschungs- und Entwicklungsergebnissen steht gleichrangig die Wissensverbreitung. Dies gilt insbesondere für wissenschaftliche und technische Disziplinen, die so heterogen sind wie die Tribologie. So ist es erklärtes Ziel der BMFT-Förderung "Tribologie", eine möglichst breite Ausstrahlung zu erreichen. Hiervon hängt der "Erntefaktor" der vielen Millionen DM Fördermittel ab, die aus Steuergeldern für das Tribologie-Programm bereitgestellt wurden und werden. Diesem Ziel dienen insbesondere die öffentlichen Präsentationen der Forschungsergebnisse - die erste fand im Mai 1981 in Koblenz statt, die zweite wird im Mai 1983 ebenfalls dort stattfinden - sowie die Dokumentation der Berichte in einer Buchreihe. Die erfreulich hohe Zahl der Teilnehmer an der ersten Präsentation sowie die bisherige Nachfrage zum ersten Band lassen erwarten, daß die Förderung sich als erfolgreich erweisen wird.

Köln, im Januar 1982 W. Bunk, J. Hansen, M. Geyer

P R O J E K T T R Ä G E R S C H A F T

Das Forschungs- und Entwicklungsprogramm "Tribologie" ist Teil der Projektträgerschaft "Metallurgie-Werkstoffentwicklung-Rückgewinnung". Diese wird vom Institut für Werkstoff-Forschung (Prof. Bunk) der DFVLR im Auftrage des BMFT durchgeführt. Die administrative Betreuung liegt beim Bereich für Projektträgerschaften der DFVLR.

Zur technisch-wissenschaftlichen Beratung des Projektträgers für den Förderbereich "Tribologie" dient ein Gutachterkreis. Dieser wird gebildet von den Herren

Oberingenieur H. Böer
Dr.-Ing. E. Gülker
Dr.-Ing. G. Heinke
Ing.(grad.) W.H. Kara
Dr.-Ing. O. Lang
Prof. Dr.-Ing. H. Peeken
Prof. Dr. E. Pollmann
Dr.rer.nat. E. Roemer
Dr.-Ing. K.-H. Treptow ab August 1980
Prof. Dr.-Ing. H. Uetz
(Dipl.-Ing. P. Greis bis März 1980)

I N H A L T S V E R Z E I C H N I S

F.X. Kalvoda: 9
Kohlegleitlager mit axialer Durchströmung im Mischreibungsgebiet
(FE-Vorhaben 01 ZT 187, Klein, Schanzlin & Becker, Frankenthal)

K.E. Hafner, G. Knoll, H. Peeken: 39
Berechnung statisch unbestimmter Mehrfachgleitlagerungen unter stationärer Belastung
(FE-Vorhaben 01 ZT 377, RWTH Aachen, 01 ZT 387, Klöckner-Humboldt-Deutz AG, Köln)

J. Glienicke, D.-C. Han, M. Schwer: 125
Einfluß der Taschen und der Ölzuführung auf die statischen und dynamischen Kenngrößen von Turbinenlagern
(FE-Vorhaben 01 ZT 088, Universität Karlsruhe)

G. Knoll, H. Peeken, J. Widyanata: 163
Lagerverformung
(FE-Vorhaben 01 ZT 108, RWTH Aachen)

R. Datta, R. Haller: 201
Gleitlager-Ermüdung, Teilvorhaben: Erstellung eines Berechnungsverfahrens für die Spannungen
(FE-Vorhaben 01 ZT 107, 01 ZT 480A, Universität Karlsruhe)

R. Löhr, E. Macherauch, P. Mayr: 241
Das Verformungsverhalten der Gleitlagerlegierung SnSb 8 Cu 4 Cd unter Zug- und Druck-Beanspruchung sowie mittelspannungsfreier Schwingbeanspruchung im Temperaturbereich $20^{o}C \leq T \leq 150^{o}C$
(FE-Vorhaben 01 ZT 117, Universität Karlsruhe)

E. Schopf, M. Steeg: 271
Untersuchung des Verhaltens von Gleitlagerwerkstoffen bei Störung des hydrodynamischen Betriebs
(FE-Vorhaben 01 ZT 297, Glyco-Metall-Werke Daelen & Hofmann KG, Wiesbaden)

D. Schüler, W. Schulte, H. Seifert: 319
Theoretische Untersuchungen an berührungslosen radialen Gleitringdichtungen mit Öl als Sperrmedium
(FE-Vorhaben 01 ZT 397, Ruhr-Universität Bochum)

R. Dechow, F. Etzold, H.-D. Sturm: 359
Wellenabdichtungen für Kraftwerkspumpen hoher Leistung
(FE-Vorhaben 01 ZT 498S, Klein, Schanzlin & Becker, Frankenthal)

Autorenverzeichnis 399

Deskriptorenliste zu Band 1 - 3 401

Deskriptorenliste zu Band 1 - 3 (alphabetisch) 411

Kohlegleitlager mit axialer Durchströmung

im Mischreibungsgebiet

von

Dipl.-Ing. Franz Xaver Kalvoda

KLEIN, SCHANZLIN & BECKER AG
Frankenthal

Förderungskennzeichen: 01 ZT 187
Laufzeit: 01.01.1978 - 31.12.1979

Zusammenfassung

Aus den Ergebnissen und mit der gewählten Auswertemethode erhielt man eine Bestätigung für die Bestimmung der Übergangsdrehzahlen von Welle in axial durchströmten Kohlegleitlagern. Es stellte sich als richtig heraus, die elastohydrodynamische Komponente der hydrostatischen Komponente zu überlagern. Die statistische Kontrolle der durchgeführten Messungen und Auswertungen ergab, daß die Werte der Standardabweichungen für das Verhältnis der experimentell und der rechnerisch bestimmten Größen hinreichend klein ausfielen. Dies stellt die Eignungsbestätigung für die angewandte Arbeitshypothese und für den technisch-pragmatischen Berechnungsalgorithmus dar.

Summary

The results and the chosen evaluation methods verify the determination of the transition speeds of shafts in carbon journal bearings with an axial flow. It proved to be correct, to achieve the total bearing capacity by superimposing the elastic hydrodynamic component to the hydrostatic component. The statistical check of the performed measurements and evaluation revealed small values for the standard deviations concerning the ratio of the experimentally obtained parameters to the calculated ones. This verifies the applicability of the used working hypothesis and the technical-pragmatical calculation algorithm.

INHALTSVERZEICHNIS

Zusammenfassung 10

Summary 10

Formelzeichen 12

1. Bedeutung und Nutzen des Vorhabens 15

2. Arbeitsplan 16

3. Durchgeführte Arbeiten 17

4. Schrifttum 29

5. Bilder und Tabellen 30

Formelzeichen

a_1	(-)	Berechnungskonstante
a_2	(-)	Berechnungskonstante
B	(m)	wirksame Lagerbreite
B/D	(-)	Breitenverhältnis
b	(m)	radiale Spaltweite
$C_ü$	(-)	Tragfähigkeitszahl
D	(m,mm)	Durchmesser der Lagerbohrung
d	(m,mm)	Wellendurchmesser
E_1	(Pa)	Elastizitätsmodul des Wellenwerkstoffes
E_2	(Pa)	Elastizitätsmodul des Lagerschalenwerkstoffes
E'	(Pa)	resultierender Elastizitätsmodul der Werkstoffpaarung
F*	(N)	hydraulische Belastung
F_G	(N)	Gegenkraft
F_L	(N)	hydrostatischer Traganteil (Lomakin-Rückstellkraft)
F_{L1}	(N)	hydrostatischer Traganteil des Lagers 1
F_{L3}	(N)	hydrostatischer Traganteil des Lagers 3
F_L/y	(N/cm)	Federkonstante aus dem hydrostatischen Tragen
$F_ü$	(N)	Übergangslast des Lagers (elastohydrodynamischer Traganteil)
$F_{ü1}$	(N)	elastohydrodynamischer Traganteil des Lagers 1
$F_{ü3}$	(N)	elastohydrodynamischer Traganteil des Lagers 3
g	(m/s^2)	Erdbeschleunigung
h_o	(m)	minimale radiale Spaltweite im Lager
n	(1/s)	Wellendrehzahl
$n_ü$	(1/s)	tatsächlich gemessene Übergangsdrehzahl der Welle
$n_{üR}$	(1/s)	rechnerisch ermittelte Übergangsdrehzahl der Welle
p*	(Pa)	hydraulischer Belastungsdruck
p^*_1	(Pa)	Druck an der Meßstelle 1

p^*_2	(Pa)	Druck an der Meßstelle 2 (Systemdruck)
p^*_3	(Pa)	Druck an der Meßstelle 3
p_{E1}	(Pa)	Druck vor dem Lager 1
p_{A1}	(Pa)	Druck nach dem Lager 1
p_{E3}	(Pa)	Druck vor dem Lager 3
p_{A3}	(Pa)	Druck nach dem Lager 3
Δp	(Pa,bar)	Druckgefälle über das Prüflager
$\overline{p}$	(Pa,bar)	mittlere elastohydrodynamische Lagerpressung
Q	(l/s)	Volumenstrom des Schmiermittels durch die Prüflager
R_a	(µm)	Mittenrauhtiefe
R_t	(µm)	Rauhtiefe
Re	(-)	Reynoldszahl der axialen Strömung im Spalt
Re_ω	(-)	Reynoldszahl aus der Umfangsgeschwindigkeit
s	(-)	Standardabweichung (statisches Maß)
So	(-)	Ähnlichkeitszahl nach Sommerfeld
s^2	(-)	Varianz (statistisches Maß)
t	(°C)	Systemtemperatur
u	(m/s)	Umfangsgeschwindigkeit des Lagerzapfens
V	(l)	Lagervolumen
v	(m/s)	mittlere axiale Geschwindigkeit des Schmiermittels im Spalt
X	(m)	geodätische Höhe
$\overline{x}$	(-)	arithmetischer Mittelwert (statistisches Maß)
y	(m)	Auslenkung der Welle aus der Mittellage
ξ_1	(-)	Eintrittsverlustbeiwert
ξ_2	(-)	Austrittsverlustbeiwert
η	(Pas)	dynamische Viskosität des Schmiermittels
λ	(-)	Reibungsverlustbeiwert
μ	(-)	Geschwindigkeitsbeiwert ($\mu = 1/\sqrt{\xi_1 + \xi_2 + \lambda . B/(2b)}$)

ν	(m^2/s)	Kinematische Viskosität des Schmiermittels
ν_1	(-)	Poisson-Zahl des Wellenwerkstoffes
ν_2	(-)	Poisson-Zahl des Lagerschalenwerkstoffes
ρ	(kg/m^3)	Dichte des Schmiermittels
ψ	(-)	relatives Lagerspiel
$\omega_{ü}$	(1/s)	Winkelgeschwindigkeit der Welle bei Übergangsdrehzahl

1. Bedeutung und Nutzen des Vorhabens

Diese Untersuchung richtet sich auf das Betriebsverhalten von fördermediumgeschmierten und axial laminar durchströmten Gleitlagern, welche am Anfang des Mischreibungsgebietes arbeiten. Dabei geht die rein hydrodynamische Schmierung in Mischreibung über; in diesem Betriebszustand ist der Schmierfilm so dünn, daß sich die Rauhigkeitsspitzen von Welle und Lagerschale berühren und möglicherweise gegenseitig abscheren. Letzterer Betriebszustand kommt im Dauerbetrieb selten vor, da Gleitlager üblicherweise so ausgelegt werden, daß sie im Betriebszustand hydrodynamisch tragen. Dadurch wird die mit Verschleiß verbundene, direkte Berührung zwischen den Gleitflächen ausgeschlossen. Wird jedoch die Drehzahl bei konstant gehaltener Belastung und unveränderter Viskosität des Schmiermittels gesenkt, gelangt das Lager in den Mischreibungsbereich. Ein An- und Auslaufen eines belasteten Lagers bedeutet immer ein Durchlaufen dieses Bereiches, was Verschleiß zur Folge hat.

Die daraus resultierenden Unsicherheiten bei der konstruktiven Gestaltung solcher Lager führen dazu, daß Erfahrungen an ausgeführten Maschinen mit oft beträchtlichen technischen und wirtschaftlichen Risiken auf neue Einzelfälle übertragen werden müssen. Die Folge ist eine Überdimensionierung oder Verteuerung in solchen Fällen, in denen ein technisches Risiko untragbar wäre.

Dieses Forschungsvorhaben sollte Grundlagenwissen erweitern, um eine technisch und wirtschaftlich befriedigende Auslegung der betreffenden Kohlegleitlager zu ermöglichen.

2. Arbeitsplan

2.1 Ein vorhandener Prüfstand für die Untersuchung von zylindrischen Drosselspalten wird so umkonstruiert, daß Kohlegleitlager darin getestet werden können. Ein Schnittbild des Prüfstandes vor dem Umbau ist in Bild 1 dargestellt.

2.2 Auf die Prüflager wird eine statische Belastung aufgebracht. Dabei werden die Betriebsparameter

- Wellendrehzahl
- Belastung
- Differenzdruck über die Lagerbreite

systematisch variiert und in ihrem Einfluß auf das Betriebsverhalten der Prüflager analysiert. Aufgrund der Ergebnisse von orientierenden Vorversuchen wird die Durchführung der endgültigen Versuchsreihen detailliert geplant. Außer den erwähnten Betriebsparametern müssen folgende Größen gemessen werden:

- Durchflußmenge
- Temperatur des Mediums
- Relativschwingungen zwischen Läufer und Gehäuse
- Verschleißzustand der Prüflager
- Exzentrizitäten der Wellenzapfen in den Prüflagern.

2.3 Den Versuchen vorlaufend und sie begleitend werden die zu untersuchenden Parameterbereiche sowie ihre Schrittweiten festgelegt.

2.4 Die Untersuchungsergebnisse sollten zu Dimensionierungs- und Berechnungsregeln für Kohlegleitlager führen.

3. Durchgeführte Arbeiten

Zu 2.1

Bei dem Umbau des vorhandenen Prüfstandes wurde darauf geachtet, daß der Stand im Aufbau sowohl einfach, um störende Komplikationen zu vermeiden, als auch umbaufreundlich, zwecks schneller und leichter Montage, ausgeführt wurde. Neu konstruiert und gefertigt werden mußten die Versuchswelle, die Lagerträger, die Prüflager, das sogenannte Belastungslager und die hydraulische Belastungseinrichtung. Es wurden folgende Anforderungen an die Prüfanlage gestellt:

- Drehzahl stufenlos verstellbar
- genaue Drehzahlmessung
- Belastung stufenlos und feinfühlig einstellbar
- keine Verkantung der Prüflager unter Lasteinwirkung
- symmetrische Anordnung der Prüflager zum Lastangriffspunkt
- leichter und schneller Ein- und Ausbau der Lager
- Messung der Verlagerung der Welle gegen die Lagerschalen

Die Versuche wurden auf einem Prüfstand durchgeführt, dessen konstruktiver Aufbau im Bild 2 gezeigt wird. Die Versuchseinrichtung mit einem Teil der Versuchsstandsinstrumentierung ist auf Bild 3 dargestellt.

Die Lagergruppe besteht aus zwei Prüflagern mit einem Breitenverhältnis B/D = 0,8 und aus dem sogenannten Belastungslager mit B/D = 2,0. Die Breitenverhältnisse der Lager sind so ausgewählt, daß die zwei Prüflager früher ins Mischreibungsgebiet geraten, als das Belastungslager. Die Prüflager sind fest im Gehäuse eingebaut und sowohl in axialer Richtung als auch gegen Drehung gesichert. Alle Lagerschalen bestehen aus Hartkohle mit Antimontränkung (Werkstoffbezeichnung seitens des Herstellers: FH 42 A; die neutrale Materialbezeichnung heißt KH 3). Die Stoffwerte betragen für den Elastizitätsmodul $E_2 = 2{,}45 \times 10^{10}$ Pa und für die Poisson-Zahl $\nu_2 = 0{,}22$. Die zwei Prüflager haben einen Innendurchmesser von D = 0,10004 m. Die Rauhtiefen der Lagerschalen bewegen sich zwischen den Werten von R_t = 5 bis 7,5 µm.

Das Belastungslager, das aus Symmetriegründen in der Mitte zwischen den beiden Prüflagern sitzt, ist radial beweglich, so daß Kräfte von außen eingeleitet werden können.

Die Belastung erfolgt hydraulisch. Auf Bild 4 ist der Aufbau der hydraulischen Lasteinrichtung dargestellt. Die Last F* wird über den auf den Belastungskolben wirkenden Öldruck bestimmt, der von einer Ölpumpe erzeugt wird. Bei dieser Lasteinrichtung muß man die Kraft berücksichtigen, welche durch den Systemdruck p^*_2 Im Gehäuse auf die Druckstange des Belastungskolbens wirkt. Diese Kraft F_G wirkt der hydraulischen Belastung F* entgegen.

Die Versuchswelle wurde aus Chromstahl mit der Werkstoffbezeichnung 1.4021.05 nach DIN 17 007 hergestellt. Der Wellendurchmesser beträgt d = 99,8 mm. Die Welle wurde geschliffen. Ihre Unrundheit liegt in den Grenzen zwischen 0 bis 5 µm. Die Rauhtiefen schwanken zwischen R_t = 0,4 bis 0,6 µm.

Der Prüfstand wird von einem Drehstrommotor angetrieben. Die Drehzahlregelung erfolgt mit Hilfe eines Frequenzumformers. Bei dem verwendeten Gerät sind die Frequenz und die Ausgangsspannung beliebig einstellbar, womit die Möglichkeit gegeben ist, die Motordrehzahl stufenlos zu verstellen. Die einmal eingestellte Größenwerte können mit hoher Genauigkeit konstant gehalten werden.

Der Versuchskreislauf ist auf Bild 5 dargestellt. Gespeist wird der Versuchskreislauf durch eine Unterwassermotorpumpe, KSB, Bauart CORA-A, Größe 115/1. Diese Ausführung ist für die Versuchsdurchführung besonders geeignet und kann außerdem leicht installiert werden.

Zu 2.2

Zeitlich parallel zur Umkonstruktion des Versuchsstandes wurde die Instrumentierung vorbereitet. Meßeinrichtungen für Wellendrehzahl, Drücke, Durchflußmenge, Temperaturen des Mediums sowie Relativschwingungen zwischen Läufer und Gehäuse wurden angeschafft.

Die Drehzahlmessung erfolgt mit Meßgeräten der Fa. Horn. Benutzt werden:

- 1 optischer Impulsaufnehmer FGL 5/1
- 1 Frequenz-Strom-Wandler EV 028 041
- 1 Digitalzähler Typ DA

Der Impulsaufnehmer ist Lichtquelle und Lichtempfänger zugleich. Er arbeitet als Reflexsonde zur Abtastung von Hell-Dunkelmarken auf dem Meßobjekt. Ein Frequenz-Strom-Wandler erzeugt Impulsfolgen, deren Frequenz der Wellendrehzahl entspricht. Die jeweilige Drehzahl kann direkt abgelesen werden. Der Impulsaufnehmer ist mechanisch robust aufgebaut und vor Fremdeinstreuung weitgehend geschützt.

Zur Messung der Durchflußmenge werden folgende Geräte der Fa. Bopp & Reutter benutzt:

- 1 Ovalradzähler Typ 0/5 Ag 19
- 1 Impulsuntersetzer Typ ZS 20 UR 10
- 1 Digitalanzeiger Typ S 2101.

Der Ovalradzähler mit Impulsgeber als Meßwertgeber und mit dem Impulsuntersetzer kombiniert wird dann eingesetzt, wenn sowohl ein dem Durchfluß proportionales Stromsignal wie auch ein Impulsausgang für Zählzwecke benötigt wird. Der Meßbereich beträgt bis 0,6 l/s. Die Durchflußmenge wird digital angezeigt.

Die Temperaturmessung des Mediums erfolgt über Thermometer mit Tauchspulen. Die Meßstellen befinden sich vor und nach der Lagergruppe.

Die Druckmessung erfolgt an 3 Stellen, parallel über Druckaufnehmer und Manometer.

Folgende Geräte wurden benutzt:

- 3 Hottinger Meßbrücken
- 2 Intersonde Aufnehmer, Meßbereich 0 bis 8 bar
- 1 Intersonde Aufnehmer, Meßbereich 0 bis 30 bar
- 3 Digitalvoltmeter
- 2 Manometer, Güteklasse 0,6; Meßbereich 0 bis 10 bar
- 1 Manometer, Güteklasse 0,6; Meßbereich 0 bis 16 bar.

Die Druckaufnehmer wurden vor der Messung mit einer Manometerwaage kalibriert. Das dem Druck entsprechende Signal kann auf einem Digitalvoltmeter abgelesen werden und der Druck selbst der Kalibrierkurve entnommen werden.

Die Manometer wurden zwecks Kontrolle parallel geschaltet.

Für die Erfassung der relativen Wellenbewegung wurde folgende Gerätekombination (Fabr. Schenck) eingesetzt:

- 4 Schwingwegaufnehmer	SV 101-6
- 4 Oszillatoren	SV 202
- 1 Meßeinschub	SV 301
- 1 Umschalter	SV 701-2
- 1 Gehäuse	SV 801
- 1 Netzteil	SV 501-2

Die Verlagerung der Welle wird in zwei Ebenen gemessen. In jeder Ebene befinden sich zwei Aufnehmer, die um 90° versetzt angeordnet werden. Sie messen die Verlagerung berührungslos, und zwar nach dem Wirbelstrom-Verfahren. Unter Einfluß einer Trägerfrequenz bildet sich an der Sonde ein elektromagnetisches Feld. Sobald ein elektrisch leitfähiger Werkstoff in das Feld eintritt, werden über den Spalt hinweg Energie übertragen und in der Werkstoffoberfläche Wirbelströme induziert. Hierdurch ändert sich die Aufnehmerspannung, und zwar proportional zur Weite des Spaltes zwischen dem Aufnehmer und dem Meßobjekt. Durch die Signale beider Aufnehmer kann das Schwingen der Welle und das Anlaufen der Welle an die Lagerschalenwand dargestellt werden. Die Anzeige der Schwingungen erfolgt digital. Auf einem Oszillographenschirm können die Wellenverlagerungen beobachtet und bildlich festgehalten werden.

Zu 2.3 und 2.4

Parallel fanden Literaturrecherchen und theoretische Untersuchungen statt. Es wurden mehrere Varianten für die Kombination der Prüf- und Belastungslager in Erwägung gezogen. Für alle Lager wurden schließlich gleiche Nenndurchmesser und gleiche Lagerspiele gewählt.

Neben der experimentell ermittelten Übergangsdrehzahl ist die Möglichkeit einer Vorausberechnung der Übergangsdrehzahl von großer Bedeutung. Die Untersuchungen, und zwar sowohl die Experimente als auch deren Auswertung, orientierten sich an der Vorstellung eines gleichzeitigen Zusammenwirkens von zwei Haupteffekten, die im Übergangsgebiet (d. h. am Anfang des Mischreibungsgebietes) die Tragfähigkeit eines Kohlegleitlagers mit axialer Durchströmung des Schmiermittels im Spalt besonders beeinflussen.

Erstens - die hydrodynamische Tragfähigkeit wird hier durch die Elastizität der Laufflächen begünstigt; hier hat man es also mit der Elastohydrodynamik zu tun. Zweitens - die axiale Durchströmung des Schmiermittels im Spalt liefert einen hydrostatischen Anteil zu der gesamten Lagertragfähigkeit (der sogenannte Lomakin-Effekt). Zu den wichtigsten Randbedingungen im Übergangsgebiet gehört die Tatsache, daß die engste Spaltweite im Lager am Anfang des Mischreibungsgebietes durch die Summe der Rauhtiefen beider Laufflächen charakterisiert wird. Wir konnten den Anfang des Mischreibungsgebietes im Experiment feinfühlig einstellen; die in einem voll ausgebildeten Mischreibungsgebiet schon stark wirkenden Körperberührungskräfte beeinflußten deshalb die Lagertragfähigkeit noch nicht. So konnten wir davon ausgehen, daß sich nur die beiden erwähnten Haupteffekte überlagerten. Die Überlagerung des elastohydrodynamischen Tragens und der Lomakin-Rückstellkräfte wurde zu unserer Arbeitshypothese.

Was die hydrodynamische Übergangslast betrifft, so sollte hier die frühere Beziehung nach G. Vogelpohl nicht unerwähnt bleiben.

$$n_{üR} = F_ü/(C_ü \cdot \eta \cdot V) \qquad (1)$$

mit $n_ü$ in 1/min; $F_ü$ in kp; $C_ü$ in 1/Länge; η in cP; V in l.

Die Konstante $C_ü$ ist die Tragfähigkeitszahl nach Vogelpohl und $V = \pi \cdot D^2 \cdot B/4$ ist das sogenannte Lagervolumen.

Unter Berücksichtigung der gesetzlichen Einheiten lautet dann die Gleichung (1)

$$n_ü = 2{,}1221 \cdot 10^{-9} \cdot F_ü/(C_ü \cdot \eta \cdot D^2 \cdot B) \qquad (2)$$

mit $n_ü$ in 1/s; $F_ü$ in N; $C_ü$ in 1/m; η in Pas; D und B in m.

Die Gleichung (1) ist sehr einfach aufgebaut. Sie enthält einige wichtige Größen nicht, die das Betriebsverhalten eines Lagers an der Übergangsgrenze stark mitbestimmen, wie z. B. das ralative Lagerspiel ψ, die Rauhigkeiten beider Laufflächen und die Änderungen der Spaltform durch die Elastizität verwendeter Werkstoffe unter Belastung. In der Gleichung (1) gehen die Einflüsse der dort fehlenden Größen in die empirische Konstante $C_ü$ ein. Durch diese Konstante behält die Gleichung ihre Logik und allgemeine Gültigkeit. Die Zahlenwerte von $C_ü$ variieren für reale Lager in einem weiten Bereich. In der letzten Zeit sind neue Betrachtungsweisen bekannt geworden, um die Treffsicherheit der Lagerberechnungen zu erhöhen. Für unsere Zwecke haben wir im wesentlichen die im Schrifttum angegebenen Quellen angewandt, die wir auch von früheren, eigenen Erfahrungen aus nachprüfen konnten. Die in der Literatur [4] abgeleitete, sich besonders auf die Arbeit [3] stützende Berechnungsformel für die Bestimmung der elastohydrodynamischen Übergangsdrehzahl, wurde übernommen:

$$n_{üR} = \frac{a_1^2 \cdot F_ü^2 \cdot \psi}{2\pi \cdot a_2^2 \cdot d^2 \cdot B^2 \cdot \eta \cdot E'} \cdot \left[\sqrt{\frac{4a_2 \cdot E' \cdot h_o \cdot B}{a_1^2 \cdot F_ü} + 1} - 1\right]^2 \qquad (3)$$

wobei sich der resultierende Elastizitätsmodul nach (4) errechnet:

$$\frac{1}{E'} = \frac{1}{2} \cdot \left[\frac{1 - \nu_1^2}{E_1} + \frac{1 - \nu_2^2}{E_2}\right] \qquad (4)$$

Die Formel (3) berücksichtigt außer den geometrischen und betrieblichen Parametern des Lagers auch die Rauhigkeiten der Gleitflächen. Man geht von einer Minimalspaltweite aus, für die durch eine elastohydrodynamische Berechnung diejenige Drehzahl zu ermitteln ist, bei der sich der vorgegebene Minimalspalt einstellt.

Die Minimalspaltweite ist als charakteristische Größe für das betreffende Lager aufzufassen. Sie hängt insbesondere vom Oberflächenzustand beider Laufflächen (Lagerschale und Welle) ab. Für die Anwendung der Formel (3) muß der Zahlenwert der Minimalspaltweite h_o bekannt sein. Der Wert von h_o ist eine Summe von Rauhtiefen R_t der Welle und der Lagerschale, vermehrt gegebenenfalls um einen Zuschlag für die Formgenauigkeit der Laufflächen; falls statt Rauhtiefen R_t die Mittenrauhtiefen R_a bekannt sind, so werden diesen R_a-Werten entsprechende R_t-Werte nach Norm zugeordnet.

Die Werte der dimensionslosen Berechnungskonstanten in der Formel (3) werden von der Literatur mit $a_1 = 1{,}4$ und $a_2 = 2{,}25$ angegeben.

Die von uns untersuchten Lager wiesen zusammenfassend folgende Größenwerte auf:

den Elastizitätsmodul des Lagerzapfenwerkstoffes	$E_1 = 2{,}1 \cdot 10^{11}$ Pa
die Poisson-Zahl des Lagerzapfenwerkstoffes	$\nu_1 = 0{,}3$
den Elastizitätsmodul des Lagerschalenwerkstoffes	$E_2 = 2{,}45 \cdot 10^{10}$ Pa
die Poisson-Zahl des Lagerschalenwerkstoffes	$\nu_2 = 0{,}22$
den Durchmesser des Lagerzapfens	$d = 0{,}0998$ m
den Durchmesser der Lagerschale	$D = 0{,}10004$ m
die wirksame Lagerbreite	$B = 0{,}08$ m
das relative Lagerspiel	$\psi = 2{,}40481 \cdot 10^{-3}$
die minimale Spaltweite im Lager	$h_o = 7{,}1 \cdot 10^{-6}$ m

Der Lomakin-Effekt entsteht, wenn der Lagerspalt axial durchströmt wird. In diesem Fall entstehen Querkräfte, wenn die Welle aus ihrer Mittellage ausgelenkt wird. Die Entstehung dieser Rückstellkräfte wurde durch Lomakin untersucht, viele fortführende Arbeiten folgten. Den in diesen Arbeiten entwickelten Berechnungsformeln für die Bestimmung der Rückstellkräfte ist gemeinsam, daß sie die Wirkung der Drosselspalte qualitativ gut darstellen, daß aber quantitativ die Berechnungsergebnisse nur durch Korrekturfaktoren in Übereinstimmung mit Versuchswerten gebracht werden können. In einer der neueren Arbeiten [5] wurde gezeigt, daß die Berücksichtigung einiger bisher vernachlässigter, aber wichtiger Parameter es ermöglicht, einen geschlossenen Ausdruck für die Rückstellkraft abzuleiten, der ausreichend genau mit bekannten Meßergebnissen übereinstimmt.

Die Berechnung der Lomakin-Rückstellkräfte wurde nach Literatur [5] durchgeführt.

$$F_L = 1{,}3 \cdot \frac{\pi}{8} \cdot \left[2 + \xi_1 - \xi_2\right] \cdot \frac{\lambda \cdot B^2 \cdot D \cdot \mu^4 \cdot y \cdot \Delta p}{b^2} \qquad (5)$$

Die angeführte Formel (5) enthält Werte, die sich aus statischen Auswertungen einer großen Anzahl von verschiedenen Spaltabmessungen und Strömungsparametern ergeben haben. Dies gilt für die Berechnungskonstante 1,3, dann für den Eintrittsverlustbeiwert $\xi_1 = 0{,}3$ und für den Austrittsverlustbeiwert $\xi_2 = 0{,}7$.

Der von uns untersuchte Reynoldszahlenbereich läßt sich wie folgt abstecken:

$$Re = v \cdot b/\nu \qquad (6)$$

$$Re_{\omega} = u \cdot b/\nu \qquad (7)$$

Die Ausdrücke (6) und (7) stellen die Definitionen für die Reynoldszahl aus der axialen Strömung im Spalt und für die Reynoldszahl aus der Umfangsgeschwindigkeit des Lagerzapfens dar. Der minimale Wert von Re war gleich 91,83 (Versuch-Nr. 6.7), der maximale Wert von Re glich 603,32 (beim Versuch-Nr. 2.4).

Die extremen Werte der Reynoldszahlen in der Umfangsrichtung waren $Re_{\omega_{min}}$ = 187,00 (Versuch-Nr. 1.1) und $Re_{\omega_{max}}$ = 563,00 (beim Versuch-Nr. 1.7).

Es ist ersichtlich, daß sich alle repräsentativen Reynoldszahlen voll im laminaren Bereich befinden. Deshalb wurde bei der Bestimmung der Reibungsbeiwerte λ die funktionelle Abhängigkeit des Beiwertes von der Reynoldszahl nach dem Gesetz von Hagen-Poisselle im laminaren Strömungsbereich berücksichtigt ($\lambda = 48/Re$).

Im Falle von turbulenten Strömungsbereichen würden wir sonst bei der Bestimmung der Reibungsbeiwerte nach dem Gesetz von Blasius ($\lambda = 0{,}26 \cdot Re^{-0{,}24}$) verfahren, gegebenenfalls unter Berücksichtigung der Einflußfaktoren aus der Umfangsströmung nach YAMADA. Für das Erreichen der turbulenten Strömungsbereiche wären aber größere Druckgefälle über die Prüflager notwendig. Eine weitere Erhöhung der Anfangsdrücke im Wasserversorgungssystem der vorhandenen Versuchsanlage war jedoch wegen der zu erwarteten Überschreitung der zulässigen Spannungen im Gehäuse des Versuchsstandes nicht möglich.

Für das Erreichen der Übergangsdrehzahl entschied man sich bei der Versuchsdurchführung für die Methode der ansteigenden Belastung bei konstant gehaltener Drehzahl, da sich die Belastung stufenlos und sehr feinfühlig verstellen ließ.

Es wurden insgesamt sechs Versuchsreihen gefahren, wobei sich die einzelnen Versuchsreihen durch die eingestellten Wasserdurchflußmengen unterschieden haben. In jeder Versuchsreihe wurden jeweils Werte für mehrere Drehzahlstufen ermittelt, und zwar im Drehzahlbereich von n_{min} = 5 1/s bis zu n_{max} = 15 1/s, mit einer Schrittweite von 1,666 1/s. Bei einer eingestellten Drehzahl wurde solange hydraulisch Lagerlast erhöht, bis man auf dem Oszillographenschirm die erste Berührung der Welle mit der Lagerschale erkennen konnte. Gleichzeitig wurden dabei alle Meßwerte wie Temperaturen, Drücke, Werte der Digitalvoltmeter usw. erfaßt. Bei der Auswertung der experimentellen Werte wurde folgendermaßen vorgegangen:

Die jeweils eingestellte Drehzahl wurde als die "tatsächlich gemessene" Übergangsdrehzahl $n_ü$ betrachtet. Auf den Kolben des hydraulischen Belastungszylinders wirkt bei der Anwandung der Welle an die Lagerschale der Belastungsdruck p*. Da die Fläche des Belastungskolbens bekannt ist, läßt sich mit p* die Kraft F* auf Kolben errechnen. Von der Kraft F* muß die durch den Innendruck p^*_2 im Gehäuse des Versuchsstandes, auf den Querschnitt der Druckstange wirkende Gegenkraft F_G abgezogen werden. Die so entstandene resultierende Belastungskraft ($F^* - F_G$) wird über das Belastungslager auf die Welle übertragen. Die Belastung verteilt sich symmetrisch auf die beiden Prüflager, da der Lastangriffspunkt genau in der Mitte zwischen den Prüflagern sitzt. In jedem Prüflager wirken ein hydrostatischer F_L- und ein elastohydrodynamischer $F_ü$-Traganteil zusammen der Lagerlast entgegen. Subtrahiert man von der Lagerlast also den hydrostatischen Traganteil F_L, so ergibt sich als Ergebnis der entsprechende elastohydrodynamische Traganteil $F_ü$ für das Prüflager. Der hydrostatische Traganteil F_{L1} für das erste bzw. F_{L3} für das zweite Prüflager wird mit Hilfe des Ausdrucks (5) errechnet. Mit Hilfe eines vorhandenen Rechenprogramms können über die Federkonstante des Spaltes die Lomakin-Rückstellkräfte F_{L1} bzw. F_{L3} nachgerechnet werden. (Ein Beispiel des Berechnungsprotokolls für Versuch-Nr. 2.3 wird im Bild 6 dargestellt.)

Nach der Eingabe der Lagergeometrie (durch die Lagerbreite B, Spaltweite b und Lagerdurchmesser D) und der Betriebsparameter (durch die Druckdifferenzen über Lager Δp, Systemtemperatur t und Systemdruck p^*_2) erfolgt beim Rechenprogramm u. a. die Ausgabe einer Federkonstanten F_L/y. Für die Nachrechnungen wird als y die Lagerbreite b, also die größte Auslenkung der Welle im Lager, eingesetzt.

Bei der Eingabe der Druckdifferenzen Δp in die Berechnungen ist die Kenntnis der Druckwerte kurz vor bzw. nach jedem Prüflager wichtig. Deshalb müssen auch die geodätischen Höhen zu den Druckmeßstellen berücksichtigt werden. Auf Bild 7 ist dazu eine Darstellung gezeigt. Folglich ist:

Druck vor dem Lager Nr. 1	$p_{E1} = p^*_1 - X_I \cdot \rho \cdot g$
Druck nach dem Lager Nr. 1	$p_{A1} = p^*_2 + X_{II} \cdot \rho \cdot g$
Druck vor dem Lager Nr. 3	$p_{E3} = p^*_2 - X_{III} \cdot \rho \cdot g$
Druck nach dem Lager Nr. 3	$p_{A3} = p^*_3 + X_{IV} \cdot \rho \cdot g$

Mit diesen korrigierten Druckwerten wurden dann die Druckdifferenzen Δp für die Prüflager bestimmt. Da die beiden Prüflager in ihrer Form und Abmessungen absichtlich so gut wie identisch waren, ergab sich jeweils das gleiche Δp für jedes Prüflager. Für die Bestimmung des elastohydrodynamischen Traganteils für die einzelnen Prüflager gilt also folgender Ausdruck:

$$F_{ü1} = F_{ü3} = (F^* - F_G - F_{L1} - F_{L3})/2 \qquad (6)$$

Die Tragteile $F_{ü1}$ bzw. $F_{ü3}$, in die Formel (3) eingesetzt, führen dann zu der rechnerisch bestimmbaren Übergangsdrehzahl $n_{üR}$.

Für alle Versuche stellvertretend sind die Meßwerte mit den Ergebnissen ihrer Auswertung von Versuch-Nr. 2.3 in der Tabelle 1 angeführt. Zu den dort eingetragenen Größen werden im folgenden einige zusammenfassende Erläuterungen mitgeteilt:

- Die Druckdifferenzen Δp für jedes Prüflager entstanden aus den Druckmeßwerten p^*_1, p^*_2 und p^*_3, unter Berücksichtigung der geodätischen Höhen einzelner Meßstellen.

- Die Dichte ρ , η die dynamische und ν die kinematische Viskosität sind die Stoffwerte von Wasser bei der Temperatur t.

- Die Größe Q stellt den Volumenstrom des Schmiermittels durch die Prüflager dar.

- F^* ist die Kraft auf den Kolben des hydraulischen Belastungszylinders unter der Druckwirkung von p^*.

- Die Größe F_G ist die Gegenkraft auf die Druckstange des Belastungskolbens; sie wird durch den Druck im Gehäuse des Versuchsstandes verursacht.

- Die Lomakin-Rückstellkräfte F_{L1} bzw. F_{L2} wurden nach dem Ausdruck (5) bestimmt.

- Die elastohydrodynamischen Traganteile $F_{ü1}$ bzw. $F_{ü3}$ wurden mit Hilfe des Ausdrucks (6) ermittelt.

- Die Größe $\overline{p}$ ergibt sich aus den Kräften $F_{ü1}$ bzw. $F_{ü3}$ als mittlere elastohydrodynamische Lagerpressung in den Prüflagern, also $\overline{p} = F_ü/(B \cdot d)$.

- Die Größe $n_ü$ stellt die tatsächlich gemessene Übergangsdrehzahl dar.

- In der nächsten Zeile findet man die für hydrodynamische Radiallager zuständige Ähnlichkeitszahl nach Sommerfeld, errechnet nach dem Ausdruck $So = \overline{p} \cdot \psi^2/(\omega_ü \cdot \eta)$.

- Die vorletzte Zeile der Tabelle 1 enthält die nach der "elastohydrodynamischen" Berechnungsformel (3) errechnete Übergangsdrehzahl $n_{üR}$.

- In die letzte Zeile wurde das Verhältnis zwischen der tatsächlich gemessenen Übergangsdrehzahl $n_ü$ und der rechnerisch ermittelten Übergangsdrehzahl $n_{üR}$ eingetragen.

Die statistische Auswertung der Untersuchungsergebnisse wurde nach Literatur [7] (DIN 55 302, Blatt 1) durchgeführt. Diese Literatur beschreibt Maße zur Kennzeichnung der mittleren Lage und der Streuung von Beobachtungsergebnissen, wie sie z. B. zum Zwecke der Qualitätskontrolle und zu anderen statistischen Auswertungsverfahren allgemein benutzt werden.

Für unseren Fall haben wir zur Kontrolle der durchgeführten Versuche und Berechnungen zwei Größen statistisch ausgewertet:

a) die Sommerfeldzahl So
b) das Verhältnis der tatsächlich gemessenen Übergangsdrehzahl $n_ü$ zu der Übergangsdrehzahl laut Berechnung $n_{üR}$, also $(n_ü/n_{üR})$.

Für die Bewertung der experimentellen Ergebnisse wurden die folgenden statistischen Kennwerte errechnet:

Arithmetischer Mittelwert $\bar{x} = \frac{1}{n_v} \sum_{i=1}^{n_v} x_i$

Varianz $S^2 = \frac{1}{n_v - 1} \sum_{i=1}^{n_v} (x_i - \bar{x})^2$

Standardabweichung $S = \left| \sqrt{S^2} \right|$

In den Definitionen bedeutet n_v die Anzahl der Beobachtungswerte.

Für die Sommerfeldzahl ergaben sich ein arithmetischer Mittelwert von $\overline{So}$ = 25,187. Die Varianz dieser Kennzahl betrug 0,447 und deren Standardabweichung 0,668.

Der arithmetische Mittelwert für das Verhältnis $(n_ü/n_{üR})$ wurde zu $\overline{(n_ü/n_{üR})}$= 0,986 bestimmt. Für dieses Größenverhältnis betrug die Varianz 0,00188 und die Standardabweichung 0,0433.

Die relativ geringen Werte der Varianz und der Standardabweichungen liefern eine gewisse Bestätigung für die angewandte Arbeitshypothese, den pragmatischen Berechnungsalgorithmus und für die eingesetzte Meßtechnik.

4. Schrifttum

[1] Domm, U.; Dernedde, R.; Handwerker, T.:
Influence of the casing on the calculation of the critical speed of multi-stage pumps,
Symposium on Vibration in hydraulic pumps and turbines,
Manchester 1966

[2] Dietz, R.:
Verhalten von statisch belasteten kreiszylindrischen Gleitlagern im Betriebsbereich des Reibungsminimums,
Dissertation, Karlsruhe 1968.

[3] Wenig, E. B.:
Das zylindrische Gleitlager im Bereich der Übergangsdrehzahl,
Dissertation, ETH Zürich 1975.

[4] Ott, K. H.:
Elastohydrodynamische Berechnung der Übergangsdrehzahl von Radiallagern, VDI-Z 118 (1976) Nr. 10.

[5] Freese, H.-D.:
Über Querkräfte in axial durchströmten Drosselspalten,
Dissertation, Stuttgart 1977.

[6] Lenk, W.; Kalvoda, F. X.:
Forschungsbericht 01 ZT 187 ZK/NT/NTS 1009,
Klein, Schanzlin & Becker AG, Frankenthal, Februar 1980
(Schlußbericht des FE-Vorhabens).

[7] DIN 55 302, Bl. 1, Nov. 1970:
Häufigkeitsverteilung, Mittelwert und Streuung.

5. Bilder und Tabellen

Bild 1 - Schnittbild des Prüfstandes vor dem Umbau

Bild 2 - Schnittbild des Prüfstandes nach dem Umbau

Bild 3 - Versuchseinrichtung

Bild 4 - Hydraulische Lasteinrichtung

Bild 5 - Versuchskreislauf

Bild 6 - Berechnungsprotokoll für Versuch-Nr. 2.3 (Beispiel)

Bild 7 - Darstellung der geodätischen Höhen im Versuchsstand

Tabelle 1 - Meßwerte und Auswertungsergebnisse zu Versuch-Nr. 2.3

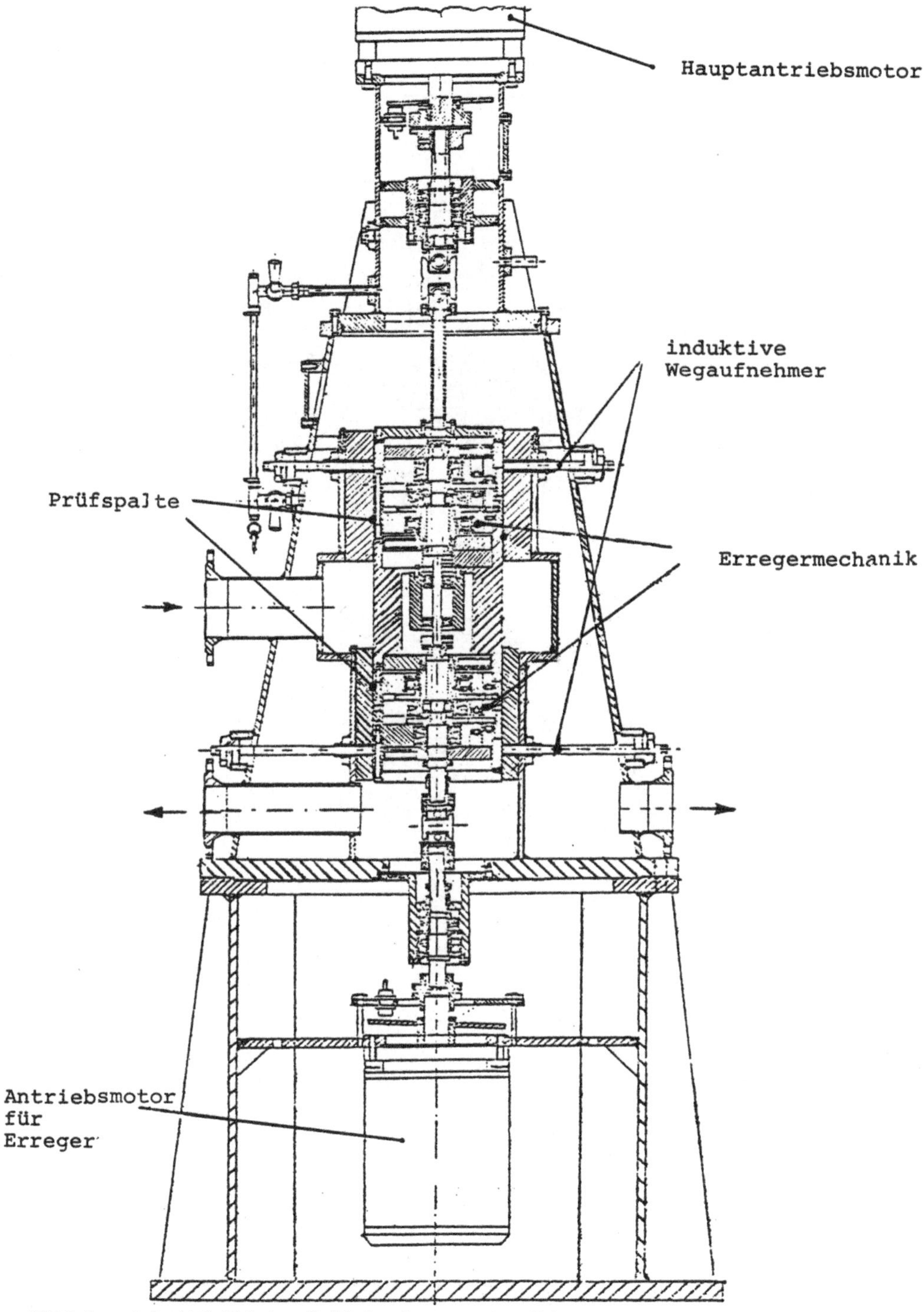

BILD 1 - Schnittbild des Prüfstandes vor dem Umbau

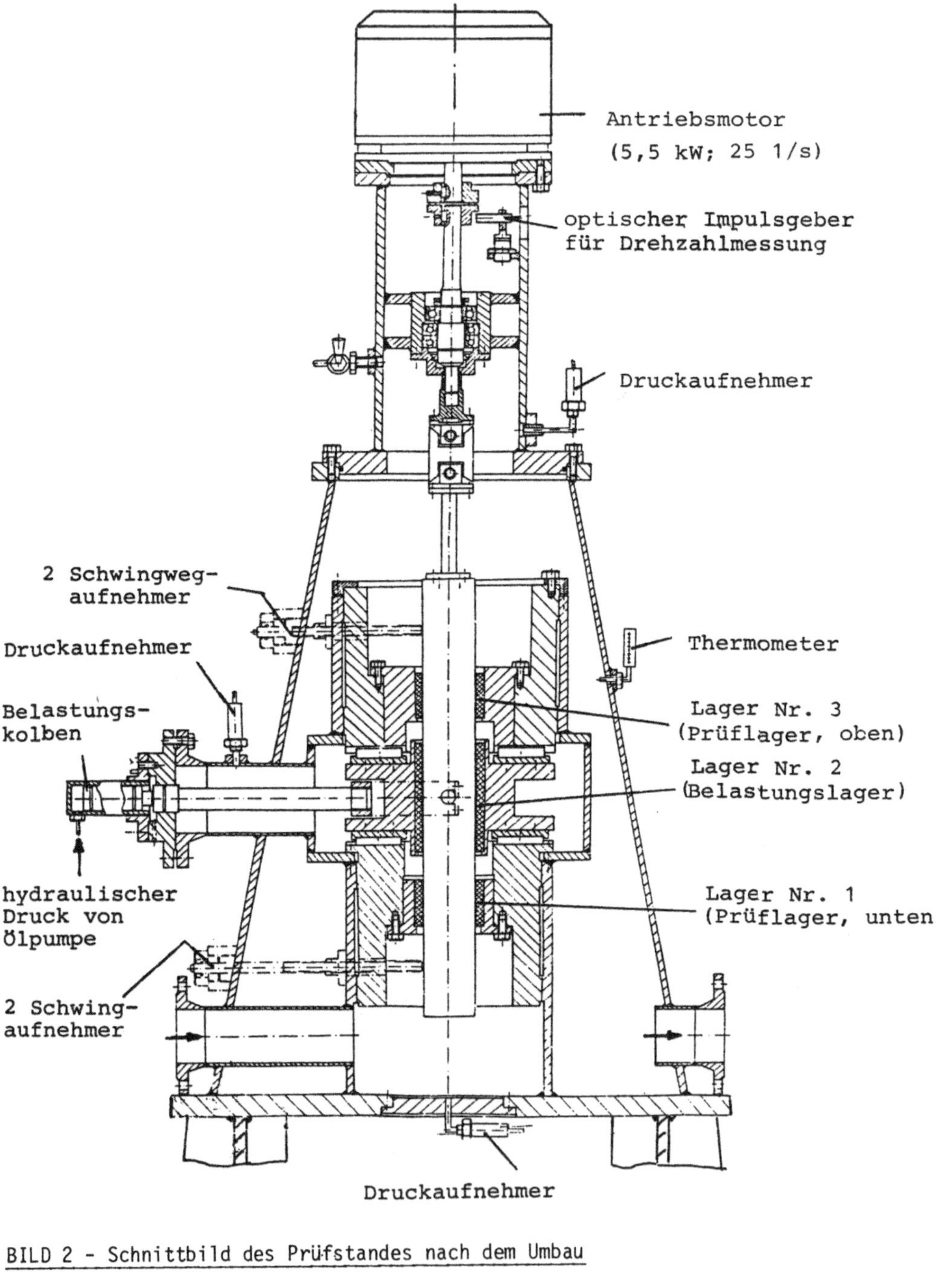

BILD 2 - Schnittbild des Prüfstandes nach dem Umbau

BILD 3 - Versuchseinrichtung

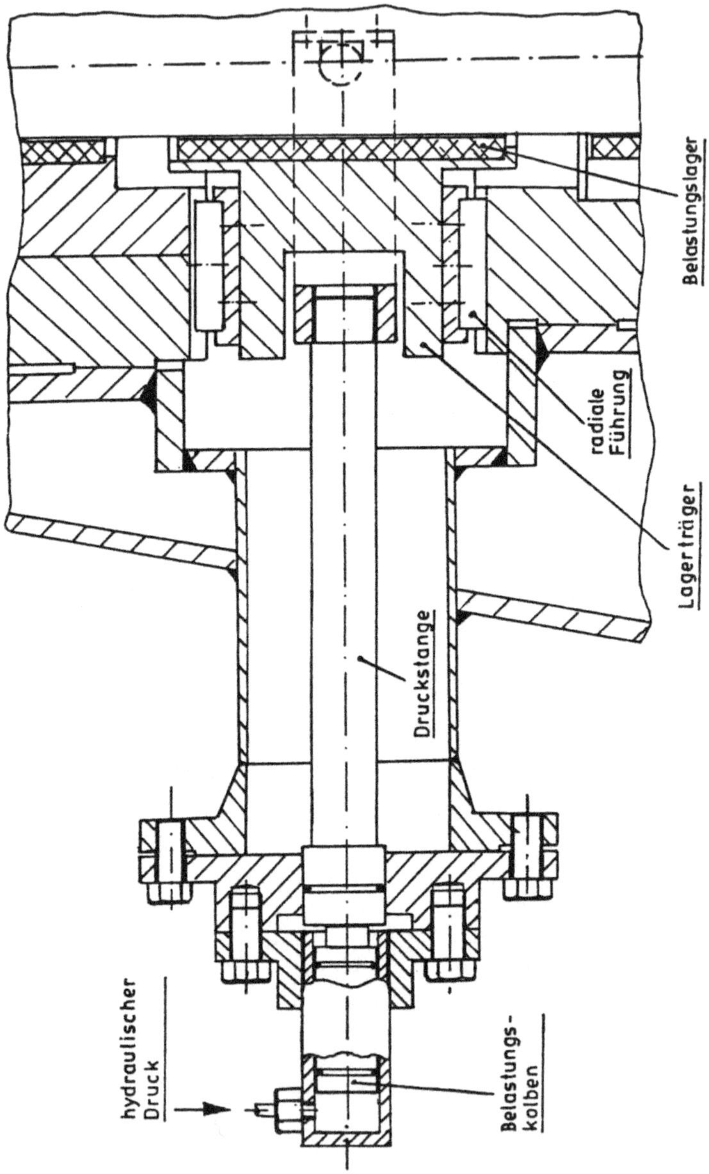

BILD 4 - Hydraulische Lasteinrichtung

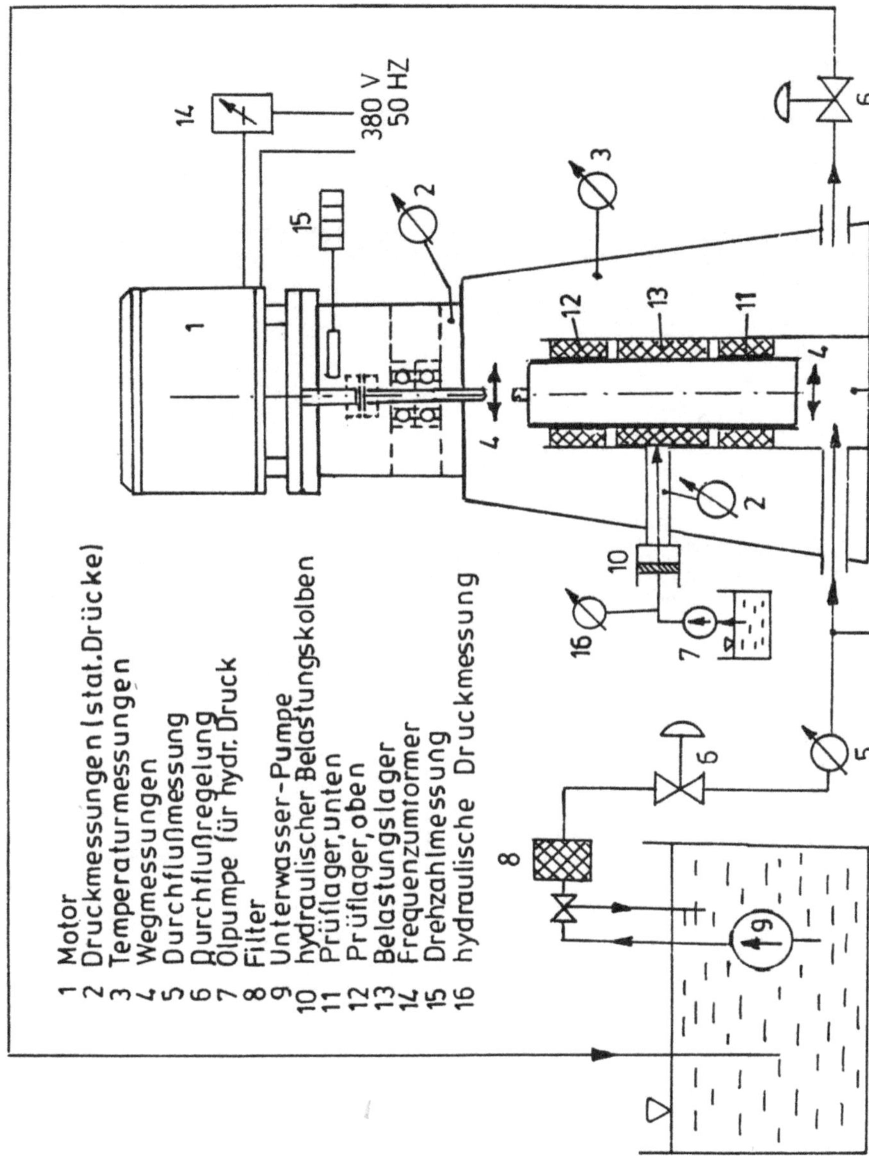

BILD 5 - Versuchskreislauf

```
PROTOKOLL ZU PR. SPALT


DATUM      :  27  11  1979
UHRZEIT    : 13:38
BEARBEITER: KALVODA/LENK


BERECHNUNG DER FEDERKONSTANTE UND DER LECKVERLUSTE
        EINES AXIAL DURCHSTROEMTEN RINGSPALTES


EINGABE:
********

OBJEKTBESCHREIBUNG:
FE-VORHABEN 01 ZT 187

LAENGE DER DROSSEL   :   8.00 CM
SPALTWEITE (RADIAL) :    .012 CM
WELLENDURCHMESSER    :  10.00 CM
DRUCKDIFFERENZ       :   3.33 BAR
SYSTEMTEMPERATUR     :   20.0 GRAD C
SYSTEMDRUCK          :    4.0 BAR


AUSGABE:
********

DICHTE DES STROEMENDEN MEDIUMS RHO:.9984595E+03 KG/M**3
DYNAMISCHE VISKOSITAET         ETA:.1001699E-02 PA S
KINEMATISCHE VISKOSITAET       NUE:.1003245E-05 M**2/S
REIBUNGSBEIWERT              LAMBDA: .083

FEDERKONSTANTE F/Y             :  12231.72 N/CM
LECKMENGE Q                    :       .18 L/S
```

BILD 6 - Berechnungsprotokoll für Versuch-Nr. 2.3 (Beispiel)

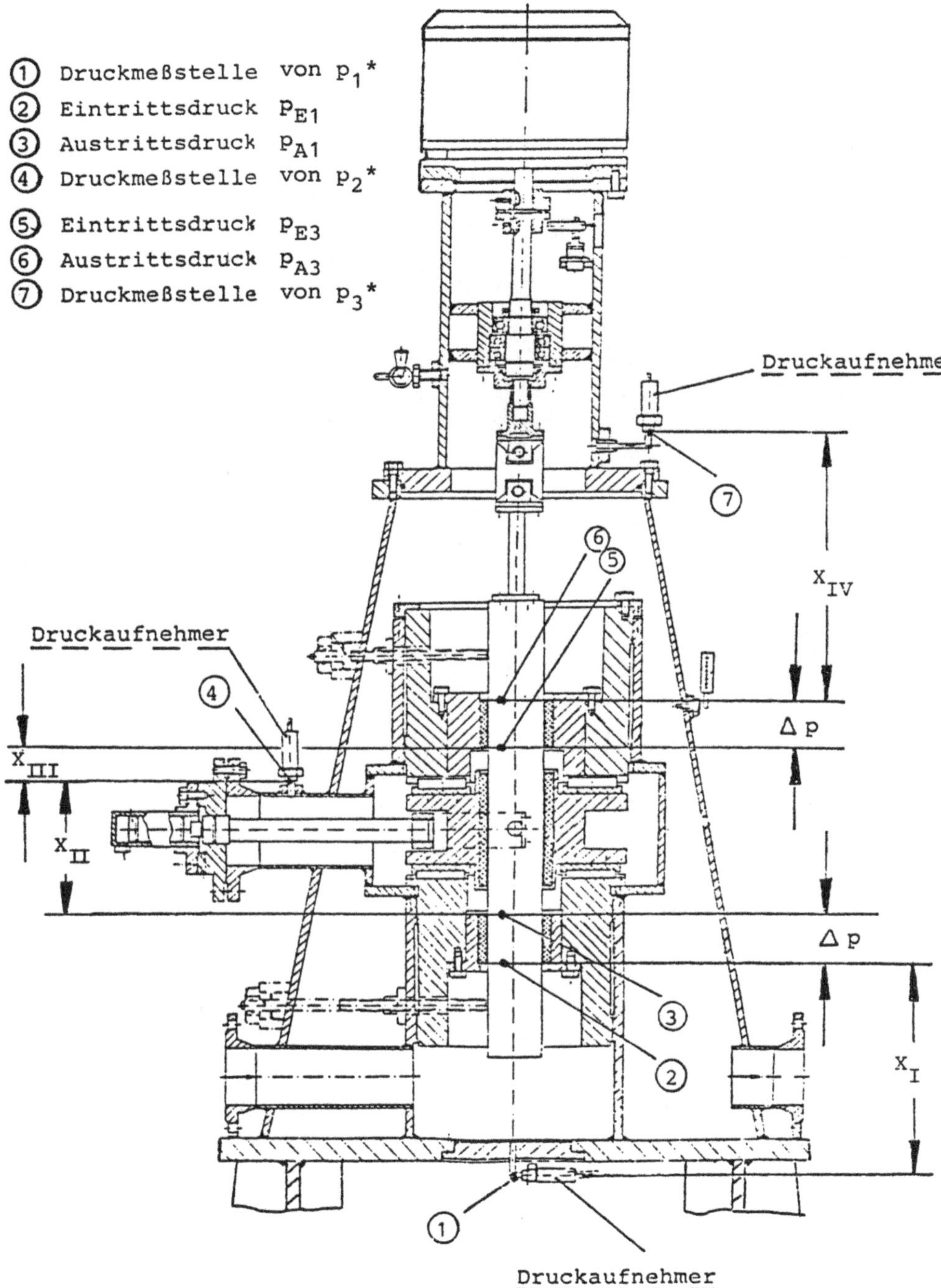

BILD 7 - Darstellung der geodätischen Höhen im Versuchsstand

Versuch-Nr. 2.3

t	20,0	°C
p^*_1	$7{,}40 \cdot 10^5$	Pa
p^*_2	$4{,}01 \cdot 10^5$	Pa
p^*_3	$0{,}60 \cdot 10^5$	Pa
Δp	$3{,}33 \cdot 10^5$	Pa
ϱ	998,46	kg/m³
η	$1{,}0017 \cdot 10^{-3}$	Pas
ν	$1{,}0033 \cdot 10^{-6}$	m²/s
Q	0,18	l/s
p^*	$38{,}0 \cdot 10^5$	Pa
F^*	4800,0	N
F_G	770,0	N
F_{L1}	147,0	N
F_{L3}	147,0	N
$F_{ü1}$	1868,0	N
$F_{ü3}$	1868,0	N
$\bar{p}$	$2{,}34 \cdot 10^5$	Pa
$n_ü$	8,33	1/s
So	25,798	-
$n_{üR}$	8,82	1/s
$n_ü/n_{üR}$	0,945	-

Tabelle 1 - Meßwerte und Auswertungsergebnisse zu Versuch-Nr. 2.3

Berechnung statisch unbestimmter Mehrfachgleitlagerungen unter stationärer Belastung

von
Prof. Dr.-Ing. H. Peeken
Dr. - Ing. G. Knoll

Institut für Maschinenelemente und Maschinengestaltung
Rheinisch - Westfälische Technische Hochschule Aachen

Dr.-Ing. K.E. Hafner

Klöckner - Humboldt-Deutz AG Köln

Förderkennzeichen: 01 ZT 377
01 ZT 387

Laufzeit: 01.01.1978 - 31.12.1980
01.01.1978 - 31.03.1981

Zusammenfassung

Unter Verwendung der bekannten Berechnungsmethoden der Elastomechanik und der hydrodynamischen Gleitlagertheorie wird eine Theorie zur Berechnung der Gleitlager mehrfach statisch unbestimmt gelagerter, stationär belasteter Wellen entwickelt.
Mit Hilfe dieser Theorie können die Lagerkräfte, die engsten Schmierspalte und die Reibleistungen aller Gleitlager einer Mehrfachgleitlagerung berechnet werden.

Aufbauend auf dieser Theorie wurde ein FORTRAN-Programm entwickelt. Mit diesem Programm können außer dem Idealfall, der geraden Welle und der fluchtenden Lagergasse auch krumme Wellen und Versetzungen der Gleitlagerschalen berücksichtigt werden, sofern stationäre Lastbedingungen vorliegen. Bei Radialgleitlagern mit zylindrischer Spaltgeometrie berechnet das Programm die Lagerkenngrößen schnell und wirtschaftlich. Die Berücksichtigung anderer Spaltgeometrien, insbesondere der Spaltgeometrie des verkanteten Gleitlagers, ist ebenfalls möglich, aber sehr aufwendig.

Im 1. Kapitel werden die Ziele des Vorhabens definiert.
Die Kapitel 2 und 3 behandeln die Theorie, auf der das FORTRAN-Programm aufgebaut ist. Im 4. Kapitel werden Beispiele von Mehrfachgleitlagerungen unter Berücksichtigung der genannten Einflüsse behandelt.

INHALTSVERZEICHNIS

1. Aufgaben 43

1.1 Definition des Begriffs "Mehrfachgleitlagerung" 43

1.2 Ziele der Untersuchung 45

2. Theorie der stationär belasteten Mehrfachgleitlagerung 47

2.1 Voraussetzungen 47

2.2 Lösungsmethode 49

2.3 Elementsteifigkeitsmatrix 50

2.4 Steifigkeitsmatrix CWO der Welle für alle Elementknotenpunkte 53

2.5 Steifigkeitsmatrix CWL für die Verschiebung an den Gleitlagerstellen 57

2.6 Elastostatische Lagerkräfte 61

2.7 Hydrodynamische Lagerkräfte 63

2.8 Gleichungssystem zur Ermittlung der Wellenkoordinaten an den Gleitlagerstellen 66

2.9 Rotierende Belastungen und Verformungen 69

2.10 Berücksichtigung von krummen Wellen 70

2.11 Bemerkungen zum Rechnerprogramm 72

3. Theorie der hydrodynamischen Tragfähigkeit von Radialgleitlagern 74

3.1 Lösung der Reynolds'schen Differentialgleichung 75

3.1.1 Transformation 77

3.1.2 Finite Elemente Formulierung der Reynolds'schen Differentialgleichung 83

3.2 Wellenschiefstellung als Einflußparameter 88

3.3 Berechnung der Lagerkenngrößen 89

3.3.1 Vereinfachtes Lösungsverfahren für die REYNOLDS'sche Differentialgleichung 90

3.3.2 Kenntafeln für Sommerfeldzahl So, Lastmoment M_D, Verlagerungswinkel φ_p und Reibwert f/ψ 91

4. Berechnungsbeispiele 111

4.1 Vorbemerkungen 111

4.2 Gleichgewichtsbahnen und Biegemomentverläufe von Mehrfachgleitlagerungen 111

4.3 Beispiele für die Auswirkung einer nicht fluchtenden Lagergasse 115

4.4 Beispiel krumme Welle 118

4.5 Beispiel Lagerverkantung und Ringnut 120

5. Literaturverzeichnis 123

1. Aufgaben

1.1 Definition des Begriffes "Mehrfachgleitlagerung"

Die heute angewandten Theorien, die sich mit der Berechnung stationär belasteter, hydrodynamisch geschmierter Radialgleitlager befassen /1/, /2/, setzen voraus, daß der Betrag und die Richtung der Lagerkraft als fest vorgegebene Parameter in die Rechnung eingehen. Diese Voraussetzung trifft bei einer sogenannten statisch bestimmten Lagerung einer Welle zu, bei der die Lagerkräfte allein mit Hilfe der Gleichgewichtsbedingungen der Statik berechenbar sind. So ist z.B. die in zwei Gleitlagern gelagerte Welle nach Bild 1.1 eine

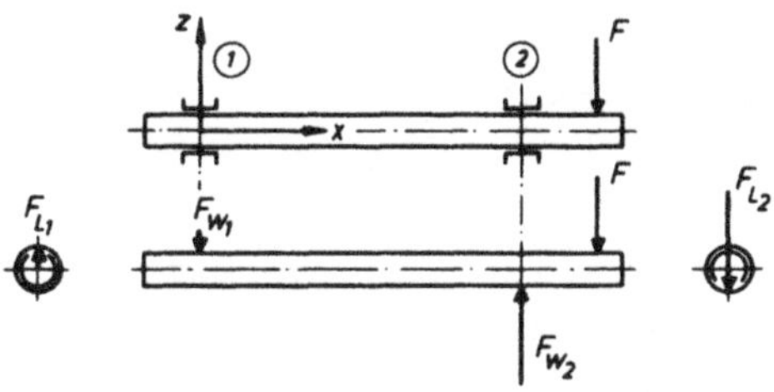

Bild 1.1: Statisch bestimmte Gleitlagerung

statisch bestimmte Lagerung, weil die Gleichgewichtsbedingungen der Statik ausreichen, um die beiden Lagerreaktionskräfte F_{W1}, F_{W2} und damit auch die gleich großen, aber entgegengesetzt gerichteten Lagerkräfte F_{L1}, F_{L2} zu berechnen. Die Verformung und die Festkörperverschiebung der Welle innerhalb des Lagerspieles infolge der äußeren Belastung haben bei einer statisch bestimmten Lagerung keinen Einfluß auf die Lagerkräfte. Damit ist die Voraussetzung der hydrodynamischen Gleitlagertheorie erfüllt, daß die Lagerkraft eine nach Betrag und Richtung bekannte Größe ist.

Die Position der Welle innerhalb der Gleitlagerschale kann nun aus der Bedingung ermittelt werden, daß die aus dem Schmiermitteldruck p nach Bild 1.2 resultierende Lagerkraft F_L nach

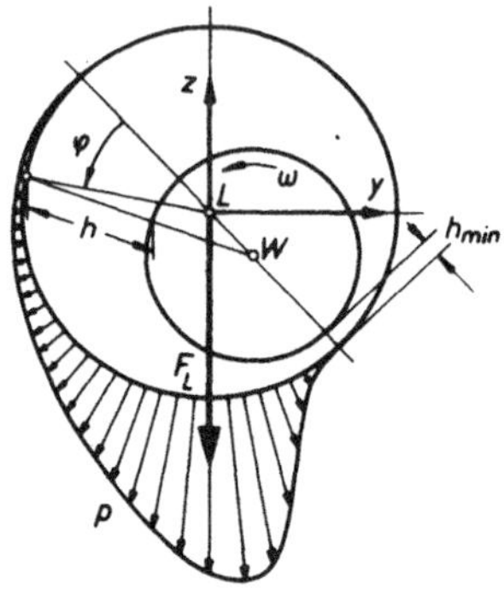

Bild 1.2: Position der Welle bei einem stationär belasteten Gleitlager

Betrag und Richtung mit der aus Gleichgewichtsbedingungen berechneten Lagerkraft übereinstimmt. Die Berechnung des Schmiermitteldruckes p ist Aufgabe der hydrodynamischen Schmiermitteltheorie. Bei einem Gleitlager endlicher Breite ist der Druck p eine Funktion der Koordinate x nach Bild 1.1 und des Winkels φ nach Bild 1.2. Außerdem ist der Druckverlauf entscheidend vom Verlauf der Schmierspalthöhe h nach Bild 1.2 abhängig, die selbst wieder eine Funktion der Koordinaten φ und x sein kann. Die gesamte Schmierspaltgeometrie ergibt sich aus der Form der Lagerschale, der Form der Welle und den Koordinaten des Wellenmittelpunktes W. Bei der Berechnung des Druckes p wird die Schmierspaltgeometrie als bekannt vorausgesetzt. Die Schmierspaltgeometrie ist von der Position der Welle in der Lagerschale abhängig, die vor der Druckberechnung angenommen werden muß. Die unter dieser Annahme aus dem Ergebnis der Druckberechnung ermittelte Lagerkraft wird im allgemeinen nicht mit der aus den Gleichgewichtsbedingungen der Statik ermittelten

Lagerkraft übereinstimmen. Betrachtet man die Lagerschale und die Welle als starre Körper, dann ist die Position des Wellenmittelpunktes W der noch freie Parameter, durch dessen geeignete Wahl die Übereinstimmung von statischer und hydrodynamischer Lagerkraft erzielt werden kann. Das bedeutet, daß bereits bei einer statisch bestimmten Lagerung die Position der Welle in der Lagerschale und damit auch der engste Schmierspalt nur iterativ ermittelt werden können.

Bei einer n-fach in Gleitlagern gelagerten gelenkfreien Welle ist die Lagerung ab n = 3 statisch unbestimmt. Das bedeutet, daß bei einer räumlichen Belastung der Welle die 4 Gleichgewichtsbedingungen der Statik nicht mehr ausreichen, um die 2n unbekannten Komponenten der Lagerkräfte zu ermitteln. Als zusätzliche Bedingung muß die Biegelinie der Welle an jeder Gleitlagerstelle innerhalb eines "Spielzylinders" mit dem Durchmesser des Lagerspiels und der Länge der Lagerbreite liegen. Dies ist im Teil A von Bild 1.3 für eine 3 fache Gleitlagerung angedeutet. Das bedeutet, daß die Biegelinie der Welle durch die in der Mittelebene der Gleitlager liegenden Punkte W_i gehen muß, wobei W_i die gleichen Wellenmittelpunkte nach Bild 1.3 B sind, die bei der Druckberechnung verwendet werden. Diese Bedingung verursacht zusätzliche Lagerkräfte, die vom elastischen Verhalten der Welle abhängig sind und nicht mehr - wie im statisch bestimmten Fall - allein mit Hilfe der Gleichgewichtsbedingungen berechenbar sind. Die hydrodynamischen Lagerkräfte müssen jetzt mit den nach den Methoden der Elastomechanik unter Berücksichtigung des elastischen Verhaltens der Welle berechneten Lagerkräften übereinstimmen. Lagerungen dieser Art werden als Mehrfachgleitlagerungen bezeichnet.

1.2 Ziele der Untersuchung

Das gesamte Projekt "Mehrfachgleitlagerung" wurde in die beiden Tribologie-Forschungsvorhaben 01 ZT 377 und 01 ZT 387 aufgeteilt. Der Bericht enthält die Ergebnisse beider Vorhaben. Das Vorhaben 01 ZT 377 befaßt sich vorwiegend mit der Ermittlung der hydrodynamischen Lagerkräfte, das Vorhaben 01 ZT 387

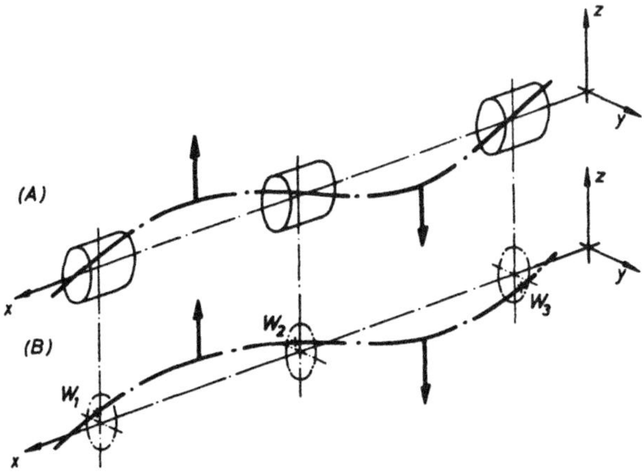

Bild 1.3: Lage der Biegelinie einer 3fachen Gleitlagerung innerhalb der "Spielzylinder" und der "Spielkreise" in Lagermittelebene

mit dem elastostatischen Teil der Aufgabe und den Lösungsalgorithmen zur Ermittlung der Koordinaten W_i der Wellenmittelpunkte nach Bild 1.3.

Die Ziele beider Vorhaben sind:

Mathematische Formulierung und numerische Lösung der Probleme

- Ermittlung der Lagerkräfte
- Ermittlung der engsten Schmierspalte
- Ermittlung der Reibleistung

von mehrfach statisch unbestimmt in Gleitlagern gelagerten Wellen für stationäre oder mit der Wellendrehzahl rotierende Belastungen. Außer der idealen Lagerung sind die Versetzung der Lagerschalenmittelpunkte, die Krümmung der Welle, die Wellenverkantung und Abweichungen von der Schmierspaltgeometrie des kreiszylindrischen Lagers Ziele der Untersuchung. Der Einfluß der Lagerverformung auf Mehrfachgleitlagerungen wird von der RWTH Aachen im Rahmen des verlängerten Vorhabens 01 ZT 377 untersucht.

2. Theorie der stationär belasteten Mehrfachgleitlagerung

2.1 Voraussetzungen

Der Theorie liegt eine Welle nach Bild 2.1 zugrunde, die aus kreiszylindrischen Elementen zusammengesetzt ist, deren Durchmesser und Längen frei wählbar sind. Die im unverformten Zustand zunächst als gerade vorausgesetzte Wellenachse fällt mit der x-Achse eines globalen raumfesten kartesischen Koordinatensystems zusammen. In diesem Koordinatensystem werden sowohl die Positionen der Lagerschalenmittelpunkte als auch die aus der Belastung resultierenden Verformungen und Festkörperverschiebungen gemessen. Die Sprungstellen der Wellendurchmesser, die Lagermittelebenen und die Lastangriffspunkte werden für die unverformte Welle durch ihre x-Koordinaten definiert.

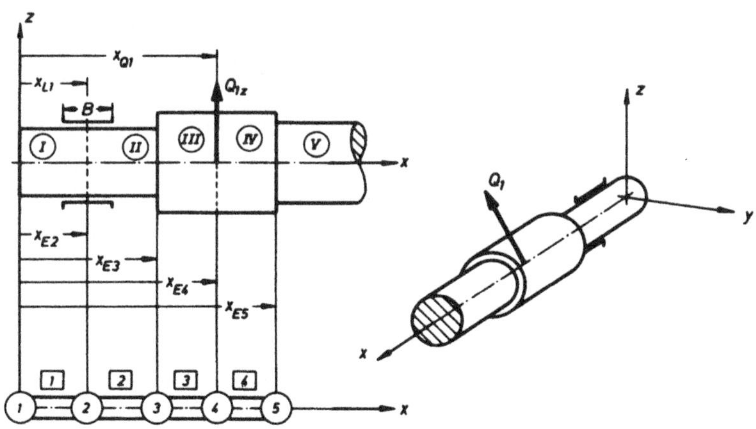

Bild 2.1: Koordinatensystem und Aufteilung der Welle in Elemente

Als äußere Belastungen werden nur solche Kräfte zugelassen, bei denen die Wellenmittelpunkte W_i entweder eine stationäre Lage besitzen oder sich unter der Wirkung von Fliehkräften auf Kreisbahnen um den Mittelpunkt der Lagerschale bewegen. Alle Algorithmen werden für den erstgenannten stationären Fall aufgestellt. Die Belastung durch Fliehkräfte, die mit der Wellendrehzahl rotieren, ist in dem abgeleiteten Algorithmus als Sonderfall enthalten.

Alle Komponenten der äußeren Kräfte und der Lagerkräfte wirken in Ebenen, die parallel zur y-, z-Achse des globalen Koordinatensystems gerichtet sind. In Richtung der x-Achse ist die Welle weder durch Kräfte, noch durch Momente belastet. Bei der Aufstellung des Grundalgorithmus wird angenommen, daß die x-Koordinaten der Angriffspunkte bei der Berechnung bekannte und vom Belastungszustand der Welle unabhängige Größen sind.

Das elastische Verhalten der Welle wird mit Hilfe der Biegetheorie stabartiger Körper unter Berücksichtigung der Biege- und Schubverformung berechnet. Es wird ein lineares und isotropes Spannungsdehnungsverhalten des Werkstoffes vorausgesetzt. Durch die Beschränkung auf kreiszylindrische Wellenquerschnitte ist damit ein von der Belastungsrichtung unabhängiges elastisches Verhalten der Welle gewährleistet.

Als Gleitlager werden vollumschlossene Radialgleitlager endlicher Breite zugelassen. Die Schmierspaltgeometrie entsteht aus der Annahme einer kreiszylindrischen Form von Welle und Lagerschale. Abweichungen von dieser Spaltgeometrie infolge der Schrägstellung der Welle im Gleitlager und infolge von Nuten oder Taschen, die zur Ölversorgung des Lagers dienen, können berücksichtigt werden. Lagerparameter sind außer dem Lagerdurchmesser, der Lagerbreite und dem Lagerspiel alle Abmessungen, die zur Definition der Schmierspaltgeometrie notwendig sind. Weitere Einflußgrößen sind die Wellendrehzahl und die dynamische Viskosität des Schmiermittels. Die Viskosität des Schmiermittels wird für jedes Lager als eine vom Ort innerhalb des Spaltes unabhängige Größe betrachtet.

2.2 Lösungsmethode

Die Berechnung der Lagerkräfte und engsten Schmierspalte von statisch unbestimmten Gleitlagerungen ist mit Hilfe bekannter Berechnungsmethoden der Elastomechanik und der hydrodynamischen Schmiermitteltheorie möglich. Aus der Elastomechanik wird die Steifigkeitsmethode /3/ zur Berechnung der Lagerkraftreaktionen unter Berücksichtigung von Gleichgewichts- und Verformungsbedingungen angewandt. Die Theorie hydrodynamisch geschmierter Gleitlager /1/, /2/ ermöglicht die Berechnung der Druckverteilungen in den Gleitlagern und die Berechnung der resultierenden Lagerkräfte. Beide Theorien zusammen müssen folgende Bedingungen erfüllen:

- Gleichgewichtsbedingungen aller an der Welle wirkenden Kräfte und Momente
- Stetiger Verlauf der Biegelinie der Welle
- Verwendung identischer Positionen der Wellenmittelpunkte an den Lagerstellen bei der Berechnung der elastostatischen und der hydrodynamischen Lagerkräfte
- Übereinstimmung der elastostatischen und hydrodynamischen Lagerkräfte nach Betrag und Richtung an allen Gleitlagerstellen.

Diese Bedingungen lassen sich zwanglos erfüllen, wenn man bei dem elastostatischen Teil des Problems die Methoden der Finite-Element-Analysis /3/ anwendet. Dazu wird die Welle nach Bild 2.1 in biegesteife Stabelemente aufgeteilt, wobei folgende Regeln zu beachten sind:

- Jedes Element besitzt 2 Knoten mit je 6 Freiheitsgraden. Die Freiheitsgrade sind die Knotenverschiebungen und Knotendrehungen in Richtung der 3 Achsen des lokalen Koordinatensystems nach Bild 2.2. Die Freiheitsgrade "Verschiebung in x-Richtung" und "Drehung um die x-Achse" (Torsion) werden nicht beachtet, da nach Voraussetzung keine Kräfte und Momente vorhanden sind, die diese Verformungen verursachen können.

- Jedes Element hat entweder die Gestalt eines hohlen oder eines vollen Kreiszylinders.
- Das Material des Elementes ist homogen und isotrop.
- Äußere Belastungen in Form von Kräften und Momenten dürfen nur an den Knotenpunkten, nicht im Inneren des Elementes angesetzt werden.
- Die aus der Druckverteilung resultierende Lagerkraft wirkt in der senkrecht zur x-Achse gerichteten Lagermittelebene auf den dort befindlichen Knotenpunkt.

Aus dem so definierten Element wird die Steifigkeitsmatrix der Welle nach Bild 2.1 berechnet. Aus der Steifigkeitsmatrix der Welle kann die Steifigkeitsmatrix für eine Belastung der Welle durch die Lagerkräfte berechnet werden, mit deren Koeffizienten die elastischen Lagerkräfte bei bekannten Verschiebungen an den Gleitlagerstellen berechenbar sind.

Die hydrodynamische Schmiermitteltheorie ermöglicht die Berechnung des Lagerkraftvektors, sofern die Positionen der Wellenmittelpunkte, der Gleitlagerschalenmittelpunkte und die Schmierspaltgeometrie bekannt sind.

Aus der Bedingung, daß die elastostatischen und die hydrodynamischen Lagerkräfte nach Betrag und Richtung übereinstimmen müssen, erhält man ein nichtlineares Gleichungssystem für die $2n$ unbekannten Verschiebungskomponenten der Wellenmittelpunkte an den Gleitlagerstellen. Dieses Gleichungssystem kann mit einem Newtonschen Verfahren gelöst werden. Damit sind die Lagerkräfte, die engsten Schmierspalte, die Reibleistungen der Gleitlager und die Biegebeanspruchung der Welle berechenbar.

2.3 Elementsteifigkeitsmatrix

Das Wellenelement nach Bild 2.2 ist in den Knotenpunkten 1 und 2 an seinen Enden durch Kräfte und Momente belastet. Die Belastungen und Verformungen werden in einem lokalen kartesischen Koordinatensystem nach Bild 2.2 gemessen und in zwei orthogonale Lastfälle aufgeteilt, für die unter den genannten Voraussetzungen die gleichen Steifigkeitsbeziehungen gelten.

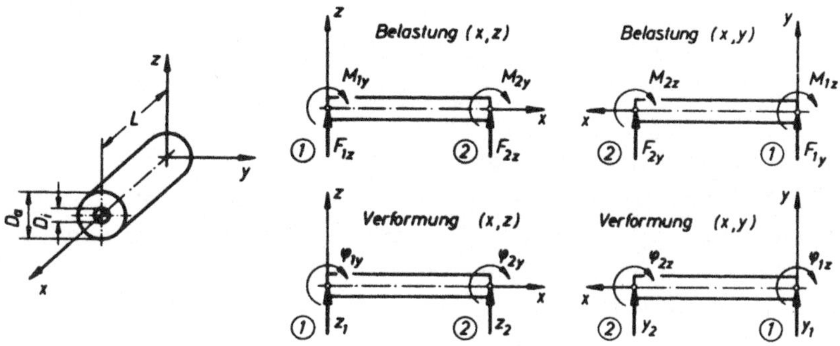

Bild 2.2: Wellenelement

Für die Belastung durch Kräfte, die in der (x, y)-Ebene wirken, lassen sich die Steifigkeitsbeziehungen

$$\begin{Bmatrix} F_{1y} \\ M_{1z} \\ F_{2y} \\ M_{2z} \end{Bmatrix} = [CE] \begin{Bmatrix} y_1 \\ \varphi_{1z} \\ y_2 \\ \varphi_{2z} \end{Bmatrix} \tag{2.1}$$

für die Knotenverschiebungen und Drehungen formulieren. Für die in der (x, z)-Ebene wirkenden Kräfte erhält man die entsprechenden

$$\begin{Bmatrix} F_{1z} \\ M_{1y} \\ F_{2z} \\ M_{2y} \end{Bmatrix} = [CE] \begin{Bmatrix} z_1 \\ \varphi_{1y} \\ z_2 \\ \varphi_{2y} \end{Bmatrix} \tag{2.2}$$

Beziehungen, wobei die Elementsteifigkeitsmatrix CE für beide Lastfälle identisch ist. Durch die Steifigkeitsbeziehungen (2.1) und (2.2) wird der Zusammenhang zwischen den an den Knotenpunkten 1 und 2 nach Bild 2.2 angreifenden Kräften und Momenten und den Verschiebungen und Drehungen dieser Knotenpunkte definiert. Die positiven Vorzeichen der Belastungen und Verformungen werden durch die Richtungen der Pfeile in Bild 2.2 festgelegt.

Die Elementsteifigkeitsmatrix CE läßt sich mit Hilfe der Gleichgewichtsbedingungen der Statik und der Verformungsbeziehungen von Biegestäben /4/ unter Beachtung der Festkörperverschiebungen durch Formeln ausdrücken /3/. Bei ihrer Ableitung wird außer der Biegeverformung auch die Schubverformung /4/ berücksichtigt. Nach einer längeren Ableitung erhält man die Steifigkeitsmatrix

$$CE = 2\,\frac{\frac{EI}{L^3}}{1+12q}\begin{bmatrix} 6 & -3L & -6 & -3L \\ -3L & (2+6q)L^2 & 3L & (1-6q)L^2 \\ -6 & 3L & 6 & 3L \\ -3L & (1-6q)L^2 & 3L & (2+6q)L^2 \end{bmatrix} \qquad (2.3)$$

$$q = \frac{EI}{G\,A_s\,L^2} = \frac{EI}{G\,A\,L^2}\mu$$

Dabei wurden Formelzeichen mit folgender Bedeutung verwendet:

$A = \frac{\pi}{4}(D_a^2 - D_i^2)$	geometrische Querschnittsfläche
$A_S = \frac{A}{\mu}$	Schubquerschnittsfläche
E	Elastizitätsmodul des Wellenmaterials
G	Schubmodul des Wellenmaterials
D_a	Außendurchmesser
D_i	Innendurchmesser des Wellenelementes

$I = \frac{\pi}{64}(D_a^4 - D_i^4)$ Axiales Flächenträgheitsmoment des Wellenquerschnittes

$q = \frac{EI}{GA_S L^2}$ dimensionsloser Koeffizient

Mit q = O erhält man aus (2.3) die von Gallagher /3/ angegebene Steifigkeitsmatrix ohne Berücksichtigung der Schubverformung.

Die symmetrische Matrix (2.3) enthält nur 4 Koeffizienten mit verschiedenen Beträgen. Sie kann deshalb auf die einfache Form

$$CE = \begin{bmatrix} a_1 & -a_2 & -a_1 & -a_2 \\ -a_2 & a_3 & a_2 & a_4 \\ -a_1 & a_2 & a_1 & a_2 \\ -a_2 & a_4 & a_2 & a_3 \end{bmatrix} \qquad (2.4)$$

gebracht werden, wobei die 4 Koeffizienten der Matrix CE aus der Beziehung

$$p = \frac{2}{1+12q}\,\frac{EI}{L^3} \qquad a_1 = 6p \qquad a_2 = 3Lp$$

$$q = \frac{EI}{G\,A_s\,L^2} = \frac{EI}{G\,A\,L^2}\mu \qquad a_3 = (2+6q)L^2p \qquad a_4 = (1-6q)L^2p \qquad (2.5)$$

berechnet werden können. Bei der weiteren Verwendung der Elementsteifigkeitsmatrix werden ihre Koeffizienten mit $a_{k,i}$ (k = 1, 2, 3, 4) bezeichnet, wobei der zweite Index die Nummer des Wellenelementes bedeutet.

2.4 Steifigkeitsmatrix CWO der Welle für alle Elementknotenpunkte

Im nächsten Schritt wird die Deformationsmethode /3/ angewandt, um die Welle aus den Elementen unter Beachtung der Gleichgewichts- und Kontinuitätsbedingungen zusammenzusetzen. Die Erfüllung dieser beiden Bedingungen ergibt ein lineares Gleichungssystem für die unbekannten Verschiebungen und Drehungen der Elementknotenpunkte. Die Matrix dieses linearen Gleichungssystems wird als Steifigkeitsmatrix CWO der Welle bezeichnet. Sie beinhaltet alle Elementknotenpunkte einschließlich der Gleitlagerknotenpunkte, für die aber zunächst noch keine Verschiebungsbedingungen vorgeschrieben werden.

Um eine möglichst große Anwendungsbreite zu erzielen, wurden bei der Aufstellung der Steifigkeitsmatrix CWO außer den Gleitlagern auch elastische und starre Stützungen der Welle vorgesehen, wie dies in Bild 2.3 symbolisch für den i-ten Knoten dargestellt ist, der zwischen dem (i-1)ten und i-ten Element angeordnet ist. Als Belastungsebene wurde willkürlich die (z, x)-Ebene gewählt.

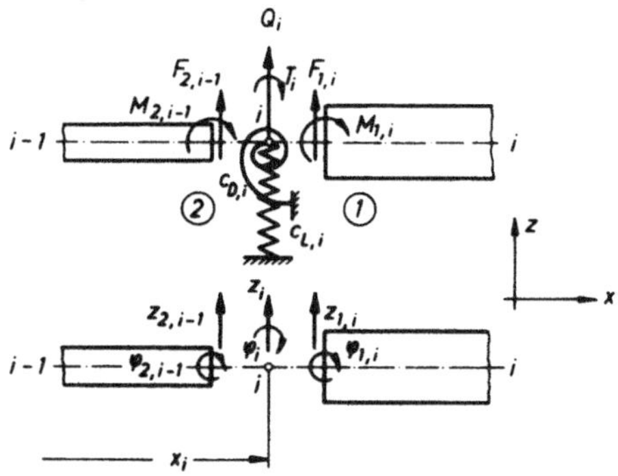

Bild 2.3: Gleichgewichts- und Übergangsbedingungen am Knoten i

Der Knoten i ist elastisch gegen Verschiebung mit einer Feder der Längssteifigkeit $C_{L,i}$ und gegen Drehung mit einer Feder der Drehsteifigkeit $C_{D,i}$ gegenüber einem Festpunkt abgestützt. Am Knoten i greifen als äußere Belastungen die Kraft Q_i und das Moment T_i an. Die inneren Kräfte und Momente werden in Bild 2.3 mit F und M bezeichnet und sind mit 2 Indizes versehen. Der erste Index kennzeichnet die lokale Elementknotennummer 1 oder 2 nach Bild 2.2. Der zweite Index ist die Elementnummer.

Die Kontinuitätsbedingung wird durch die Gleichheit der Verschiebungen und Drehungen des rechten Schnittufers des (i-1)-ten Elementes und des linken Schnittufers des i-ten Elementes erfüllt. Unter Verwendung der Formelzeichen nach Bild 2.3 bedeutet dies, daß für alle n Knotenpunkte der Welle die Beziehungen

$$\begin{array}{lll} i = 1 & z_1 = z_{1,1} & \varphi_1 = \varphi_{1,1} \\ 1 < i < n & z_i = z_{2,i-1} = z_{1,i} & \varphi_i = \varphi_{2,i-1} = \varphi_{1,i} \\ i = n & z_n = z_{2,n-1} & \varphi_n = \varphi_{2,n-1} \end{array} \qquad (2.6)$$

erfüllt sind.

Die Gleichgewichtsbedingungen zwischen den inneren und äußeren Kräften und Momenten, die am Knoten i nach Bild 2.3 angreifen sind

$$F_{2,i-1} + F_{1,i} + c_{L,i} z_i = Q_i \qquad (2.7)$$

$$M_{2,i-1} + M_{1,i} + c_{D,i} \varphi_i = T_i \qquad (2.8)$$

Der Zusammenhang zwischen den inneren Kräften F und Momenten M am i-ten Element wird durch die Beziehung

$$\begin{pmatrix} F_{1,i} \\ M_{1,i} \\ F_{2,i} \\ M_{2,i} \end{pmatrix} = \begin{bmatrix} a_{1,i} & -a_{2,i} & -a_{1,i} & -a_{2,i} \\ -a_{2,i} & a_{3,i} & a_{2,i} & a_{4,i} \\ -a_{1,i} & a_{2,i} & a_{1,i} & a_{2,i} \\ -a_{2,i} & a_{4,i} & a_{2,i} & a_{3,i} \end{bmatrix} \begin{Bmatrix} z_i \\ \varphi_i \\ z_{i+1} \\ \varphi_{i+1} \end{Bmatrix} \qquad (2.9)$$

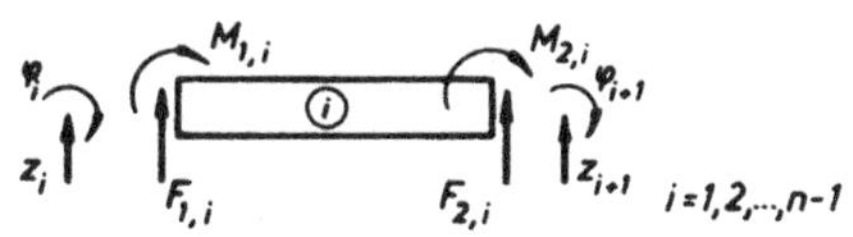

definiert, wenn man die Koeffizienten der Elementsteifigkeitsmatrix nach (2.4) verwendet und diesen Koeffizienten als 2-ten Index die Elementnummer i zuweist. Damit stehen 4 lineare Beziehungen zwischen den inneren Kräften und Momenten und den

Verschiebungen und Drehungen der Knoten zur Verfügung, die zur Elimination der Kräfte und Momente in den Gleichungen (2.7) und (2.8) verwendet werden. Damit erhält man für die n Elementknotenpunkte die 2n linearen Beziehungen

$$-a_{1,i-1} z_{i-1} + a_{2,i-1} \varphi_{i-1} + (a_{1,i-1} + a_{1,i} + c_{L,i}) z_i + (a_{2,i-1} - a_{2,i}) \varphi_i - a_{1,i} z_{i+1} - a_{2,i} \varphi_{i+1} = Q_i \qquad (2.10)$$

$$-a_{2,i-1} z_{i-1} + a_{4,i-1} \varphi_{i-1} + (a_{2,i-1} - a_{2,i}) z_i + (a_{3,i-1} + a_{3,i} + c_{D,i}) \varphi_i + a_{2,i} z_{i+1} + a_{4,i} \varphi_{i+1} = T_i \qquad (2.11)$$

durch die sowohl die Gleichgewichtsbedingungen als auch die Kontinuitätsbedingungen an der Welle erfüllt sind, sofern die Welle mindestens statisch bestimmt auf den elastischen Stützen gelagert ist. Die Beziehungen (2.10) und (2.11) definieren ein lineares Gleichungssystem für die n unbekannten Knotenverschiebungen z_i und die n unbekannten Knotendrehungen φ_i. Symbolisch läßt sich dieses Gleichungssystem als eine Kraft-Verschiebungsbeziehung

$$[CWO]\,\{V\} = \{R\}$$

$$V = \begin{Bmatrix} z_1 \\ \varphi_1 \\ \vdots \\ z_n \\ \varphi_n \end{Bmatrix} \qquad R = \begin{Bmatrix} Q_1 \\ T_1 \\ \vdots \\ Q_n \\ T_n \end{Bmatrix} \qquad (2.12)$$

ausdrücken, die den Zusammenhang zwischen den äußeren Belastungen und den Knotenverschiebungen beschreibt. Man kann deshalb die quadratische Matrix der Ordnung 2n des linearen Gleichungssystems (2.12) als die Steifigkeitsmatrix CWO der Welle bezeichnen.

Die Matrix CWO ist eine symmetrische Bandmatrix mit insgesamt 6 Nebendiagonalen. Ihre Koeffizienten können mit den Formeln (2.5) nach dem Schema (2.13), (2.14) berechnet werden, durch das die Zuordnung der Koeffizienten zu den Nummern der Elemente definiert wird.

Zeilen mit ungeraden Nummern

$j = 1, 3, 5, \ldots, 2n-1$

$l = \frac{j+1}{2}$

Spalte						
$j-2$	$j-1$	j	$j+1$	$j+2$	$j+3$	
$-a_{1,l-1}$	$a_{2,l-1}$	$a_{1,l-1} + a_{1,l} + c_{L,l}$	$a_{2,l-1} - a_{2,l}$	$-a_{1,l}$	$-a_{2,l}$	(2.13)

Zeilen mit geraden Nummern

$j = 2, 4, 6, \ldots, 2n$

$l = \frac{j}{2}$

Spalte						
$j-3$	$j-2$	$j-1$	j	$j+1$	$j+2$	
$-a_{2,l-1}$	$a_{4,l-1}$	$a_{2,l-1} - a_{2,l}$	$a_{3,l-1} + a_{3,l} + c_{D,l}$	$a_{2,l}$	$a_{4,l}$	(2.14)

2.5 Steifigkeitsmatrix CWL für die Verschiebung an den Gleitlagerstellen

Um die elastostatischen Lagerkräfte berechnen zu können, wird eine Steifigkeitsbeziehung für die Verschiebungen der Gleitlagerknotenpunkte in der (y,z)-Ebene benötigt. Wegen des isotropen Verhaltens der Welle kann diese Steifigkeitsbeziehung wieder für den ebenen Lastfall ermittelt werden, bei dem die Welle nach Bild 2.4 allein durch die Vorgabe von Verschiebungen an den Gleitlagerstellen belastet ist. Eine solche Belastung könnte man auch durch eine Lagerung nach Bild 2.4 erzeugen, bei der durch starre Stützen an den Gleitlagerstellen auf die Welle Querkräfte, aber keine Biegemomente übertragen werden.

Bild 2.4: Vorgabe der Verschiebungen an den Gleitlagerstellen

Nach einem Gedanken von W. Hutter [1] kann man die gesuchte Steifigkeitsmatrix CWL für die Verschiebungen der Welle an den Gleitlagerstellen nach einer formalen Aufsplittung der Steifigkeitsmatrix CWO mit Hilfe von Matrizenoperationen gewinnen.

Durch die Vorgabe der n_L Verschiebungen an den Gleitlagerstellen reduzieren sich die 2n Unbekannten des linearen Gleichungssystems (2.12) auf

$$n_x = 2n - n_L \tag{2.15}$$

Unbekannte.

Dabei bedeuten

n_L	Anzahl der Gleitlagerknoten
n	Anzahl aller Knotenpunkte
n_x	Anzahl der unbekannten Verschiebungen und Drehungen aller Knotenpunkte <u>ohne</u> die <u>Verschiebungen</u> an den Gleitlagerknoten

Nachdem diese Trennung der Unbekannten vorgenommen wurde, können die linearen Beziehungen (2.12) in zwei Gleichungssysteme aufgesplittet werden. Das erste Gleichungssystem ist

$$\begin{gathered} [A]_{n_x n_L}\{Z\}_{n_L} + [B]_{n_x n_x}\{\bar{V}\}_{n_x} = \{\bar{R}\}_{n_x} \\ Z = \begin{Bmatrix} z_1 \\ \vdots \\ z_{n_L} \end{Bmatrix} \qquad \bar{V} = \begin{Bmatrix} v_1 \\ \vdots \\ v_{n_x} \end{Bmatrix} \qquad \bar{R} = \begin{Bmatrix} \bar{r}_1 \\ \vdots \\ \bar{r}_{n_x} \end{Bmatrix} \end{gathered} \tag{2.16}$$

wobei die Symbole folgende Bedeutung haben:

$[A]_{n_x n_L}$	Rechteckmatrix mit n_x Zeilen und n_L Spalten
$[B]_{n_x n_x}$	Quadratische Matrix der Ordnung n_x

---

1) Dr.rer.nat. Wolfgang Hutter hat als KHD-Mitarbeiter einen wesentlichen Beitrag zur Theorie der Mehrfachgleitlagerung geleistet.

$\{Z\}_{n_L}$ Vektor der n_L vorgegebenen Verschiebungen an den Gleitlagerstellen

$\{\bar{V}\}_{n_x}$ Vektor der n_x unbekannten Verschiebungen oder Drehungen, entstanden aus V nach (2.12) durch Elimination der n_L vorgegebenen Verschiebungen an den Gleitlagerstellen

$\{\bar{R}\}_{n_x}$ Vektor der n_x äußeren Belastungen, entstanden aus $\{R\}$ nach Elimination der äußeren Kräfte an den Gleitlagerstellen.

Das zweite Gleichungssystem erfüllt die Gleichgewichtsbedingungen an allen Gleitlagerstellen. Es läßt sich in der Form

$$[C]_{n_L n_L}\{Z\}_{n_L} + [D]_{n_L n_x}\{\bar{V}\}_{n_x} = \{F_L\}_{n_L} \qquad (2.17)$$

anschreiben, wobei die noch nicht definierten Symbole die folgende Bedeutung haben:

$[C]_{n_L n_L}$ Quadratische Matrix der Ordnung n_L

$[D]_{n_L n_x}$ Rechteckmatrix mit n_L Zeilen und n_x Spalten

$\{F_L\}_{n_L}$ Vektor der n_L Lagerkräfte an den Gleitlagern

Die Ermittlung der Matrizen [A] , [B] , [C] , [D] aus der Matrix CWO und der Vektoren der Beziehungen (2.16) und (2.17) aus dem Vektor $\{R\}$ wird in Bild 2.5 am Beispiel einer 3fach gelagerten und in 3 Elemente aufgeteilten Welle vorgeführt. Die Koeffizienten der 4 Matrizen wurden in Bild 2.5 ohne Angabe der Indizes und ohne Berücksichtigung der Bandstruktur mit a, b, c, d bezeichnet. Wegen der Symmetrieeigenschaft der Matrix CWO gilt $D = A^T$, d.h. die Matrix D ist die transponierte Matrix A.

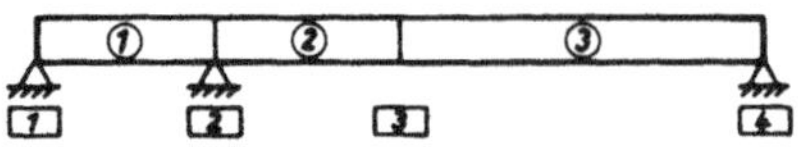

$n = 4$, $n_L = 3$, $n_x = 5$

$$
CWO = \begin{bmatrix}
c & d & c & d & d & d & c & d \\
a & b & a & b & b & b & a & b \\
c & d & c & d & d & d & c & d \\
a & b & a & b & b & b & a & b \\
a & b & a & b & b & b & a & b \\
a & b & a & b & b & b & a & b \\
c & d & c & d & d & d & c & d \\
a & b & a & b & b & b & a & b
\end{bmatrix}
\quad
\begin{array}{ccc}
\multicolumn{3}{l}{\text{Gleichgewichtsbedingung:}} \\
\text{Kraft} & \text{Moment} & \text{Gleichung} \\
1 & & (2.17) \\
 & 1 & (2.16) \\
2 & & (2.17) \\
 & 2 & (2.16) \\
3 & & (2.16) \\
 & 3 & (2.16) \\
4 & & (2.17) \\
 & 4 & (2.16)
\end{array}
$$

$$
\begin{bmatrix} a & a & a \\ a & a & a \\ a & a & a \\ a & a & a \\ a & a & a \end{bmatrix}
\begin{Bmatrix} z_1 \\ z_2 \\ z_4 \end{Bmatrix}
+
\begin{bmatrix} b & b & b & b & b \\ b & b & b & b & b \\ b & b & b & b & b \\ b & b & b & b & b \\ b & b & b & b & b \end{bmatrix}
\begin{Bmatrix} \varphi_1 \\ \varphi_2 \\ z_3 \\ \varphi_3 \\ \varphi_4 \end{Bmatrix}
=
\begin{Bmatrix} T_1 \\ T_2 \\ Q_3 \\ T_3 \\ T_4 \end{Bmatrix}
\quad \text{entspricht } (2.16)
$$

$$
\begin{bmatrix} c & c & c \\ c & c & c \\ c & c & c \end{bmatrix}
\begin{Bmatrix} z_1 \\ z_2 \\ z_4 \end{Bmatrix}
+
\begin{bmatrix} d & d & d & d & d \\ d & d & d & d & d \\ d & d & d & d & d \end{bmatrix}
\begin{Bmatrix} \varphi_1 \\ \varphi_2 \\ z_3 \\ \varphi_3 \\ \varphi_4 \end{Bmatrix}
=
\begin{Bmatrix} Q_1 \\ Q_2 \\ Q_3 \end{Bmatrix}
\quad \text{entspricht } (2.17)
$$

Bild 2.5: Beispiel zur Aufsplittung der Matrix CWO

Mit Hilfe der Gleichungen (2.16) und (2.17) kann eine Beziehung zwischen der gesuchten Steifigkeitsmatrix CWL und den aus der Matrix CWO berechenbaren Matrizen [A] , [B] , [C] , [D] hergestellt werden. Da die Welle bei der Aufstellung der Steifigkeitsbeziehung nur durch Kräfte an den Gleitlagerstellen belastet ist, muß $\{\bar{R}\} = 0$ gesetzt werden. Damit ergibt sich aus (2.16)

$$\{V\} = -[B^{-1}]\,[A]\,\{Z\} \tag{2.18}$$

wobei mit B^{-1} die invertierte Matrix [B] bezeichnet wurde. Ersetzt man den Vektor $\{\bar{V}\}$ in Beziehung (2.17) durch den aus (2.18) gewonnenen, dann erhält man aus (2.17) für den Vektor der Lagerkräfte die Beziehung

$$\{F_L\} = \left[[C] - [D]\,[B^{-1}]\,[A]\right]\{Z\}$$

oder

$$\{F_L\} = [CWL]\,\{Z\} \qquad (2.19)$$

mit

$$[CWL]_{n_L n_L} = \left[[C]_{n_L n_L} - [D]_{n_L n_x}\,[B^{-1}]_{n_x n_x}\,[A]_{n_x n_L}\right]$$

Damit kann die Steifigkeitsmatrix CWL aus den bekannten Matrizen [A] , [B] , [C] , [D] unter Verwendung der Matrixoperationen Inversion, Multiplikation und Addition berechnet werden. Die Matrix CWL ist quadratisch, symmetrisch und hat die Ordnung n_L. Bei der Programmierung wurde das Matrizenprodukt $X = [B^{-1}] \cdot [A]$ durch Auflösung des linearen Gleichungssystems $[B] \cdot X = [A]$ ermittelt. Dabei konnte wegen der positiven Definitheit der Matrix B ein Verfahren für Bandmatrizen von Cholesky angewandt werden.

2.6 Elastostatische Lagerkräfte

Wegen des isotropen Verhaltens der Welle können die elastostatischen Lagerkraftkomponenten in y- und z-Richtung aus den Formeln

$$\{F_{YL}\}_{n_L} = [CWL]_{n_L n_L}\{Y\}_{n_L} + \{F_{Y0L}\}_{n_L}$$

$$\{F_{ZL}\}_{n_L} = [CWL]_{n_L n_L}\{Z\}_{n_L} + \{F_{Z0L}\}_{n_L} \qquad (2.20)$$

berechnet werden, wobei die noch nicht definierten Symbole der Formel (2.20) folgende Bedeutung haben:

$\{F_{YL}\}_{n_L}$, $\{F_{ZL}\}_{n_L}$	y-, z-Komponenten der elastostatischen Kräfte an den Gleitlagerstellen
$\{Y\}_{n_L}$, $\{Z\}_{n_L}$	y-, z-Komponenten der Verschiebungen an den Gleitlagerstellen

$\{F_{YOL}\}_{nL}$, $\{F_{ZOL}\}_{nL}$ y-, z-Komponenten der Kräfte an den Gleitlagerstellen, verursacht durch die äußeren Belastungen unter der Voraussetzung, daß die Welle an den Gleitlagerstellen die Verschiebungen $\{Y\} = \{Z\} = 0$ besitzt.

Die Superposition der Lagerkräfte nach Formel (2.20) ist wegen des vorausgesetzten linearen und isotropen Kraft-Verformungsverhaltens der Welle zulässig. Den Algorithmus zur Berechnung des Vektors $\{F_{ZOL}\}$ erhält man, indem man zunächst mit $\{Z\} = 0$ aus Formel (2.16) den Verschiebungsvektor

$$\{\bar{V}\}_{n_x} = [B^{-1}]_{n_x n_x} \{\bar{R}\}_{n_x}$$

ermittelt und damit aus Formel (2.17) den gesuchten Vektor

$$\{F_{ZOL}\}_{n_L} = [D]_{n_L n_x} [B^{-1}]_{n_x n_x} \{\bar{R}\}_{n_x} \qquad (2.21)$$

erhält. Dieser Vektor beinhaltet noch nicht die an den Lagerstellen selbst wirkenden äußeren Kräfte $\{R_L\}_{nL}$. Diese sind zu der Beziehung (2.21) zu addieren, die damit die endgültige Form

$$\{F_{ZOL}\}_{n_L} = [D]_{n_L n_x} [B^{-1}]_{n_x n_x} \{\bar{R}\}_{n_x} + \{R_L\}_{n_L} \qquad (2.22)$$

erhält.

Der Vektor $\{F_{YOL}\}_{nL}$ der entsprechenden y-Komponenten der Lagerkräfte kann analog berechnet werden, indem die z-Komponenten der äußeren Belastungen im Vektor $\{\bar{R}\}$ durch ihre y-Komponenten ersetzt werden.

2.7 Hydrodynamische Lagerkräfte

Die Basis für die Berechnung der hydrodynamischen Lagerkräfte ist die Reynolds'sche Differentialgleichung /1/, /2/, /5/, /6/

$$\frac{\partial}{\partial \varphi}\left(H^3 \frac{\partial \pi}{\partial \varphi}\right)+\left(\frac{d}{B}\right)^2 \frac{\partial}{\partial \bar{x}}\left(H^3 \frac{\partial \pi}{\partial \bar{x}}\right) = 6\,\frac{\partial H}{\partial \varphi}$$

$$\pi = \frac{\psi^2 p}{\eta\, \omega} \qquad \bar{x} = \frac{2x}{B} \tag{2.23}$$

aus deren Lösung der Druck im Ölfilm berechnet werden kann. Die abhängige Variable der Reynolds'schen Differentialgleichung ist die dimensionslose Druckzahl π nach (2.23), die beim stationär belasteten Gleitlager eine Funktion der Zylinderkoordinaten $\bar{x}$ und φ nach Bild 2.6 ist. Parameter der Reynolds'schen Differentialgleichung sind das Breitenverhältnis d/B und die dimensionslose Spalthöhenfunktion

$$H = 2\,\frac{h}{D-d} = \frac{2h}{d\psi}$$

$$\psi = \frac{D-d}{d} \tag{2.24}$$

die bei Berücksichtigung der Wellenverkantung von den Ortskoordinaten φ und $\bar{x}$ abhängig ist. Bei Vernachlässigung der Verkantung hängt H allein vom Umfangswinkel φ nach Bild 2.6 ab. Bei der üblichen Definition der Spalthöhenfunktion tritt die größte Spalthöhe in der Lagermittelebene ($\bar{x}$ = O) bei dem Winkel φ = O auf. In Bild 2.6 sind die wesentlichen Parameter zusammengestellt, die die hydrodynamische Lagerkraft P beeinflussen.

Die dimensionslose Sommerfeldzahl

$$S_{oD} = \frac{P\,\psi^2}{B\,d\,\eta\,\omega} \tag{2.25}$$

erhält man aus der Integration über den gesamten durch positiven Druck belasteten Schmierfilm /5/, /6/. Ein weiteres Ergebnis dieser Integration ist der Winkel β zwischen der Kraftrichtung und der Richtung des engsten Schmierspaltes nach Bild 2.6.

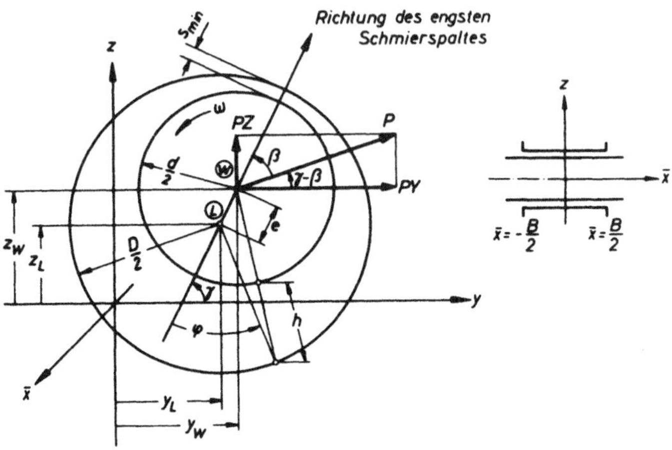

Bild 2.6: Einflußgrößen auf die hydrodynamische Lagerkraft

$W(y_W, z_W)$	Wellenmittelpunkt
$L(y_L, z_L)$	Lagerschalenmittelpunkt
d	Wellendurchmesser
D	Lagerschalendurchmesser
B	Lagerschalenbreite
$\psi = \frac{D - d}{d}$	Relatives Lagerspiel
e	Exzentrizität
$\varepsilon = \frac{2e}{d\psi}$	Relative Exzentrizität
h	Örtliche Spalthöhe
ω	Winkelgeschwindigkeit der Welle
γ	Winkel zwischen Richtung des engsten Schmierspaltes und y-Achse
β	Winkel zwischen Lagerkraft und engstem Schmierspalt
PY, PZ	y- und z-Komponenten der hydrodynamischen Lagerkraft P
η	Dynamische Viskosität des Schmieröls
$\pi = \frac{\psi^2 p}{\eta \omega}$	Dimensionslose Kennzahl für den Schmierfilmdruck p
$S_{OD} = \frac{\psi^2 P}{Bd \eta \omega}$	Sommerfeldzahl des stationär belasteten Gleitlagers

Die dimensionslose Formulierung der Reynolds'schen Differentialgleichung (2.23) und ihrer Ergebnisse (2.25) ermöglicht eine generelle Lösung, sofern man sich auf spezielle Spalthöhenfunktionen beschränkt.

Am ausführlichsten untersucht wurden in der Literatur /1/, /2/, /5/, /6/ das vollumschlossene Radialgleitlager mit kreiszylindrischer Welle und kreiszylindrischer Lagerschale ohne Berücksichtigung der Wellenverkantung. Für diesen Fall ist

$$H = 1 + \varepsilon \cos\varphi \qquad \varepsilon = \frac{e}{\frac{d}{2}\psi} \tag{2.26}$$

und die Sommerfeldzahl und der Winkel β können aus den Lösungen der Reynolds'schen Differentialgleichung (2.23) als Funktionen der beiden Parameter ε und d/B berechnet werden. Damit sind auch die Komponenten PY und PZ der Lagerkräfte mit den einfachen Beziehungen

$$\begin{aligned} \cos\gamma &= \frac{y_W - y_L}{e} \\ \sin\gamma &= \frac{z_W - z_L}{e} \\ PY &= P\cos(\gamma-\beta) = P\cos\gamma\cos\beta + P\sin\gamma\sin\beta \\ PZ &= P\sin(\gamma-\beta) = P\sin\gamma\cos\beta - P\cos\gamma\sin\beta \end{aligned} \tag{2.27}$$

berechenbar, die man aus Bild 2.6 ablesen und auf die Form

$$\begin{aligned} PY &= \frac{P}{e}\left[(y_W - y_L)\cos\beta + (z_W - z_L)\sin\beta\right] \\ PZ &= \frac{P}{e}\left[(z_W - z_L)\cos\beta - (y_W - y_L)\sin\beta\right] \end{aligned} \tag{2.28}$$

bringen kann. Verwendet man noch die Definitionen (2.25) und (2.26) zur Elimination des Quotienten P/e in (2.28), dann erhält man die endgültigen Gleichungen

$$PY = E_1 \frac{S_{OD}}{\varepsilon} \left[(y_W - y_L)\cos\beta + (z_W - z_L)\sin\beta \right]$$

$$PZ = E_1 \frac{S_{OD}}{\varepsilon} \left[(z_W - z_L)\cos\beta - (y_W - y_L)\sin\beta \right]$$

$$E_1 = \frac{2 B \eta \omega}{\psi^3} \qquad (2.29)$$

$$\varepsilon = \frac{2}{d\psi} \sqrt{(z_W - z_L)^2 + (y_W - y_L)^2}$$

Aus den Beziehungen (2.29) können die y- und z-Komponenten der Lagerkraft berechnet werden, sofern die Sommerfeldzahl, der Winkel β, die Mittelpunktskoordinaten von Welle und Lagerschale und die in Bild 2.6 aufgeführten Einflußgrößen bekannt sind.

In den Gleichungen (2.29) kommt die Spalthöhenfunktion H explizit nicht vor. Diese Gleichungen können deshalb auch für andere Spalthöhenfunktionen $H(\varphi)$ als (2.26) verwendet werden, sofern die Sommerfeldzahl und der Winkel β beide unter Berücksichtigung dieser Funktion $H(\varphi)$ ermittelt wurden. Bei der Beachtung der relativen Verkantung von Lager und Welle ist die Spaltfunktion $H(\varphi, \bar{x})$ auch noch von der $\bar{x}$-Koordinate abhängig. Dann muß bei Anwendung der Beziehung (2.21) darauf geachtet werden, daß die relative Exzentrizität ε ebenfalls von $\bar{x}$ abhängig ist.

Die Berechnung der Sommerfeldzahlen und Verlagerungswinkel unter Berücksichtigung verschiedener Spaltgeometrien wird im Kapitel 3 beschrieben.

2.8 Gleichungssystem zur Ermittlung der Wellenkoordinaten an den Gleitlagerstellen

An jeder Gleitlagerstelle gilt die vektorielle Bedingung

$$\vec{P} = -\vec{F} \qquad (2.30)$$

wobei mit $\vec{P}$ der im Abschnitt 2.7 aus den hydrodynamischen Bedingungen ermittelt Lagerkraftvektor und mit $\vec{F}$ der im Abschnitt 2.6 aus den elastostatischen Bedingungen ermittelte Kraftvektor bezeichnet wird. Die vektorielle Bedingung (2.30) kann durch die beiden skalaren Bedingungen

$$\{F_{YL}\}_{n_L} + \{PY\}_{n_L} = 0$$
$$\{F_{ZL}\}_{n_L} + \{PZ\}_{n_L} = 0 \qquad (2.31)$$

ersetzt werden. Nennt man die nach (2.19) berechenbaren Koeffizienten der quadratischen Steifigkeitsmatrix

$$CWL = [w_{i,j}]$$
$$i = 1, 2, \ldots, n_L \qquad (2.32)$$
$$j = 1, 2, \ldots, n_L$$

und die Koeffizienten der nach (2.22) berechenbaren Null-Lagerkraftvektoren

$$\{F_{Y0L}\} = \begin{Bmatrix} u_1 \\ \vdots \\ u_{n_L} \end{Bmatrix}$$
$$\{F_{Z0L}\} = \begin{Bmatrix} v_1 \\ \vdots \\ v_{n_L} \end{Bmatrix} \qquad (2.33)$$

dann erhält man aus (2.20), (2.29), (2.31) bis (2.33) die $2n_L$ Gleichungen

$$\sum_{j=1}^{n_L} w_{i,j}\, y_j + u_i + \left(\frac{E_1 S_{OD}}{\varepsilon}\right)_i \left[(y_i - y_{L_i})\cos\beta_i + (z_i - z_{L_i})\sin\beta_i\right] = 0$$
$$\sum_{j=1}^{n_L} w_{i,j}\, z_j + v_i + \left(\frac{E_1 S_{OD}}{\varepsilon}\right)_i \left[(z_i - z_{L_i})\cos\beta_i - (y_i - y_{L_i})\sin\beta_i\right] = 0 \qquad (2.34)$$
$$E_{1_i} = 2\omega\left(\frac{B\eta}{\psi^3}\right)_i$$
$$\varepsilon_i = \left(\frac{2}{d\psi}\right)_i \sqrt{(z_i - z_{L_i})^2 + (y_i - y_{L_i})^2}$$
$$i = 1, 2, \ldots, n_L$$

Die Gleitlagerdaten, die in (2.34) durch den Index i gekennzeichnet sind, können an jedem der n_L Lager verschieden sein. Die $2n_L$ Beziehungen (2.34) definieren ein nichtlineares Gleichungssystem, aus dem die $2n_L$ unbekannten Koordinaten y_i und z_i der Wellenmittelpunkte an den Gleitlagerstellen berechnet werden können.

Die Lösung dieses Gleichungssystems erfolgt in einem FORTRAN-Programm unter Anwendung eines Newtonschen Verfahrens mit numerischer Differentiation 1. Ordnung, d.h. die analytisch nicht exakt berechenbaren Ableitungen werden durch Differenzenquotienten ersetzt.

Nach der Lösung des Gleichungssystems (2.34) können unter Verwendung der jetzt bekannten Koordinaten (y_i, z_i) die Lagerkräfte entweder aus den Beziehungen (2.28) oder aus den Beziehungen (2.20) berechnet werden. Die Qualität der Übereinstimmung der beiden Ergebnisse dient zur Kontrolle des Newtonschen Verfahrens, das zur Lösung des Gleichungssystems (2.34) verwendet wird. Die relativen Exzentrizitäten ε_i können aus der Formel (2.34) ermittelt werden. Die engsten Schmierspalte ergeben sich aus der Formel

$$(s_{min})_i = \left(\frac{d\psi}{2}\right)_i (1 - \varepsilon_i) \tag{2.35}$$

wobei der Lagerindex i darauf aufmerksam machen soll, daß die Daten des gekennzeichneten Lagers in die Formel einzusetzen sind.

Mit den jetzt bekannten relativen Lagerspielen sind die Reibleistungen der Lager unter Verwendung der im Kapitel 3 angegebenen Formeln und Tabellen berechenbar.

2.9 Rotierende Belastungen und Verformungen

Die Gleichungen (2.34) wurden unter der Voraussetzung abgeleitet, daß die äußeren Kräfte nach Betrag und Richtung von der Zeit unabhängige konstante Größen sind. Damit bleiben die Wellenmittelpunkte in Ruhe.

Mit der gleichen Theorie läßt sich jedoch auch der instationäre Sonderfall behandeln, bei dem die Wellenmittelpunkte mit der Wellendrehzahl um die Lagerschalenmittelpunkte rotieren. Nach /2/ kann die für den Druckaufbau maßgebende Winkelgeschwindigkeit im instationär belasteten Gleitlager aus der Beziehung

$$\bar{\omega} = \omega + \omega_s - 2\dot{\gamma} \qquad (2.36)$$

berechnet werden. Dabei bedeuten

ω	die Winkelgeschwindigkeit des Wellenzapfens
ω_s	die Winkelgeschwindigkeit der Lagerschale
$\dot{\gamma}$	die Winkelgeschwindigkeit des engsten Schmierspaltes.

Ersetzt man für den rotierenden Verformungszustand $\dot{\gamma}$ durch ω und beschränkt man sich auf den Fall der ruhenden Lagerschale, dann ist die hydrodynamisch wirksame Winkelgeschwindigkeit

$$\bar{\omega} = -\omega \qquad (2.37)$$

Das bedeutet, daß bei einem mit der Wellendrehzahl rotierenden Verformungszustand nach Umkehr der Drehrichtung die Theorie des stationär belasteten Gleitlagers anwendbar ist.

Damit können mit der Theorie der stationären Mehrfachgleitlagerung auch die Sonderfälle "reine Fliehkraftbelastung" und "krumme Welle" behandelt werden, sofern die Voraussetzung erfüllt ist, daß die Zapfenbahnen Kreise sind, deren Mittelpunkte mit den Lagerschalenmittelpunkten zusammenfallen. Diese Bedingung ist bei einer fluchtenden Lagergasse erfüllt, sofern die gerade oder die krumme Welle allein durch Fliehkräfte belastet wird. Die Kombination Fliehkräfte mit stationären Kräften,

Fliehkräfte mit nicht fluchtender Lagergasse, krumme Welle mit nicht fluchtender Lagergasse und krumme Welle mit stationärer Belastung ergeben nicht kreisförmige Zapfenbahnen und können deshalb mit der Theorie der stationären Mehrfachgleitlagerung nicht korrekt berechnet werden.

2.10 Berücksichtigung von krummen Wellen

Bei der krummen Welle sind für die Berechnung der elastostatischen Lagerkraft die Koordinaten der beiden Punkte W_o und W nach Bild 2.7 maßgebend. Dabei sind W_o der Schnittpunkt der unbelasteten und W der Schnittpunkt der belasteten Welle mit der Lagermittelebene. Beschränkt man sich auf solche Situationen, bei denen an allen Lagerstellen der Punkt W auf Kreisen um die Schalenmittelpunkte L umlaufen, dann kann die krumme Welle mit der Theorie der stationären Mehrfachgleitlagerung behandelt werden.

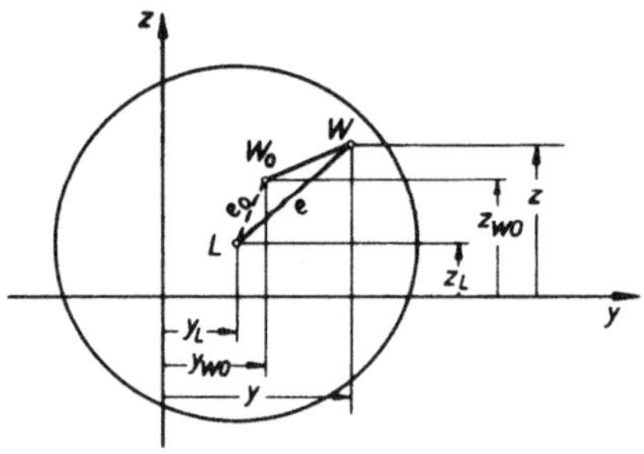

Bild 2.7: Positionen der Wellenmittelpunkte der belasteten (W) und unbelasteten Welle (W_o) in Lagermittelebene

Dazu werden die y- und z-Komponenten der elastostatischen Lagerkräfte in den Gleichungen (2.34) ersetzt durch die Terme

$$\sum_{j=1}^{n_L} w_{i,j}\,(y_j - y_{WO,j}) + u_i = \sum_{j=1}^{n_L} w_{i,j}\, y_j - \sum_{j=1}^{n_L} w_{i,j}\, y_{WO,j} + u_i$$

$$\sum_{j=1}^{n_L} w_{i,j}\,(z_j - z_{WO,j}) + v_i = \sum_{j=1}^{n_L} w_{i,j}\, z_j - \sum_{j=1}^{n_L} w_{i,j}\, z_{WO,j} + v_i \qquad (2.38)$$

$$i = 1,2,\ldots,n_L$$

Die rechten Seiten der Beziehungen (2.38) können als "Nullkräfte"

$$U_i = u_i - \sum_{j=1}^{n_L} w_{i,j}\, y_{WO,j}$$

$$V_i = v_i - \sum_{j=1}^{n_L} w_{i,j}\, z_{WO,j} \qquad (2.39)$$

$$i = 1,2,\ldots,n_L$$

der krummen Welle gedeutet werden. Damit kann die krumme Welle mit einem einzigen zusätzlichen Algorithmus behandelt werden, der die "Nullkräfte" nach (2.39) berechnet. Wegen der Rotation des Punktes W um den Punkt L ensteht ein quasistationärer Zustand, der nach Kapitel 2.9 durch einen formalen Wechsel der Wellendrehrichtung erfaßbar ist. Als äußere Belastung sind jedoch wegen der Beschränkung auf stationäre Zustände allein gleichsinnig mit der Wellendrehzahl rotierende Kräfte zugelassen.

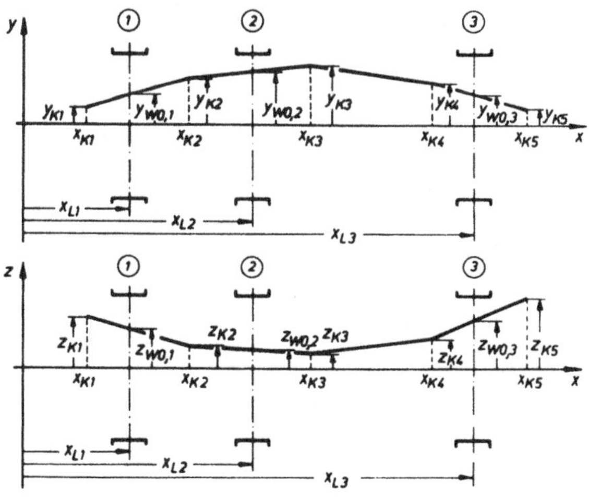

Bild 2.8: Definition der krummen Welle

Die Form der krummen Welle wird in dem Koordinatensystem nach Bild 2.8 durch einen räumlichen Polygonzug definiert. Die Koordinaten der Endpunkte der Geraden dieses Polygonzuges sind Eingabeparameter des FORTRAN-Programmes. Maßgebend für die Berechnung sind jedoch die Koordinaten in den Mittelebenen der Gleitlager, die von dem Programm ermittelt werden.

2.11 Bemerkungen zum Rechnerprogramm

Zur numerischen Lösung des Problems "Mehrfachgleitlagerung" wurde ein FORTRAN-Programm entwickelt. Mit diesem Programm können die Lagerkräfte, die engsten Schmierspalte und die Reibleistung von Mehrfachgleitlagerungen unten Verwendung der im Kapitel 2 beschriebenen Theorie berechnet werden. Die Sonderfälle "nicht fluchtende Lagergasse", "krumme Welle" und "Fliehkraftbelastung" sind unter Beachtung der im Kapitel 2.9 genannten Einschränkungen in dem Programm enthalten.

Der elastostatische Teil des Programmes berechnet die Koeffizienten der Steifigkeitsmatrix CWL nach (2.32) und die y- und z-Komponenten der Lagerkräfte der zentrisch gelagerten Welle mit Hilfe der in den Kapiteln 2.3 bis 2.6 beschriebenen Algorithmen. Damit sind die Koeffizienten $w_{i,j}$, u_i und v_i des Gleichungssystems (2.34) bekannt.

Wird der Verkantungseinfluß vernachlässigt und eine kreiszylindrische Spaltgeometrie bei allen Gleitlagern vorausgesetzt, dann berechnet das Programm die Sommerfeldzahlen S_{OD} und die Winkel β währendder iterativen Auflösung des Gleichungssystems (2.34) mit Hilfe der Butenschönschen Approximationsformeln/6/. S_{OD} und β sind in diesem Fall allein von den relativen Exzentrizitäten ε und den Breitenverhältnissen d/B abhängig.

Berücksichtigt man jedoch die Verkantung zwischen Welle und Gleitlager, dann sind die Funktionen S_{OD} und β bereits von 4 unabhängigen Variablen abhängig [2)]. Für diesen Fall sind

---
2) siehe Kapitel 3

keine Approximationsformeln bekannt und eine tabellarische Interpolation ist sehr aufwendig und kompliziert.

Zur Umgehung dieser Schwierigkeiten wurde ein für beliebige Spaltgeometrien gültiger Programmteil entwickelt, der im Kapitel 3 beschrieben wird. Dieser Programmteil berechnet die Lagerkraftkomponenten PY und PZ während des Iterationsprozesses an allen Lagerstellen durch numerische Integration der Reynolds'schen Differentialgleichung (2.23). Die hydrodynamischen Terme der Gleichung (2.34) werden dann durch PY und PZ ersetzt.

Das nichtlineare Gleichungssystem (2.34) wird mit einem Newtonschen Verfahren gelöst. Die dabei notwendigen Startwerte werden mit Hilfe einer fiktiven statisch bestimmten Lagerung berechnet. Bei Verwendung des druckberechnenden Programmteiles wird eine von De Broydn /7/ entwickelte Modifikation des Newtonschen Verfahrens verwendet, um die Anzahl der numerischen Integrationen der Reynolds'schen Differentialgleichung zu minimieren.

Nach Auflösung des Gleichungssystems (2.34) werden aus den jetzt bekannten y- und z-Koordinaten der Wellenmittelpunkte an den Gleitlagerstellen die engsten Schmierspalte, die Lagerkräfte und die Reibleistungen ermittelt.

Für spezielle Untersuchungen, über die im Kapitel 4 berichtet wird, wurden weitere Programmteile zur Aufbereitung und grafischen Darstellung der Ergebnisse entwickelt.

3. Theorie der hydrodynamischen Tragfähigkeit von Radialgleitlagern

Grundlage für die Berechnung der hydrodynamischen Lagerkräfte ist die REYNOLDSsche Differentialgleichung der hydrodynamischen Schmierungstheorie (vgl. Glg. 2.23). Die Differentialgleichung liefert für jede beliebige Wellenlage und Schmierspaltgeometrie die Lagerkenngrößen: Druckverteilung, Tragkraft, Reibungszahl sowie Ölbedarf.

Bei Mehrfachgleitlagerungen wird die Schmierspaltgeometrie durch Lagerversetzungen bezüglich der Lagergasse sowie durch Schiefstellung und Durchbiegung der Welle beeinflußt. Infolge der Abweichung der Schmierspaltgeometrie gegenüber der achsparallelen Lage von Welle und Lagerschale ergibt sich eine unsymmetrische Druckverteilung bezüglich der Lagermittelebene. Die Integration der unsymmetrischen Druckverteilung liefert dann eine resultierende Lagerlast, deren Angriffspunkt exzentrisch zur Lagermittelebene angreift, sodaß die hydrodynamische Druckentwicklung ein Kippmoment um die Lagermittelebene erzeugt.

Für die Berechnung derMehrfachgleitlagerung mußten daher folgende Parameter ermittelt werden:

- die hydrodynamische Tragfähigkeit für beliebige Exzentrizität und räumliche Verkantung der Welle
- Der Angriffspunkt der resultierenden Lagerlast in Richtung Lagerbreite und Lagerumfang
- sowie die entsprechenden Reibungskennzahlen.

Die Ermittlung der hydrodynamischen Parameter innerhalb des elastostatischen Teils der Mehrfachgleitlagerberechnung kann hierbei auf zwei Wegen erfolgen:

1. durch Zugriff auf eine Datenbank mit gespeicherten Sommerfeldzahlen für unterschiedliche Exzentrizität und Wellenverkantung

2. durch direkte Lösung der REYNOLDS'schen Differentialgleichung für einen momentanen Betriebspunkt.

Das Programm zur Lösung der REYNOLDS'schen Differentialgleichung wurde für die Anwendung nach Pkt. 2 bezüglich der Randbedingungen am Druckbergende modifiziert, um die Rechenzeiten zu verkürzen.

3.1 Lösung der REYNOLDS'schen Differentialgleichung

Ausgehend von den allgemeinen NAVIER-STOKES-Gleichungen leitet REYNOLDS /10/ unter konsequenter Vernachlässigung von Termen, die gegenüber anderen klein sind, für den stationären Fall eine elliptische Differentialgleichung (3.1) her, die in der hydrodynamischen Schmierungstheorie allgemein als REYNOLDS'sche Differentialgleichung bekannt ist. Die REYNOLDS'sche Differentialgleichung beschreibt die Druckverteilung $\tilde{p}$ als Funktion der Spaltgeometrie h, der Schmierstoffzähigkeit η und der Gleitgeschwindigkeit U. Für die Berechnung von Radialgleitlagern wird üblicherweise ein im Schalenmittelpunkt fixiertes Polarkoordinatensystem (Bild 3.1) eingeführt.

Mit den Koordinaten φ und $\bar{z} = 2 \cdot z/B$,
den bekannten dimensionslosen Größen für die Lagergeometrie

Breitenverhältnis $b^{-1} = B/D$

relatives Lagerspiel $\psi = \frac{D - d}{d}$

relative Exzentrizität $\varepsilon = \frac{2e}{D - d}$

relative Spalthöhe $H = \frac{2h}{D - d}$

sowie einer dimensionslosen Druck-Kennzahl $p = \frac{\tilde{p} \cdot \psi^2}{\eta \cdot \omega}$,

ergibt sich die dimensionslose REYNOLDS'sche Dgl. (3.1) für zylindrische Radialgleitlager

$$\frac{\partial}{\partial \varphi} \left(H^3 \frac{\partial p}{\partial \varphi}\right) + b^2 \frac{\partial}{\partial \bar{z}} \left(H^3 \frac{\partial p}{\partial \bar{z}}\right) = 6 \frac{\partial H}{\partial \varphi} \qquad (3.1)$$

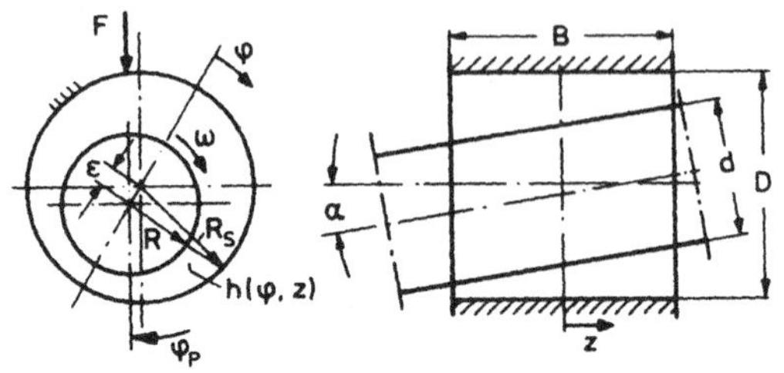

$$F_{Res} = \quad p\ d\ d_z$$

$$F_{Res} = F$$

$$M_D = F_{Res}\ Z_D$$

Bild 3.1: Kreiszylindrisches Radialgleitlager
B Lagerbreite; d,D Wellen- und Lagerdurchmesser;
φ, z Koordinaten; α Wellenschiefstellung;
ω Winkelgeschwindigkeit; F Lagerlast;
$p(\varphi, z)$ Druckverteilung; M_D Moment

Zur Lösung der Dgl. 3.1 werden in der Literatur verschiedene Randbedingungen angegeben (Bild 3.2):

1. an den Lagerränderung $\bar{z} = \pm 1$: $p(\varphi, \bar{z}) = 0$
2. am Anfang und Ende der Druckentwicklung:

   nach SOMMERFELD /14/ $\quad p(\varphi_A, \bar{z}) = p(\varphi_A + 2\pi, \bar{z}) = 0$

   nach GÜMBEL /15/ $\quad p(\varphi_A, \bar{z}) = p(\varphi_A + 2\pi, \bar{z}) = 0$

   mit Ersetzen von $p < 0$ durch $p = 0$

   nach REYNOLDS /16/ $\quad p(\varphi = \varphi_A, \bar{z}) = 0$

   $p(\varphi = \varphi_E, \bar{z}) = 0$

$$\left.\frac{\partial p}{\partial \varphi}\right|_{\varphi = \varphi_E} = 0$$

(φ_A: Druckanfang, φ_E: Druckende)

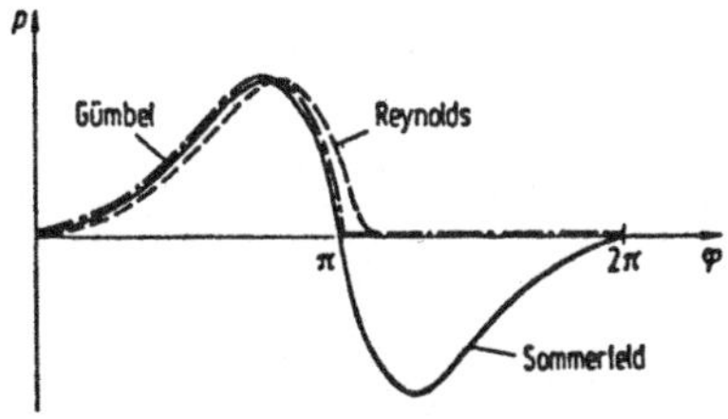

Bild 3.2: Randbedingungen zur REYNOLDS'schen Dgl.

Während die SOMMERFELDsche Bedingung zu einer im engsten Schmierspalt gespiegelten Druckverteilung mit gleichem Verlauf im positiven und negativen Bereich führt, trägt die GÜMBELsche Bedingung bereits der physikalischen Gegebenheit Rechnung, daß nennenswerte Zugkräfte von Flüssigkeiten nicht übertragen werden. Die REYNOLS'sche Bedingung entspricht dem tatsächlichen Druckverlauf im Gleitlager weitgehend (vgl. Bild 3.2).

Während für die SOMMERFELD- und GÜMBEL-Bedingungen analytische Lösungen der Dgl. 3.1 existieren, ist eine strenge Lösung mit der REYNOLDS-Bedingung nicht bekannt. Erste umfangreiche Berechnungen wurden von SASSENFELD und WALTHER /5/ mit dem Differenzenverfahren durchgeführt.

Bei den numerischen Lösungsverfahren wächst der Aufwand zur Lösung der REYNOLDS'schen Dgl. mit zunehmender Exzentrizität ε stark an, da bei $\varepsilon > 0{,}90$ hohe Druckgradienten auftreten. Der numerische Aufwand läßt sich jedoch durch eine Transformation der Druckverteilung wesentlich reduzieren /17/.

3.1.1 Transformation

Bereits von VOGELPOHL /11/ wurde die Transformation

$$\hat{p}(\varphi) = H(\varphi)^{\lambda} \quad p(\varphi) \tag{3.2}$$

vorgeschlagen, die zu einem geglätteten Druckverlauf mit kleinen Gradienten führt.

Die Transformation beruht auf der Überlegung, daß Bereiche mit hohen Druckgradienten bei kleinen Spaltweiten H auftreten.

Mit (3.1) und (3.2) ergibt sich die transformierte Form (3.3) der REYNOLDS'schen Dgl.

$$\frac{\partial^2 \hat{p}}{\partial \varphi^2} + b^2 \frac{\partial^2 \hat{p}}{\partial \bar{z}^2} + a_1 \frac{\partial \hat{p}}{\partial \varphi} + a_2 \frac{\partial \hat{p}}{\partial \bar{z}} + a_3 \hat{p} = a_4 \tag{3.3}$$

mit

$$a_1 = a_1(\varphi, \bar{z}) = (3 - 2\lambda) \frac{\partial H}{\partial \varphi}/H$$

$$a_2 = a_2(\varphi, \bar{z}) = b^2(3 - 2\lambda) \frac{\partial H}{\partial \bar{z}}/H$$

$$a_3 = a_3(\varphi, \bar{z}) = - \lambda H^{-2} \quad (2 - \lambda)\left(\left(\frac{\partial H}{\partial \varphi}\right)^2 + b^2\left(\frac{\partial H}{\partial \bar{z}}\right)^2\right) + \\ + H\left(\frac{\partial^2 H}{\partial \varphi^2} + b^2 \frac{\partial^2 H}{\partial \bar{z}^2}\right)$$

$$a_4 = a_4(\varphi, \bar{z}) = 6 \cdot H^{\lambda - 3} \frac{\partial H}{\partial \varphi}$$

Zur Vereinfachung der Differentialgleichung (3.3) wird in einer Reihe von Arbeiten der Drucktransformationskoeffizient $\lambda = 3/2$ gesetzt, wodurch die Terme a_1 und a_2 entfallen (z.B. HAKANSSON /12/, SASSENFELD und WALTHER /5/, KNOLL /13/, BUTENSCHÖN /6/).

Im Bereich extrem hoher Exzentrizitäten von $\varepsilon = 0{,}99 \div 0{,}999$, die in /6/ mit Hilfe des Differenzenverfahrens untersucht wurden, konnte trotz der Transformation die erforderliche numerische Stabilität erst durch ein speziell entwickeltes Lösungsverfahren mit automatischer Schrittweitensteuerung sichergestellt werden. Hierbei mußten im Bereich des Druckmaximums mit Schrittweiten von $\Delta\varphi = 0{,}25^\circ$ gerechnet werden. Der numerische Aufwand erforderte hierbei den Einsatz einer Großrechenanlage.

Eine nähere Untersuchung der transformierten Druckfunktion zeigt jedoch, daß speziell bei hohen Exzentrizitäten die Drucktransformation mit $\lambda = 3/2$ zu keiner wesentlichen Verbesserung im interessierenden Bereich hoher Gradienten führt (Bild 3.3). Ausgehend von der GÜMBELschen Beziehung für die Druckverteilung im zylindrischen Gleitlager unendlicher Breite kann für den Exponenten λ eine exzentrizitätsabhängige Beziehung angegeben werden, die speziell im Bereich des Druckmaximums zu einer Glättung des Druckverlaufs führt.

Die Druckverteilung nach GÜMBEL beschreibt zwar nicht die physikalische Randbedingung am Druckbergende $\partial p/\partial \varphi = 0$, liefert aber den gewünschten Zusammenhang zwischen Druckverlauf und Exzentrizität, aus dem sich ein exzentrizitätsabhängiger Transformationsexponent ableiten läßt.

Die Druckverteilung des unendlich breiten Radiallagers nach GÜMBEL /15/

$$p(\varphi)_{z=\infty} = \frac{6 \cdot \varepsilon \cdot \sin\varphi(2 + \varepsilon \cdot \cos\varphi)}{(2 + \varepsilon^2)(1 + \varepsilon \cdot \cos\varphi)^2} \qquad (3.4)$$

wird für das Lager endlicher Breite modifiziert, durch den Parabelansatz $(1 - z^{-m})$ für die Druckverteilung in Breitenrichtung und den Einflußfaktor $q = f(B/D)$ für das Lagerbreitenverhältnis B/D (3.5)

$$p(\varphi, \bar{z}) = p(\varphi)_{z=\infty} \cdot q(1 - z^{-m}) \qquad (3.5)$$

Mit dem dimensionslosen Spaltverlauf

$$H = 1 + \varepsilon \cos\varphi \qquad (3.6)$$

und der Drucktransformation (3.2) folgt aus (3.4) und (3.5) die transformierte GÜMBELsche Druckverteilung für das Lager endlicher Breite

$$\hat{p}(\varphi, \bar{z}) = q(1 - z^{-m}) \frac{6 \cdot \varepsilon \cdot \sin\varphi}{(2 + \varepsilon^2)} (1 + H) \cdot H^{\lambda - 2} \tag{3.7}$$

Hieraus wird die Extremalbedingung

$$\frac{\partial \hat{p}}{\partial H} = 0 \tag{3.8}$$

abgeleitet, die der Forderung entspricht, daß die Druckänderung über dem Spaltverlauf minimal wird. Mit $\partial\hat{p}/\partial H = 0$ ergibt sich nach (3.7) eine Abhängigkeit des Drucktransformationskoeffizienten λ von der Spaltgeometrie (3.9), d.h. von ε und φ.

$$\lambda = \frac{2 + H}{1 + H} = \frac{3 + \varepsilon \cos\varphi}{2 + \varepsilon \cos\varphi} \tag{3.9}$$

Nach (3.9) nimmt λ in den Grenzen der Exzentrizität von $\varepsilon = 0,0$ und $\varepsilon = 1,0$ Werte zwischen $\lambda = 1,5$ und $\lambda = 2,0$ an.

Eine Auswertung der transformierten Druckverläufe für exzentrizitätsabhängige λ-Werte (Bild 3.3) zeigt eine wesentliche Minderung der Gradienten durch $\lambda = f(\varepsilon)$ nach (3.9) gegenüber der Transformation mit $\lambda = 3/2$.

Der Vergleich zeigt den Druckverlauf für den bisher verwendeten λ-Wert von $\lambda = 3/2$ und λ-Werte nach (3.9). Die beiden λ-Werte nach (3.9) sind $\lambda = f(\varepsilon, \varphi)$ mit dem Winkel veränderlich und $\lambda = f(\varepsilon)$ mit der Einschränkung einer optimalen Glättung bei $\varphi = 180^\circ$.

Die Abweichung zwischen $\lambda(\varepsilon)$ und $\lambda(\varepsilon, \varphi)$ ist im Vergleich zu $\lambda = 3/2$ gering, sodaß sich mit $\varphi = 180^\circ$ der Ausdruck (3.9) weiter vereinfacht zu:

$$\lambda = \frac{3 - \varepsilon}{2 - \varepsilon} \tag{3.10}$$

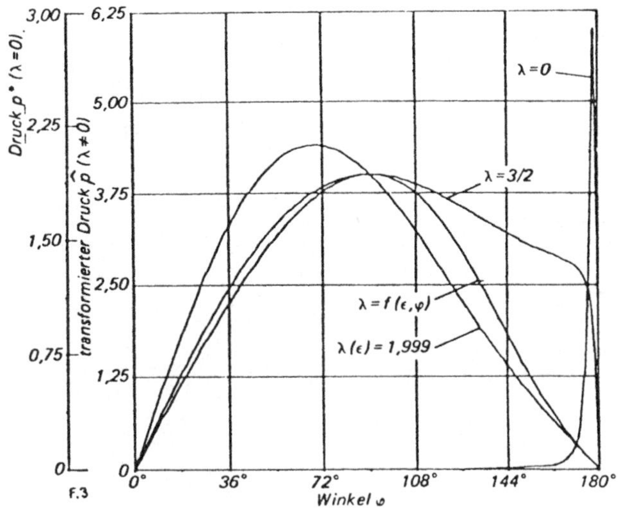

<u>Bild 3.3:</u> Druckverlauf p(φ) Radiallager unendlicher Breite mit Exzentrizität $\varepsilon = 0{,}999$
untransformiert p
transformiert $\hat{p} = H^{\lambda} \cdot p$

Den Nachweis für eine verbesserte numerische Stabilität durch den exzentrizitätsabhängigen Transformationskoeffizienten nach (3.10), liefert der Vergleich mit den Ergebnissen von BUTENSCHÖN /6/.

Die Berechnungen werden nach der Finite Elemente Methode durchgeführt (vgl. Pkt. 3.1.2). Die Genauigkeit der Ansatzfunktionen für die FE-Berechnung und das Differenzenverfahren nach /6/ sind identisch. Im Gegensatz zum Differenzenverfahren zeichnet sich die FEM durch die Möglichkeit aus, den Gradienten des erwarteten Funktionsverlaufes bereits durch eine variable Elementaufteilung zu berücksichtigen. Bei variabler Elementaufteilung in Umfangsrichtung sowie exzentrizitätsabhängigen Transformationsexponenten $\lambda(\varepsilon)$ wird für $\varepsilon = 0{,}999$ eine ausreichende Lösungsgenauigkeit bei einem FE-Netz von 181 Knotenpunkten erreicht (Anzahl der Elemente in Breitenrichtung 5, in Umfangsrichtung 10).

Finite Elemente Diskretisierung

Anzahl der Knotenpunkte : 181

Anzahl der Elemente : 50

$D/B = 1$	p^*_{max}	So	Δp_{max} [%]	ΔSo [%]
$\lambda(\varepsilon) = 1{,}999$	34316	1187	0,80	1,02
Butenschön	34045	1175	–	–

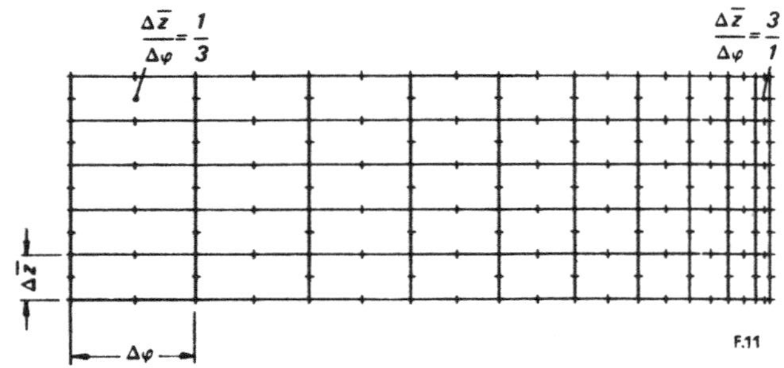

Druckverlauf $\hat{p}(\varphi, \bar{z})$

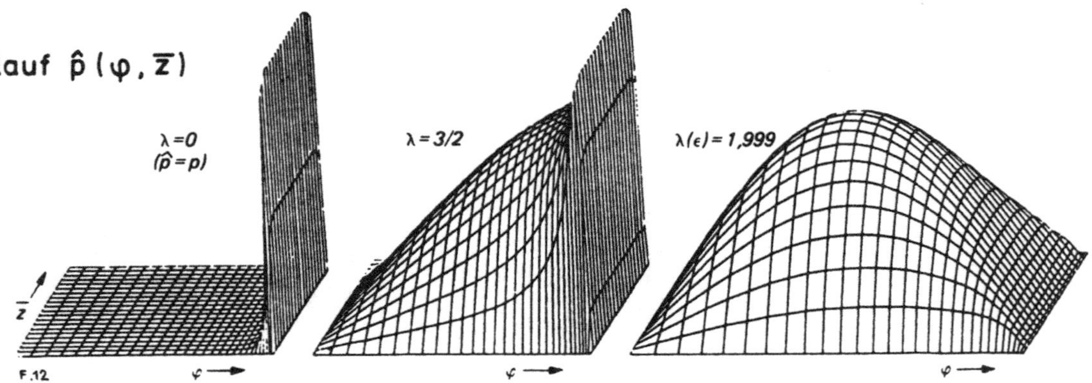

Bild 3.4: Einfluß des Transformationsexponenten λ auf den Druckverlauf $p(\varphi, \bar{z})$ bei Exzentrizität $\varepsilon = 0{,}999$ und Breitenverhältnis $B/D = 1$

FE-Lösung: $\lambda(\varepsilon) = 1{,}999$

Differenzenverfahren: $\lambda = 3/2$ (Lösung nach /9/)

Das schrittweitengesteuerte Differenzenverfahren nach /6/ führte bei gleichem Resultat auf ein Gleichungssystem von 400 Unbekannten, das entsprechend der Schrittweitenverfeinerung 7fach zu lösen war.

Den Vergleich der beiden Ergebnisse sowie den Einfluß des Transformationsexponenten λ auf den Druckverlauf zeigt Bild 3.4. Zur Anzahl der Gitterpunkte in Bild 3.4 ist zu ergänzen, daß aus Gründen der graphischen Darstellbarkeit der Druckverläufe für $\lambda = 0$ und $\lambda = 3/2$, die Anzahl der Elemente über die numerisch erforderliche Zahl von $n = 50$ erhöht wurde.

3.1.2 Finite Elemente Formulierung der REYNOLDS'schen Differentialgleichung

Die Finite Elemente Methode (FEM) zeichnet sich gegenüber dem Differenzenverfahren in der praktischen Anwendung vor allem durch eine flexible Anpassung der Randbedingungen bei komplizierten geometrischen Strukturen aus. Zu der Finite Elemente Formulierung gelangt man über das Minimalprinzip für ein Funktional bzw. über die Methode der gewogenen Residuen, die direkt von der Differentialgleichung ausgeht /18/.

Die Methode approximiert den Verlauf der unabhängigen Variablen einer Differentialgleichung

$$A\left(\left\{\Phi\right\}\right) = 0 \tag{3.11}$$

durch Ansatzfunktionen $\left\{\Phi\right\}_a$, die im allgemeinen zu einem Residuum R führen

$$A\left(\left\{\Phi\right\}_a\right) = R \neq 0 \tag{3.12}$$

Die beste Lösung liefert hierbei das kleinste Residuum.

Geht man bei der Auswahl der Gewichtsfunktionen nach dem GALERKINschen Verfahren vor, so ergeben sich Gleichungssysteme, die mit denen der gewöhnlichen Variationsmethoden identisch sind. Die Bedingungsgleichung des GALERKIN-Verfahrens

$$\int_V N_i \; A([N_i]\{\Phi_i\})\,dV = 0 \qquad (i = 1, 2, \ldots, n) \tag{3.13}$$

ergibt sich aus der Orthogonalitätsforderung zwischen den Ansatzfunktionen $[N]$ und der daraus folgenden Fehlerfunktion der Differentialgleichung $A(\{\Phi\}_a)$. Bei n unbekannten Parametern $\{\Phi\}$ ergeben sich mit n unabhängigen Funktionen N_i eine ausreichende Zahl von Bestimmungsgleichungen.

Bezogen auf die REYNOLDS'sche Differentialgleichung wird für die Druckverteilung ein lokaler Ansatz der Form (3.14) eingeführt, der mit p_i die Funktionswerte von $\hat{p}(\varphi, \bar{z})$ in den Elementknotenpunkten annimmt und der den Verlauf von $\hat{p}(\varphi, \bar{z})$ im Element durch die Formfunktion N beschreibt.

Bei Anwendung des GALERKIN-Verfahrens auf (3.1) ergibt sich für den Bereich eines Elementes

$$\int_{\Omega e} N_i (L\hat{p} - f)\, d_e d_{\bar{z}} = 0 \tag{3.14}$$

Der Operator L sowie die stetige Funktion f ergeben sich aus (3.3):

$$L = \frac{\partial^2}{\partial \varphi 2} + b^2 \frac{\partial^2}{\partial \bar{z}^2} + a_1 \frac{\partial}{\partial \varphi} + a_2 \frac{\partial}{\partial \bar{z}} + a_3 \tag{3.15}$$

$$f = a_4.$$

Nach partieller Integration der beiden Terme $\frac{\partial^2}{\partial \varphi^2}$ und $\frac{\partial^2}{\partial \bar{z}^2}$ von (3.15) ergibt sich in Verbindung mit (3.14):

$$\int_{\Omega e} \{ - \frac{\partial Ni}{\partial \varphi} \frac{\partial \hat{p}}{\partial \varphi} - b^2 \frac{\partial Ni}{\partial \bar{z}} \frac{\partial \hat{p}}{\partial \bar{z}} + a_1 N_i \frac{\partial \hat{p}}{\partial \varphi} + a_2 N_i \frac{\partial \hat{p}}{\partial \bar{z}} + $$

$$+ a_3 N_i \hat{p} \} \, d\varphi \, d\bar{z} = \int_{\Omega e} a_4 N_i d\varphi d\bar{z} - \int_{\Gamma e} N_i (1\varphi \frac{\partial \hat{p}}{\partial \varphi} + $$

$$+ 1_{\bar{z}} \frac{\partial \hat{p}}{\partial \bar{z}}) d\Gamma \qquad (3.16)$$

Das Randintegral über Γ_e auf der rechten Seite von (3.16) hat die physikalische Bedeutung des Flusses $\partial\hat{p}/\partial n$ durch den Rand und liefert damit keinen Beitrag an den inneren Punkten. Für Knotenpunkte, die auf dem Rand liegen, ist das Integral zwar unbekannt, jedoch liefern die vorgeschriebenen Randwerte die notwendigen Lösungsbedingungen für die Randknoten, sodaß für ein Element nach Einführen der Ansatzfunktion (3.14) gilt:

$$\sum_{j=0}^{n} K_{ij}^{e} \, \hat{p}_j + \{f_j\} = 0 \qquad (3.17)$$

Die Koeffizienten K_{ij} der Elementmatrix und die "Knotenlasten" f_j ergeben sich aus:

$$K_{ij} = \int_{\Omega e} [- \frac{\partial Ni}{\partial \varphi} \frac{\partial Ni}{\partial \varphi} - b^2 \frac{\partial Ni}{\partial \bar{z}} \frac{\partial Ni}{\partial \bar{z}} \qquad (3.18)$$

$$+ a_1 N_i \frac{\partial Ni}{\partial \varphi} + a_2 N_i \frac{\partial Ni}{\partial z} + a_3 N_i N_j] \, d\varphi \, d\bar{z}$$

$$f_j = \int_{\Omega e} 6 \, H^{\lambda-3} N_i \frac{\partial H}{\partial \varphi} \, d\varphi \, d\bar{z}$$

Die Aussage des Randintegrals $\int_{\Gamma e}$ läßt sich bei der Erfüllung der REYNOLDS'schen Randbedingung am Druckbergende verwerten.

Ansatzfunktion

Für die numerische Berechnung wird ein quadratischer Ansatz gewählt, der bei Rechteckelementen acht Knotenpunkte (jeweils vier Eck- und Seitenmittenknoten) erfordert. Die Eck- und Seitenmittenknoten werden durch unterschiedliche Formfunktionen abgebildet:

Formfunktionen /17/:

$$\begin{aligned}
&\text{Eckknoten} && N_i = \frac{1}{4}(1 + \xi\xi_i)(1 + \eta\eta_i)(\xi\xi_i + \eta\eta_i - 1) \\
&\text{Seitenmittenknoten} && N_i = \frac{1}{2}(1 - \xi^2)(1 + \eta\eta_i); \quad \xi_i = 0 \qquad (3.19) \\
& && N_i = \frac{1}{2}(1 - \eta^2)(1 + \xi\xi_i); \quad \eta_i = 0
\end{aligned}$$

(ξ, η : Rechteck-Flächenkoordinaten; i = 1, 2, ..., 8: Knotennummer)

Randbedingungen

Während die Randbedingungen am Beginn der Druckentwicklung $\varphi(\bar{z}) = 0$ und an den Seiten $\bar{z}(\varphi) = \pm 1$ mit $p(\varphi, \bar{z}) = 0$ problemlos zu erfüllen sind, erfordert die REYNOLDS'sche Randbedingung am Druckbergende $\varphi_E(\bar{z})$

$$p(\varphi_E, \bar{z}) = 0 \text{ und } \left.\frac{\partial p}{\partial \varphi}\right|_{\varphi = \varphi_E} = 0 \qquad (3.20)$$

ein iteratives Einstellen der Randkurve, da der Randwinkel $\varphi_E(\bar{z})$ zunächst unbekannt ist. Aus der Literatur sind verschiedene Iterationsverfahren bekannt (/5/, /6/, /13/), deren Grundprinzip darin besteht, längs einer vorgegebenen Randkurve $\varphi_R(\bar{z}) > \pi$ Randwerte $p(\varphi_R, \bar{z}) \neq 0$ zu ermitteln, für die $p(\varphi_E, \bar{z}) = 0$ und $\left.\frac{\partial p}{\partial \varphi}\right|_{\varphi = \varphi_E} = 0$ mit $\pi < \varphi_E < \varphi_R$ erfüllt ist, Bild 3.5.

Eine weitere Möglichkeit, die REYNOLDS'sche Randbedingung zu erfüllen und gleichzeitig die Randkurve $\varphi_E(\bar{z})$ zu bestimmen, liefert das Randintegral $\Gamma_E \int$ in (3.16). Mit $\Gamma_E \int = 0$, wird als Randbedingung der Fluß infolge Druckströmung durch den Rand $\Gamma_E = \varphi_E(\bar{z})$ gleich Null gesetzt. Die Druckwerte $p(\varphi_E, \bar{z})$ auf den Rand Γ_E liefern dann ein Iterationskriterium für das Einrichten des Randwinkels $\varphi_E(z)$, Bild 3.6. Bezüglich der Erfüllung der REYNOLDS'schen Randbedingung wird damit die Bedingung $\left.\frac{\partial p}{\partial \varphi}\right|_{\varphi = \varphi_E} = 0$ sofort erfüllt, während die zweite Bedingung $p(\varphi_E, \bar{z}) = 0$ aus der Iteration des Randwinkels $\varphi_E(\bar{z})$ folgt. Die numerischen Rechnungen haben ein schnelles Konvergenzverhalten der Methode bei hohen Exzentrizitäten ergeben.

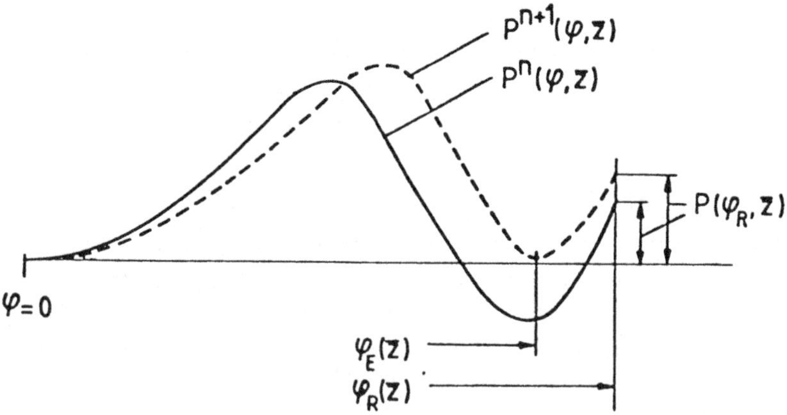

Bild 3.5: Einrichten der Randkurve $\varphi_E(\bar{z})$ bei Randwerten $p(\varphi_R, \bar{z}) \neq 0$
n: Iterationsstufe

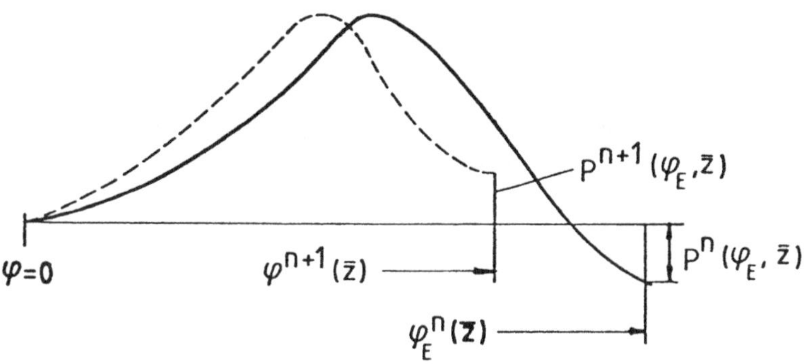

Bild 3.6: Einrichten der Randkurve $\varphi_E(\bar{z})$ bei Randwerten $\Gamma_E \int = 0$
n: Iterationsstufe

Hydrodynamische Tragkraft

Die resultierende Tragkraft des Lagers folgt aus der Integration über der Druckentwicklung /5/ und wird durch die Sommerfeldzahl $So = \frac{F}{B \cdot D} \cdot \frac{\psi^2}{\eta \cdot \omega}$ ausgedrückt.

3.2 Wellenschiefstellung als Einflußparameter

Bild 3.1 zeigt die geometrischen Verhältnisse in einem Radiallager mit Wellenschiefstellung. Die Schiefstellung α zwischen der Wellen- und Lagerachse ist als Summe der Wellen- und Lagerschiefstellung ($\alpha = \alpha_w + \alpha_l$) bezüglich der z-Achse aufzufassen.

Bei Wellenschiefstellung ($\alpha \neq 0$) wird die dimensionslose Spaltgeometrie $H(\varphi, \bar{z})$ der achsparallelen Wellenlage $(1 + \varepsilon \cos\varphi)$ durch den Term $q \cdot \bar{z} \cdot \cos(\varphi - \varphi_p)$ erweitert.

$$H(\varphi, \bar{z}) = \frac{2h}{D - d} = 1 + \varepsilon \cdot \cos\varphi + q \cdot \bar{z} \cos(\varphi - \varphi_p) \qquad (3.21)$$

Schiefstellungsparameter $q = \mathrm{tg}\,\alpha \cdot B/D \cdot \psi$

Lastwinkel φ_p

Die Spaltfunktion (3.21) geht davon aus, daß die Neigungsebene und die Lastrichtung zusammenfallen. Bezüglich der φ -Koordinate wird die Lastrichtung durch φ_p angegeben. Bei $\alpha \neq 0$ ist damit die minimale Spaltweite

$$H_{min} \neq 1 - \varepsilon \qquad (3.22)$$

H_{min} liegt in Abhängigkeit von der Exzentrizität ε und der Neigung q am Lagerrand bei $\pm$ B/2.

Bei kleinen Exzentrizitäten kann es hierbei zur Ausbildung von zwei getrennten Druckbergen im Lager kommen. Bild 3.7 zeigt bei einer zentrischen Wellenlage in der Lagermittelebene $\bar{z} = 0$, die Druckentwicklung im Lager. Da die Spaltgeometrie bezüglich

$\bar{z}$ = 0 symmetrisch verläuft, bilden sich zwei gleich große Druckberge aus. Die resultierende Tragkraft des Lagers ist damit gleich Null, jedoch ergibt sich ein Moment M_D um die Lagermittelebene $\bar{z}$ = 0.

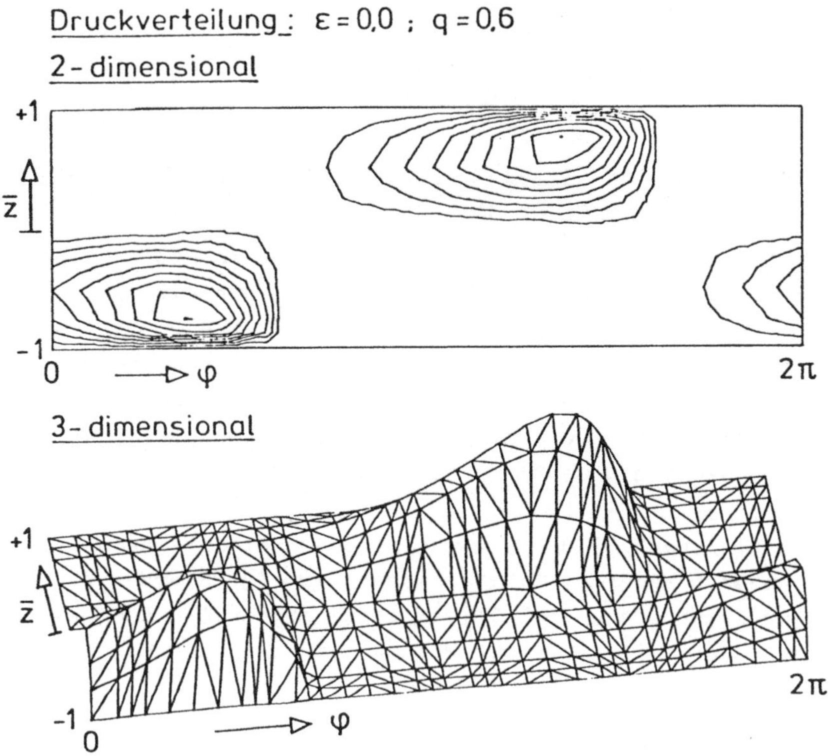

Bild 3.7: Druckentwicklung im Radialgleitlager bei extremer Wellenschiefstellung

3.3 Berechnung der Lagerkenngrößen

Für die Eingabe in den elasto-statischen Teil des Mehrfachgleitlager-Programms, wurden zunächst Kenntafeln für folgende Lagergrößen berechnet: Sommerfeldzahl So, Moment M_D um die Lagermittelebene $\bar{z}$ = 0, Verlagerungswinkel φ_p und Reibungskoeffizient f/ψ. Als Einflußparameter wurden berücksichtigt: die Wellenlage ε, die Wellenneigung q sowie das Lagerbreitenverhältnis B/D.

Im elasto-statischen Programmteil ergaben sich bei hohen Exzentrizitäten Interpolationsprobleme bei der Benutzung der Kenntafeln. Im Zusammenhang mit einer Erweiterung der Parameter auf die Problematik von zwei getrennten Druckbergen sowie auf Störungen der Schmierspaltgeometrie durch Nuten für die Schmierstoffzuführung, wurde daher ein vereinfachtes Programm entwickelt, das die REYNOLDS'sche Dgl. direkt im Rahmen des elasto-statischen Programmteils löst.

3.3.1 Vereinfachtes Lösungsverfahren für die REYNOLDS'sche Differentialgleichung

Die Grundlagen des Programms wurden bereits in Pkt. 3.1 erläutert. Die Vereinfachtung besteht darin, daß auf die Erfüllung der zweiten Randbedingung am Druckbergende $\frac{\partial p}{\partial \varphi} = 0$ verzichtet wird. Als Randbedingung werden ersatzweise alle auftretenden negativen Druckwerte gleich Null gesetzt. Damit entfällt die iterative Ermittlung des Druckbergendes, so daß die Lösungszeiten wesentlich verkürzt werden.

Das Beispiel nach Bild 3.7 wurde mit den vereinfachten Randbedingungen berechnet. Die Berechnung erfolgt hierbei für den gesamten Lagerumfang ($\varphi = 2\pi$). Hierbei muß an den Rändern $\varphi(\bar{z}) = 0$ und $\varphi(\bar{z}) = 2\pi$ die Periodizitätsbedingung für den Druck (3.23) eingeführt werden.

$$p(\bar{z}, \varphi = 0) = p(\bar{z}, \varphi = 2\pi) \qquad (3.23)$$

In Bild 3.8 sind die Möglichkeiten zusammengestellt, den Einfluß von Schmierstoffnuten auf die Druckentwicklung zu berücksichtigen. Die Eingabe beschränkt sich auf die Kennzeichnung der Nutabmessungen. Längs der Nutberandung wird der Zuführdruck als Randbedingung vorgegeben.

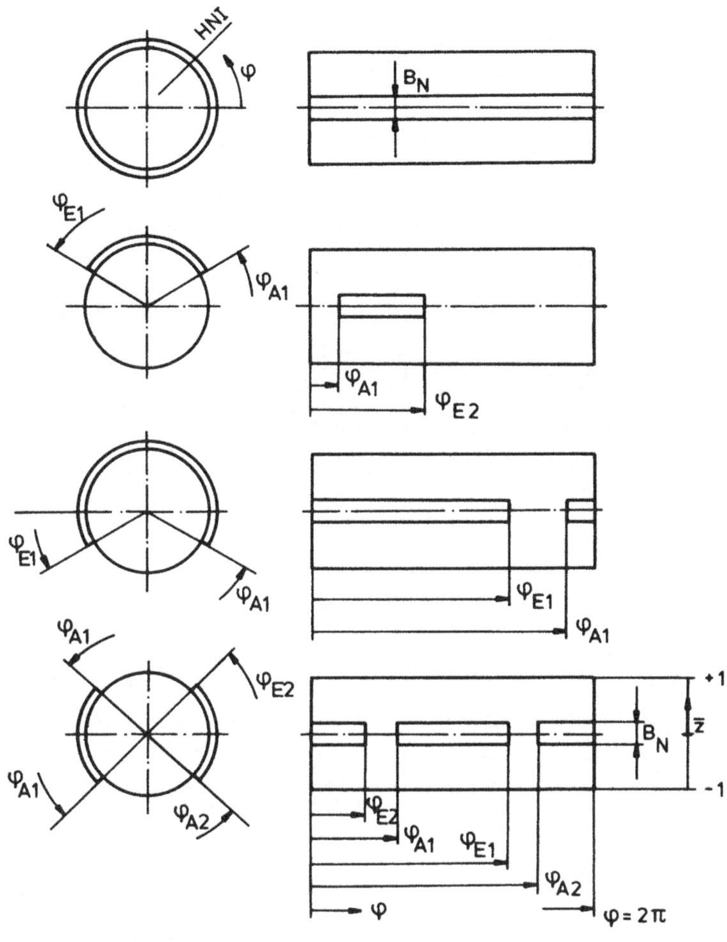

Bild 3.8: Berücksichtigung von Nuten zur Schmierstoffversorgung

3.3.2 Kenntafeln für Sommerfeldzahl So, Lastmoment M_D, Verlagerungswinkel φ_p und Reibwert f/ψ

Die in Tabellen und in Diagrammen zusammengefaßten Lagerkenngrößen wurden mit der vollständigen REYNOLDS'schen Randbedingung (Pkt. 3.1) am Druckbergende berechnet. Die Berechnung umfaßt folgende Parameter:

Lagerbreitenverhältnis:

B/D: 1,50; 1,25; 1,00; 0,75; 0,50; 0,25; 0,125

Exzentrizität:

$0{,}0 < \varepsilon \leq 0{,}995$

Schiefstellung

q: 0,0; 0,1; 0,2; 0,3

Ergebnisse:

Sommerfeldzahl: $So = \frac{\bar{p} \cdot \psi^2}{\eta \cdot \omega}$

Verlagerungswinkel: $\beta = 180 - \varphi_p$

Lastmoment: $M_D = So \cdot z_D$

Reibungskennziffer: f/ψ

Die Ergebnisse werden jeweils über der Exzentrizität ε und über der minimalen Spaltweite H_{min} aufgetragen. Unterschiede ergeben sich hierbei für Fälle mit $q \neq 0$ (s. Pkt. 3.2). Für die ε -Werte der Tabellen lassen sich die minimalen Spaltweiten H_{min} aus Tabelle 5 entnehmen.

Die maximale Exzentrizität ε in der Lagermittelebene $\bar{z} = 0$, wird bei einer Wellenschiefstellung $q > 0$ durch die Kontaktbedingung am Lagerrand $H_{min}(\varphi, z = \pm B/2) = 0$ begrenzt.

Zusammenstellung der Ergebnisse

Tabellen:

Tabelle 1: Sommerfeldzahl So

Tabelle 2: Lastmoment M_D

Tabelle 3: Reibzahl f/ψ

Tabelle 4: Verlagerungswinkel φ_p

Tabelle 5: Minimale Spaltweite $H = f(q, \varepsilon)$

Diagramme:

Sommerfeldzahl So und Lastmoment M_D.

Bild 3.9: B/D = 0,125

Bild 3.10: B/D = 0,250

Bild 3.11: B/D = 0,500

Bild 3.12: B/D = 0,750

Bild 3.13: B/D = 1,000

Bild 3.14: B/D = 1,500

Verlagerungswinkel und Reibzahl

Bild 3.15: B/D = 0,125

Bild 3.16: B/D = 0,250

Bild 3.17: B/D = 0,500

Bild 3.18: B/D = 0,750

Bild 3.19: B/D = 1,000

Bild 3.20: B/D = 1,500

Symbole:

Sommerfeldzahl, Verlagerungswinkel, Reibzahl:

O: q = 0.0; Δ : q = 0.1; +: q = 0.2; x: q = 0.3

Lastmoment:

O: q = 0.1; Δ : q = 0.2; +: q = 0.3

Q	EPS \ B/D	1. 500	1. 000	0. 750	0. 500	0. 250	0. 125
0. 0	0. 100	0. 20876E 00	0. 11972E 00	0. 75403E-01	0. 36800E-01	0. 98132E-02	0. 24973E-02
	0. 200	0. 43429E 00	0. 25200E 00	0. 15964E 00	0. 78353E-01	0. 21008E-01	0. 53564E-02
	0. 300	0. 69136E 00	0. 40752E 00	0. 26259E 00	0. 13051E 00	0. 35403E-01	0. 90626E-02
	0. 400	0. 10020E 01	0. 61159E 00	0. 39939E 00	0. 20269E 00	0. 56034E-01	0. 14436E-01
	0. 500	0. 14040E 01	0. 89142E 00	0. 59782E 00	0. 31259E 00	0. 88877E-01	0. 23119E-01
	0. 600	0. 19723E 01	0. 13163E 01	0. 91460E 00	0. 49967E 00	0. 14769E 00	0. 38988E-01
	0. 700	0. 28831E 01	0. 20460E 01	0. 14891E 01	0. 86049E 00	0. 27102E 00	0. 73251E-01
	0. 750	0. 35997E 01	0. 26473E 01	0. 19821E 01	0. 11892E 01	0. 39123E 00	0. 10766E 00
	0. 800	0. 46697E 01	0. 35726E 01	0. 27673E 01	0. 17359E 01	0. 60479E 00	0. 17067E 00
	0. 850	0. 64571E 01	0. 51700E 01	0. 41493E 01	0. 27589E 01	0. 10410E 01	0. 30514E 00
	0. 900	0. 10065E 02	0. 84582E 01	0. 71183E 01	0. 51001E 01	0. 21623E 01	0. 67808E 00
	0. 950	0. 21127E 02	0. 18844E 02	0. 16796E 02	0. 13335E 02	0. 69338E 01	0. 25225E 01
	0. 970	0. 36202E 02	0. 33249E 02	0. 30517E 02	0. 25649E 02	0. 15293E 02	0. 63467E 01
	0. 990	0. 11366E 03	0. 10844E 03	0. 10345E 03	0. 94065E 02	0. 70152E 02	0. 39317E 02
	0. 9925	0. 15294E 03	0. 14683E 03	0. 14100E 03	0. 12996E 03	0. 10109E 03	0. 60907E 02
	0. 995	0. 23220E 03	0. 22458E 03	0. 21734E 03	0. 20353E 03	0. 16634E 03	0. 10979E 03
0. 1	0. 200	0. 43640E 00	0. 25300E 00	0. 16020E 00	0. 78609E-01	0. 21076E-01	0. 53711E-02
	0. 250	0. 56019E 00	0. 32790E 00	0. 20868E 00	0. 10299E 00	0. 27742E-01	0. 70839E-02
	0. 300	0. 69431E 00	0. 41112E 00	0. 26344E 00	0. 13097E 00	0. 35519E-01	0. 90901E-02
	0. 350	0. 84190E 00	0. 50540E 00	0. 32663E 00	0. 16389E 00	0. 44827E-01	0. 11505E-01
	0. 400	0. 10072E 01	0. 61409E 00	0. 40109E 00	0. 20357E 00	0. 56445E-01	0. 14491E-01
	0. 450	0. 11942E 01	0. 74231E 00	0. 49080E 00	0. 25258E 00	0. 70692E-01	0. 18286E-01
	0. 500	0. 14122E 01	0. 89660E 00	0. 60134E 00	0. 31459E 00	0. 89401E-01	0. 23251E-01
	0. 550	0. 16721E 01	0. 10872E 01	0. 74177E 00	0. 39564E 00	0. 11448E 00	0. 29966E-01
	0. 600	0. 19917E 01	0. 13294E 01	0. 92356E 00	0. 50505E 00	0. 14905E 00	0. 39387E-01
	0. 650	0. 23949E 01	0. 16460E 01	0. 11704E 01	0. 65651E 00	0. 19966E 00	0. 53239E-01
	0. 700	0. 29358E 01	0. 20864E 01	0. 15198E 01	0. 88114E 00	0. 27699E 00	0. 74852E-01
	0. 750	0. 37036E 01	0. 27300E 01	0. 20474E 01	0. 12313E 01	0. 40500E 00	0. 11143E 00
	0. 800	0. 49107E 01	0. 37714E 01	0. 29302E 01	0. 18425E 01	0. 64248E 00	0. 18128E 00
	0. 850	0. 71933E 01	0. 58083E 01	0. 46882E 01	0. 31243E 01	0. 11802E 01	0. 34588E 00
0. 2	0. 300	0. 70347E 00	0. 41564E 00	0. 26626E 00	0. 13243E 00	0. 35746E-01	0. 91658E-02
	0. 350	0. 85232E 00	0. 51149E 00	0. 33055E 00	0. 16595E 00	0. 45311E-01	0. 11618E-01
	0. 400	0. 10191E 01	0. 62144E 00	0. 40572E 00	0. 20625E 00	0. 56954E-01	0. 14655E-01
	0. 450	0. 12128E 01	0. 75384E 00	0. 49843E 00	0. 25651E 00	0. 71735E-01	0. 18539E-01
	0. 500	0. 14386E 01	0. 91369E 00	0. 61291E 00	0. 31934E 00	0. 91090E-01	0. 23669E-01
	0. 550	0. 17109E 01	0. 11134E 01	0. 76203E 00	0. 40598E 00	0. 11743E 00	0. 30706E-01
	0. 600	0. 20558E 01	0. 13728E 01	0. 95392E 00	0. 51439E 00	0. 15351E 00	0. 40479E-01
	0. 650	0. 24929E 01	0. 17143E 01	0. 12264E 01	0. 68321E 00	0. 20943E 00	0. 55816E-01
	0. 700	0. 31274E 01	0. 22333E 01	0. 16304E 01	0. 94772E 00	0. 29825E 00	0. 80543E-01
	0. 750	0. 41284E 01	0. 30694E 01	0. 23203E 01	0. 14027E 01	0. 46039E 00	0. 12638E 00
0. 3	0. 400	0. 10409E 01	0. 63454E 00	0. 41501E 00	0. 21184E 00	0. 73610E-01	0. 14862E-01
	0. 450	0. 12460E 01	0. 77430E 00	0. 51301E 00	0. 26311E 00	0. 58954E-01	0. 18978E-01
	0. 500	0. 14874E 01	0. 94533E 00	0. 63461E 00	0. 33136E 00	0. 94225E-01	0. 24451E-01
	0. 550	0. 17854E 01	0. 11636E 01	0. 79923E 00	0. 42730E 00	0. 12319E 00	0. 32155E-01
	0. 600	0. 21842E 01	0. 14617E 01	0. 10194E 01	0. 55328E 00	0. 16284E 00	0. 42819E-01
	0. 650	0. 27098E 01	0. 18649E 01	0. 13510E 01	0. 76430E 00	0. 23144E 00	0. 61575E-01

TABELLE 1: SOMMERFELDZAHL So

Q	EPS \ B/D	1.500	1.000	0.750	0.500	0.250	0.125
0.1	0.200	0.53332E-02	0.32943E-02	0.21419E-02	0.10765E-02	0.29361E-03	0.75475E-04
	0.250	0.71267E-02	0.44348E-02	0.29048E-02	0.14728E-02	0.40581E-03	0.10484E-03
	0.300	0.92989E-02	0.58585E-02	0.38689E-02	0.19842E-02	0.55367E-03	0.14373E-03
	0.350	0.11996E-01	0.76664E-02	0.51235E-02	0.26622E-02	0.75332E-03	0.19644E-03
	0.400	0.15447E-01	0.10045E-01	0.68021E-02	0.35889E-02	0.10317E-02	0.27010E-03
	0.450	0.19956E-01	0.13261E-01	0.91156E-02	0.48887E-02	0.14269E-02	0.37578E-03
	0.500	0.26127E-01	0.17725E-01	0.12388E-01	0.67715E-02	0.20103E-02	0.53298E-03
	0.550	0.34776E-01	0.24174E-01	0.17874E-01	0.98024E-02	0.29240E-02	0.77759E-03
	0.600	0.49062E-01	0.34115E-01	0.24355E-01	0.13638E-01	0.41804E-02	0.11673E-02
	0.650	0.65857E-01	0.47120E-01	0.36377E-01	0.20987E-01	0.67639E-02	0.18383E-02
	0.700	0.99521E-01	0.74906E-01	0.56710E-01	0.34008E-01	0.11195E-01	0.30802E-02
	0.750	0.15850E 00	0.12268E 00	0.95155E-01	0.59101E-01	0.20180E-01	0.56428E-02
	0.800	0.28274E 00	0.22493E 00	0.17950E 00	0.11576E 00	0.41527E-01	0.11876E-01
	0.850	0.62113E 00	0.51126E 00	0.41709E 00	0.28355E 00	0.10883E 00	0.32165E-01
0.2	0.300	0.20536E-01	0.12053E-01	0.79258E-02	0.40440E-02	0.10999E-02	0.29039E-03
	0.350	0.24793E-01	0.15907E-01	0.10601E-01	0.54617E-02	0.15334E-02	0.39777E-03
	0.400	0.30087E-01	0.19662E-01	0.13276E-01	0.73343E-02	0.20961E-02	0.54710E-03
	0.450	0.41417E-01	0.27329E-01	0.18737E-01	0.10012E-01	0.29132E-02	0.76501E-03
	0.500	0.54553E-01	0.36875E-01	0.25699E-01	0.13593E-01	0.41461E-02	0.10962E-02
	0.550	0.73238E-01	0.50758E-01	0.37580E-01	0.20521E-01	0.61162E-02	0.16232E-02
	0.600	0.10479E 00	0.72703E-01	0.51742E-01	0.28213E-01	0.88086E-02	0.23644E-02
	0.650	0.14342E 00	0.10219E 00	0.79392E-01	0.45604E-01	0.14676E-01	0.39839E-02
	0.700	0.22793E 00	0.17135E 00	0.12942E 00	0.76593E-01	0.25436E-01	0.69836E-02
	0.750	0.39805E 00	0.30847E 00	0.23987E 00	0.14852E 00	0.50468E-01	0.14028E-01
0.3	0.400	0.47510E-01	0.30896E-01	0.20970E-01	0.11491E-01	0.45543E-02	0.80516E-03
	0.450	0.65890E-01	0.43144E-01	0.29750E-01	0.15595E-01	0.70497E-02	0.11895E-02
	0.500	0.88176E-01	0.59214E-01	0.40754E-01	0.22088E-01	0.66015E-02	0.17376E-02
	0.550	0.12061E 00	0.83067E-01	0.61721E-01	0.33412E-01	0.10001E-01	0.26447E-02
	0.600	0.17767E 00	0.12272E 00	0.87744E-01	0.47255E-01	0.14742E-01	0.39313E-02
	0.650	0.25567E 00	0.18110E 00	0.14375E 00	0.83737E-01	0.26268E-01	0.70879E-02

TABELLE 2: LASTMOMENT M_D

Q	EPS \ B/D	1.500	1.000	0.750	0.500	0.250	0.125
0.0	0.100	0.15173E 02	0.26421E 02	0.41922E 02	0.85849E 02	0.32180E 03	0.12644E 04
	0.200	0.74783E 01	0.12820E 02	0.20181E 02	0.41019E 02	0.15272E 03	0.59870E 03
	0.300	0.49020E 01	0.81810E 01	0.12681E 02	0.25374E 02	0.93161E 02	0.36353E 03
	0.400	0.35983E 01	0.57820E 01	0.87593E 01	0.17088E 02	0.61348E 02	0.23762E 03
	0.500	0.27946E 01	0.42783E 01	0.62751E 01	0.11810E 02	0.41018E 02	0.15711E 03
	0.600	0.22274E 01	0.32149E 01	0.45214E 01	0.80818E 01	0.26807E 02	0.10094E 03
	0.700	0.17766E 01	0.23926E 01	0.31905E 01	0.53409E 01	0.16454E 02	0.60274E 02
	0.750	0.15715E 01	0.20362E 01	0.26307E 01	0.42195E 01	0.12357E 02	0.44333E 02
	0.800	0.13692E 01	0.17021E 01	0.21197E 01	0.32338E 01	0.88651E 01	0.30883E 02
	0.850	0.11597E 01	0.13771E 01	0.16519E 01	0.23649E 01	0.59210E 01	0.19733E 02
	0.900	0.92915E 00	0.10533E 01	0.12046E 01	0.15938E 01	0.35022E 01	0.10797E 02
	0.950	0.64628E 00	0.69496E 00	0.75311E 00	0.89949E 00	0.15868E 01	0.41316E 01
	0.970	0.49971E 00	0.52490E 00	0.55467E 00	0.62844E 00	0.96381E 00	0.21687E 01
	0.990	0.30178E 00	0.30882E 00	0.31701E 00	0.33657E 00	0.41849E 00	0.68829E 00
	0.9925	0.26902E 00	0.27432E 00	0.28042E 00	0.29482E 00	0.35378E 00	0.54245E 00
	0.995	0.23217E 00	0.23585E 00	0.23999E 00	0.24964E 00	0.28801E 00	0.40567E 00
0.1	0.200	0.74575E 01	0.12794E 02	0.20148E 02	0.40958E 02	0.15250E 03	0.59810E 03
	0.250	0.59216E 01	0.10033E 02	0.15696E 02	0.31681E 02	0.11729E 03	0.45897E 03
	0.300	0.48922E 01	0.81662E 01	0.12665E 02	0.25333E 02	0.93034E 02	0.36312E 03
	0.350	0.41514E 01	0.68094E 01	0.10449E 02	0.20664E 02	0.75125E 02	0.29226E 03
	0.400	0.35893E 01	0.57726E 01	0.87429E 01	0.17053E 02	0.61039E 02	0.23725E 03
	0.450	0.31489E 01	0.49458E 01	0.73794E 01	0.14155E 02	0.50081E 02	0.19306E 03
	0.500	0.27876E 01	0.42671E 01	0.62578E 01	0.11770E 02	0.40901E 02	0.15669E 03
	0.550	0.24826E 01	0.36940E 01	0.53091E 01	0.97586E 01	0.33193E 02	0.12621E 03
	0.600	0.22170E 01	0.31989E 01	0.44990E 01	0.80328E 01	0.26683E 02	0.10039E 03
	0.650	0.19809E 01	0.27642E 01	0.37871E 01	0.65635E 01	0.21060E 02	0.78370E 02
	0.700	0.17605E 01	0.23679E 01	0.31551E 01	0.52648E 01	0.16249E 02	0.59535E 02
	0.750	0.15486E 01	0.20027E 01	0.25837E 01	0.41348E 01	0.12111E 02	0.43455E 02
	0.800	0.13331E 01	0.16521E 01	0.20522E 01	0.31243E 01	0.85570E 01	0.29812E 02
	0.850	0.10932E 01	0.12877E 01	0.15401E 01	0.22015E 01	0.55052E 01	0.18347E 02
0.2	0.300	0.48624E 01	0.81293E 01	0.12609E 02	0.25205E 02	0.92985E 02	0.36223E 03
	0.350	0.41309E 01	0.67747E 01	0.10393E 02	0.20540E 02	0.74796E 02	0.29123E 03
	0.400	0.35751E 01	0.57461E 01	0.87044E 01	0.16951E 02	0.60916E 02	0.23622E 03
	0.450	0.31283E 01	0.49115E 01	0.73264E 01	0.14051E 02	0.49746E 02	0.19193E 03
	0.500	0.27648E 01	0.42290E 01	0.61995E 01	0.11703E 02	0.40523E 02	0.15538E 03
	0.550	0.24565E 01	0.36509E 01	0.52329E 01	0.96258E 01	0.32745E 02	0.12462E 03
	0.600	0.21831E 01	0.31466E 01	0.44226E 01	0.80043E 01	0.26285E 02	0.99068E 02
	0.650	0.19424E 01	0.27072E 01	0.36919E 01	0.64414E 01	0.20507E 02	0.76347E 02
	0.700	0.17045E 01	0.22828E 01	0.30358E 01	0.50508E 01	0.15580E 02	0.57118E 02
	0.750	0.14621E 01	0.18777E 01	0.24060E 01	0.38337E 01	0.11252E 02	0.40454E 02
0.3	0.400	0.35481E 01	0.57002E 01	0.86161E 01	0.16710E 02	0.49157E 02	0.23565E 03
	0.450	0.30934E 01	0.48534E 01	0.72223E 01	0.13896E 02	0.60987E 02	0.19011E 03
	0.500	0.27242E 01	0.41609E 01	0.60931E 01	0.11475E 02	0.39842E 02	0.15295E 03
	0.550	0.24085E 01	0.35720E 01	0.51063E 01	0.93540E 01	0.31906E 02	0.12163E 03
	0.600	0.21194E 01	0.30448E 01	0.42610E 01	0.76566E 01	0.25475E 02	0.96267E 02
	0.650	0.18615E 01	0.25894E 01	0.35018E 01	0.60212E 01	0.19392E 02	0.72308E 02

TABELLE 3: REIBZAHL f/ψ

Q	EPS \ B/D	1.500	1.000	0.750	0.500	0.250	0.125
0.0	0.100	0.77027E 02	0.79391E 02	0.80623E 02	0.81753E 02	0.82467E 02	0.82646E 02
	0.200	0.72299E 02	0.73836E 02	0.74545E 02	0.75130E 02	0.75378E 02	0.75419E 02
	0.300	0.67525E 02	0.68235E 02	0.68420E 02	0.68478E 02	0.68291E 02	0.68208E 02
	0.400	0.62629E 02	0.62527E 02	0.62270E 02	0.61778E 02	0.61198E 02	0.61006E 02
	0.500	0.57517E 02	0.56683E 02	0.55947E 02	0.54993E 02	0.54066E 02	0.53775E 02
	0.600	0.51992E 02	0.50532E 02	0.49398E 02	0.47918E 02	0.46822E 02	0.46444E 02
	0.700	0.45760E 02	0.43856E 02	0.42443E 02	0.40790E 02	0.39320E 02	0.38857E 02
	0.750	0.42235E 02	0.40207E 02	0.38714E 02	0.36974E 02	0.35387E 02	0.34879E 02
	0.800	0.38298E 02	0.36235E 02	0.34673E 02	0.32936E 02	0.31247E 02	0.30692E 02
	0.850	0.33743E 02	0.31717E 02	0.30310E 02	0.28552E 02	0.26772E 02	0.26175E 02
	0.900	0.28198E 02	0.26483E 02	0.25184E 02	0.23547E 02	0.21785E 02	0.21093E 02
	0.950	0.20649E 02	0.19452E 02	0.18521E 02	0.17266E 02	0.15635E 02	0.14835E 02
	0.970	0.16355E 02	0.15487E 02	0.14798E 02	0.13824E 02	0.12404E 02	0.11574E 02
	0.990	0.98287E 01	0.94266E 01	0.90991E 01	0.85995E 01	0.77139E 01	0.69799E 01
	0.9925	0.85923E 01	0.82653E 01	0.79973E 01	0.75838E 01	0.68246E 01	0.61454E 01
	0.995	0.70974E 01	0.68526E 01	0.66509E 01	0.63365E 01	0.57371E 01	0.51523E 01
0.1	0.200	0.71971E 02	0.73678E 02	0.74482E 02	0.75152E 02	0.75337E 02	0.75462E 02
	0.250	0.69737E 02	0.70956E 02	0.71514E 02	0.71815E 02	0.71887E 02	0.71903E 02
	0.300	0.67415E 02	0.68207E 02	0.68495E 02	0.68528E 02	0.68370E 02	0.68328E 02
	0.350	0.65020E 02	0.65407E 02	0.65434E 02	0.65205E 02	0.64846E 02	0.64741E 02
	0.400	0.62543E 02	0.62591E 02	0.62337E 02	0.61856E 02	0.61002E 02	0.61144E 02
	0.450	0.60102E 02	0.59691E 02	0.59199E 02	0.58461E 02	0.57750E 02	0.57535E 02
	0.500	0.57517E 02	0.56729E 02	0.56013E 02	0.55045E 02	0.54172E 02	0.53897E 02
	0.550	0.54810E 02	0.53681E 02	0.52750E 02	0.51554E 02	0.50552E 02	0.50233E 02
	0.600	0.51949E 02	0.50526E 02	0.49427E 02	0.47907E 02	0.46910E 02	0.46521E 02
	0.650	0.48925E 02	0.47253E 02	0.45964E 02	0.44394E 02	0.43136E 02	0.42731E 02
	0.700	0.45612E 02	0.43728E 02	0.42338E 02	0.40595E 02	0.39268E 02	0.38821E 02
	0.750	0.41937E 02	0.39931E 02	0.38456E 02	0.36715E 02	0.35212E 02	0.34725E 02
	0.800	0.37675E 02	0.35647E 02	0.34109E 02	0.32437E 02	0.30841E 02	0.30318E 02
	0.850	0.32314E 02	0.30329E 02	0.28976E 02	0.27421E 02	0.25838E 02	0.25301E 02
0.2	0.300	0.67195E 02	0.68185E 02	0.68547E 02	0.68554E 02	0.68638E 02	0.68729E 02
	0.350	0.64922E 02	0.65462E 02	0.65551E 02	0.65289E 02	0.65149E 02	0.65117E 02
	0.400	0.62548E 02	0.62668E 02	0.62497E 02	0.62066E 02	0.61626E 02	0.61544E 02
	0.450	0.60077E 02	0.59779E 02	0.59355E 02	0.58671E 02	0.58067E 02	0.57925E 02
	0.500	0.57485E 02	0.56800E 02	0.56149E 02	0.55459E 02	0.54454E 02	0.54251E 02
	0.550	0.54750E 02	0.53713E 02	0.52772E 02	0.51709E 02	0.50757E 02	0.50505E 02
	0.600	0.51772E 02	0.50459E 02	0.49419E 02	0.48702E 02	0.47146E 02	0.46825E 02
	0.650	0.48685E 02	0.47121E 02	0.45779E 02	0.44675E 02	0.43148E 02	0.42790E 02
	0.700	0.45020E 02	0.43192E 02	0.41901E 02	0.40194E 02	0.39015E 02	0.38628E 02
	0.750	0.40664E 02	0.38715E 02	0.37223E 02	0.35608E 02	0.34412E 02	0.34046E 02
0.3	0.400	0.62497E 02	0.62815E 02	0.62606E 02	0.61897E 02	0.58581E 02	0.62299E 02
	0.450	0.60062E 02	0.59933E 02	0.59498E 02	0.59048E 02	0.61684E 02	0.58606E 02
	0.500	0.57442E 02	0.56900E 02	0.56670E 02	0.55553E 02	0.54912E 02	0.54786E 02
	0.550	0.54649E 02	0.53740E 02	0.52957E 02	0.51652E 02	0.51043E 02	0.50899E 02
	0.600	0.51435E 02	0.50193E 02	0.49097E 02	0.48109E 02	0.47381E 02	0.47202E 02
	0.650	0.48037E 02	0.46675E 02	0.45299E 02	0.43721E 02	0.42910E 02	0.42646E 02

Tabelle 4: Verlagerungswinkel φ_P

Q	EPS \ B/D	1.500	1.000	0.750	0.500	0.250	0.125
0.0	0.100	0.900	0.900	0.900	0.900	0.900	0.900
	0.200	0.800	0.800	0.800	0.800	0.800	0.800
	0.300	0.700	0.700	0.700	0.700	0.700	0.700
	0.400	0.600	0.600	0.600	0.600	0.600	0.600
	0.500	0.500	0.500	0.500	0.500	0.500	0.500
	0.600	0.400	0.400	0.400	0.400	0.400	0.400
	0.700	0.300	0.300	0.300	0.300	0.300	0.300
	0.750	0.250	0.250	0.250	0.250	0.250	0.250
	0.800	0.200	0.200	0.200	0.200	0.200	0.200
	0.850	0.150	0.150	0.150	0.150	0.150	0.150
	0.900	0.100	0.100	0.100	0.100	0.100	0.100
	0.950	0.050	0.050	0.050	0.050	0.050	0.050
	0.970	0.030	0.030	0.030	0.030	0.030	0.030
	0.990	0.010	0.010	0.010	0.010	0.010	0.010
	0.9925	0.008	0.008	0.008	0.008	0.008	0.008
	0.995	0.005	0.005	0.005	0.005	0.005	0.005
0.1	0.200	0.750	0.753	0.754	0.754	0.755	0.755
	0.250	0.701	0.702	0.703	0.703	0.703	0.703
	0.300	0.649	0.650	0.651	0.651	0.651	0.650
	0.350	0.598	0.598	0.598	0.598	0.597	0.597
	0.400	0.545	0.545	0.545	0.544	0.544	0.543
	0.450	0.493	0.492	0.492	0.490	0.490	0.489
	0.500	0.440	0.439	0.438	0.437	0.436	0.435
	0.550	0.387	0.385	0.384	0.383	0.382	0.381
	0.600	0.334	0.332	0.331	0.329	0.328	0.327
	0.650	0.280	0.278	0.277	0.275	0.274	0.273
	0.700	0.227	0.225	0.223	0.221	0.220	0.220
	0.750	0.173	0.171	0.169	0.168	0.166	0.166
	0.800	0.119	0.117	0.115	0.114	0.113	0.112
	0.850	0.064	0.062	0.061	0.060	0.059	0.059
0.2	0.300	0.575	0.583	0.583	0.583	0.586	0.584
	0.350	0.529	0.527	0.529	0.529	0.530	0.529
	0.400	0.483	0.483	0.483	0.476	0.475	0.475
	0.450	0.424	0.423	0.422	0.421	0.419	0.419
	0.500	0.370	0.368	0.366	0.365	0.363	0.362
	0.550	0.315	0.312	0.310	0.308	0.306	0.305
	0.600	0.259	0.257	0.254	0.253	0.250	0.249
	0.650	0.204	0.200	0.198	0.195	0.192	0.192
	0.700	0.147	0.143	0.141	0.138	0.135	0.135
	0.750	0.089	0.085	0.083	0.080	0.078	0.077
0.3	0.400	0.407	0.407	0.407	0.398	0.343	0.407
	0.450	0.346	0.346	0.345	0.343	0.407	0.342
	0.500	0.292	0.290	0.289	0.286	0.284	0.284
	0.550	0.236	0.233	0.231	0.227	0.225	0.225
	0.600	0.179	0.175	0.172	0.169	0.167	0.167
	0.650	0.121	0.117	0.113	0.109	0.107	0.106

TABELLE 5: RELATIVE MINIMALE SPALTWEITE H BEI WELLENSCHIEFSTELLUNG Q ALS FUNKTION DER EXZENTRIZITÄT ε

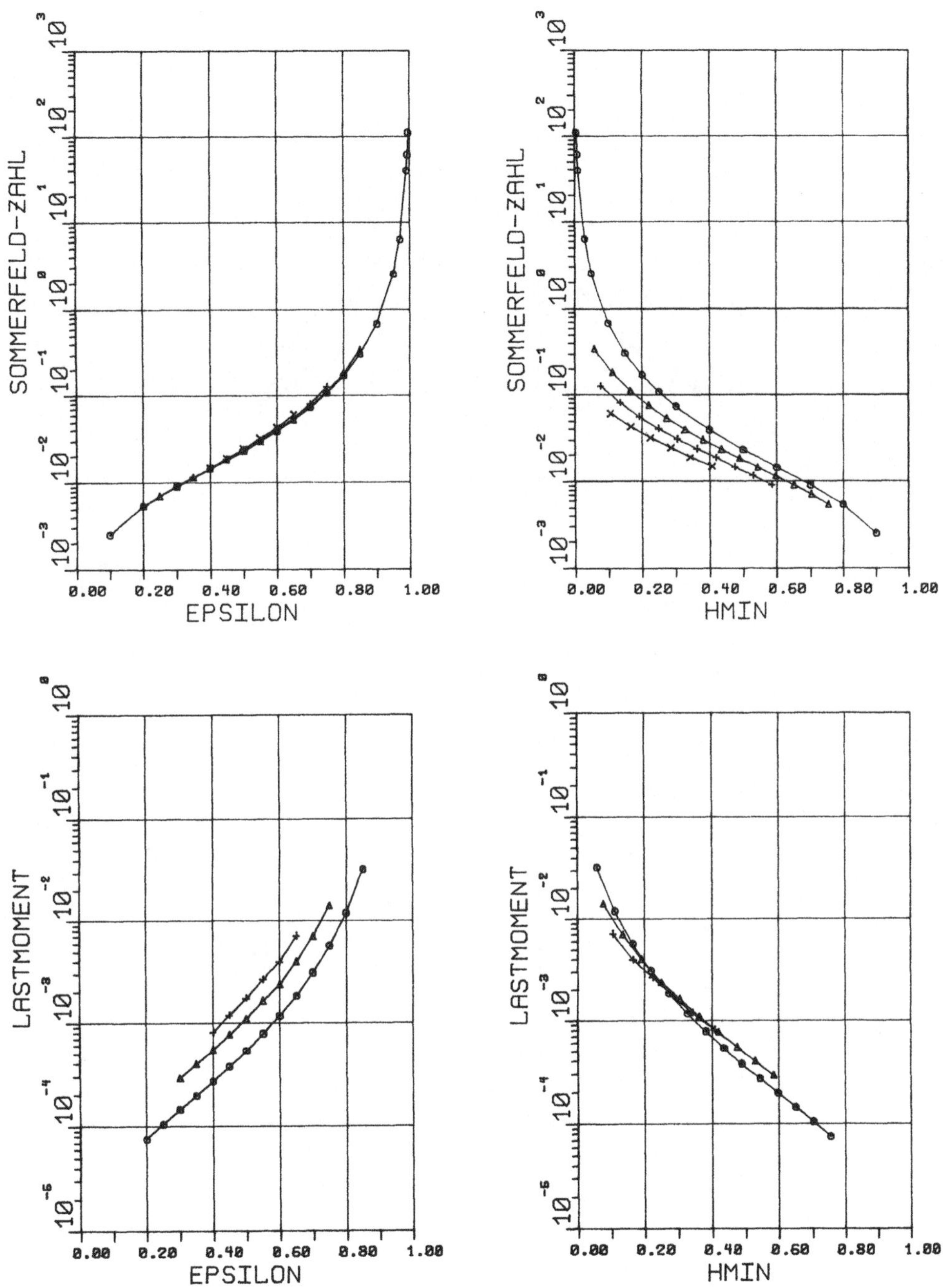

<u>Bild 3.9:</u> Sommerfeldzahl So und Lastmoment M_D für Lagerbreitenverhältnis B/D = 0,125

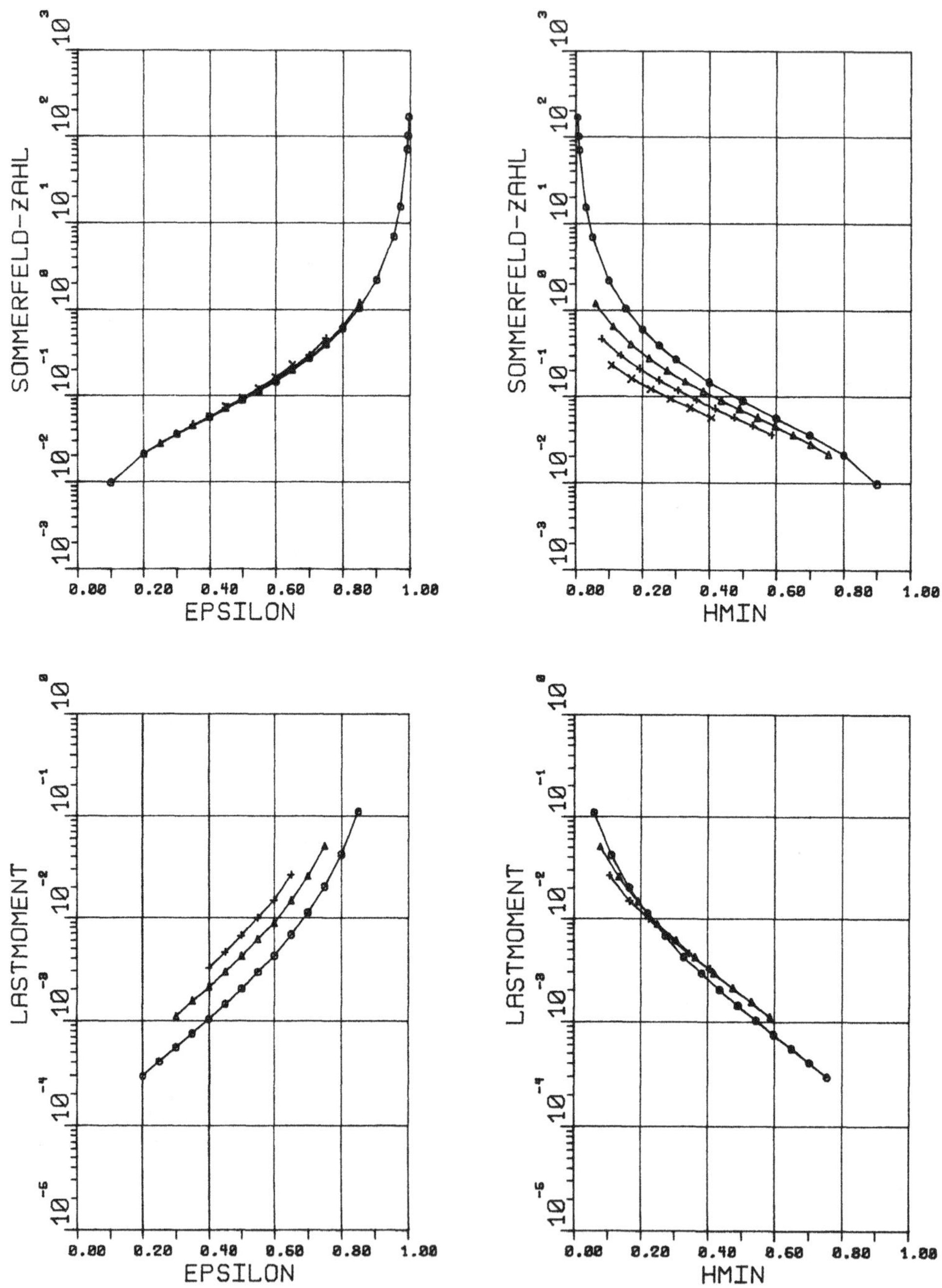

Bild 3.10: Sommerfeldzahl So und Lastmoment M_D für Lagerbreitenverhältnis B/D = 0,250

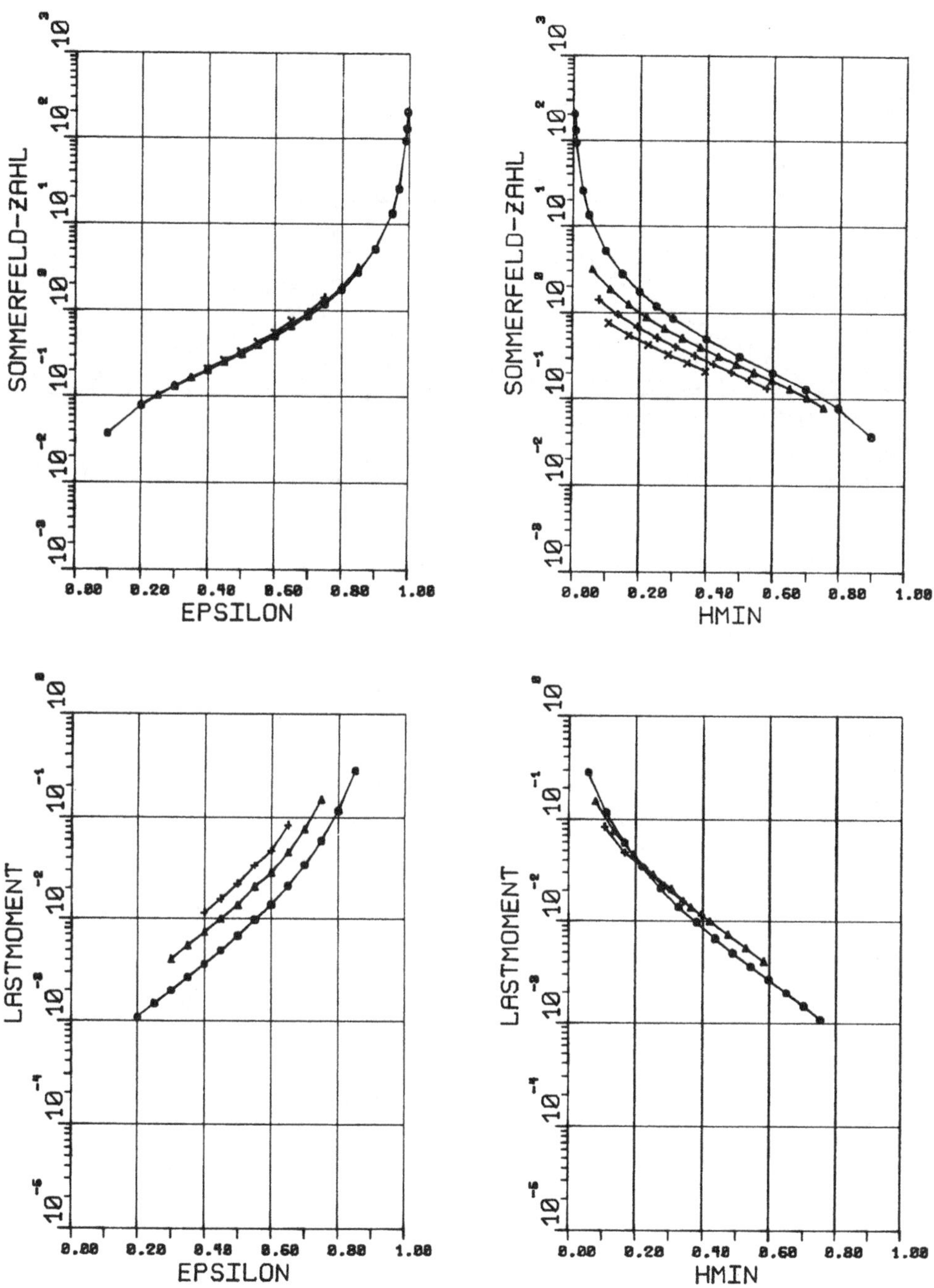

<u>Bild 3.11:</u> Sommerfeldzahl So und Lastmoment M_D für Lagerbreitenverhältnis B/D = 0,500

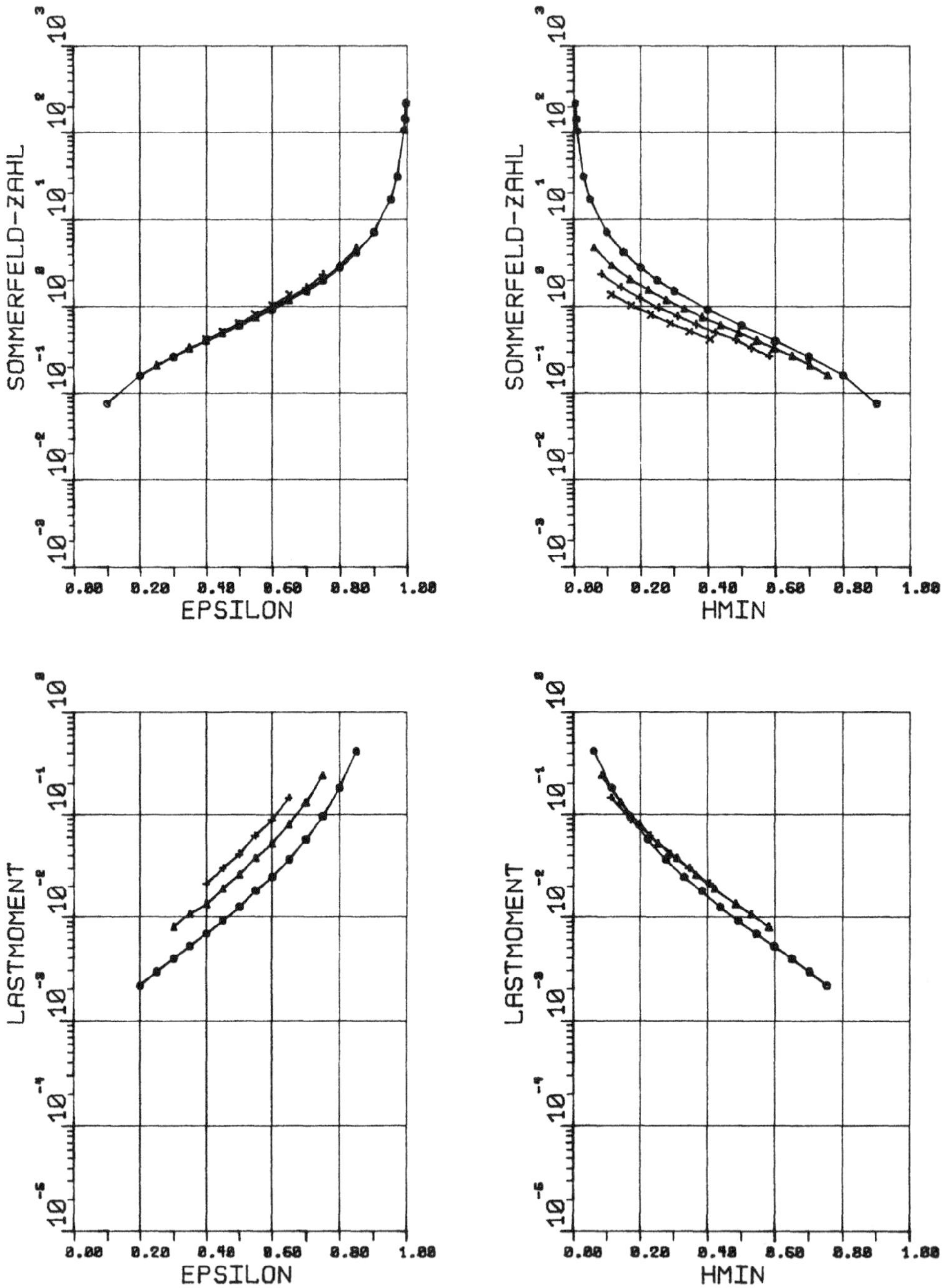

Bild 3.12: Sommerfeldzahl So und Lastmoment M_D für Lagerbreitenverhältnis B/D = 0,750

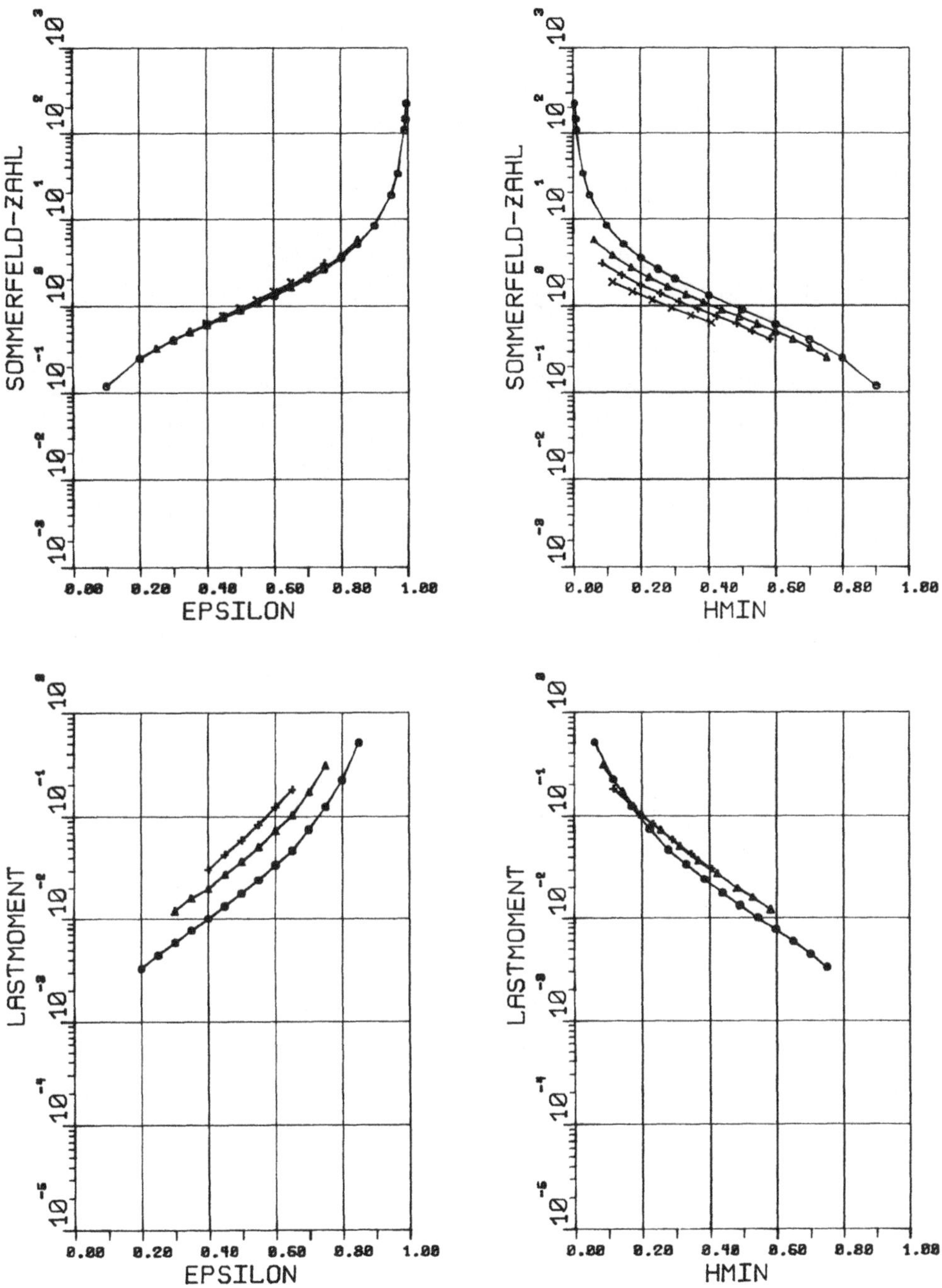

Bild 3.13: Sommerfeldzahl So und Lastmoment M_D für Lagerbreitenverhältnis B/D = 1,000

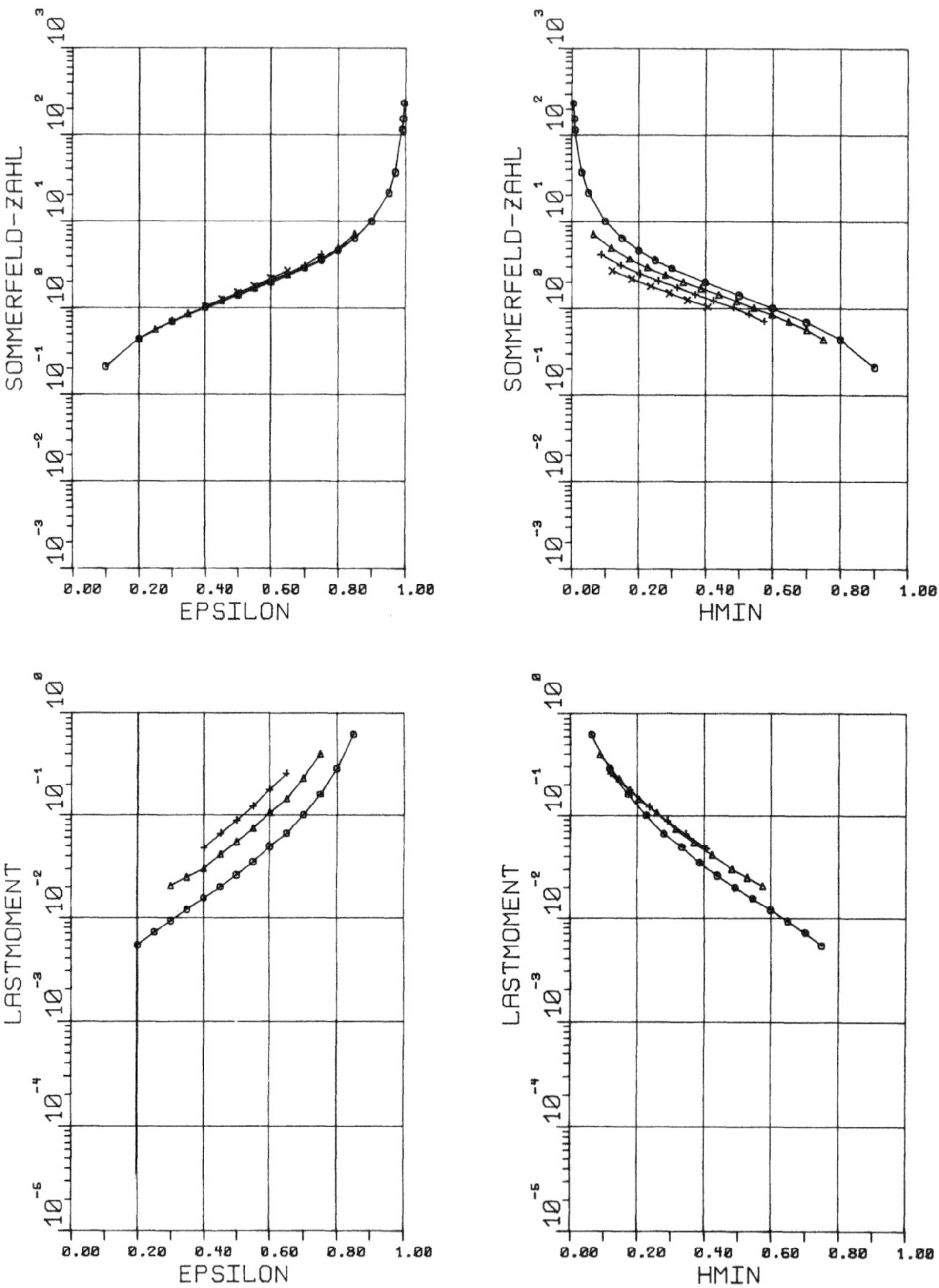

Bild 3.14: Sommerfeldzahl So und Lastmoment M_D für Lagerbreitenverhältnis B/D = 1,500

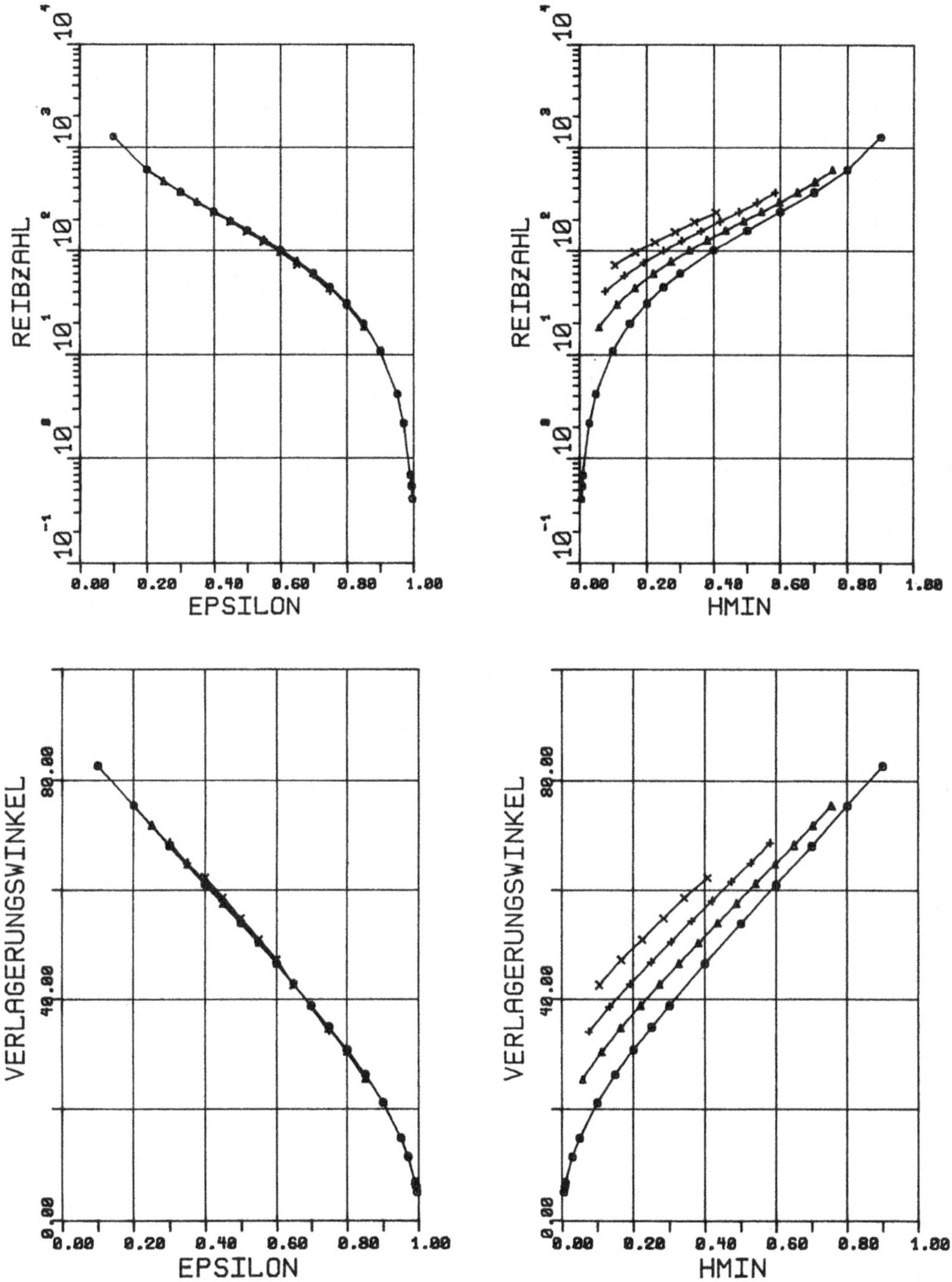

Bild 3.15: Verlagerungswinkel und Reibzahl für Lagerbreitenverhältnis B/D = 0,125

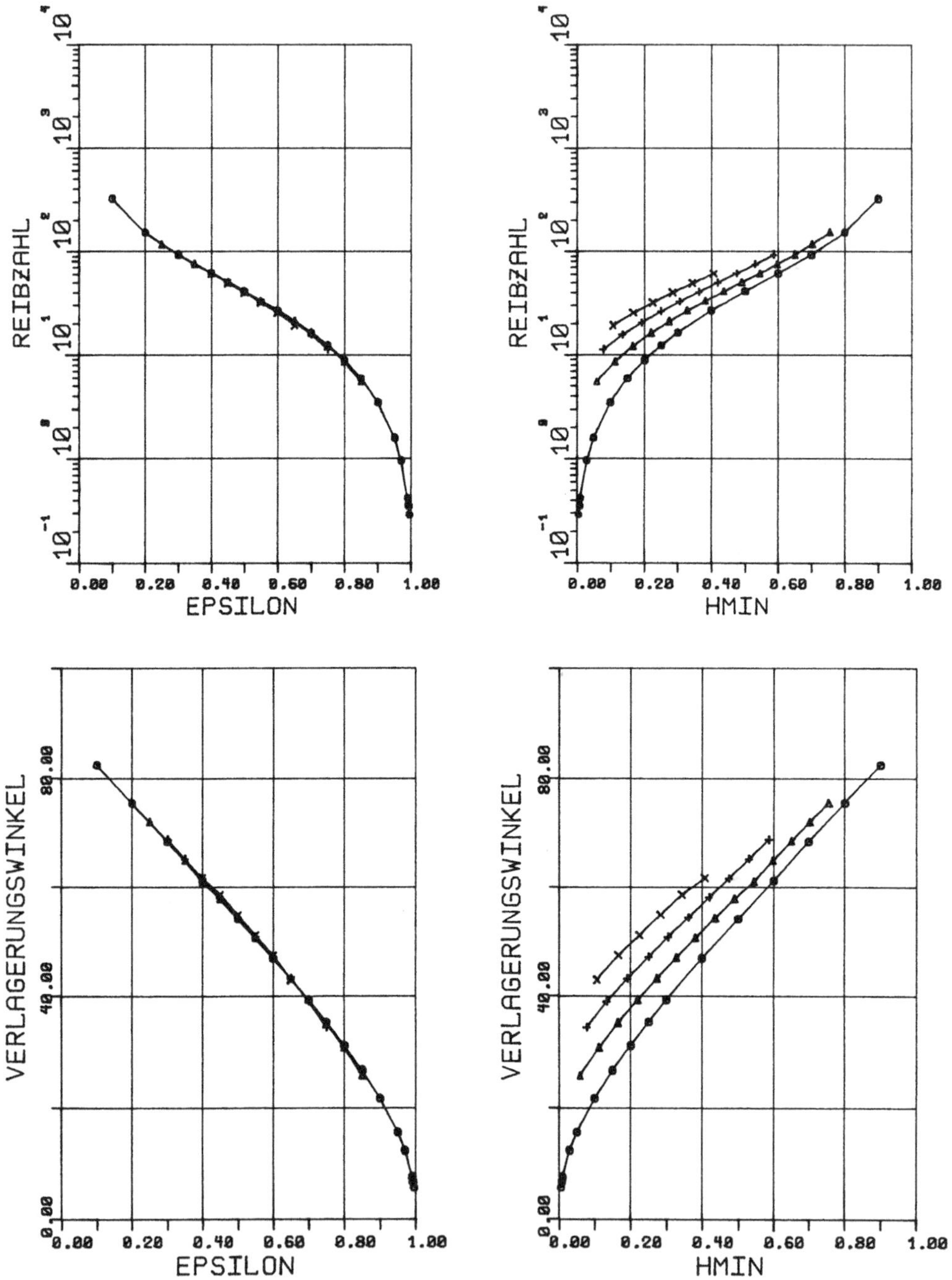

Bild 3.16: Verlagerungswinkel und Reibzahl für Lagerbreitenverhältnis B/D = 0,250

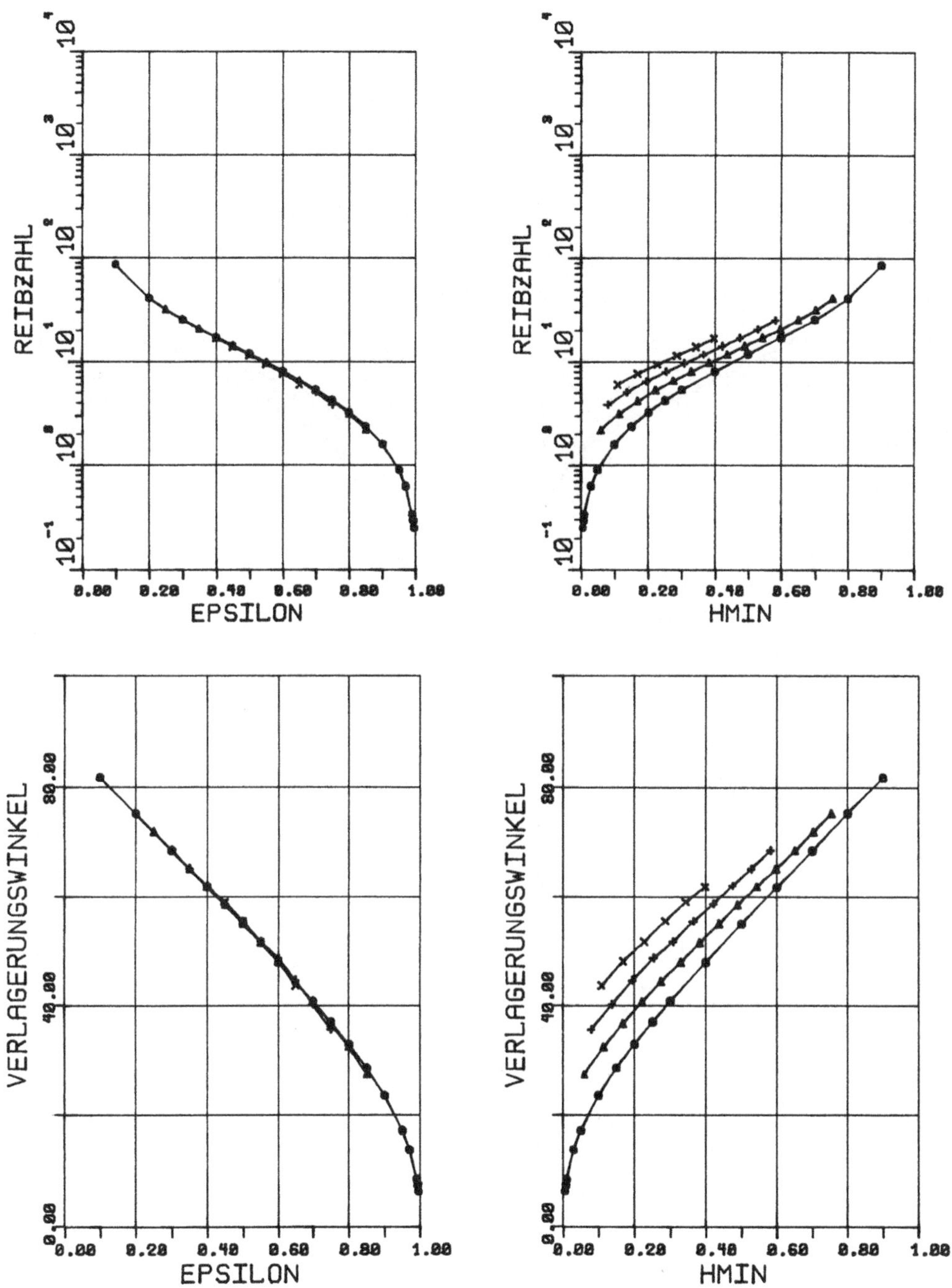

Bild 3.17: Verlagerungswinkel und Reibzahl für Lagerbreitenverhältnis B/D = 0,500

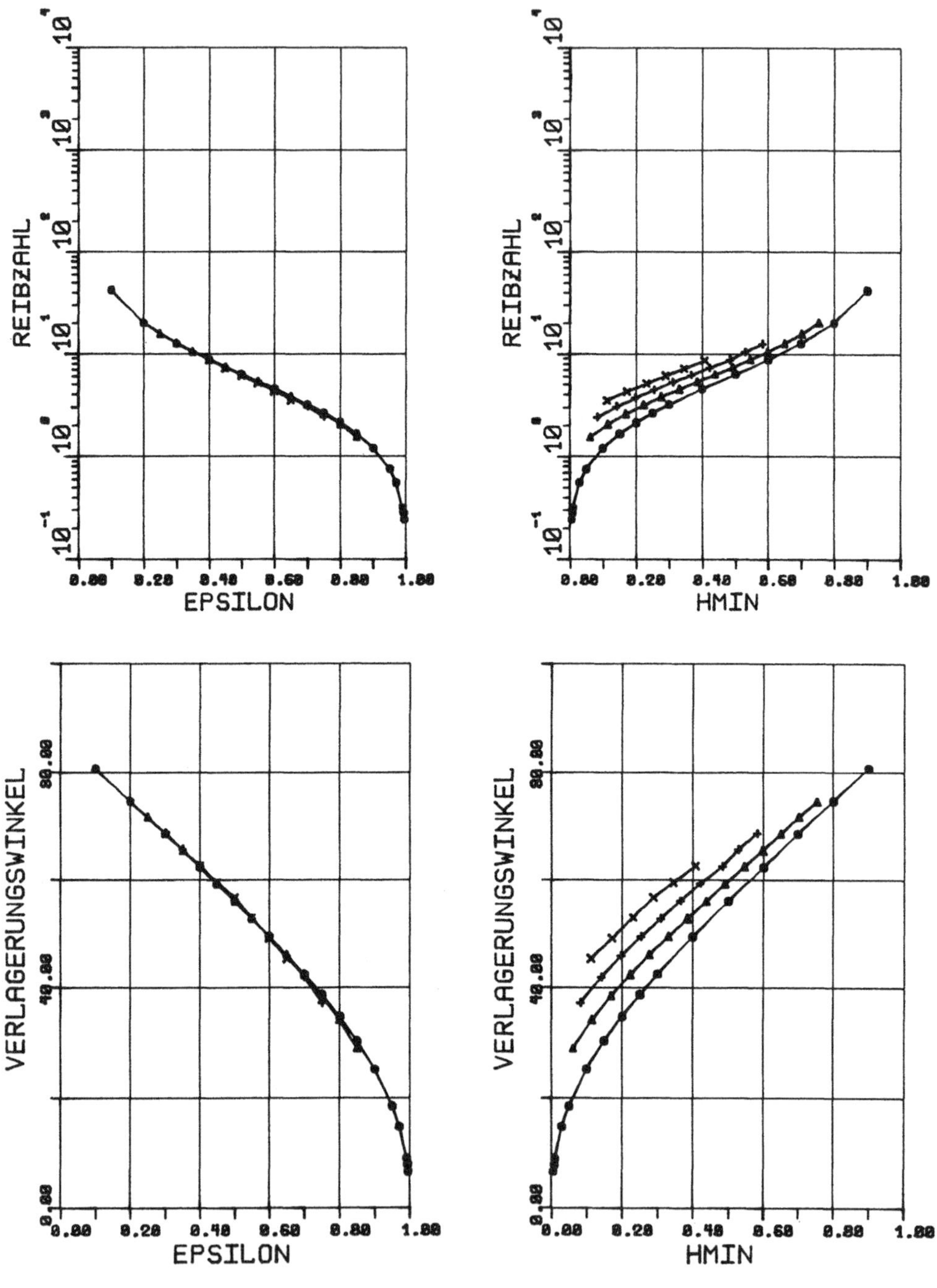

Bild 3.18: Verlagerungswinkel und Reibzahl für Lagerbreitenverhältnis B/D = 0,750

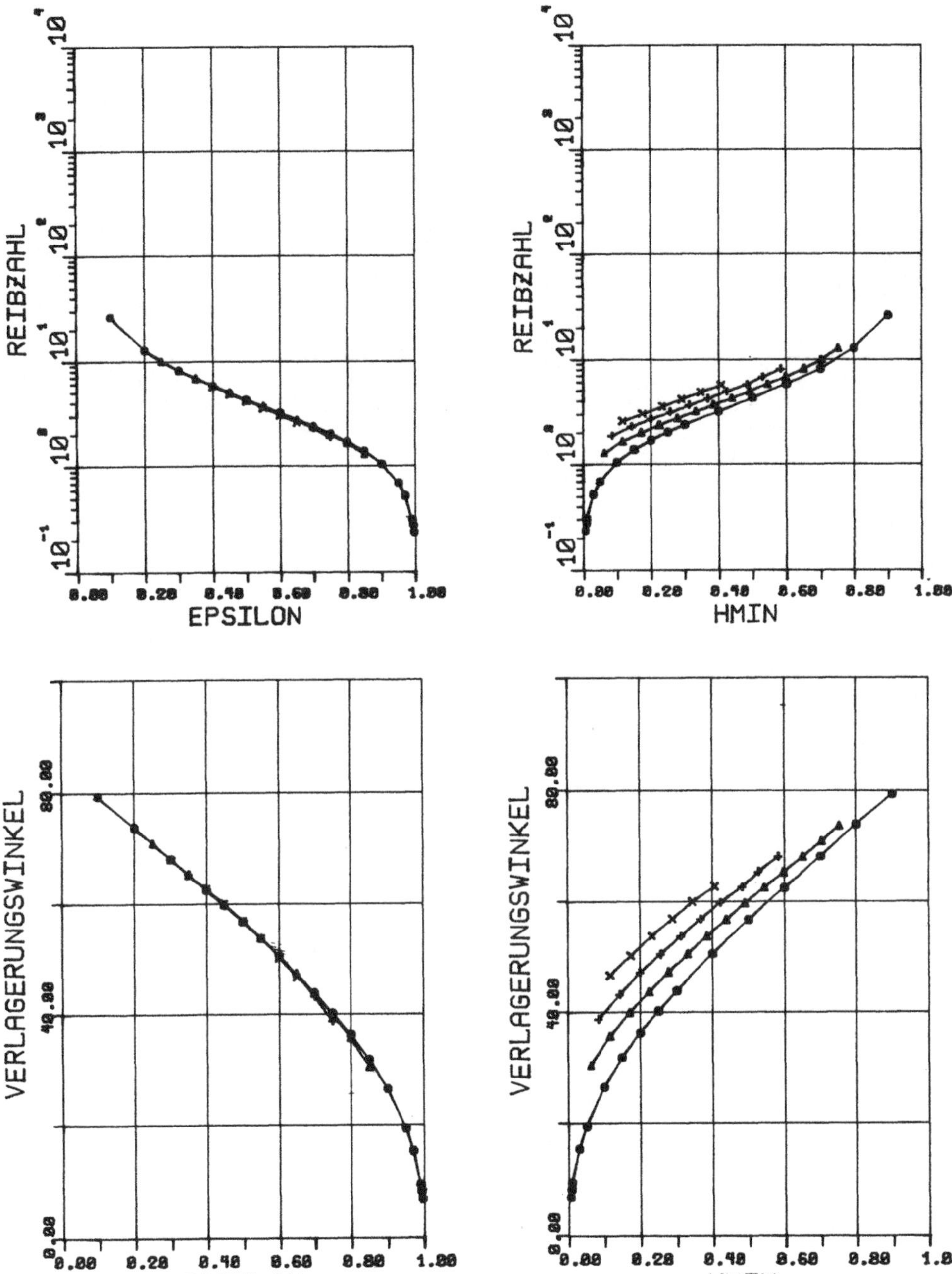

Bild 3.19: Verlagerungswinkel und Reibzahl für Lagerbreitenverhältnis B/D = 1,000

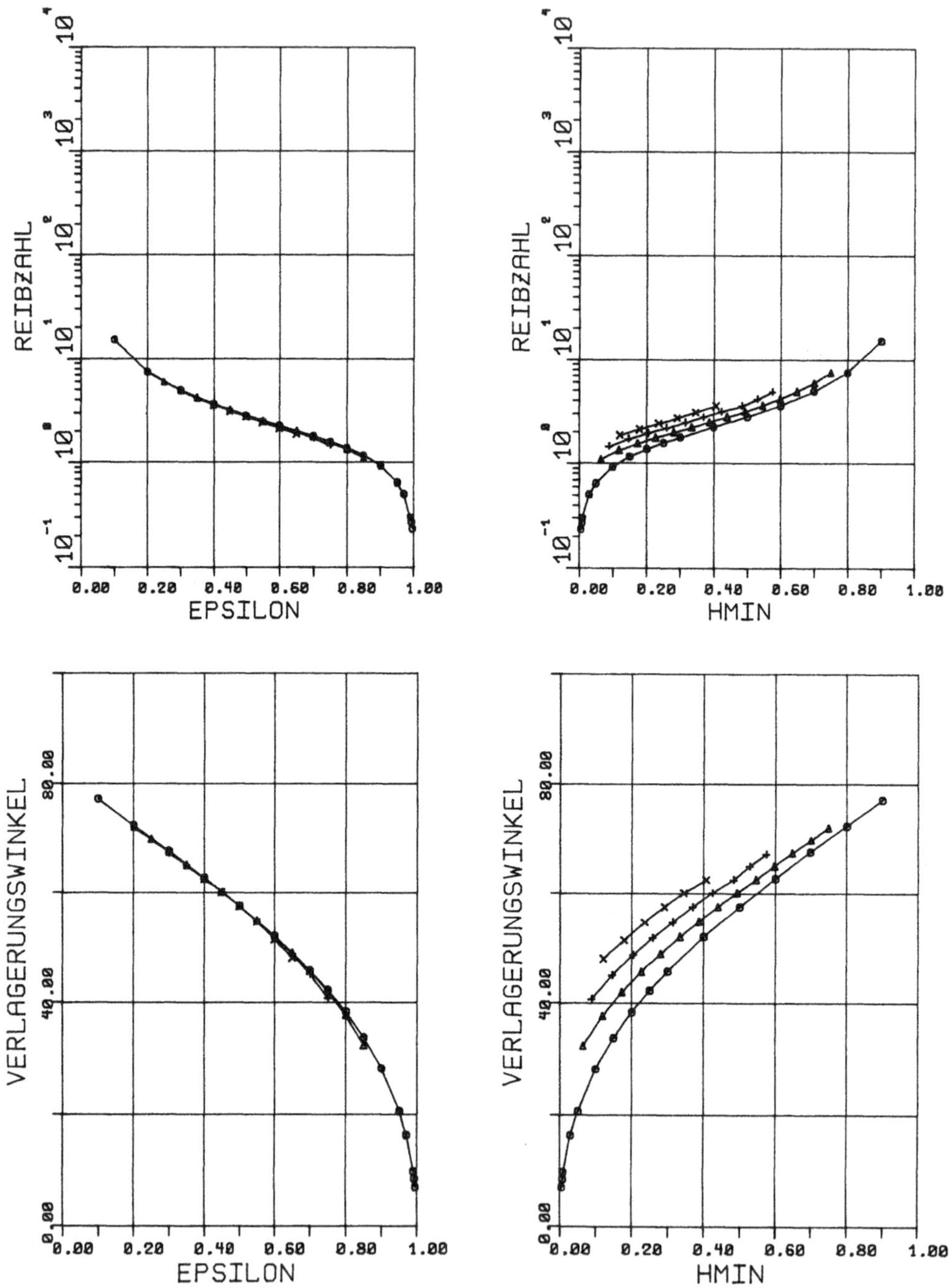

Bild 3.20: Verlagerungswinkel und Reibzahl für Lagerbreitenverhältnis B/D = 1,500

4. Berechnungsbeispiele

4.1 Vorbemerkungen

Bei der Ausprüfung des FORTRAN-Programms konnten keine veröffentlichten Ergebnisse nachgerechnet werden, weil sich alle bekannten Veröffentlichungen über Mehrfachgleitlagerung /8/, /9/ ausschließlich mit dem instationären Belastungefall befassen, der bei Kurbelwellen von besonderer Bedeutung ist. Es wurden deshalb Symmetrieeigenschaften der Lagerung und der äußeren Belastung verwendet, um die Richtigkeit der Ergebnisse zu überprüfen. Dabei wurden bis zu 20fach in Gleitlagern gelagerte Wellen untersucht. Die Ergebnisse dieser Berechnungen bewiesen die Genauigkeit und die numerische Stabilität der verwendeten Algorithmen, auch unter extremen Bedingungen.

In den folgenden Abschnitten werden Beispiele von Mehrfachgleitlagerungen beschrieben, die alle mit dem genannten FORTRAN-Programm berechnet wurden. Diese Beispiele sollen einmal auf das unterschiedliche Tragverhalten von spiellosen Lagerungen und Mehrfachgleitlagerungen hinweisen. Zum anderen soll mit Hilfe dieser Beispiele der Einfluß der zu untersuchenden Parameter herausgestellt werden.

4.2 Gleichgewichtsbahnen und Biegemomentverläufe von Mehrfachgleitlagerungen

Mit Gleichgewichtsbahn oder Verlagerungskurve /1/ bezeichnet man die Bahnkurve, die der Wellenzapfen im Spielkreis eines stationär belasteten Gleitlagers durchläuft, wenn man die Lagerkraft, beginnend bei der Last 0, so langsam steigert, daß der Einfluß des Verdrängungsdruckes vernachlässigt werden kann.

In Bild 4.1 sind für eine 6fach in Gleitlagern gelagerte linksdrehende Welle, die durch eine in der Mitte der Welle angreifende Kraft belastet ist, die Gleichgewichtsbahnen aller Lager in 3 Spielkreise gezeichnet. Wegen der symmetrischen Anordnung der Lager sind die Lagerkräfte und die Verlagerungs-

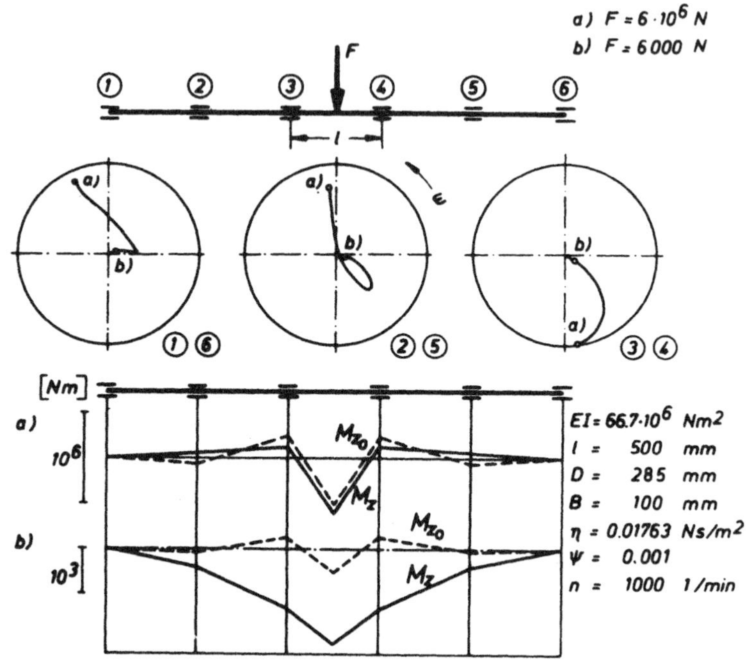

Bild 4.1: Gleichgewichtsbahnen und Biegemomentverläufe für eine symmetrisch belastete 6fache Gleitlagerung

bahnen der Lager 1, 6; 2, 5 und 3, 4 identisch. Die Gleichgewichtsbahnen der stark belasteten Lager 3 und 4 besitzen den bekannten Verlauf. Die Wellenzapfen der schwach belasteten Lager 2 und 5 bewegen sich bei kleiner Belastung in Richtung der unteren und bei großer Belastung in Richtung der oberen Lagerschalenhälfte. Die Wellenzapfen der beiden Außenlager 1 und 6 befinden sich vorwiegend in der oberen Lagerschalenhälfte.

Im unteren Teil von Bild 4.1 sind die Verläufe des Biegemomentes über der x-Achse aufgetragen. Das mit (a) bezeichnete Diagramm gilt für eine große, das mit (b) bezeichnete für eine kleine Kraft F. Der gestrichelt eingezeichnete Biegemomentverlauf tritt bei einer spiellosen Lagerung auf. Er unterscheidet sich vor allem bei kleinen Kräften F deutlich von dem bei einer Mehrfachgleitlagerung auftretenden Biegemomentverlauf.

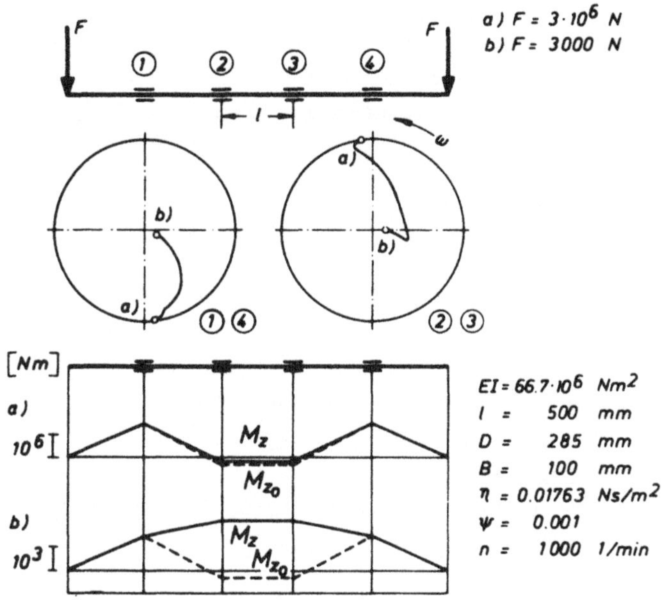

Bild 4.2: Gleichgewichtsbahnen und Biegemomentverläufe für eine symmetrisch belastete 4 fache Gleitlagerung mit Kragarm

In Bild 4.2 ist eine 4 fache Gleitlagerung mit einer symmetrischen Anordnung der Lager und 2 Kragarmen dargestellt. Die Belastung erfolgt durch zwei gleichgroße und gleichgerichtete Kräfte, die an den frei kragenden Enden der Welle angreifen. Die Gleichgewichtsbahnen und die Lagerkräfte der Lager 1, 4 und der Lager 2, 3 sind identisch. Auch bei dieser Gleitlagerung bewegt sich die gesamte Welle bei kleinen Kräften F zunächst in Richtung der Belastung nach unten. Infolge der Wellendurchbiegung wechseln die Gleichgewichtsbahnen der Lager 2, 3 ab einer bestimmten Last ihre Richtung und verlaufen dann ganz in der oberen Hälfte der Lagerschale.

Diese Umkehr der Tendenz zeigt sich auch in krassen Unterschieden der Biegemomentenverläufe M_z und M_{zo} der in Gleitlagern gelagerten Welle und der spiellos gelagerten Welle bei kleinen Belastungen, die in dem mit (b) bezeichneten Diagramm von Bild 4.2 skizziert sind. Bei großen Kräften F sind die Unterschiede zwischen den Biegemomentverläufen M_z und M_{zo} nicht mehr so gravierend.

Die beiden Beispiele nach Bild 4.1 und 4.2 sind ebene Belastungsfälle. Wie aus den Gleichgewichtsbahnen hervorgeht, bewirkt diese ebene Belastung auch Verschiebungskomponenten der Wellenzapfen, die senkrecht zur Belastungsebene gerichtet sind. Dadurch entstehen bei einer statisch unbestimmten Mehrfachgleitlagerung senkrecht zur Belastungsebene gerichtete Lagerkräfte, die ebenfalls einen Biegemomentenverlauf verursachen. Diese Biegemomente sind jedoch bei den Beispielen 4.1 und 4.2 so klein, daß sie in dem gewählten Maßstab nicht mehr darstellbar sind.

In Bild 4.3 wird die Auswirkung der Änderung der relativen Lagerspiele aller Gleitlager auf die Gleichgewichtsbahnen einer 3-fachen Gleitlagerung dargestellt. Die relativen Lagerspiele sind bei der Betrachtung des Bildes von oben nach unten jeweils doppelt so groß wie in der vorhergehenden Zeile. Diese Spielvergrößerung bewirkt bei den Lagern 2 und 3 eine Verschiebung der Gleichgewichtsbahnen innerhalb des Lagerspiels nach unten, weil die Sommerfeldzahlen dieser Lager und damit auch die relativen Exzentrizitäten zunehmen. An Lager 1 bewirkt die Spielvergrößerung ebenfalls eine Verschiebung der gesamten Gleichgewichtsbahn nach unten. Alle Gleichgewichtsbahnen des Lagers 1 besitzen die bereits beschriebene Tendenzumkehr bei einer Vergrößerung der Belastung, die bei großen Lasten zu kleinen Schmierspalten in der oberen Lagerschale führt.

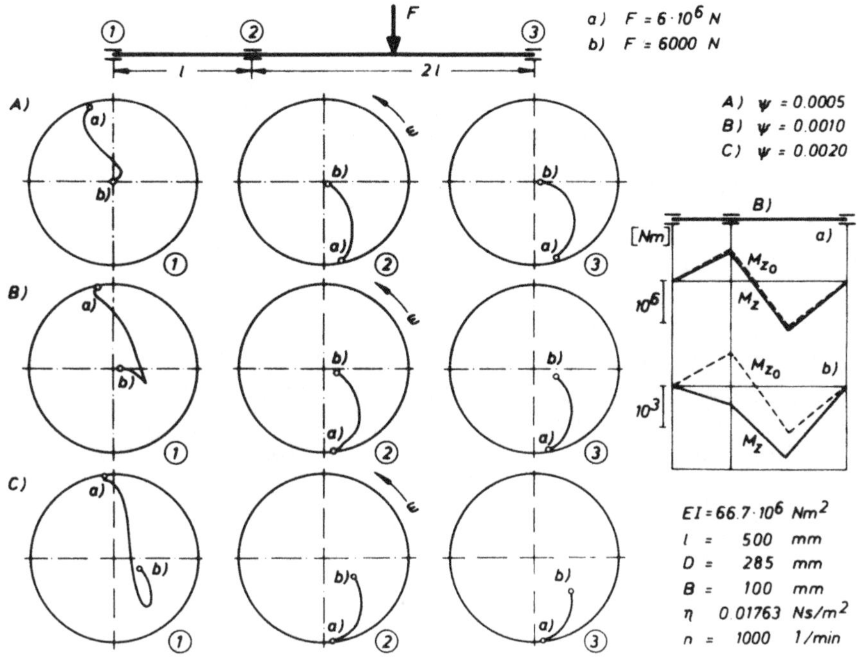

Bild 4.3: Einfluß der Veränderung aller relativen Lagerspiele auf die Gleichgewichtsbahnen einer 3 fachen Gleitlagerung

Die Biegemomentenlinien des Bildes 4.3 entsprechen dem relativen Lagerspiel ψ = 0,001. Der gestrichelte Verlauf tritt bei der spielfreien Lagerung, der durchgezogene Verlauf bei der Gleitlagerung der Welle auf. Auch bei diesem Beispiel verhält sich die Gleitlagerung bei schwacher Belastung anders als bei spielfreier Lagerung.

4.3 Beispiele für die Auswirkung einer nicht fluchtenden Lagergasse

In Bild 4.4 ist eine 3 fach in Gleitlagern gelagerte Welle skizziert, die durch eine Einzelkraft zwischen den Lagern 2 und 3 belastet ist. Für diese Lagerung sind in Bild 4.4 Gleichgewichtsbahnen für drei verschiedene Ausrichtungen des Außenlagers 1 skizziert.

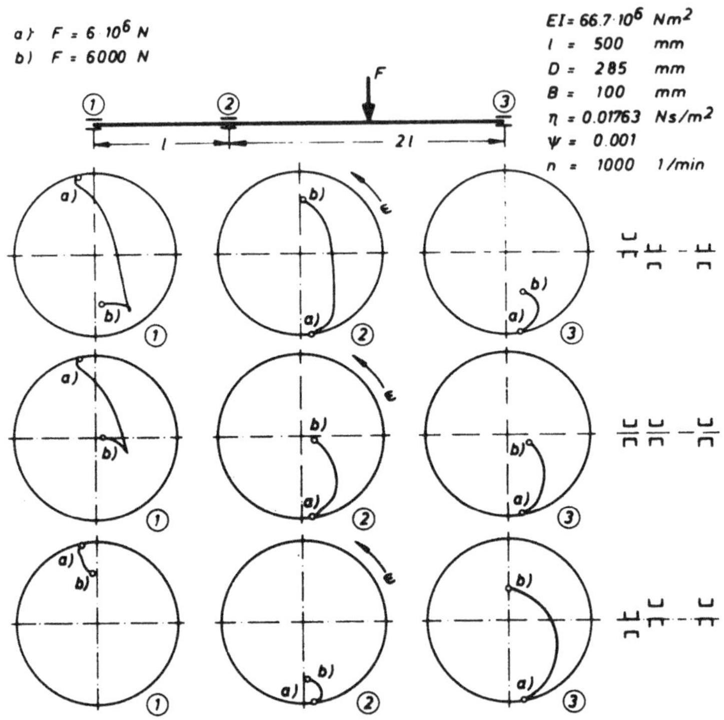

Bild 4.4: Einfluß des Lagermittenversatzes von Lager 1 auf eine 3 fache Gleitlagerung

Bei den Gleichgewichtsbahnen der oberen Reihe ist das Lager 1 um das Durchmesserspiel gegenüber der geraden Lagerachse angehoben. Dadurch wird das Lager 2 so entlastet, daß die engsten Schmierspalte bei kleiner Belastung in der oberen Lagerschalenhälfte liegen; bei großer Belastung wandern sie in die untere Lagerschalenhälfte. Bei dem Außenlager 1 dagegen bewegt sich der Zapfenmittelpunkt mit wachsender Belastung infolge der Wellendurchbiegung aus der unteren in die obere Lagerschalenhälfte.

Die Gleichgewichtsbahnen der mittleren Reihe beschreiben den Zustand der fluchtenden Lagergasse, bei der die Zapfenmittelpunkte der Lager 2 und 3 mit wachsender Belastung nach unten wandern. Bei dem Außenlager 1 treten die engsten Schmierspalte mit Ausnahme kleiner Belastung in der oberen Lagerschalenhälfte auf.

Die Gleichgewichtsbahnen der unteren Bildreihe beschreiben den Zustand der Absenkung des Lagers 1 um das Durchmesserspiel gegenüber der geraden Lagerachse. Bei dieser Situation wird das Lager 3 entlastet und die Lager 1 und 2 erfahren eine zusätzliche Belastung. Dies geht deutlich aus den Gleichgewichtsbahnen der Lager 1 und 2 hervor, die jetzt bei höheren Exzentrizitäten und vollständig in der oberen oder in der unteren Lagerschalenhälfte liegen.

In Bild 4.5 ist eine 38,5 m lange Propellerwelle skizziert, die in 8 Gleitlagern und 3 fach im Stevenrohr auf wassergeschmierten Gummilagern gelagert ist. Diese 11 fache Gleitlagerung wurde als Testbeispiel für das FORTRAN-Programm verwendet.

Bei dem mit 0 bezeichneten Lastfall ist die Welle durch das Eigengewicht und das Propellergewicht belastet und in einer fluchtenden Lagergasse gelagert. Bei den Lastfällen 1 und 2 wird außer der Gewichtsbelastung berücksichtigt, daß die Lagerschalenmittelpunkte der Mittelebenen der Gleitlager auf den Biegelinien des Schiffskörpers liegen. Dadurch entstehen nicht fluchtende Lagergassen.

Der Einfluß der Schiffskörperverbiegung auf den Biegemomentenverlauf geht aus dem Bild 4.5 hervor. Da die Schiffskörperverbiegung groß ist im Vergleich zu den Lagerspielen, wurden die Lagerkräfte und die Biegemomente zum Vergleich auch unter Vernachlässigung des Lagerspieles allein mit den Methoden der Elastostatik berechnet. Die Abweichungen dieser Ergebnisse von den Ergebnissen des FORTRAN-Programmes "Mehrfachgleitlagerung" waren minimal, weil die untersuchte Welle im Vergleich zu dem Beispiel nach Bild 4.4 biegeweich ist.

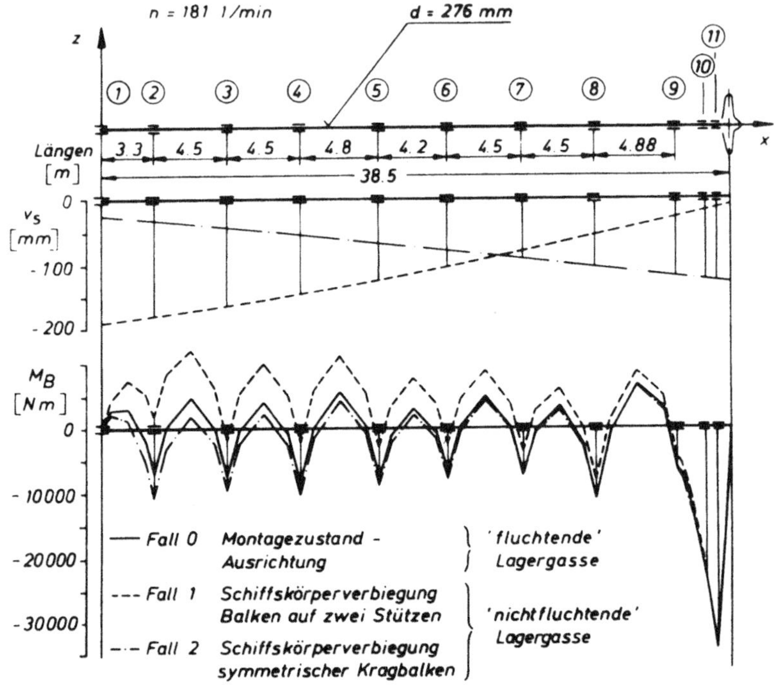

Bild 4.5: Auswirkung der Schiffskörperverbiegung auf eine 11 fach gleitgelagerte Wellenleitung eines Schiffsantriebes für zwei extreme Verformungszustände

4.4 Beispiel krumme Welle

In Bild 4.6 ist der Verlauf der Wellenachse in der (x, z)-Ebene für eine krumme Welle von 285 mm Durchmesser skizziert. Die Welle ist 5 fach in Gleitlagern gelagert. Die Vorkrümmung wird durch einen Polygonzug definiert, der am Lager 2 seinen Maximalwert von + S_D und am Lager 3 seinen Minimalwert von - $2S_D$ erreicht, wobei mit S_D das Durchmesserspiel der Gleitlager bezeichnet wird. An den Außenlagern 1 und 5 schneidet die Achse der krummen Welle die x-Achse. Äußere Kräfte sind nicht vorhanden. Untersucht wird der Einfluß des Lagerabstandes l auf die Lager und die Welle bei konstanten Werten S_D der vorgekrümmten Wellenachse.

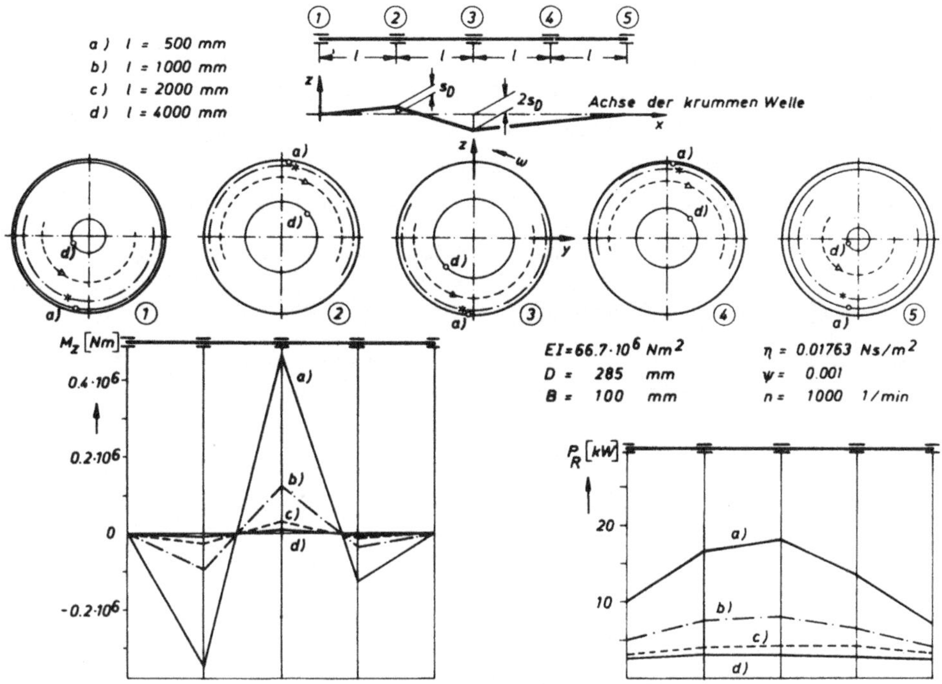

Bild 4.6: Einfluß des Lagerabstandes l auf eine 5 fach gelagerte krumme Welle

In den Spielkreisen von Bild 4.6 sind für vier verschiedene Lagerabstände l , die zwischen 500 und 4000 mm variiert wurden, die Zapfenbahnen für alle 5 Lager eingetragen. Die Welle rotiert entgegen dem Uhrzeigersinn. Die Punkte auf den Zapfenbahnen markieren diejenige Position der in den Lagern eingezwängten rotierenden Welle, die der in der (x, z)-Ebene von Bild 4.6 eingezeichneten unbelasteten Vorkrümmung entspricht. Die kürzeste und damit biegesteifste Welle ergibt die größten Lagerkräfte und somit die kleinsten Schmierspalte.

Der große Einfluß des Lagerabstandes auf die Lagerkräfte geht auch aus dem Biegemomentenverlauf und dem Reibleistungsdiagramm von Bild 4.6 hervor. Eine Verdoppelung des Lagerabstandes von 500 mm auf 1000 mm reduziert das dem Betrag nach größte Biegemoment ungefähr um den Faktor 4 und die Reibleistung des am höchsten beanspruchten Lagers 3 um den Faktor 2,3. Die Reibleistungen sind in dem Diagramm von Bild 4.6 mit P_R bezeichnet. Die einem Lagerabstand l entsprechenden Leistungen wurden durch Striche verbunden, um ihre Zusammengehörigkeit anzuzeigen.

4.5 Beispiel Lagerverkantung und Ringnut

Die Verkantung der Welle in den Gleitlagern verändert die Spaltgeometrie und damit die hydrodynamischen Lagerkräfte. Bei allen Beispielen der vorhergehenden Kapitel wurden die Sommerfeldzahlen und Verlagerungswinkel mit Hilfe der Butenschönschen Approximationsformeln /6/ berechnet, die den Verkantungseinfluß nicht berücksichtigten.

Bei dem Beispiel nach Bild 4.7 wurden die hydrodynamischen Lagerkräfte während der iterativen Lösung des Gleichungssystems (2.34) durch numerische Integration der Reynolds'schen Differentialgleichung (2.23) mit Hilfe der im Kapitel 3 beschriebenen Methode gewonnen. Dieses Verfahren erfordert gegenüber der Verwendung von Approximationsformeln einen mehr als 100-fachen Aufwand und ist deshalb nur sehr begrenzt anwendbar.

Das Beispiel nach Bild 4.7 berücksichtigt die Wellenverkantung und eine umlaufende Ringnut, deren Abmessungen aus Bild 4.7 hervorgehen. Zur Überprüfung dieser mit Fall 1 bezeichneten Ergebnisse wurde jedes der drei Gleitlager mit Ringnut durch je zwei Gleitlager ohne Nut ersetzt. Die Berechnung der 6fachen Gleitlagerung erfolgte unter Verwendung der Butenschönschen Approximationsformeln /6/.

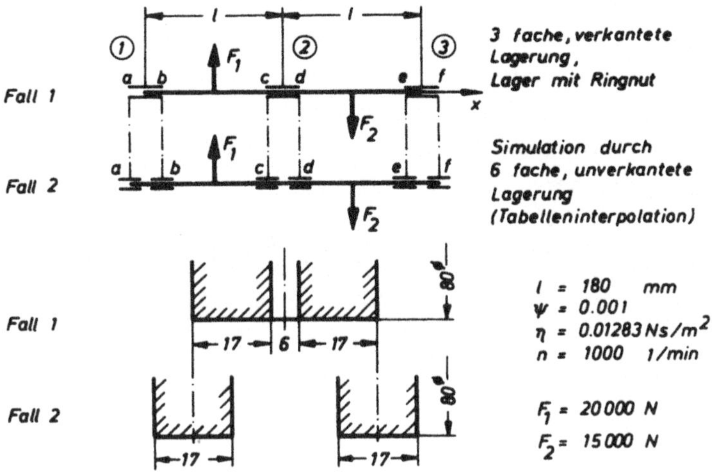

Fall	Ergebnis	Ort a	b	c	d	e	f
1	ε_R	0.959	0.909	0.371	0.101	0.783	0.972
2	ε	0.939	0.904	0.373	0.097	0.755	0.926
1	F_L [N]	11 240		63		6 260	
2	ΣF_L [N]	10 762		79		5 799	

Bild 4.7: Dreifache Gleitlagerung mit Ringnut unter Berücksichtigung der Verkantung

Die Ausgangsdaten der Berechnung und die Ergebnisse sind in Bild 4.7 zusammengestellt. Die Tabelle der Ergebnisse enthält für den Fall 1 die relativen Exzentrizitäten an den beiden Lagerenden, die infolge der Verkantung unterschiedlich sind. Bei der 6 fachen Gleitlagerung werden die relativen Exzentrizitäten in den Lagermittelebenen angegeben, die mit den Endebenen der Originallager übereinstimmen. Aus den Lagerkräften der Lagerpaare der 6 fachen Gleitlagerung wurden resultierende Lagerkräfte gebildet.

Die Welle ist in jedem Feld durch zwei entgegengesetzt gerichtete Kräfte unterschiedlicher Größe belastet. Das Mittellager ist stark verkantet, aber praktisch unbelastet. Infolge der ungleichen Kräfte F_1 und F_2 ist das Außenlager 3 schwächer belastet, aber stärker verkantet als das Außenlager 1. Die Unterschiede in den Lagerkräften beider Berechnungsmethoden liegen in der Größenordnung von 10 %, wobei die Lagerkräfte im Fall 2 durchgehend kleiner sind. Zum Teil kann dieser Unterschied auf den Einspanneffekt der Doppellager zurückgeführt werden, der im Fall 1 nicht berücksichtigt wird.

5. Literaturverzeichnis

/1/ Vogelpohl, Georg:
Betriebssichere Gleitlager.
1. Bd. 2. Auflage, Berlin, Göttingen, Heidelberg: Springer-Verlag 1967

/2/ Lang, Otto Robert, Steinhilper, Waldemar:
Gleitlager.
Berlin, Heidelberg, New York: Springer-Verlag 1978

/3/ Gallagher, Richard H.:
Finite-Element Analysis.
Berlin, Heidelberg, New York: Springer Verlag 1976

/4/ Physikhütte:
Hütte des Ingenieurs Taschenbuch.
1. Bd. 29. Auflage, Berlin, München, Düsseldorf: Wilhelm Ernst und Sohn, Kapitel 5

/5/ Sassenfeld, Helmut, Walther, Alwin:
Gleitlagerberechnungen.
VDI-Forschungsheft 441, Düsseldorf 1954

/6/ Butenschön, Hans-Jürgen:
Das hydrodynamische, zylindrische Gleitlager endlicher Breite unter stationärer Belastung.
Dissertation Karlsruhe 1976

/7/ Stoer, Josef, Burlisch, Roland:
Einführung in die Numerische Mathematik II.
2. Auflage, Berlin, Heidelberg, New York: Springer-Verlag 1978, S. 186

/8/ v. Schnurbein, Eglof:
Beitrag zur Berechnung der Kräfte und Verlagerungen in den Gleitlagern statisch unbestimmt gelagerter Kurbelwellen.
Dissertation München 1969

/9/ Möhlenkamp, Heinrich:
Beitrag zur Berechnung der Lagerbelastungen und Verlagerungsbahnen schnellaufender Hochleistungs-Dieselmotoren bei verschiedenen Lastpunkten, insbesondere bei Drehzahldrückung.
Dissertation Hannover 1974

/10/ Petrow, N., Reynolds, O. Sommerfeld, A. u. Michell, A.:
Abhandlungen über die hydrodynamische Theorie der Schmiermittelreibung
Ostwalds Klassiker der exakten Wiss. Nr. 218, Leibzig 1927

/11/ Vogelpohl, G.:
Beiträge zur Kenntnis der Gleitlagerreibung
VDI-Forschungsheft Nr. 386 (1937)

/12/ Hakansson, B.:
The Journal Bearing Considering Variable Viscosity
Trans. of Chalmers University of Technology, Gothenburg 1965

/13/ Knoll, G.:
Tragfähigkeit zylindrischer Gleitlager unter elastohydrodynamischen Bedingungen
Diss. Aachen 1974

/14/ Sommerfeld A.:
Zur hydrodynamischen Theorie der Schmiermittelreibung
Z. Math. Phys. 50 (1904) 97/155

/15/ Gümbel, L. u. Everling, E.:
Reibung und Schmierung im Maschinenbau
Berlin: Krayn 1925

/16/ Reynolds, D.:
Über die Theorie der Schmierung und ihre Anwendung
Phil. Trans. Roy. Soc. 177 (1886) 157 - 234

/17/ Knoll, G., Peeken, H. u. Yie, St.
Ein neues Verfahren zur Reduktion des numerischen Aufwandes bei der Lösung der Reynolds'schen Differentialgleichung des hydrodynamisch geschmierten zylindrischen Radialgleitlagers
Forsch. Ing. Wes. 46 (1980) Nr. 4

/18/ Zienkiewicz, O.C.
Methode der Finiten Elemente
Carl Hauser Verlag, München - Wien 1975

Einfluß der Taschen und der Ölzuführung auf die statischen und dynamischen Kenngrößen von Turbinenlagern

von

Prof. Dr.-Ing. J. Glienicke
Dr.-Ing. D.-C. Han
Dipl.-Ing. M. Schwer

Institut für Maschinenkonstruktionslehre
Universität Karlsruhe
Kaiserstraße 12

Förderkennzeichen: 01ZT088
Laufzeit: 1.9.1978 - 31.10.1981

Zusammenfassung

Für hohe Umfangsgeschwindigkeiten werden wegen der verbesserten Stabilitätseigenschaften und Lagerkühlung i.a. besondere Gleitlagerformen mit nichtkreiszylindrischer Bohrung und relativ grossen Schmiertaschen eingesetzt, bei denen der Einfluß der Taschen und Ölzuführung nicht mehr vernachlässigt werden darf. Im Rahmen der Forschungsaufgabe "Turbinenlager/Tascheneinfluß" werden deshalb die statischen und dynamischen Lagerkennlinien unter Berücksichtigung des Taschen- und Ölzuführungseinflusses theoretisch und experimentell bestimmt und die sich dabei ergebende Veränderung des Schwingungs- und Stabilitätsverhaltens der in solchen Lagern laufenden Rotoren theoretisch und experimentell abgeschätzt.

Der Bericht beginnt mit der theoretischen Bestimmung der Teilkennlinien und Ähnlichkeitsgrößen des Taschen-Ölzuführungsbereichs und mit deren experimenteller Überprüfung an einer Impedanz-Meßeinrichtung. Mit diesen Teilkennlinien lassen sich dann für die vollständigen Turbinenlager die dimensionslosen Lagerkennwerte (statische Tragkraft, Verlustleistung, Öldurchsatz sowie Federungs- und Dämpfungskoeffizienten) in Abhängigkeit aller wichtigen Parameter (Lagerbohrungsform, Breitenverhältnis, statische Zapfenexzentrizität, dimensionsloser Ölzuführungsdruck, Druckgefälle in der Ölzuführung, Taschenwiderstände in Umfangs- und Breitenrichtung, Strömungszustand in der Ölzuführung und im Lager) theoretisch ermitteln. Die Zuverlässigkeit dieser Kennlinien wird durch Messungen am Turbinenlager-Prüfstand für weite Parameterbereiche bestätigt. Die Veränderungen des Stabilitätsverhaltens werden in bekannter Weise am Beispiel einfacher Rotorformen berechnet und durch Schwingungsmessungen an hochtourigen Rotoren experimentell nachgewiesen.

Die Parametervariationen ergeben in gewissen Bereichen eine starke Abhängigkeit der statischen und dynamischen Lagerkennlinien von den Ölzuführungs- und Taschenparametern; darüber hinaus erhält man genauere Werte für den Gesamt-Öldurchsatz. Bei günstiger Wahl der Ölzuführungsparameter läßt sich für viele praktische Anwendungsfälle eine entscheidende Erhöhung der Stabilitätsgrenze erreichen. Dazu sind definierte Drosselstellen zwischen äußerem Ringkanal und allen Schmiertaschen erforderlich.

Gliederung

Zusammenfassung 126

1. Problemstellung 128
   1.1 Einführung 128
   1.2 Stand der Forschung 128
   1.3 Zielsetzung 129

2. Kennlinien des Taschen-Ölzuführungs-Bereichs 130
   2.1 Kennlinien der reinen Ölzuführung 130
   2.2 Experimentelle Bestimmung der Kennlinien der Gesamttasche 132
   2.3 Theoretische Untersuchungen, Vergleich mit Meßergebnissen 136

3. Statische und dynamische Kennlinien von Hybridlagern mit allgemeiner Bohrungsform 139
   3.1 Berechnung von Hybridlagern 139
   3.2 Rechenergebnisse 145
   3.3 Messungen am Turbinenlager-Prüfstand 146

4. Einfluß der Taschen und der Ölzuführung auf das Stabilitätsverhalten hochtouriger Rotoren 153
   4.1 Stabilitätskarten für den symmetrischen Einmassenrotor 153
   4.2 Schwingungsmessungen am Rotorprüfstand 155

5. Bedeutung und Nutzen der Ergebnisse 159

6. Wichtige dimensionslose Parameter 159

7. Schrifttum 160

1. Problemstellung

1.1 Einführung

Zur Lagerung der Rotoren von Turbomaschinen mit hoher Leistung oder Leistungsdichte werden besondere Gleitlagerformen ("Turbinenlager") eingesetzt, die zur Verbesserung der Lagerkühlung und des Stabilitätsverhaltens große Schmiertaschen und häufig eine nichtkreiszylindrische Bohrung besitzen. Die Vorausberechnung der statischen und dynamischen Kennwerte dieser Turbinenlager mithilfe der hydrodynamischen Schmierfilmtheorie wird heute formal beherrscht. Schwingungsmessungen an hochtourigen Rotoren, mit denen die praktische Zuverlässigkeit der so berechneten Lagerkennwerte überprüft werden sollte, ergaben im Bereich hoher Umfangsgeschwindigkeiten und kleiner bis mittlerer Lagerpressungen einen starken Taschen- und Ölzuführungseinfluß auf die dynamischen Lagerkennwerte und das Stabilitätsverhalten [1,2]. Es erschien deshalb notwendig, diesen Einfluß in die Vorausberechnung der Lagerkennwerte miteinzubeziehen.

1.2 Stand der Forschung

Die Berechnungsgrundlagen für die Auslegung rein hydrodynamischer Gleitlager sind heute weitgehend vorhanden. Danach hängen die statischen und dynamischen Lagerkennwerte (dimensionslose Tragkraft, Reibungskoeffizient, Federungs- und Dämpfungskoeffizienten) im laminaren Bereich von der statischen Exzentrizität des Zapfens in der Lagerbohrung, dem Lagerbreitenverhältnis, der Lagerbohrungsform und dem Belastungswinkel ab [3,4,5]. Bei der Berücksichtigung von Zusatzeinflüssen kommen weitere Parameter hinzu: z. B. bei veränderlicher Viskosität eine dimensionslose Erwärmungskennzahl, bei Schmierfilmturbulenz die Reynolds-Zahl und bei Berücksichtigung der Trägheitskräfte des Schmiermittels eine modifizierte Reynolds-Zahl [6].

Bei sehr geringem Zuführdruck erfolgt im Bereich der Taschen und der divergierenden Spalte, d. h. über relativ große Bereiche des Lagerumfangs, praktisch kein Druckaufbau; bei der Berechnung rein hydrodynamischer Gleitlager wird deshalb dieser Lagerbereich i. a. nicht berücksichtigt. In Wirklichkeit hängen jedoch die Randbedingungen im hydrodynamischen Schmierspalt vom Ölzuführdruck ab [7]. Außerdem kann sich unter bestimmten Bedingungen im Taschenbereich ein merklicher statischer Druck aufbauen [8,9,10]. Im Gesamtlager addieren sich dann beide Druckanteile ("Hybridlager"). Hinzu kommen Auswirkungen der Trägheitskräfte und der Kompressibilität des Öles sowie Dämpfungswirkungen im Ölzuführungsbereich. In den bisher bekannten rein rechnerischen Untersuchungen wurden entweder Einzeleffekte berücksichtigt oder nur einfache Sonderfälle betrachtet.

1.3 Zielsetzung

Ausgehend von den bekannten Kennlinien der verschiedensten Turbinenlager bei rein hydrodynamischer Schmierung sollen deshalb die statischen und dynamischen Lagerkennwerte (statische Tragkraft, Verlustleistung, Temperaturverteilung, Öldurchsatz sowie Federungs- und Dämpfungskoeffizienten) unter Berücksichtigung des Taschen- und Ölzuführungseinflusses bestimmt und die sich daraus ergebende Veränderung des Schwingungs- und Stabilitätsverhaltens hochtouriger Rotoren abgeschätzt werden.

Die genannten statischen und dynamischen Lagerkennwerte sollen in Abhängigkeit aller wichtigen Parameter bestimmt und als Ähnlichkeitsgrößen dargestellt werden. Bei hydrodynamischer Schmierung sind die dimensionslosen Lagerkennwerte von der Lagerbohrungsform (Schmierspaltfunktion), dem Lagerbreitenverhältnis und der statischen Lagerzapfenexzentrizität abhängig. Bei rein hydrostatischem Druckaufbau in den Taschen und im Schmierspalt kommen als Parameter noch der dimensionslose Zuführdruck, das relative Druckgefälle in der Ölzuführung, die Drosselkennlinie, der Quotient der Taschenwiderstände in Umfangs- und Breitenrichtung sowie der Strömungszustand (laminar/turbulent) des Schmiermittels in der Ölzuführung, in den Taschen und im Schmierspalt hinzu. Die maßgebenden Ähnlichkeitsgrößen für den Einfluß der Trägheitskräfte und der Kompressibilität des Öls sowie der Dämpfungswirkungen in der Ölzuführung sind nicht bekannt.

Die Untersuchungen müssen deshalb mit der theoretischen und experimentellen Ermittlung der Kennlinien und der Ähnlichkeitsgrößen des Taschen-Ölzuführungs-Bereichs beginnen. Mit diesen Teilkennlinien sollen dann die statischen und dynamischen Lagerkennwerte vollständiger "Hybridlager" numerisch bestimmt und die Zuverlässigkeit aller Rechenwerte und Ähnlichkeitsgrößen durch Messungen am Turbinenlagerprüfstand [3] experimentell überprüft werden. Mit den so ermittelten dynamischen Lagerkennwerten lassen sich dann in bekannter Weise [3] die Veränderungen des Stabilitätsverhaltens eines einfachen Rotors infolge des Taschen- und Ölzuführungseinflusses berechnen. Schließlich sollen durch Schwingungsmessungen an hochtourigen Rotoren diese Veränderungen auch unmittelbar experimentell überprüft werden.

2. Kennlinien des Taschen-Ölzuführungs-Bereichs

Die theoretische und experimentelle Ermittlung der Kennlinien und Ähnlichkeitsgrößen des Taschenbereichs kann auf die einfachste Taschenform (Kreistasche) beschränkt werden, da hier nur der relative Verlauf der statischen und dynamischen Kennlinien, d. h. der Einfluß der wichtigsten Grundparameter bestimmt werden soll.

Die Taschenkennlinien sollen später als Teilkennlinien für die Berechnung der Gesamtlager verwendet werden, so daß sie in der dort benötigten Form ermittelt und dargestellt werden müssen. Da die Berechnung der Kennlinien der Hybridlager auf dem Rechenverfahren für allgemeine hydrodynamische Radialgleitlager [12] aufbauen soll, werden im wesentlichen die Kennlinie des statischen Taschendrucks und (zur Berechnung der Federungs- und Dämpfungskoeffizienten) die Kennlinie des komplexen dynamischen Taschendruck-Koeffizienten benötigt.

2.1 Kennlinien der reinen Ölzuführung

In einem ersten Versuchsprogramm wurden die statischen Kennlinien der reinen Ölzuführung (ohne Tascheneinfluß) ermittelt und mit bekannten Näherungsgleichungen verglichen.

Für eine Ölzuführung ohne konzentrierte Drosselstelle bietet sich die Kapillare als zweckmäßige einfache Näherung an. Bei großen Leistungslängen bestätigen die Meßergebnisse sehr genau die Porportionalität zwischen Öldurchsatz $\dot{Q}$ und statischen Druckgefälle Δp, d. h. die Kapillarengleichung. Erwartungsgemäß zeigt sich im Parameterbereich der Versuche (für größere Druckgefälle, Re-Werte bis 2000) ein wesentlicher Zusatzeinfluß der Wandrauhigkeit und der turbulenten Einlaufstrecke.

In der Praxis besitzen die Ölzuführungen i. a. ausgeprägte Drosselstellen in Folge eingebauter Blenden oder starker Verengungen oder Umlenkungen. Hier bietet sich als einfache Näherung die Blende an. Bild 1 zeigt für den für die Hybridlager charakteristischen Parameterbereich die Ergebnisse der experimentellen Überprüfung der Blendengleichung [13]

$$\dot{Q} = K_B \cdot \sqrt{\Delta p}$$
$$\text{mit } K_{th} = \left[\sqrt{\rho/2} \cdot (1/(\alpha A_1) - 1/A_0\right]^{-1} . \quad (1)$$

Das Streuband der Meßergebnisse rührt im wesentlichen von der begrenzten Meßgenauigkeit her. Die für die späteren Berechnungen wichtige Beziehung $\dot{Q}/\sqrt{\Delta p}$=konst. wird hinreichend genau bestätigt.

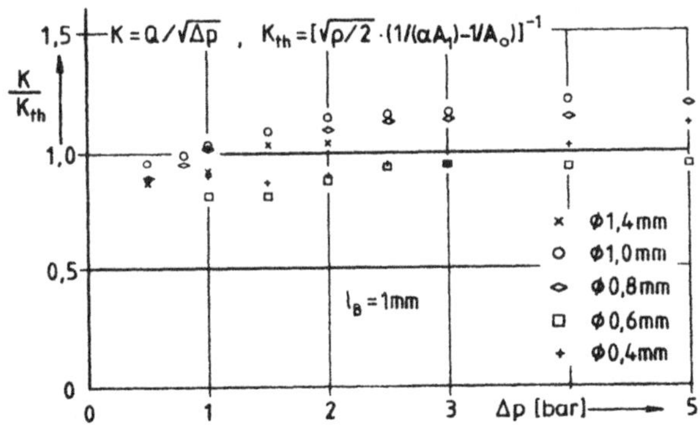

Bild 1. Experimentelle Überprüfung der Blendengleichung (1) für den Parameterbereich der Hybridlager

Die dynamischen Kennlinien der reinen Ölzuführung (für pulsierenden Volumenstrom) können infolge der Trägheitskräfte des Öls im hier interessierenden Parameterbereich wesentlich von den statischen Kennlinien abweichen. Dies gilt besonders für Ölzuführungen mit laminarer Strömung, d.h. mit Kapillaren-Charakteristik. Bei Ölzuführungen mit turbulenter Strömung und Blendencharakteristik ist der zusätzliche Trägheitseinfluß relativ gering.

2.2 Experimentelle Bestimmung der Kennlinien der Gesamttasche

In einem zweiten Versuchsprogramm wurden die statischen und dynamischen Kennlinien des gesamten Taschen-Ölzuführungs-Bereichs ermittelt. Diese Untersuchungen wurden an einer Impedanz-Meßeinrichung [14] durchgeführt; Bild 2 zeigt eine halbschematische Darstellung dieser Meßeinrichtung. Die beiden Taschen (1) sind auf der Unter- und Oberseite des raumfesten Rechteck-Bolzens (2) angeordnet. Die Ölzuführung erfolgt über den Bolzen (2) und die Blenden (3), die durch Lösen der Spannvorrichtung (4) leicht ausgetauscht werden können. Die Gegenflächen (5) sind in dem pleuelförmigen Träger (6) befestigt, auf den mit einem elektrodynamischen Schwingungserreger (7) eine sinusförmige Erregerkraft in Richtung der Taschen aufgebracht wird. Die Erregerkraftamplitude kann im Bereich von 0 bis 600 N kontinuierlich verändert werden. Der ausnutzbare Frequenzbereich beträgt $f \approx 50$ bis 500 Hz, da bei etwa 700 Hz die erste Eigenfrequenz der Gesamtabstützung liegt und der maximal mögliche Schwingungsausschlag mit f stark abnimmt. Die untere Frequenzgrenze rührt

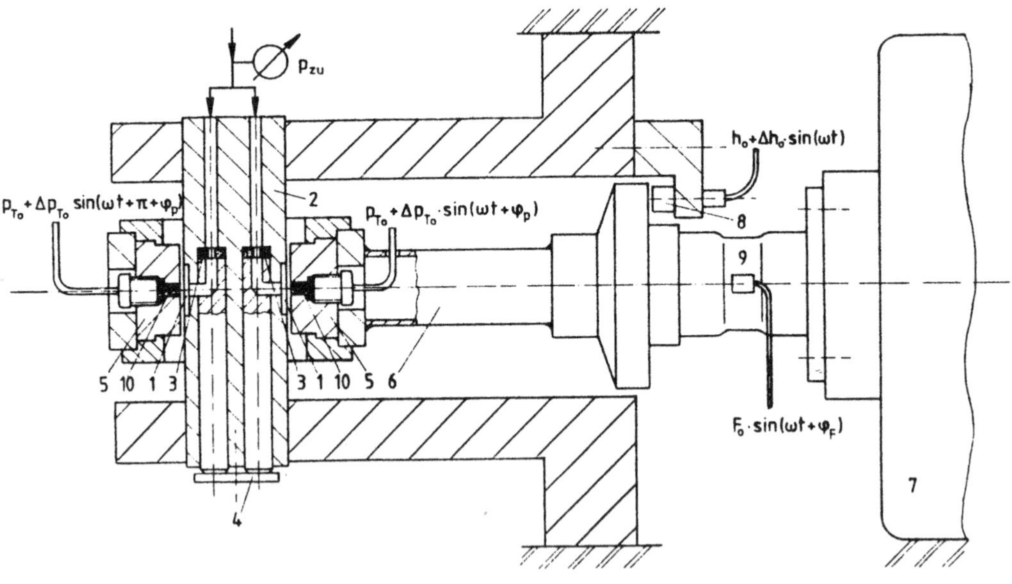

Bild 2. Impedanz-Meßeinrichtung

von der dort extrem steilen Kennlinie her. Neben der Frequenz und Amplitude der Erregerkraft können noch der statische Ölzuführungsdruck p_{zu}, das relative Druckgefälle p_{To}/p_{zu} (durch Austauschen der Blenden), die Ölviskosität η, die Spaltweite h_o, die relative Taschengröße d/D und die Kompressibilität bzw. Elastizität in der Ölzuführung variiert werden. Durch die Verwendung eines symmetrischen, gegeneinander verspannten Taschenpaares läßt sich eine vorgegebene statische Taschenspaltweite h_o sehr genau einstellen und im Versuchsbetrieb konstant halten; außerdem entfällt dadurch die sonst erforderliche statische Belastungseinrichtung.

Bei den Messungen werden lineare dynamische Kennlinien (in der Nähe der jeweils vorgegebenen statischen Gleichgewichtslage h_o) vorausgesetzt; wie entsprechende Vorversuche zeigten, ist diese Voraussetzung für hinreichend kleine Schwingungsamplituden $\Delta h_o/h_o \ll 1$ gut erfüllt. Meßgrößen sind in diesem Fall die statische Spaltweite h_o und die Amplitude Δh_o der Schwingbewegung (Messung mit berührungslosen kapazitiven Wegaufnehmern (8)), die Amplitude F_o, die Kreisfrequenz ω und die Phasenverschiebung φ_F der Erregerkraft (Kraftmessung mit Dehnmeßstreifen (9), Phasenverschiebung relativ zur Schwingbewegung $\Delta h(t)$), der statische Druck p_{To} und die Amplitude Δp_{To} und Phasenverschiebung φ_p des dynamischen Drucks in beiden Taschen (Messung mit piezoelektrischen Druckgebern (10)), der statische Zuführdruck p_{zu} und die Temperatur in den beiden Taschen. Aus den genannten Meßgrößen lassen sich auf einfache Weise aus $P^* = \Delta p_T(t)/\Delta h(t)$ der komplexe dynamische Taschendruckkoeffizient $P^* = P' + iP''$ und aus $k^* = F(t)/\Delta h(t)$ der komplexe dynamische Taschensteifigkeitskoeffizient $k^* = k' + ik''$ bestimmen.

In Bild 3 sind der Real- und Imaginärteil P' bzw. P" des Taschendruckkoeffizienten in Abhängigkeit von der Schwingungsfrequenz f dargestellt. Bei unmittelbar vor der Tasche liegender Blende ist danach der Realteil des Druckkoeffizienten über einen weiten Bereich nahezu unabhängig von der Frequenz; bei hohen Frequenzen wirken sich die Trägheitskräfte des Öls in den Stegen und in der Ölzuführung negativ aus. Der Imaginärteil des Druckkoeffizienten steigt mit der Frequenz annähernd linear an;

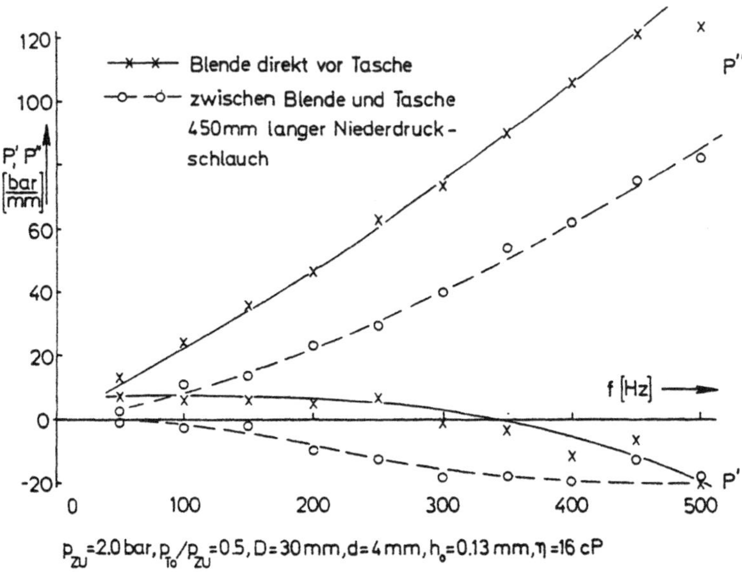

Bild 3. Gemessener Frequenzgang $P^*(f)$ des Taschendruckkoeffizienten eines ebenen Kreistaschenpaares

das bedeutet, daß nicht nur im Bereich der Stege, sondern auch in den Drosselstellen der Ölzuführung eine große Dämpfungswirkung entstehen kann. Bei einer längeren Ölsäule zwischen Blende und Tasche führen deren Elastizität und Masse bereits im Bereich mittlerer Frequenzen zu einer wesentlichen Herabsetzung der Taschendruckkoeffizienten P' und P".

Da die Dämpfungswirkung von dem Verdrängungsdruckaufbau in der Stegfläche und vom Blendenwiderstand bestimmt wird, müßte bei gleichem statischen Zuführdruck und gleichen relativen Druckgefällen eine Vergrößerung des Blendendurchmessers zu einer Verminderung des komplexen dynamischen Druckkoeffizienten P^* führen. In Bild 4 ist der Frequenzgang des dynamischen Taschendruckkoeffizienten für eine gegenüber Bild 3 wesentlich erhöhte relative Taschengröße von d/D = 20/30 (gegenüber 4/30) dargestellt. Kurvenparameter ist hier der statische Zuführdruck p_{zu}.

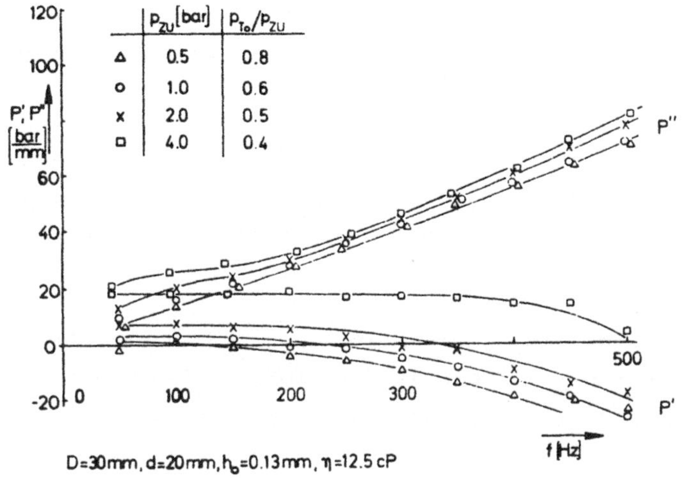

<u>Bild 4.</u> Einfluß des Zuführdruckes p_{zu} auf den Frequenzgang $P^{*}(f)$ des Taschendruckkoeffizienten eines ebenen Kreistaschenpaares

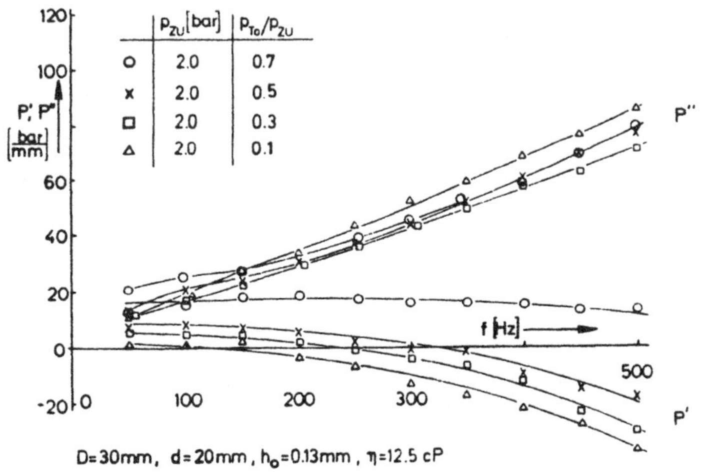

<u>Bild 5.</u> Einfluß des relativen Taschendruckes p_{To}/p_{zu} auf den Frequenzgang $P^{*}(f)$ des Taschendruckkoeffizienten eines ebenen Kreistaschenpaares

Ein Vergleich der Meßergebnisse der Bilder 3 und 4 für einen statischen Zuführdruck p_{zu} = 2 bar (Blenden direkt vor Taschen) zeigt eine wesentliche Herabsetzung des Imaginärteils P" des dynamischen Druckkoeffizienten im mittleren und höheren Frequenzbereich. Eine Erhöhung des statischen Zuführdruckes bei konstantem Blendendurchmesser führt nach Bild 4 im wesentlichen zu einer Erhöhung des Realteils P' des dynamischen Taschendruckkoeffizienten.

In Bild 5 ist für das Taschenpaar des Bildes 4 und für konstanten Zuführdruck p_{zu} = 2 bar der Einfluß des relativen Taschendrucks p_{To}/p_{zu} auf den Frequenzgang des dynamischen Taschendruckkoeffizienten $P^*(f)$ dargestellt. Danach führt eine Erhöhung des statischen Taschendrucks im wesentlichen zu einer Erhöhung des Realteils P' des dynamischen Taschendruckkoeffizienten.
Die Aussagen der Bilder 3 bis 5 wurden durch eine Vielzahl weiterer Versuche bestätigt.

2.3 Theoretische Untersuchungen, Vergleich mit Meßergebnissen

Die theoretische Bestimmung der Kennlinienart und der dominierenden Parameter des gesamten Taschen-Ölzuführungs-Bereichs erfolgte am Beispiel einer einfachen Kreistasche. Bild 6 zeigt das Berechnungsmodell. Berechnungsgrundlagen für den Taschenbereich sind die Kontinuitäts- und Navier-Stokes-Gleichungen; in den Zylinderkoordinaten r, φ, z mit den Geschwindigkeitskomponenten u, v, w (ohne Berücksichtigung von Trägheitskräften)

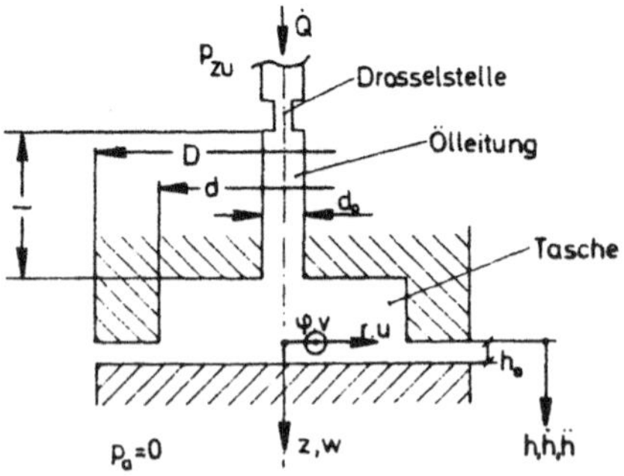

Bild 6. Modell für die Berechnung der Kennlinien einer ebenen Kreistasche mit gedrosselter Ölzuführung

lauten sie:

$$\frac{1}{r}\frac{\partial}{\partial r}(r\cdot u) + \frac{\partial w}{\partial z} = 0, \tag{2}$$

$$-\frac{\partial p}{\partial r} + \eta\cdot\frac{\partial^2 u}{\partial z^2} = 0, \quad \frac{\partial p}{\partial z} = 0, \quad \frac{\partial p}{\partial \varphi} = 0. \tag{3}$$

Für den Ölzuführungsbereich kommt (bei Vernachlässigung der Trägheitskräfte) die jeweilige Drosselgleichung hinzu; sie lautet

-für die Blende:

$$\dot{Q} = K_B\cdot \sqrt{p_{zu} - p_T}, \tag{4}$$

$$K_B = \left(\sqrt{\rho/2}\cdot\left(\frac{1}{\alpha A_1} - \frac{1}{A_0}\right)\right)^{-1},$$

-für die Kapillare

$$\dot{Q} = K_K \cdot (p_{zu} - p_T), \tag{5}$$

$$K_K = \frac{\pi \cdot d_0^4}{128\cdot \eta \cdot l}.$$

Nach Koppelung der beiden Systemhälften über eine Durchflußbilanz am Tascheneintritt und Einführung der Randbedingungen (Ölleitungsanfang: $p = p_{zu}$, Taschenrand $p = 0$), erhält man schließlich durch eine Taylor-Entwicklung folgende Näherungsbeziehungen für den dimensionslosen Taschendruck Π_T:

$$\Pi_T \approx \Pi_{To} + \left(\frac{\partial \Pi_T}{\partial H}\right)_o \Delta H + \left(\frac{\partial \Pi_T}{\partial H'}\right)_o \Delta H' = \Pi_{To} + (\bar{P}' + i\bar{P}'')\Delta H \tag{6}$$

$$\text{mit} \quad \Pi = \frac{\psi^2}{\eta\omega_s} p, \quad \psi = \frac{h_o}{D/2}, \quad \bar{d} = \frac{d}{D}, \quad \Delta H = \frac{\Delta h}{h_o} \tag{7}$$

$$\text{und} \quad \Delta H' = i\,\Delta H, \quad \bar{P} = \bar{P}' + i\,\bar{P}'', \tag{8}$$

$$\bar{P}' = \frac{3\,\Pi_{To}}{1 + \frac{1}{2}\frac{\Pi_{To}}{\Pi_{zu} - \Pi_{To}}}, \quad \bar{P}'' = \frac{3\,(1 - \bar{d}^2)}{1 + \frac{1}{2}\frac{\Pi_{To}}{\Pi_{zu} - \Pi_{To}}}. \tag{9}$$

Im komplexen dynamischen Taschendruckkoeffizienten $\bar{P}^*$ sind mögliche Trägheitswirkungen (noch) nicht berücksichtigt. Die dimensionslose komplexe Taschensteifigkeit $\bar{k}^* = \bar{k}' + i\bar{k}''$ erhält man am einfachsten durch Integration des komplexen Taschendruckkoeffizienten über die effektive Taschenfläche:

$$\bar{k}' = \frac{1 - \bar{d}^2}{2\ln(1/\bar{d})} \cdot \pi \cdot \bar{P}' \,, \tag{10}$$

$$\bar{k}'' = \left(\frac{1+\bar{d}^2}{2} + \frac{1-\bar{d}^2}{4} \cdot \frac{\Pi_{To}}{\Pi_{zu} - \Pi_{To}}\right) \cdot \pi \cdot \bar{P}'' \,. \tag{11}$$

In Bild 7 sind die Frequenzgänge des komplexen dynamischen Taschendruckkoeffizienten P^* und der Taschensteifigkeit k^* für das Kreistaschenpaar des Bildes 3 dargestellt. Der ebenfalls dargestellte Vergleich mit den Meßergebnissen zeigt im unteren und mittleren Bereich eine befriedigende Übereinstimmung. Die Abweichungen im höheren Frequenzbereich dürften im wesentlichen von Trägheitskräften des Öls herrühren. Bei Erhöhung des Öldurchsatzes, z. B. durch Erhöhung der relativen Taschengröße, kommt ein merklicher Turbulenzeinfluß vor allem im Taschenbereich hinzu.

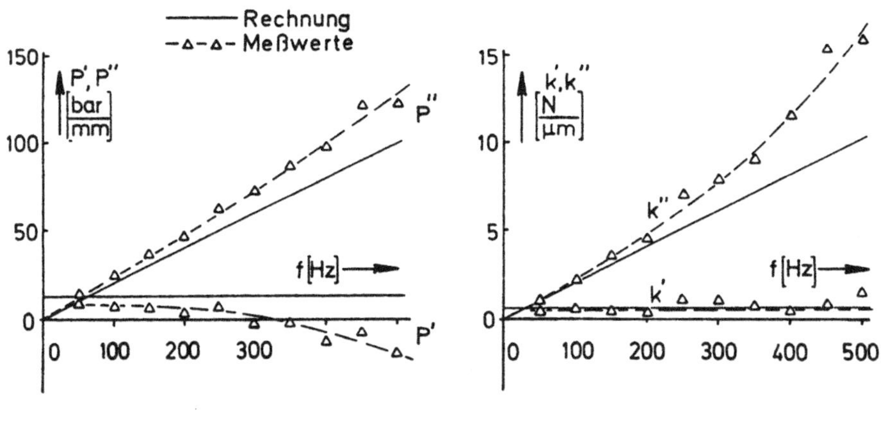

$p_{zu} = 2\,\text{bar}$, $p_{To}/p_{zu} = 0.5$, $D = 30\,\text{mm}$, $d = 4\,\text{mm}$, $d_o = 4\,\text{mm}$, $h_o = 0.13\,\text{mm}$, $l = 65\,\text{mm}$, $\eta = 16\,\text{cP}$

Bild 7. Vergleich der gerechneten und gemessenen Frequenzgänge des Taschendruckkoeffizienten P^* und der Taschensteifigkeit k^* eines ebenen Kreistaschenpaares

3. Statische und dynamische Kennlinien von Hybridlagern mit allgemeiner Bohrungsform

Unter Berücksichtigung des Frequenzganges der im Kapitel 2 ermittelten Kennlinien des Taschen-Ölzuführungs-Bereichs sollen nun die statischen und dynamischen Kennlinien allgemeiner Hybridlager rechnerisch ermittelt und stichprobenartig experimentell am Turbinenlagerprüfstand überprüft werden.

3.1 Berechnung von Hybridlagern

Bei den Hybridlagern überlagern sich der hydrodynamische und hydrostatische Druckaufbau. Die hydrodynamische Druckverteilung im Schmierspalt läßt sich aus der allgemeinen Reynoldsschen Differentialgleichung für das Radiallager mit instationärer Belastung und allgemeiner (durch $\bar{H}(\varphi)$ beschriebenen) Lagerbohrungsform berechnen. Für ideale Betriebsbedingungen (unverkantetes Lager, laminare Strömung, konstante Ölviskosität) lautet sie in dimensionsloser Schreibweise [12]:

$$\frac{\partial}{\partial\varphi}\left(H^3\frac{\partial\Pi}{\partial\varphi}\right) + \frac{\partial}{\partial\bar{z}}\left(H^3\frac{\partial\Pi}{\partial\bar{z}}\right) = 6\,\frac{\partial H}{\partial\varphi} + 12\,\frac{\partial H}{\partial\omega t} \qquad (12)$$

$$\text{mit} \quad H(\varphi) = \bar{H}(\varphi) - \varepsilon\cdot\cos(\varphi-\gamma)\,, \qquad (13)$$

$\Pi = p\psi^2_{min}/(\eta\omega)$ dimensionsloser Druck, $\psi_{min} = \Delta R_{min}/R$ relatives Kleinstspiel des Lagers, η dynamische Viskosität, ω Winkelgeschwindigkeit des Lagerzapfens, $H = h/\Delta R_{min}$ dimensionslose Schmierfilmhöhe, $\varepsilon = e/\Delta R_{min}$ Exzentrizität des Zapfenmittelpunkts im Lager, γ Winkel zwischen Verlagerung und Lastrichtung, $\varphi = x/R$ und $\bar{z} = z/R$ Koordinaten in Umfangs- bzw. Breitenrichtung, t Zeit und $' = \partial/\partial\omega t$.

Die Reynoldssche Differentialgleichung für den hydrostatischen Druckaufbau läßt sich auf ihrer linken Seite formal in die gleiche Form wie Gleichung (12) bringen, wobei dann für konstante Lagerbelastung ihre rechte Seite null wird. Wegen der Linearität der Reynoldsschen Differentialgleichung kann dann aus Gleichung (12) der Gesamtdruck durch Überlagerung der homogenen und inhomogenen Lösung berechnet werden, wenn die für den zeitlich konstanten Gesamtdruck gültigen Randbedingungen zugrunde gelegt werden. Sie lauten:

an den seitlichen Rändern $\Pi(\varphi, \pm B/D) = 0,$

am Segmentanfang bzw. -ende $\Pi(\varphi_A, \bar{z}) = \Pi_A,\ \Pi(\varphi_E, \bar{z}) = \Pi_E\ ,$

am Druckbergende $\Pi(\varphi_1, \bar{z}) = \frac{\partial \Pi}{\partial \varphi}(\varphi_1, \bar{z}) = 0\ .$ (14)

Die Reynoldssche Differentialgleichung (12) wird bei konstanter Belastung ($\varepsilon' = \gamma' = 0$) für jeweils vorgegebene Lagerbohrungsform $\bar{H}(\varphi)$ und statische Verlagerung (ε, γ), d. h. für vorgegebene Spalthöhe $H(\varphi)$, mit den Randbedingungen (14) mittels eines Differenzenverfahrens numerisch gelöst. Das sich dabei ergebende sehr große lineare Gleichungssystem wurde mit Hilfe der ADI-Methode gelöst, die ein sicheres und schnelles Konvergenzverhalten gewährleistet. Als Ergebnis erhält man die Druck- und Schubspannungsverteilung im Lager [12].

Die als Randbedingung formal vorgegebenen statischen Taschendrücke $p_T = p_A$ bzw. p_E sind von den Ölzuführungsparametern, den Taschenparametern und der Lagerbohrungsform abhängig und werden von den hydrodynamischen Betriebsbedingungen beeinflußt. Der Druck in den Taschen i = 1 bis s wird deshalb für vorgegebenen Durchflußwiderstand und Zuführungsdruck p_{zu} = konst. iterativ über Ölmengenbilanzen bestimmt. Aus der schematischen Darstel-

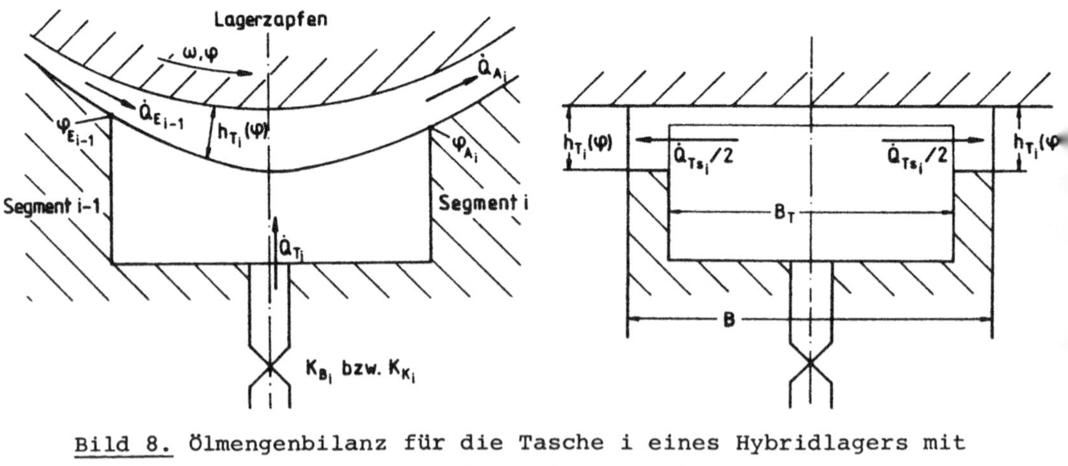

Bild 8. Ölmengenbilanz für die Tasche i eines Hybridlagers mit allgemeiner Bohrungsform und statischer Belastung

lung des Bildes 8 ergibt sich

$$\dot{Q}_{Ti} = \dot{Q}_{Ai} - \dot{Q}_{Ei-1} + \dot{Q}_{Tsi} \; . \tag{15}$$

Für die zugeführte Ölmenge $\dot{Q}_{Ti}$ gelten die Drosselgleichungen (5). Im Spalt h_T der (seitlichen) Taschenränder wird eine reine Druckströmung vorausgesetzt. Bei schmalen Stegen bzw. relativ großer Taschenbreite B_T gilt für den seitlichen Volumenstrom näherungsweise

$$\dot{Q}_{Tsi} = 2 \frac{p_{Ti} \; D}{12 \; \eta \; (B-B_T)} \cdot \int_{\varphi_{Ei-1}}^{\varphi_{Ai}} h_{Ti}^3(\varphi) \; d\varphi \; . \tag{16}$$

Der Volumenstrom $\dot{Q}_{Ai}$ in Umfangsrichtung läßt sich durch die Gleichung

$$\dot{Q}_{Ai} = \int_{-B/2}^{+B/2} \left(\frac{D\omega h}{4} - \frac{h^3}{12\eta} \frac{\partial p}{\partial \varphi}\right)\Big|_{\varphi_{Ai}} dz \tag{17}$$

beschreiben. Die Gleichung für $\dot{Q}_{Ei-1}$ lautet analog.

Die Gleichungen (5), (15) bis (17) werden in gleicher Weise wie die Reynoldssche Differentialgleichung (12) dimensionslos gemacht; für die dimensionslosen Ölmengen gilt dann

$$\bar{Q}_n = \dot{Q}_n / (R^3 \omega \psi_{min}) \; . \tag{18}$$

Damit ergeben sich mit den Gleichungen (5) folgende dimensionslosen Ölzuführungsparameter für die

Kapillare: $\bar{Q}_T = \bar{K}_K \cdot \Pi_{zu} (1 - \Pi_T^*)$,

Blende: $\bar{Q}_T = \bar{K}_B \cdot \Pi_{zu} \sqrt{1 - \Pi_T^*}$ (19)

mit

$\Pi_{zu} = p_{zu} \psi_{min}^2 / (\eta\omega)$ - dimensionsloser Zuführdruck,

$\Pi_T^* = p_T / p_{zu}$ - relativer Taschendruck,

$1 - \Pi_T^* = 1 - p_T / p_{zu}$ - Druckgefälle in der Ölzuführung,

$\bar{K}_K = K_K (\eta / \Delta R^3)$ - dimensionsloser Durchflußbeiwert für laminare Kapillare,

(20)

$\bar{K}_B = (K_B / \sqrt{p_{zu}}) \cdot (\eta / \Delta R^3)$ - dimensionsloser Durchflußbeiwert für Blende.

Die Gleichungen (15) bis (20) werden für das Gesamtlager iterativ mit dem Newtonschen Verfahren gelöst.

Die gesuchte dimensionslose statische Tragkraft $So = F\psi^2_{min}/(BD\eta\omega)$ und die Reibungskraft $\bar{F}_R$ erhält man durch Integration der Drücke bzw. der Schubspannungen über die Lagerzapfen-Oberfläche [12]. Die statische Gleichgewichtslinie $\gamma = \gamma(\varepsilon)$ umfaßt alle statischen Gleichgewichtslagen für eine fest vorgegebene Lastrichtung; sie muß i. a. iterativ bestimmt werden. Der Reibungskoeffizient μ_R ergibt sich aus der Beziehung $\mu_R = F_R/F = \psi_{min}\bar{F}_R/So$, der Öldurchsatz für das Gesamtlager aus der Beziehung

$$\bar{Q}_T = \sum_{i=1}^{s} \bar{Q}_{Ti} \ .$$

Die Federungs- und Dämpfungskoeffizienten eines allgemeinen Hybridlagers werden mittels Störungsrechnung bestimmt. Eine kleine Störbewegung (X, Y, X', Y') um die statische Gleichgewichtslage (ε,γ) führt zu einer Störung der Schmierfilmhöhe $H(\varphi)$ und der Druckverteilung $\Pi(\varphi,\bar{z})$. Aus den Gleichungen (12) und (13) erhält man schließlich vier Störungsdifferentialgleichungen für die vier Druckkoeffizienten $\partial\Pi/\partial X$, $\partial\Pi/\partial Y$, $\partial\Pi/\partial X'$, $\partial\Pi/\partial Y'$ [12]. Die erforderlichen Randbedingungen lauten:

- an den seitlichen Lagerrändern ($\bar{z} = \pm B/D$)

$$\frac{\partial\Pi}{\partial Z_n} = 0 \qquad (21)$$

- am jeweiligen Segmentanfang bzw. -ende ($\varphi = \varphi_{Ai}$ bzw. φ_{Ei})

$$\left(\frac{\partial\Pi}{\partial Z_n}\right)_{\varphi_{Ai}} = \frac{\partial\Pi_{Ti}}{\partial Z_n} \quad \text{bzw.} \quad \left(\frac{\partial\Pi}{\partial Z_n}\right)_{\varphi_{Ei}} = \frac{\partial\Pi_{Ti+1}}{\partial Z_n} \qquad (22)$$

mit $n = 1 \ldots 4$ und $Z_n = X, Y, X', Y'$.

Da die 4 Störungsgleichungen von derselben Art wie die Reynoldssche Grundgleichung (für konstante Belastung) sind, können sie mit demselben Verfahren wie die Grundgleichung gelöst werden. Die als Randbedingungen formal vorgegebenen Taschendruckkoeffizienten $\partial\Pi_T/\partial Z_n$ hängen wiederum von den Ölzuführungs- und Taschenparametern, von der Lagerbohrungsform und von den hydrodynamischen Betriebsbedingungen ab. Sie müssen deshalb für die einzelnen Taschen i = 1 bis s bei vorgegebenem statischem Betriebszustand und vorgegebenem Durchflußwiderstand iterativ über eine differentielle Ölmengenbilanz entsprechend (15) bis (20) bestimmt werden:

$$\frac{\partial \bar{Q}_{Ti}}{\partial Z_n} = \frac{\partial \bar{Q}_{Ai}}{\partial Z_n} - \frac{\partial \bar{Q}_{Ei-1}}{\partial Z_n} + \frac{\partial \bar{Q}_{Tsi}}{\partial Z_n} + \frac{\partial \bar{Q}_{vi}}{\partial Z_n}, \quad Z_n \text{ nach } (22)$$

$$\text{mit } \frac{\partial \bar{Q}_{vi}}{\partial X} = \frac{\partial \bar{Q}_{vi}}{\partial Y} = 0,$$

$$\frac{\partial \bar{Q}_{vi}}{\partial X'} = \frac{2B/D \cdot \Delta\varphi_T}{\Pi_{zu}} \cdot \frac{\partial H'}{\partial X'}, \tag{23}$$

$$\text{und } \frac{\partial \bar{Q}_{vi}}{\partial Y'} = \frac{2B/D \cdot \Delta\varphi_T}{\Pi_{zu}} \cdot \frac{\partial H'}{\partial Y'}.$$

Die in (23) enthaltenen Differentialquotienten lassen sich unmittelbar aus den Gleichungen (16), (17) und (19) ermitteln. Dadurch wird auch die Dämpfungswirkung der Ölzuführung und der Taschenstege erfaßt bzw. der Frequenzgang des komplexen dynamischen Taschendruckkoeffizienten gemäß Kapitel 2 berücksichtigt.

Die dimensionslosen Federungs- und Dämpfungskoeffizienten erhält man schließlich durch Integration der Druckkoeffizienten über die Lagerzapfen-Oberfläche. Nähere Einzelheiten sind in [12] angegeben.

Zur Durchführung der numerischen Berechnungen wurde ein neues Rechenverfahren entwickelt, das auf einem vorhandenen Rechenprogramm für rein hydrodynamische Turbinenlager mit allgemeiner Bohrungsform [12,15] aufbaut. Dieses Rechenprogramm mußte zunächst auf allgemeine Taschenformen erweitert und dann um die iterative Bestimmung der statischen Taschendrücke und der dynamischen Taschendruckkoeffizienten ergänzt werden. Mit dem neuen Rechenprogramm lassen sich dann in dimensionsloser Form u. a. die statische Gleichgewichtslinie $\gamma(\varepsilon)$, die statische Tragkraft-Kennlinie $So(\varepsilon)$, der Öldurchsatz $\bar{Q}(\varepsilon)$, die Reibungskraft $\bar{F}_R(\varepsilon)$ und die Federungs- und Dämpfungskoeffizienten $\gamma^*_{ik}(\varepsilon)$, $\beta^*_{ik}(\varepsilon)$ in Abhängigkeit von den Geometrieparametern des Lagers (Lagerbohrungsform $\bar{H}(\varphi)$, Lagerbreitenverhältnis B/D, Taschenform und Anordnung), dem Ölzuführungsparameter $\bar{K}_K$ bzw. $\bar{K}_B$ und dem Zuführdruck Π_{zu} bzw. $p_{zu}/\bar{p}$ bestimmen.

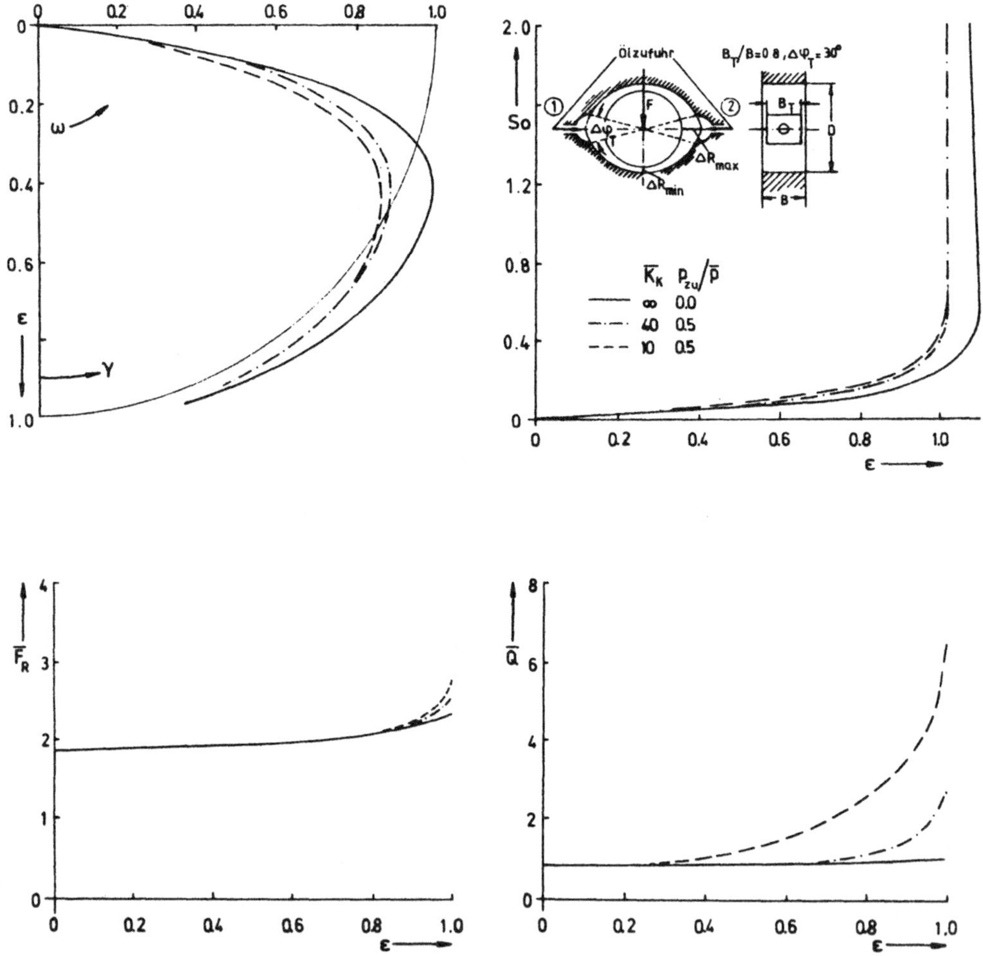

Bild 9. Einfluß des Ölzuführungsparameters $\bar{K}_K$ auf die statischen Lagerkennlinien eines Zweikeillagers (B/D = 0.5, ψ_{max}/ψ_{min} = 3)

3.2 Rechenergebnisse

Der Einfluß der Ölzuführung soll am Beispiel eines Zweikeillagers dargestellt werden, dessen Lagerbohrung aus zwei gleichen Teilschalen (exzentrische Kreisschalensegmente mit $\psi_{max}/\psi_{min} = 3$, Schalenlänge = 150°) und zwei gleichen Taschen (Winkellänge $\Delta\varphi_T = 30^{\circ}$, relative Taschenbreite $B_T/B = 0.8$) besteht; das Lagerbreitenverhältnis beträgt $B/D = 0.5$.

Bild 9 zeigt den Einfluß des Ölzuführungsparameters $\bar{K}_K$ (Drosselung mit 2 gleichen Kapillaren) auf die statischen Lagerkennlinien. Der Einfluß auf die statische Gleichgewichtslinie $\gamma(\varepsilon)$, die statische Tragkraftkennlinie $So(\varepsilon)$ und die Reibkraftkennlinie $\bar{F}_R(\varepsilon)$ ist danach relativ gering. Der Gesamtöldurchsatz $\bar{Q}$ kann dagegen bei Berücksichtigung des Ölzuführungs- und Tascheneinflusses wesentlich höher als bei rein hydrodynamischer Rechnung liegen; dieses Diagramm ist von großer technischer Bedeutung.

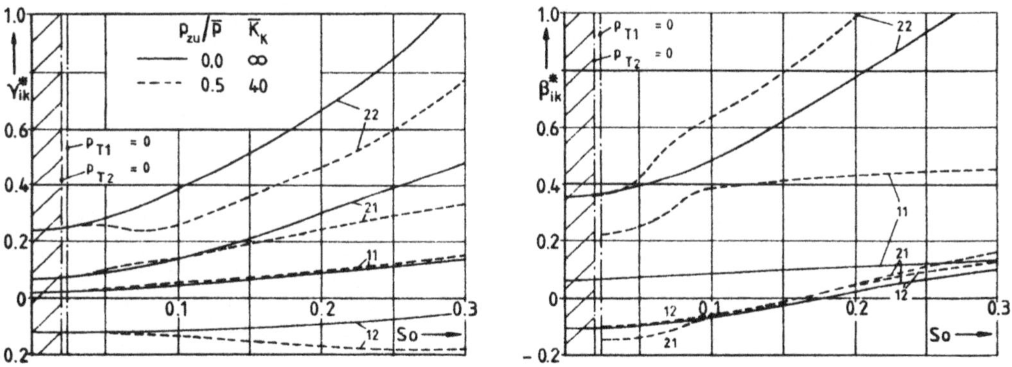

Bild 10. Einfluß des Ölzuführungsparameters $\bar{K}_K$ auf die Federungs- und Dämpfungskoeffizienten des Zweikeillagers von Bild 9

Bild 10 zeigt für das gleiche Zweikeillager den Einfluß des Ölzuführungsparameters auf die Federungs- und Dämpfungskoeffizienten. Die durchgezogen gezeichneten Kurven gelten für das rein hydrodynamische Lager (ohne Berücksichtigung der Taschen), die gestrichelt gezeichneten Kurven gelten für das vollständige Hybridlager. Für die hier zugrunde gelegten Parameter ergibt sich ein starker Ölzuführungseinfluß auf die dynamischen Lagerkennwerte. Für kleine So-Werte sinkt der Druck in beiden Taschen ab und kann jeweils bei einer kritischen Sommerfeldzahl den Wert null erreichen (Mangelschmierungsgrenze). Aus der dimensionslosen Darstellung der Bilder 9 und 10 ist für $\bar{K}_K$ = konst. unmittelbar der Einfluß der Wellendrehzahl bei sonst konstanten Ölzuführungs-, Taschen- und Lagerparametern ersichtlich; kleinere ε- bzw. So-Werte entsprechen höheren Drehzahlen.

3.3 Messungen am Turbinenlager-Prüfstand

Zur Überprüfung der Rechenergebnisse wurden an einem vorhandenen Turbinenlager-Prüfstand [3,16] für einige repräsentative Parameterbereiche die statischen und dynamischen Lagerkennlinien experimentell bestimmt.

Bild 11 zeigt das Funktionsprinzip des Turbinenlager-Prüfstands. Die Prüfstandswelle (1) ist an ihren beiden Enden in raumfesten Stützlagern (2) gelagert. Das in radialer Richtung freibewegliche Prüflager (3) stützt sich (praktisch) nur über den Lagerschmierfilm auf der Welle ab und kann durch die Kraftkomponenten Y_{stat} und X_{1stat} bzw. X_{2stat} statisch belastet werden. Lagerbelastung, Wellendrehzahl und Öleintrittstemperatur können in weiten Bereichen variiert werden. Meßgrößen sind die Kraftkomponen-

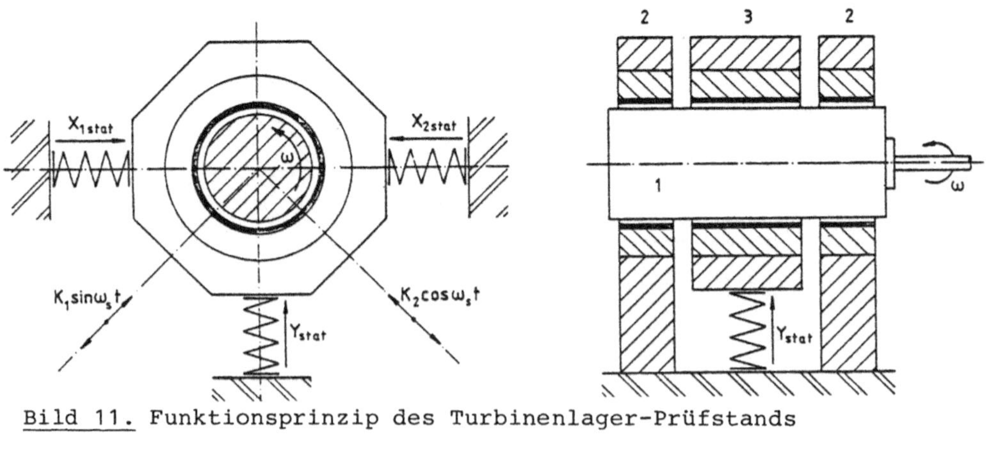

Bild 11. Funktionsprinzip des Turbinenlager-Prüfstands

ten (X_{stat}, Y_{stat}), die Relativverlagerung (ε,γ) zwischen Lagerzapfen- und Lagerschalenmittelpunkt, die Temperaturverteilung $T(\varphi)$ in der Lagerschalenbohrung, die "Wellendrehzahl" ω, der Öldurchsatz $\dot{Q}$, der Ölzuführungsdruck p_{zu} und die Taschendrücke p_{Ti}. Bild 12 zeigt in halbschematischer Darstellung die Anordnung des Manometers zur Messung des (statischen) Ölzuführungsdruckes und der piezoresistiven Geber zur Messung der statischen und dynamischen Taschendrücke, sowie den Einbau der Blenden zwischen äußerem Ölringkanal und Schmiertaschen. Der Durchmesser der jeweils gleichen Blenden läßt sich auf einfachste Weise durch Austauschen der Einsätze variieren. Mit den vorgegebenen Lagerkenngrößen D, B/D, ψ_{min}, $\bar{H}(\varphi)$ und $\eta(50^{o}C)$ lassen sich daraus die statische Tragkraftkurve $So(\varepsilon)$, die statische Gleichgewichtslinie $\gamma(\varepsilon)$, die Reibungskraft $\bar{F}_R(\varepsilon)$ (über die Ölerwärmung im Lager), der Öldurchsatz $\bar{Q}$ und der Druckabfall p_{Ti}/p_{zu} ermitteln.

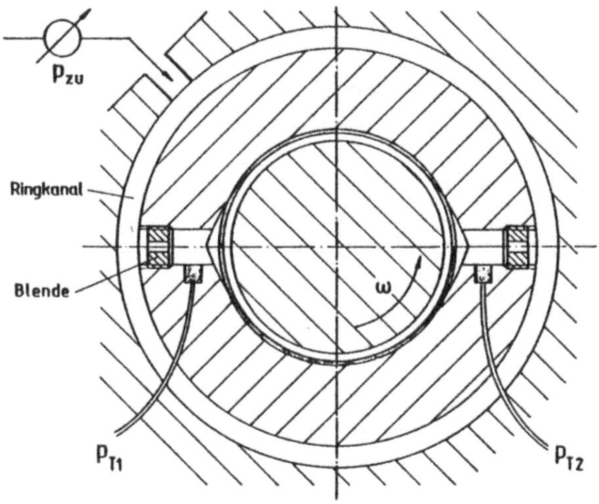

Bild 12. Blenden- und Druckmeßgeber-Anordnung am Beispiel eines Taschenlagers

Zur Bestimmung der vier Federungs- und vier Dämpfungskoeffizienten werden nacheinander zwei verschiedene sinusförmige Kräfte $K_1 \sin\omega_s t$ und $K_2 \cos\omega_s t$ aufgebracht,die als dynamische Verlagerungsbahnen zwei nicht ähnliche Ellipsen erzeugen (rein dynamische zweite Meßmethode nach [3]). Bild 13 veranschaulicht diese Meßmethode. Meßgrößen sind hier jeweils die Amplitude und Phasenlage der Erregerkräfte (Messung mit DMS-Meßhülsen direkt am Prüflagerkörper), der Komponenten der Relativbewegung zwischen Welle und Prüflager sowie der Komponenten der Absolutbewegung des Prüflagerkörpers (beide Messungen berührungslos kapazitiv).Daraus

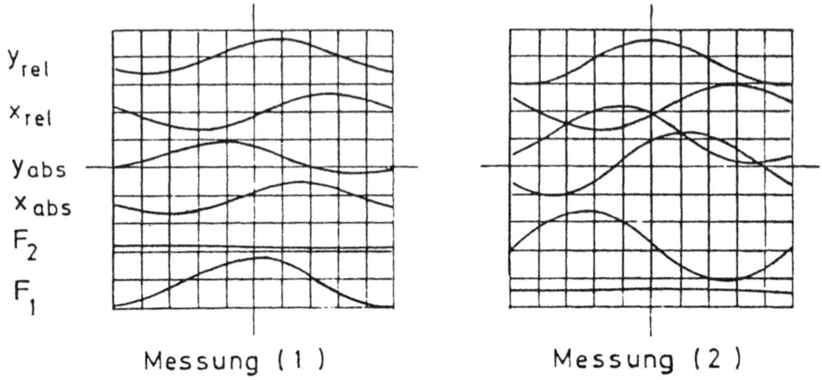

Bild 13. Meßkurven für die Ermittlung der Federungs- und Dämpfungskoeffizienten

lassen sich gemäß [3] die Federungs- und Dämpfungskoeffizienten c_{ik} bzw. ωd_{ik} ermitteln. Sie werden bei jeweils vorgegebenem Lager für die verschiedenen statischen Betriebszustände ermittelt, in dimensionslose Ähnlichkeitsgrößen umgerechnet

$$\left.\begin{matrix} \gamma_{ik}^{*} \\ \beta_{ik}^{*} \end{matrix}\right\} = \frac{So \cdot \Delta R_{min}}{F_{stat}} \cdot \left\{\begin{matrix} c_{ik} \\ \omega d_{ik} \end{matrix}\right. \quad \text{mit} \quad So = \frac{F_{stat} \cdot \psi_{min}^{2}}{B \cdot D \cdot \eta_m \cdot \omega} \tag{24}$$

und in Abhängigkeit von der Sommerfeldzahl So (bzw. der statischen Lagerzapfenexzentrizität ε) und den Ölzuführungsparametern dargestellt.

Der Prüfstand ist für Betriebsbedingungen ausgelegt, die für die Turbinenlager charakteristisch sind:

Wellendurchmesser (Nennmaß)	D = 120 mm
maximales Breitenverhältnis	B/D = 1
Drehzahlbereich	n = 0 bis 10 000 1/min
Umfangsgeschwindigkeit	U_{max} = 63 m/sec
Ölviskosität	η = 24 cP/50 °C
statische Belastung	F_{stat} = 0 bis 75 000 N
Amplituden der Sinuskräfte	K_i = 0 bis 5 000 N
max. Ölzuführungsdruck	p_{zu} = 4 bar
max. Öldurchsatz	$\dot{Q}$ = 60 l/min .

Da mit den Messungen am Turbinenlager-Prüfstand nur die grundsätzlichen Aussagen der rechnerischen Untersuchungen überprüft werden sollten, konnten die Versuche auf wenige technisch besonders wichtige Lagerbohrungsformen (Taschen-, Zweikeil- und Vierflächenlager), ein Lagerbreitenverhältnis (B/D = 0.8), jeweils eine Taschengröße (Taschenwinkel $\Delta\varphi_T$, Taschenbreite B_T) und eine statische Lastrichtung(auf Schalenmitte) beschränkt werden. Umfangreiche Messungen wurden an dem in Bild 14 schematisch dargestellten kreiszylindrischen Taschenlager durchgeführt. Es besteht aus zwei gleichen Teilschalen mit einem jeweils kreiszylindrischen Bereich ($\varphi_{Zyl} = 60^o$) in Schalenmitte und symmetrischen, hydrodynamisch wirksamen Schmiertaschen ($\Delta\varphi_T = 120^o$), die eine maximale relative Tiefe von $\psi_t = 1+t/\Delta R_{min} = 4.6$ erreichen. Die Taschen sind seitlich mit einem kreiszylindrischen Bund ($B_T/B = 0.8$) versehen, in dem jeweils in Taschenmitte eine "Schmutznut" (mit $A_s = 2.6\ mm^2$) eingearbeitet ist. In Bild 14 ist außerdem die ideale Schmierspaltfunktion $\bar{H}(\varphi) = \bar{h}(\varphi)/\Delta R_{min}$ (= Spalthöhe bei zentrischer Zapfenlage) dargestellt.

Bild 15 zeigt einige charakteristische Meßergebnisse für dieses Taschenlager; die Wellendrehzahl ist darin mit n = 2 500 1/min konstant gehalten. Danach führt eine verstärkte Drosselung (kleinere Durchflußbeiwerte $\bar{K}_{\dot{B}}$) zu einer (in Taschenrichtung) merklich verringerten statischen Zapfenverlagerung ε, während der Einfluß des Ölzuführungsdrucks p_{zu} bzw. Π_{zu} hier relativ gering bleibt. Der relative Taschendruck $\Pi_T^* = p_T/p_{zu}$ wird i. a. in den beiden Taschen verschieden sein. Bei zentrischer Zapfenlage (ε=0, So=0) müßten hier - wegen der vollständigen Lagersymmetrie - die beiden Taschendrücke gleich sein; die Differenzen weisen auf Abweichungen von der idealen Spaltform hin, die auch bei unmittelbaren Spaltmessungen festgestellt wurden. Dieser Taschendruck (bei zentrischer Zapfenlage) fällt mit stärkerer Drosselung, d. h. für kleinere $\bar{K}_B$-Werte und mit abnehmendem Ölzuführungsdruck Π_{zu} ab; dabei sinkt auch der Öldurchsatz $\bar{Q}$. Mit zunehmender Zapfenexzentrizität ε ändert sich hier der Gesamtöldurchsatz $\bar{Q}$ nur wenig, während insbesondere bei stärkerer Drosselung die Differenz zwischen den Taschendrücken Π_{T1}^* und Π_{T2}^* ansteigt.

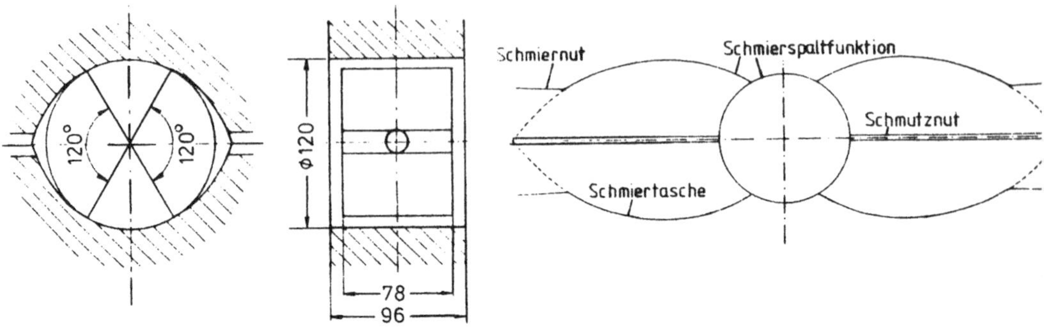

Bild 14. Bohrungsform und Schmierspaltfunktion des Taschenlagers

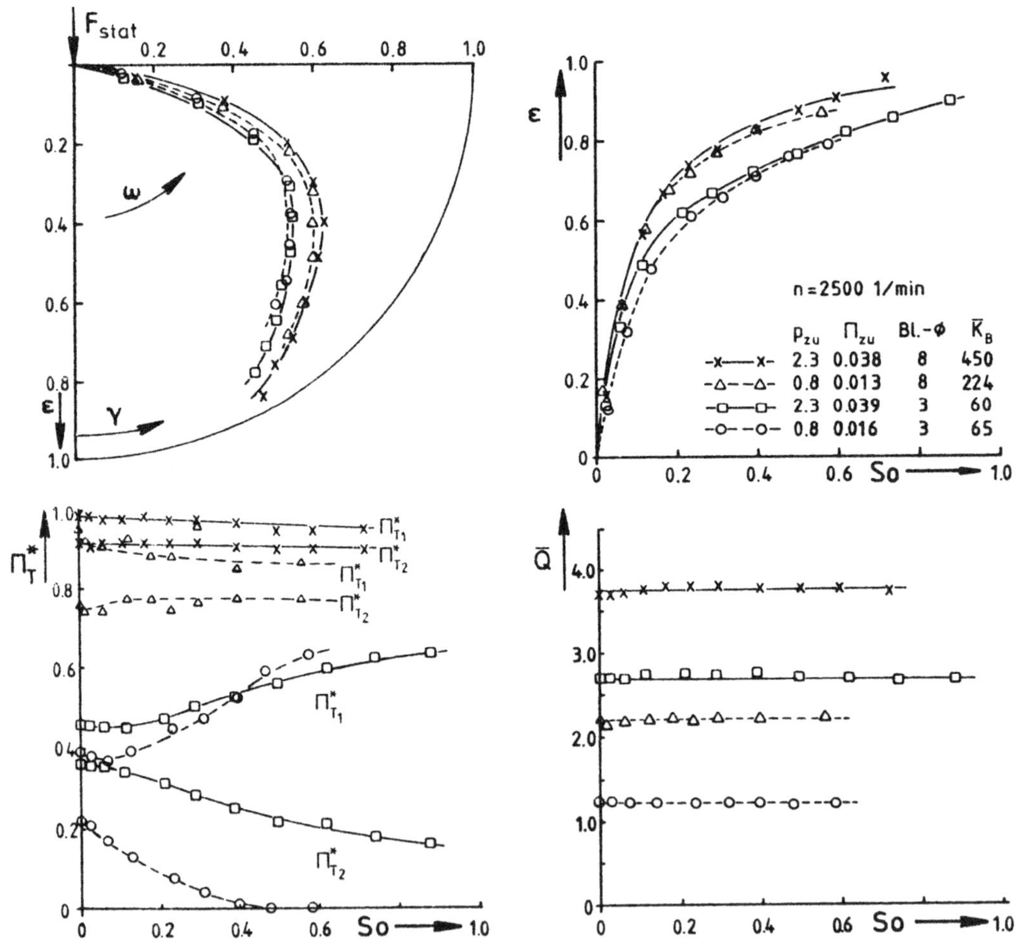

Bild 15. Einfluß der Ölzuführung auf die statischen Kennlinien des Taschenlagers nach Bild 14 bei konstanter Wellendrehzahl

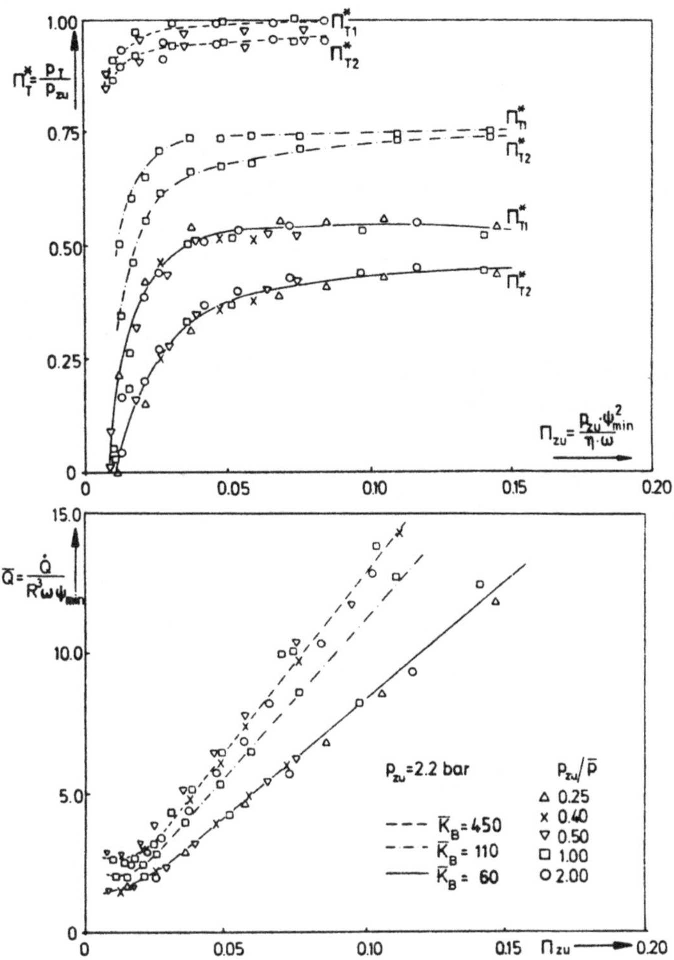

Bild 16. Einfluß des dimensionslosen Ölzuführungsdruckes Π_{zu} auf die Taschendrücke Π^*_{Ti} und den Öldurchsatz $\bar{Q}$ des Taschenlagers von Bild 14

Aus den Diagrammen des Bildes 15 ist der Einfluß der Wellendrehzahl nicht ersichtlich. Deshalb ist in Bild 16 der absolute Ölzuführdruck p_{zu} konstant gehalten und der dimensionslose Zuführdruck Π_{zu} über die Wellendrehzahl n bzw. ω variiert. Bei vorgegebenem Durchflußbeiwert $\bar{K}_B$ und konstanter Lagerbelastung $\bar{p}$ bleiben die relativen Taschendrücke Π^*_{T1} und Π^*_{T2} bei steigender Drehzahl zunächst annähernd konstant, fallen dann stark ab und erreichen schließlich an der Mangelschmierungsgrenze den Wert null. Der - auf den hydrodynamischen Öltransport ($R^3\omega\psi_{min}$) bezogene- Gesamtöldurchsatz $\bar{Q}$ fällt mit steigender Drehzahl bzw. mit fallendem dimensionslosen Ölzuführdruck Π_{zu} zunächst proportional ab und erreicht mit Annäherung an die Mangelschmierungsgrenze jeweils einen Grenzwert, der u. a. von den Taschen und Ölzuführungsparametern abhängig ist. Diese Aussagen gelten für alle Durchflußbeiwerte $\bar{K}_B$. Neben der Wellendrehzahl ω wurde bei den Versuchen auch die spezifische Lagerbelastung $\bar{p}$ (und damit der $p_{zu}/\bar{p}$-Wert) variiert. In der dimensionslosen Darstellung des Bildes 16 liegen die mit Drehzahl- und Belastungsvariation ermittelten Meßwerte auf denselben Kennlinien; dadurch wird die Gültigkeit der entsprechenden Ähnlichkeitsgrößen bestätigt.

Auch die am Turbinenlager-Prüfstand experimentell bestimmten Federungs- und Dämpfungskoeffizienten werden in gewissen Parameterbereichen wesentlich von den Ölzuführungs- und Taschenparametern beeinflußt. Bild 17 zeigt wiederum am Beispiel des im Bild 14 dargestellten Taschenlagers, daß sich bei vorgegebener Drosselung (hier $\bar{K}_B = 450$) mit zunehmender Drehzahl bzw. kleineren Π_{zu} und So-Werten vor allem die negativen Koppelkoeffizienten γ^*_{12} und β^*_{12} ändern. Eine Vielzahl solcher Messungen für andere Parameter-Kombinationen bestätigt diese grundsätzliche Aussage.

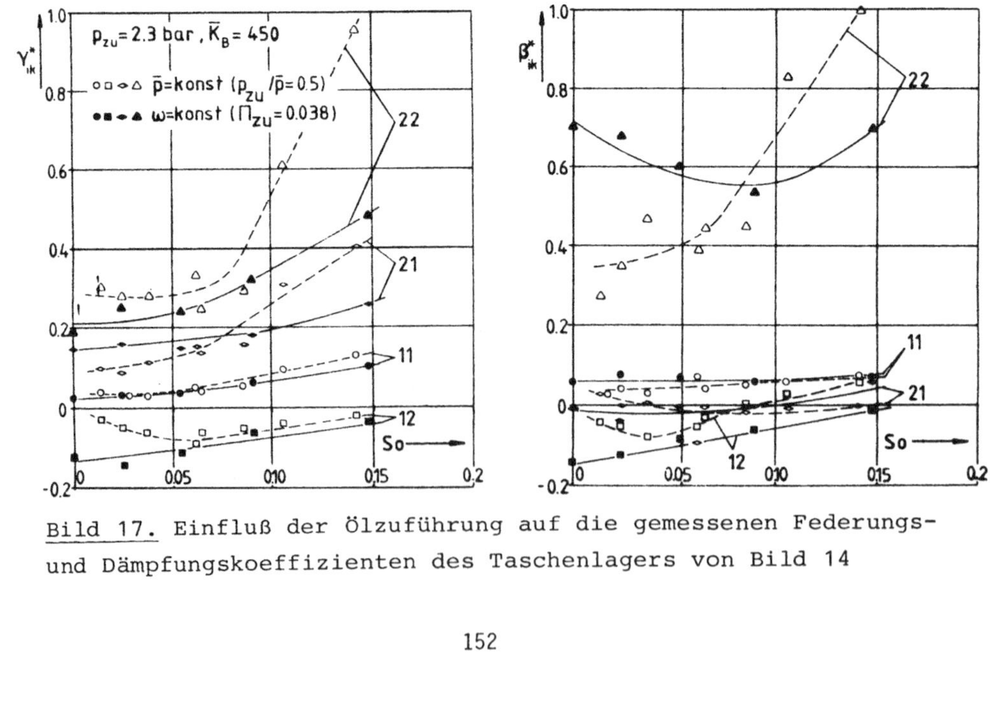

Bild 17. Einfluß der Ölzuführung auf die gemessenen Federungs- und Dämpfungskoeffizienten des Taschenlagers von Bild 14

4. Einfluß der Taschen und der Ölzuführung auf das Stabilitätsverhalten hochtouriger Rotoren

Die aus den Bildern 10 und 17 ersichtliche Veränderung der Federungs- und Dämpfungskoeffizienten bei stärkerer Drosselung der Ölzuführung wird auch das Stabilitätsverhalten der in solchen Lagern laufenden Rotoren beeinflussen.

4.1 Stabilitätskarten für den symmetrischen Einmassenrotor

Die Frage, wie die Taschen- und Ölzuführungsparameter das Stabilitätsverhalten gleitgelagerter Rotoren verändern, wird zweckmäßigerweise am Sonderfall des symmetrischen Einmassenrotors (mit zwei gleichen Gleitlagern) untersucht; eine Beschränkung auf die wichtigsten Parameter erhöht die Übersichtlichkeit und erscheint für die Darstellung von Zusatzeinflüssen angemessen. Bei den rechnerischen Stabilitätsuntersuchungen werden die gedämpften Eigenschwingungen des Rotor-Lager-Systems ermittelt [17] und dabei die theoretisch oder experimentell bestimmten Federungs- und Dämpfungskoeffizienten zugrunde gelegt. Im allgemeinen Fall fällt die maßgebende Systemdämpfung mit steigender Drehzahl stark ab und erreicht an der Stabilitätsgrenze ω_{gr} den Wert $u = 0$.

Bei rein hydrodynamischem Betrieb kann bei gegebenem Lager ($\bar{H}(\varphi)$ und B/D vorgegeben) die Abhängigkeit der Stabilitätsgrenze des symmetrischen Einmassenrotors von den Rotor- und den übrigen Lagerparametern sehr übersichtlich in Form einer Stabilitätskarte dargestellt werden [3]. In der linken Hälfte des Bildes 18 ist die entsprechende Stabilitätskarte $\omega_{gr}/\omega_k = f(So_k, \mu)$ eines Zweikeillagers ($B/D = 0.5$, $\psi_{max}/\psi_{min} = 3$) dargestellt. Darin ist ω_k die Eigenfrequenz des starr gelagerten Rotors, $\mu = g/(\omega_k^2 \cdot \Delta R_{min})$ die relative Wellendurchbiegung und $So_k = So\omega/\omega_k$ eine drehzahlunabhängige Belastungskennzahl. Oberhalb der entsprechenden Stabilitätsgrenzkurve, d.h. im instabilen Betriebsbereich, können gefährliche selbsterregte Schwingungen mit unzulässig großer Schwingungsamplitude auftreten. Der technisch ausnutzbare Drehzahlbereich wird also stark eingeschränkt. Wie aus der rechten Hälfte des Bildes 18 ersichtlich, kann sich bei stärkerem Ölzuführungseinfluß das Stabilitätsverhalten entscheidend verändern. Die Stabilitätsgrenzkurven werden zu wesentlich

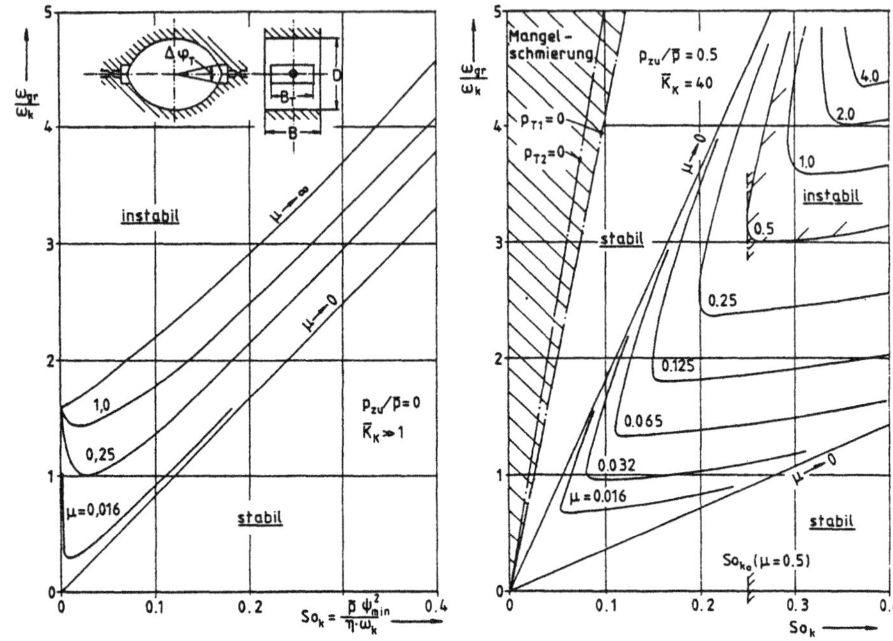

Bild 18. Stabilitätskarten eines Zweikeillagers (B/D = 0.5, ψ_{max}/ψ_{min} = 3) (a) ohne und (b) mit stärkerem Ölzuführungseinfluß ($\Delta\varphi_T$ = 30°, B_T/B = 0.8)

höheren Drehzahlen hin verschoben. Außerdem ergibt sich für jede relative Wellendurchbiegung μ ein Grenzwert der Belastungskennzahl So_k, unter dem keine selbsterregten Schwingungen mehr auftreten. Dieser absolut stabile Bereich ist von extremer technischer Bedeutung; er wird lediglich bei sehr großen Drehzahlen durch mögliche Störungen der Ölzuführung (Unterdruck in den Taschen) begrenzt. Die in Bild 18 zugrunde gelegten Ölzuführungsparameter $p_{zu}/\bar{p}$ = 0.5 und $\bar{K}_K$ = 40 liegen in einem technisch durchaus realisierbaren Bereich. Die Stabilitätskarten des Bildes 18 wurden mit den theoretisch ermittelten Federungs- und Dämpfungskoeffizienten des Bildes 10 berechnet.

Ähnliche Aussagen ergeben sich auch mit den in Bild 17 dargestellten experimentell ermittelten Federungs- und Dämpfungskoeffizienten für das Taschenlager des Bildes 14. Bild 19 zeigt die entsprechenden Stabilitätskarten mit schwachem und starkem Ölzuführungseinfluß. Bei starkem Ölzuführungseinfluß existiert wieder ein großer stabiler Drehzahlbereich, der von der vom

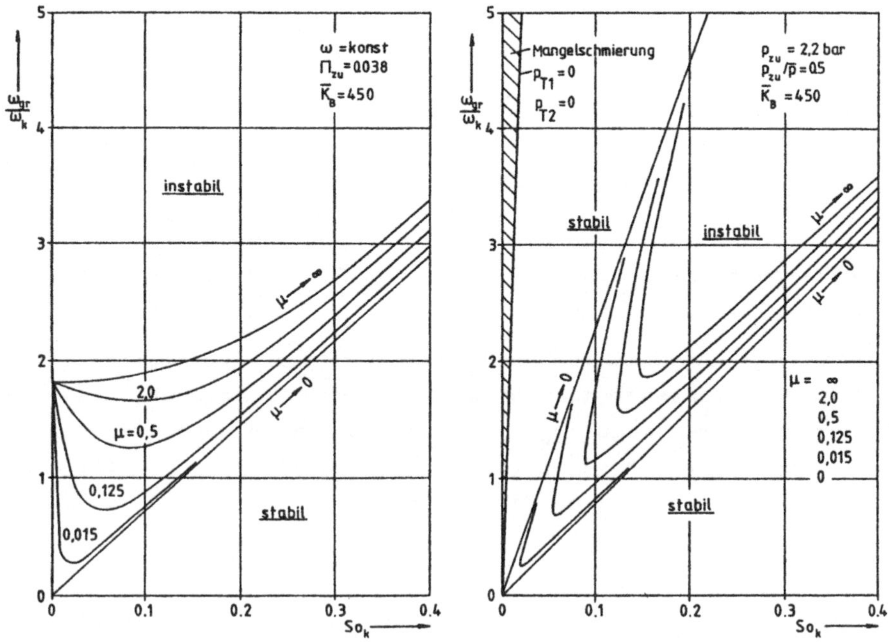

Bild 19. Stabilitätskarte des Taschenlagers von Bild 14 mit (a) schwachem und (b) starkem Ölzuführungseinfluß.

μ-Wert abhängigen Belastungskennzahl So_{ko} und der Mangelschmierungsgrenze $p_T = 0$ begrenzt wird. Bei vorgegebenem Drosselwiderstand bzw. Durchflußbeiwert $\bar{K}_B$ = konst. und vorgegebenem relativen Ölzuführungsdruck $p_{zu}/\bar{p}$ = konst. verstärkt sich dieser Einfluß mit steigender Drehzahl ω bzw. abnehmender Sommerfeldzahl So. Der in Bild 19 angegebene Durchflußbeiwert $\bar{K}_B = 450$ bezieht sich nur auf die Blende. Durch die konstruktive Gestaltung des Taschen-Ölzuführungs-Bereichs liegt der gesamte Drosselwiderstand in der Ölzuführung wesentlich höher. Die Aussagen der Bilder 18 und 19 wurden durch eine Vielzahl ähnlicher Untersuchungen bestätigt.

4.2 Schwingungsmessungen am Rotorprüfstand

Die Frage, ob der in linearer Näherung rechnerisch ermittelte Ölzuführungseinfluß in Wirklichkeit in gleichem Maße wirksam wird, wurde unmittelbar durch Schwingungsmessungen an hochtourigen gleitgelagerten Rotoren überprüft. Die Versuche wurden an dem in [11] näher beschriebenen Rotorprüfstand durchgeführt. Die wichtigsten Auslegungsdaten dieses Rotorprüfstandes sind:

Drehzahlbereich:	0 - 30 000 1/min
max. Rotordurchmesser:	300 mm
max. Lagerabstand:	1 800 mm
Durchmesser der Lagerzapfen:	50 mm
Lager:	Gleitlager mit beliebiger Bohrungsform
Belastungskennzahl:	So_k = 0.05 bis 3
rel. Wellendurchbiegung:	μ = 0.15 bis 4.

Die verwendeten symmetrischen Versuchsrotoren hatten alle gleiche Lagerzapfendurchmesser (d = 50 mm), jedoch verschiedene Massen m und kritische Drehzahlen ω_{kI}. In Tabelle 1 sind die Parameter der Versuchsrotoren zusammengestellt. Bild 20 zeigt die für die Rotorversuche eingesetzten Versuchslager.

Tabelle 1. Parameter der Versuchsrotoren

Rotor Nr.	Masse m (kg)	Lagerpressung $\bar{p}$ (bar) B/D=0.5	0.8	krit. Drehzahl n_{kI} (1/min)	max. Drehzahl n_{max} (1/min)
II	26.5	1.04	0.65	6 300	25 000
III	66.7	2.62	1.64	3 100	12 000
A	581.6	22.8	14.3	2 480	20 000

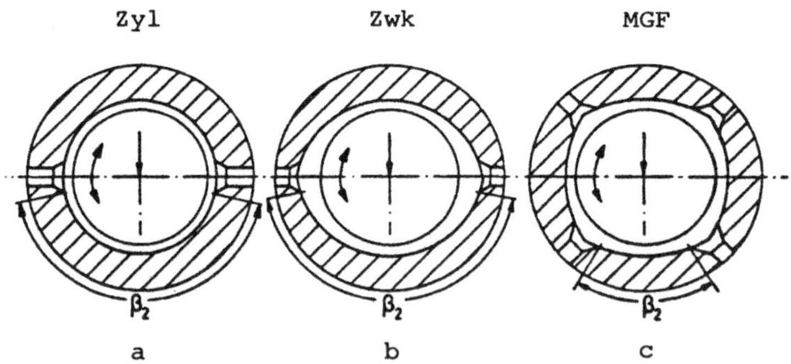

Bild 20. Lagerbohrungsformen der Versuchslager: (a) kreiszylindrisches Zweiflächenlager, $\beta_2 = 130^\circ$, $\psi_v = 1$; (b) Zweiflächenlager, $\beta_2 = 150^\circ$, $\psi_{max}/\psi_{min} = 3$; (c) MGF-Vierflächenlager, $\beta_2 = 60^\circ$, $\psi_{max}/\psi_{min} = 3$

In Bild 21 sind für verschiedene Rotor-Lager-Kombinationen die gemessenen Stabilitätsgrenzen ω_{gr}/ω_{kI} in Abhängigkeit vom relativen Ölzuführungsdruck $p_{zu}/\bar{p}$ dargestellt. Dieses Bild gilt für Lager mit üblicher Ölzuführung ohne zusätzliche Blenden. Bei etwa gleichen Ölzuführungsbohrungen (zwischen äußerer Ringnut und Schmiertaschen) ist der Druckverlust in der Ölzuführung bei den Zweikeil- und MGF-Vierflächenlagern wesentlich größer als bei den kreiszylindrischen Lagern. Für die Versuche mit Zweikeil- und MGF-Vierflächenlagern und relativ leichten Rotoren (kleine So_k-Werte) ergibt sich bei stärkerem Ölzuführungseinfluß ($p_{zu}/\bar{p} >> 0$) eine starke Erhöhung der Stabilitätsgrenze. Bei großen So_k-Werten trat dieser Effekt - in Übereinstimmung mit den Aussagen der Bilder 18 und 19 - nicht auf. Bei den Versuchen mit kreiszylindrischen Lagern war der Drosselwiderstand in der Ölzuführung (viel) zu gering, so daß mit zunehmendem Ölzuführungsdruck (bei kleinen So_k-Werten) die Stabilitätsgrenze nicht ansteigt, sondern abfällt. Dieser Abfall rührt von einer Veränderung der hydrodynamischen Druckverteilung her. Bei höheren Zuführdrücken können hier Bereiche relativen Unterdrucks entstehen, die bekanntlich zu einer Verschlechterung der Stabilitätseigenschaften des Lagers führen.

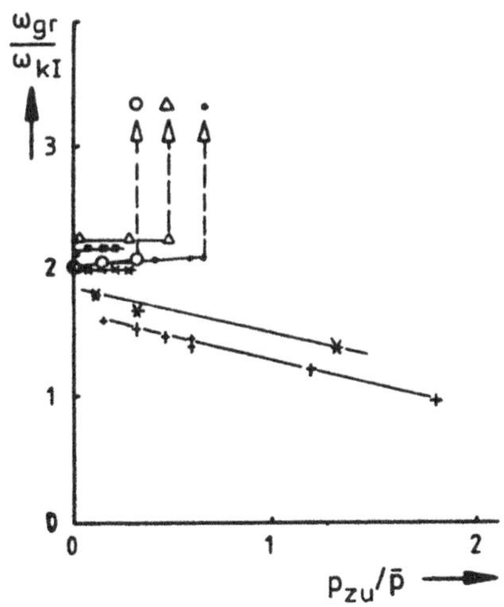

Lager	ψ_{max}/ψ_{min}	B/D	Rotor	$\bar{p}$[bar]	μ	So_k
○Zwk	3	0.5	II	1.04	0.4	0.12
•Zwk	3	0.8	III	1.64	3	0.11
□Zwk	3	0.8	A	14.3	2	0.95
ΔMGF	3	0.72	III	1.82	2.2	0.19
×Zyl	1	0.8	A	14.3	2.2	1.57
+Zyl	1	0.8	III	1.64	1.5	0.46
✱Zyl	1	0.5	III	2.62	1.8	0.13

Bild 21. Gemessene Stabilitätsgrenzen für einige Turbinenlager mit üblicher Ölzuführung in Abhängigkeit vom relativen Ölzuführungsdruck $p_{zu}/\bar{p}$

Um den Einfluß des Druckgefälles $1 - p_T/p_{zu}$ genauer darstellen zu können, wurden Versuche mit zusätzlicher Drosselung der Ölzuführung durchgeführt. Bild 22 zeigt die entsprechenden Meßergebnisse für die Kombination Rotor III mit Zweikeillagern (wiederum für eine niedrige Belastungskennzahl $So_k = 0.1$ bis 0.13). Danach wird die Resonanzamplitude A_R^* des Rotormittelpunktes nur wenig beeinflußt, während ab einem bestimmten Druckgefälle (hier $1 - p_T/p_{zu} > 0.05$) im gesamten Drehzahlbereich keine Stabilitätsgrenze mehr auftrat. Diese Aussage wird auch durch die (aus gemessenen Stoß-Übergangsfunktionen [11, 17]) experimentell ermittelten Systemdämpfungswerten u/ω_{kI} bestätigt. Im höheren Drehzahlbereich wird die maßgebende Systemdämpfung bei optimaler Drosselung der Ölzuführung wesentlich erhöht. Durch diese Schwingungsmessungen werden also die Rechenergebnisse der Bilder 18 und 19 bestätigt.

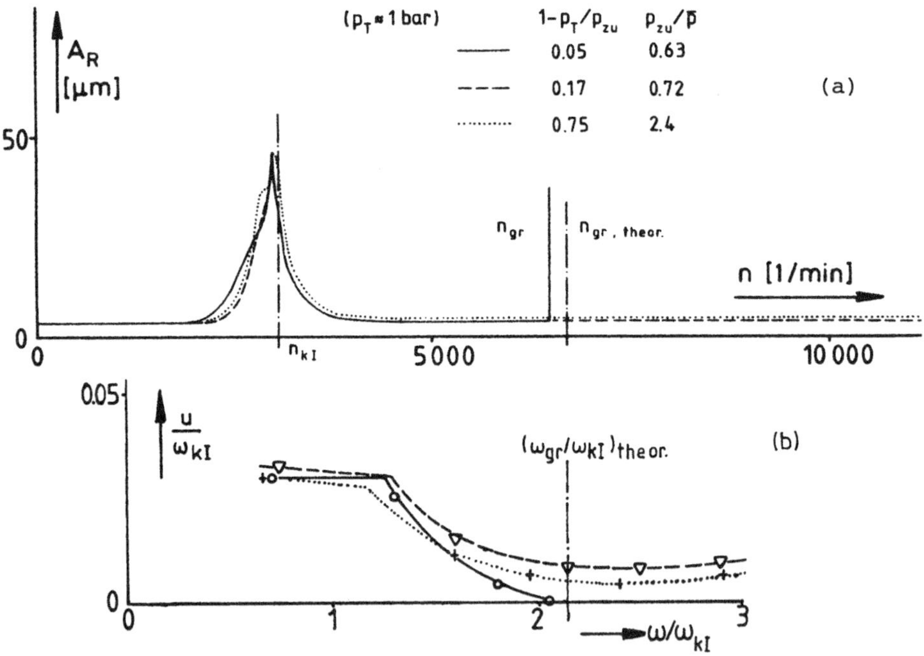

Bild 22. Einfluß des Druckgefälles $(1-p_T/p_{zu})$ auf die (a) (gemessenen) Schwingungsamplituden A_R und (b) niedrigste Systemdämpfung u/ω_{kI} des Rotors III mit Zweikeillagern ($B/D = 0,8$, $B_T/B = 0,8$, $\psi_{max}/\psi_{min} = 3$), $So_k = 0.1$ bis 0.13, $\mu = 3$

5. Bedeutung und Nutzen der Ergebnisse

Die Behandlung der Turbinenlager als echte Hybridlager mit einem hydrodynamischen und einem hydrostatischen Anteil macht die Vorausberechnung der statischen Lagerkennwerte im Bereich hoher Umfangsgeschwindigkeiten wesentlich zuverlässiger. Außerdem erhält man erstmals relativ genaue Werte für den Öldurchsatz durch das Gesamtlager, für den Ölaustausch in den Taschen und damit für die Erwärmung und die Gesamt-Verlustleistung im Lager. Durch Berücksichtigung der Dämpfungswirkung in der Ölzuführung und eine gewisse Optimierung der Taschen- und Ölzuführungsparameter lassen sich die dynamischen Lagerkennwerte und die Stabilitätseigenschaften der Lager wesentlich verbessern. Diese theoretisch ermittelten und experimentell bestätigten Ergebnisse sind für das gesamte Gebiet der hochtourigen Maschinen, insbesondere der thermischen Turbomaschinen, von grundlegender Bedeutung. Eine zuverlässige Vorausberechnung der statischen und dynamischen Lagerkennwerte und des Stabilitätsverhaltens der Rotoren erspart kostspielige Änderungen und Umbaumaßnahmen. Durch optimale Ausnutzung der stabilisierenden Wirkung der Ölzuführung können schließlich leistungsfähigere und wirtschaftlichere Maschinen gebaut werden.

6. Wichtige dimensionslose Parameter

ψ_{min}	rel. Lagerspiel (13)	$\bar{Q}$	Öldurchsatz (18)
ψ_{max}/ψ_{min}	= Spielverhältnis	Π_{zu}	Ölzuführdruck (20)
ε, γ	Zapfenexzentrizität (13)	Π_T^*	rel. Taschendruck (20)
So	Sommerfeldzahl (24)	γ_{ik}^*	Federkoeffizienten (24)
So_k	Belastungskennzahl	β_{ik}^*	Dämpfungskoeffizienten (24)
$\bar{F}_R$	Reibkraft, $\bar{F}_R = \mu_R \cdot So/\psi_{min}$		
$\bar{K}_K$	Durchflußbeiwert für Kapillare (20)		
$\bar{K}_B$	Durchflußbeiwert für Blende (20)		

7. Schrifttum

[1] Wolf, W.: Experimentelle Ermittlung der Stabilitätsgrenzen einer in verschiedenen Turbinenlagern laufenden Welle. Kolloquium "Wellenschwingungen" Frankfurt/M. 1972. Bericht R 213, S. 88/101, der Forschungsvereinigung Verbrennungskraftmaschinen, Frankfurt/M. 1972.

[2] Glienicke, J. und Wiedenmann, R.: Unwuchtschwingungen und Systemdämpfung gleitgelagerter Rotoren unter praxisnahen Bedingungen. Konstruktion 30 (1978) H. 8, S. 311/317.

[3] Glienicke, J.: Feder- und Dämpfungskonstanten von Gleitlagern für Turbomaschinen und deren Einfluß auf das Schwingungsverhalten eines einfachen Rotors. Diss. Techn. Hochschule Karlsruhe 1966.

[4] Schaffrath, G.: Das Gleitlager mit beliebiger Schmierspaltform - Verlagerung des Wellenzapfens mit zeitlich veränderlicher Belastung. Diss. Universität Karlsruhe 1967.

[5] Glienicke, J., Han, D.-C. and Leonhard M.: Practical determination and use of bearing dynamic coefficients. Tribology international, Dec. 1980, p. 297/309.

[6] Glienicke, J., Han, D.-C. und Leonhard, M.: Eigenschaften von Gleitlagern bei hohen Umfangsgeschwindigkeiten. Konstruktion 33 (1981), S. 441/448.

[7] Wissussek, D.: Das hydrodynamische Druckprofil im Radiallager und sein Einfluß auf die Tragfähigkeit bei Variation des Umgebungsdruckes. Fortschr.-Ber. VDI-Z., Reihe 1 Nr. 54, Düsseldorf 1978.

[8] Cusano, C. and Conry, T.F.: Design of Multi-Recess Hydrostatic Journal Bearings for Minimum Total Power Loss. Trans. ASME, J. Eng. Ind. 1974, p. 226/232.

[9] Rowe, W.B. and O'Donoghue, J.P.: A review of hydrostatic bearings design. Paper C21, Externally pressurized bearings, conference Nov. 1971, Instn. Mech. Engrs.,London 1971.

[10] Schüler, D.: Berechnung der Feder- und Dämpfungszahlen von Mehrgleitflächenlagern und des Schwingungsverhaltens eines einfachen Rotors unter Berücksichtigung des Schmiermittelzuführdrucks. Diss. Ruhr-Universität Bochum 1975.

[11] Wiedenmann, R.: Veränderung des Schwingungsverhaltens gleitgelagerter Rotoren durch Schmierfilmturbulenz, Lagerverkantung, Lagerschalenabstützung sowie Lagerbock- und Fundamenteinfluß. Diss. Universität Karlsruhe 1980.

[12] Han, D.-C.: Statische und dynamische Eigenschaften von Gleitlagern bei hohen Umfangsgeschwindigkeiten und bei Verkantung (theoretische Untersuchungen). Diss. Universität Karlsruhe 1979.

[13] Prandtl, L.: Strömungslehre. Friedr. Vieweg & Sohn, Braunschweig 1956.

[14] Stanski, U.: Bauelemente für die äußere Lagerdämpfung (Experimentelle und theoretische Untersuchung). Diss. Universität Karlsruhe 1975.

[15] Han, D.-C.: Grundprogramm zur Berechnung der statischen und dynamischen Kennwerte von Turbinenlagern. Forsch.-Ber.H.265 der Forschungsvereinigung Verbrennungskraftmaschinen, Frankfurt/M. 1981.

[16] Glienicke, J. und Leonhard, M.: Statische und dynamische Eigenschaften von Gleitlagern bei hohen Umfangsgeschwindigkeiten und bei Verkantung (experimentelle Untersuchungen). Forsch.-Ber. H.291 der Forschungsvereinigung Verbrennungskraftmaschinen, Frankfurt/M. 1981.

[17] Glienicke, J.: Theoretische und experimentelle Ermittlung der Systemdämpfung gleitgelagerter Rotoren und ihre Erhöhung durch eine äußere Lagerdämpfung. Fortschr.-Ber. VDI-Z Reihe 11 Nr. 13, Düsseldorf 1972.

BMFT FE-Vorhaben
01 ZT 108

Bundesministerium für Forschung und Technologie

Forschungsbericht (01 ZT 108)
Tribologie

Lagerverformung

von
Prof. Dr.-Ing. H. Peeken
Dr.-Ing. G. Knoll
Dipl.-Ing. J. Widyanata

Institut für Maschinenelemente
und Maschinengestaltung
RWTH Aachen

Institutsleiter:
Prof. Dr.-Ing. H. Peeken

Oktober 1981

0.0	Inhaltsverzeichnis	164
1.0	Einleitung	165
2.0	Stand der Technik und Ziel des Forschungsvorhabens	166
3.0	Formoptimierung der Lagerkörper	169
3.1	Theoretische Ergebnisse der Gleitlager-optimierung	169
3.2	Experimentelle Untersuchungen zur Gleitlageroptimierung	182
4.0	Literatur	198

1.0 Einleitung

Eine verschleißfreie Kraftübertragung in Gleitlagern ist nur möglich, wenn die Gleitflächen durch einen Schmierfilm getrennt werden. Man ist deshalb bestrebt, zwischen den Gleitelementen einen hydrodynamischen oder hydrostatischen Druck aufzubauen. Voraussetzung für die Druckentwicklung ist eine geeignete Schmierspaltgeometrie. Die Ursache von Funktionsstörungen bei Gleitlagerungen sind oft Fehler, die bereits bei der Lagerkonstruktion begangen werden, indem die Änderung der Schmierspaltgeometrie und damit der Tragfähigkeit durch elastische und thermoelastische Verformungen von Lagerschale, Welle und Maschinengehäuse nicht beachtet werden [1]. Als Beispiel sei das Kantentragen einer Kolbenbolzenlagerung genannt. Bild 1 zeigt die Deformation des Kolbenbolzenlagers unter Temperatur- bzw. Druckeinfluß. Die Tendenzen der Verformungen infolge Temperaturfeld und Druckbelastung sind zwar gegenläufig, ein vollständiges Aufheben der Einflüsse ist jedoch unwahrscheinlich.

Hier gilt es deshalb die Lagerung so zu gestalten, daß unter Last und Temperatur in diesem Fall Kolbenbolzen und Bolzenlager die beste Schmiegung erfahren. Ist die Lagerdeformation nicht der Wellen- bzw. Bolzendurchbiegung angepaßt oder läuft ihr sogar zuwider, so ist mit einer wesentlichen Verminderung der Tragfähigkeiten des Lagers zu rechnen. Es tritt zwar das Einlaufen als Selbsthilfemaßnahme des Lagers ein, es ist aber nicht sicher, daß durch den Abrieb der für eine gute Verschleißsicherheit erforderliche Anpassvorgang auch erreicht wird. Es ist deshalb immer sicherer, über die sinnvolle Gestaltung von vornherein eine hohe Verschleißsicherheit zu erreichen. Der auch hier zu erwartende und erwünschte Einlaufvorgang wird zu einer Glättung der Oberfläche und damit zu einer weiteren Steigerung der Belastbarkeit führen. Nur so kann mit Sicherheit die größtmögliche Verschleißsicherheit erreicht werden. Entscheidend ist dabei, daß die makrogeometrische Ausbildung der Lagerschale bzw. des Lagerkörpers so vorgenommen wird, daß unter Temperatureinfluß und Belastung Wellen- und Lagerdeformation eine übereinstimmende Schmiegung

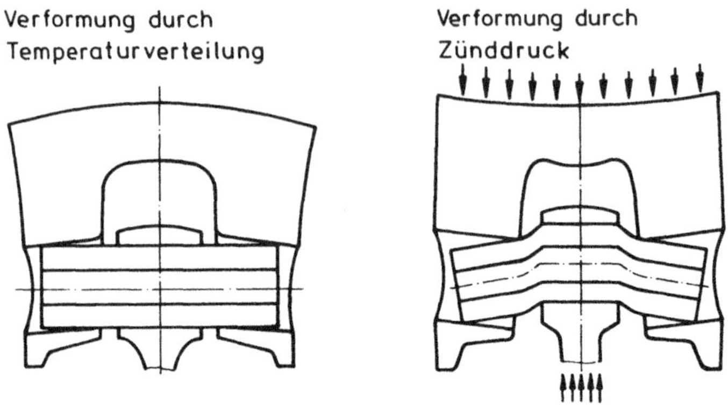

Bild 1: Kolbenbolzenlagerung

erfahren. Nur durch die Optimierung der äußeren Lagergestalt im Zusammenwirken mit bester Oberflächengüte an den Laufflächen wird das Gleitlager zu einem Maschinenelement mit sehr hoher und genau kalkulierbarer Betriebssicherheit werden. Die Lösung dieser Aufgabe hat insbesondere für die Anlagentechnik eine große wirtschaftliche Bedeutung.

2.0 Stand der Technik und Ziel des Forschungsvorhabens

Das umrissene Problem der Optimierung von Gleitlagerkonstruktionen ist kompliziert. Die optimale Formgebung eines Lagerkörpers folgt aus der Lösung der Grundgleichungen der Elastizitätstheorie für Welle und Lagerkörper, mit der durch die Reynolds'sche Differentialgleichung beschriebenen Druckfunktion und der Nebenbedingung des gleichen elastischen Verhaltens von Welle und Lagerkörper. Die Lösung dieses Problems kann nur iterativ erfolgen.

Die bislang durchgeführten theoretischen Untersuchungen der Optimierungseigenschaften zylindrischer Lagerkörper, deren Ergebnisse in Bild 2 zusammengestellt sind, zeigen, daß sich bei zylindrischen Lagerkörpern optimale Wandstärken angeben lassen, die die bestmögliche Anpassung des zylindrischen Lagerkörpers an die verformte Welle garantieren. Für mittig unterstützte Lager sind einige Ergebnisse dieser Berechnungen für die relative Exzentrizität $\varepsilon = 0,9$ in Bild 2 dargestellt [2].

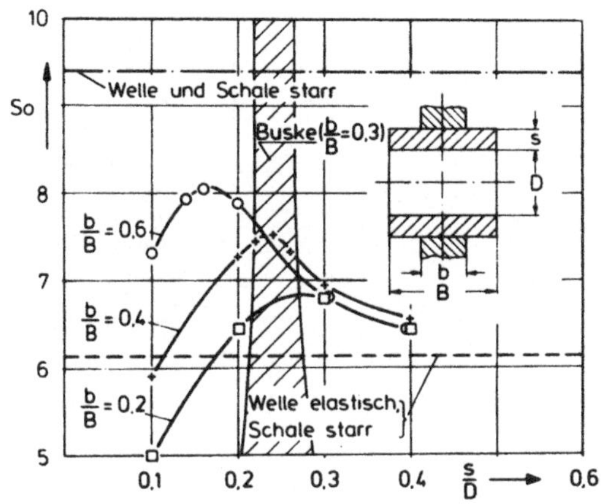

Bild 2: Tragfähigkeit zylindrischer Mitten-Steg-Lager in Abhängigkeit von s/D und dem Stegbreitenverhältnis b/B

Optimale Wandstärken lassen sich für zylindrische Gleitlager in Abhängigkeit vom Konstruktionsparameter b/B unmittelbar ablesen.

Die Auftragung von Druck- und Spaltverläufen in Bild 3 zeigt jedoch, daß die zylindrische Lagerform mit nur einem Freiheitsgrad, nämlich dem der Wandstärke, nicht geeignet ist, um eine exakte Anpassung von Schalen- und Wellendeformationen zu erreichen. Die Auftragung der Spaltform über der Wellenlängsachse im linken Teil des Bildes zeigt deutlich eingeschnürte Zonen, so daß sich bei einer weiteren Annäherung von Schale und Welle eng begrenzte Kontaktflächen ergeben, in denen die Hydrodynamik gestört wird und Einlaufverschleiß oder gar größerer Verschleiß mit allen nachteiligen Folgen zu erwarten ist.

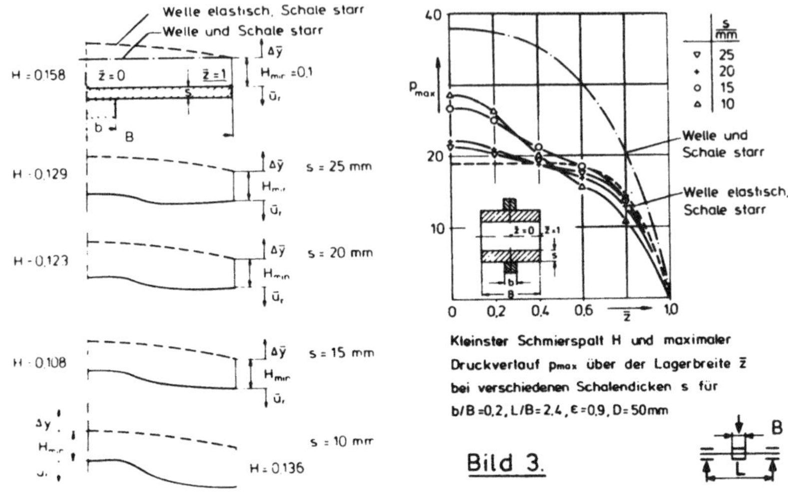

Kleinster Schmierspalt H und maximaler Druckverlauf p_{max} über der Lagerbreite $\bar{z}$ bei verschiedenen Schalendicken s für b/B = 0,2, L/B = 2,4, ε = 0,9, D = 50 mm

Bild 3.

Daraus wird deutlich, daß mit einer zylindrischen Lagerkonstruktion hinsichtlich der Steigerung von Betriebssicherheit bzw. Tragfähigkeit nur ein relatives Optimum erreicht werden kann. Das Ziel, die maximal mögliche Betriebssicherheit von Gleitlagern, bei voll angepaßter Deformation von Welle und Schale, kann nur mit Hilfe einer komplizierten äußeren Lagergestalt erreicht werden. Auch die Normung hat diese Zusammenhänge bereits intuitiv erfaßt und beispielsweise im Blatt DIN 502 für Flanschlager konische Lagerkörper vorgeschlagen. Leider finden sich keinerlei Hinweise über die Größe der erforderlichen Konizität.

Es wird deutlich, daß die Lösung der gestellten Aufgabe die Ausweitung der Berechnungsmethodik, ausgehend von den bisher untersuchten zylindrischen Körpern auf kompliziertere, z.B. konische Formen, erfordert. Hierfür ist ein hoher Aufwand in der theoretischen Behandlung sowie in der Programmierung erforderlich. Zur Absicherung der theoretischen Gestaltoptimierung von Gleitlagern sind ebenso auch experimentelle Untersuchungen durchzuführen.

3.0 Formoptimierung der Lagerkörper

3.1 Theoretische Ergebnisse der Gleitlageroptimierung

Wie bereits dargelegt, ist bei der Gestaltoptimierung von Gleitlagern der Einfluß der Deformationen des Lagerkörpers und der Welle als Haupteinfluß auf die Schmierspaltgeometrie zu berücksichtigen. Es muß deshalb eine Methode gefunden werden, die mit geringstem Aufwand die Berechnung der Verformungen erlaubt. Eine analytische Behandlung der Schalengleichungen, die das elastische Verhalten der Lagerkörper beschreiben, ist nur in einigen Sonderfällen möglich. Als wirkungsvoll haben sich hier Lösungsmethoden erwiesen, die partielle Differentialgleichungen durch Diskretisierung in ein System von algebraischen Gleichungen überführen. Neben den Differenzenverfahren, die auf einer mathematischen Modellvorstellung beruhen, und den direkten Variationsmethoden der Mechanik, hat sich die Methode der finiten Elemente als außerordentlich geeignet herausgestellt.

Ein Tragwerk beliebiger Form wird durch Zerlegen in eine größere Anzahl einfach berechenbarer Teilbereiche, genannt Elemente, idealisiert, wobei man an den Elementgrenzen Verschiebungen oder Spannungen als Unbekannte ansetzt. Aus der Bedingung, daß beim Wiederzusammenfügen die Elemente sowohl in ihrem Kräfte- als auch in ihrem Verformungszustand möglichst gut zusammenpassen müssen, folgt die Lösung des Problems. Die Näherung liegt dabei in der Erfüllung der Gleichgewichts- oder der Verträglichkeitsbedingungen.

Die theoretisch durchzuführende Aufgabe besteht in der Berechnung der Druckverteilung im Gleitlager aus der Lösung der Reynolds'schen Differentialgleichung bei beliebiger Spaltgeometrie, d.h. mit den Anteilen aus der Lager- und Wellenverformung und veränderlicher Viskosität. Dazu ist es außerdem erforderlich, die Temperaturverteilung im Schmierfilm durch Lösung von Energie- und Bewegungsgleichung zu bestimmen. Daran schließt sich die Berechnung der Temperaturverteilung in Lagerkörper und Welle an, weil erst mit diesen Informationen die Verformungen von Lagerkörper und Welle durch Schmierfilmdruck und Lagertemperatur ermittelt werden können. Die Ermittlung der Kennwerte für ein Gleitlager bestimmter Geometrie wie Druck- und Temperaturverteilung, Spaltweite, Sommerfeldzahl, Reibungskennzahl, kann daher nur iterativ erfolgen.

Die Berechnung der Druckverteilung, der Temperaturverteilung im Schmierspalt, der Lagerschale und der Welle, sowie der Spaltweitenänderung aufgrund der druck- und temperaturbedingten Verformungsanteile erfolgt grundsätzlich auf der Grundlage der Finite-Elemente-Methode [3, 4]. Der Ablauf der Berechnung wird an einem kurzen Schema aufgezeigt.

Ablauf der Berechnung

① Finite-Elemente-Berechnungsmodelle
- 2-dim. Netzstruktur des Schmierspaltes für die Druckverteilung
- 3-dim. Netzstruktur des Schmierspaltes für die Temperaturverteilung
- 3-dim. Netzstruktur der Lagerschale und der Welle für Berechnung der Temperaturverteilung und nachfolgender elastischer und thermoelastischer Verformungsanalyse.

② Druckverteilung $p(\varphi, z)$ im Schmierfilm mit

$$\bar{\vartheta}(\varphi, z) = \frac{1}{h} \int_{0}^{h} \vartheta(\varphi, z, y)\,dy$$

(- Bei Anlaufrechnung $\bar{\vartheta}(\varphi, \bar{z}) = \vartheta_0$) - Lösung der Reynolds'schen Dgl.

③ Temperaturverteilung im Schmierfilm mit $p(\varphi, z)$ aus ②
- Lsg. der Energie- und Bewegungsgleichung

④ Konvergenzabfrage der Druckberechnung $p(\varphi, z)$ aufgrund Viskositätsänderung nach ③
$(p_I - p_{I+1}) > \Delta p \longrightarrow$ ②

⑤ Temperaturverteilung in Lagerschale und Welle.

⑥ Verformung von Lagerschale und Welle aufgrund Temperaturprofil nach ⑤ und Druckverteilung nach ② .

⑦ Konvergenzabfrage der Druckberechnung $p(\varphi, z)$ aufgrund Spaltweitenanteile nach ⑥
$(p_m \div p_{m+1}) > \Delta p \longrightarrow$ ②

⑧ Abschluß mit Ausgabe von
- Druck- und Temperaturverteilung
- Spaltweite
- Sommerfeldzahl
- Reibungskennzahl

Die Auswirkung konstruktiver gestalterischer Maßnahmen auf die Tragfähigkeit von Gleitlagern sind in Bild 4 an der Druckverteilung eines symmetrisch zur durchgebogenen Welle angeordneten Gleitlagers zu erkennen. Die Fallstudie zeigt die Druckverteilung bei Berücksichtigung der elastischen Deformationen von Welle und Lager im Vergleich zu dem Fall "Welle und Lager starr" [3]. Die Berechnungen gelten für eine Exzentrizität $\varepsilon = 0{,}9$.

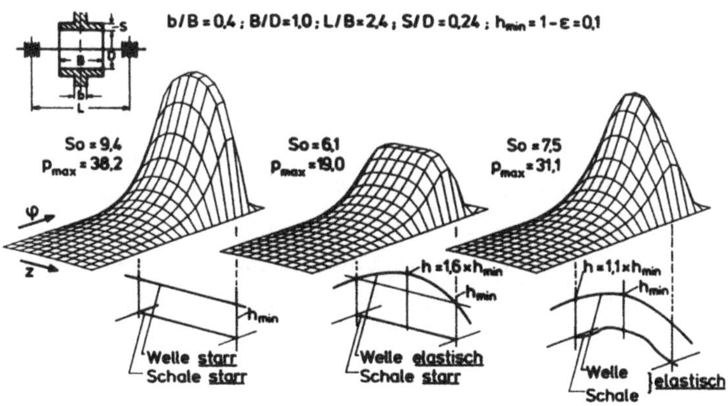

Bild 4: Druck- und Schmierspaltverlauf bei "elastischer" und "starrer" Lagergeometrie

Im Fall "Welle und Lager starr" ergibt sich, wie Bild 4 zeigt, in axialer Richtung zwischen Welle und Lager ein Parallelspalt. Die Tragfähigkeit wird hier durch die Sommerfeldzahl mit So = 9,4 angegeben (So = $\bar{p}\,\psi^2/\eta\,\omega$, $\bar{p}$ = mittlerer Flächendruck, ψ relatives Lagerspiel, η = Viskosität, ω = Winkelgeschwindigkeit).

Dieser Fall tritt in der Praxis nicht auf, da sich alle Körper unter Last deformieren. Der im Mittelteil von Bild 4 dargestellte Fall "Starres Lager bei durchgebogener Welle" zeigt einen Anstieg des Schmierspaltes in der Lagermitte um den Faktor 1,6. Für die gegenüber dem starren Fall gleiche engste Spaltweite h_{min}, die an den Lagerrändern auftritt, ergibt sich hier eine wesentliche Verminderung der Tragfähigkeit auf So = 6,1. Bei einer zunehmenden Belastung des Lagers wird der Kontakt zuerst an den Lagerrändern eintreten und den Beginn der Mischreibung entsprechend früh einleiten.

In Wirklichkeit gibt es aber nur Lager, bei denen sich sowohl Lager als auch Welle elastisch verhalten. Eine solche Berechnung der Druckverteilung ist rechts in Bild 4 gezeigt. Die Berechnungen werden iterativ vorgenommen und erfordern die numerische Lösung der Reynolds'schen Differentialgleichung sowie der Differentialgleichungen der Elastizitätstheorie. Man erkennt, daß bei der vorliegenden Lagergeometrie die Spaltstärke vom Minimalwert, der in der Lagermitte liegt, nach außen zu den Lagerrändern hin zunimmt, mit der Folge eines stärkeren Druckabfalls zum Rand, sodaß mit So = 7,5 die für den starren Fall berechnete Sommerfeldzahl So = 9,4 nicht erreicht wird. Man erkennt aus diesen Gegenüberstellungen, daß der Verschleißbeginn um so später eintritt, je besser sich die Deformation des Lagers der Deformation der Welle anpaßt. Nur dann werden kleinste Filmdicken erreicht, ohne daß es örtlich zu Kontakten zwischen Welle und Lager kommt und damit die Mischreibung eingeleitet wird.

Das Mittel, mit dem nun die Anpassung der Lagerdeformation an die Wellendeformation erreicht werden kann, ist die Optimierung der Lagergestalt. Dazu muß in axialer Richtung an den Lagerrändern eine ausreichende Elastizität vorhanden sein. Die Elastizität darf aber wiederum nicht zu klein werden, damit nicht in Umfangsrichtung ungünstige Spaltverhältnisse auftreten. Beispielsweise sind in Bild 5 zwei Lagergeometrien (Form 1 und 2) gezeigt, für die axiale Spaltdicken $(1-\varepsilon)$ und axiale Druckverteilung $(p \cdot \psi^2/\eta\omega)$ an der in Umfangsrichtung engsten Schmierspaltstärke berechnet wurden. Die Auftragung des bezogenen axialen Spaltverlaufs für die Lagerform 1 zeigt eine starke Zunahme des Spaltes in Lagermitte mit der Folge einer starken mittigen Druckabnahme im Vergleich zum Fall "Lager und Welle starr". Die Aufweitung des Spaltes in Lagermitte deutet darauf hin, daß sich die gewählte Lagerform 1 noch zu wenig flexibel verhält und sich der Wellendeformation nicht genügend anpaßt. Die Ergebnisse aus der Untersuchung an Lagerform 2 zeigen, daß die Flexibilität hier zu groß ausgefallen ist. Die Spalte nehmen zum Lagerrand hin stark zu, was mit einem starken Druckabfall zu den Lagerrändern hin verbunden ist. Beide Lagerausführungen erreichen nicht die Tragfähigkeit des "starren Falls". Die optimale Geometrie muß aber zwischen Form 1 und Form 2 liegen.

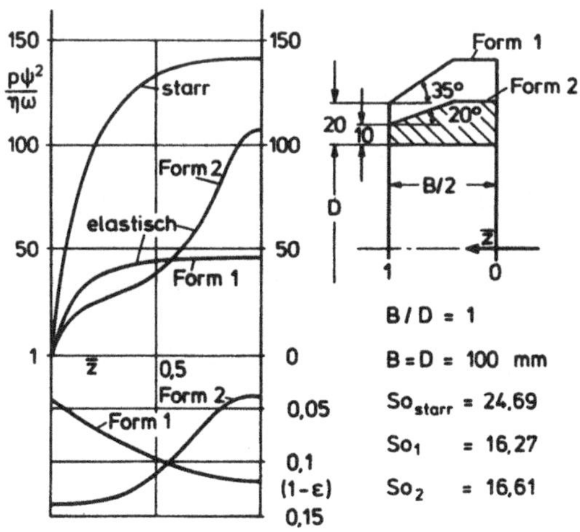

Bild 5:
Druck- und Schmierspaltverlauf über der Lagerbreite

In Bild 6 ist deshalb eine "gemittelte" Lagerform untersucht worden. Obwohl diese Geometrie - wie an den zum Lagerrand hin steigenden Spaltweiten erkennbar wird - noch zu flexibel ausgeführt ist, wird schon die Sommerfeldzahl des starren Falles fast erreicht. Die Auftragung des Druckverlaufes über der Breitenrichtung zeigt noch einen Abfall gegenüber dem starren Fall. Die starke Erhöhung der Sommerfeldzahl bis auf den Wert des starren Lagers wird hier durch die sich ändernde Druckverteilung in Umfangsrichtung erreicht. Man erkennt, daß der Druck des elastisch gestalteten Lagers in der Spitze etwas abnimmt aber dafür einen größeren Winkel umschließt. Obwohl das Gestaltungsoptimum mit dieser Ausführung noch nicht erreicht wurde, wird die Druckverteilung in Umfangsrichtung "dreieckförmiger", was auf die Ausbildung eines elastischen Laufspiegels schließen läßt.

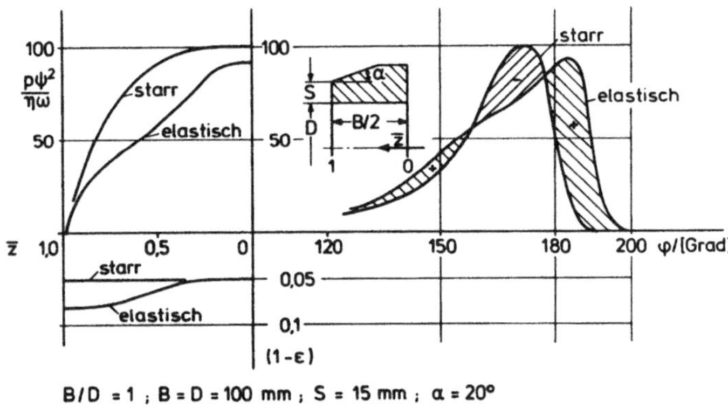

B/D = 1 ; B = D = 100 mm ; S = 15 mm ; α = 20°
So_{starr} = 19,2 ; $So_{elastisch}$ = 18,9.

Bild 6: Druck- und Schmierspaltverlauf über dem Lagerumfang

Die theoretischen Untersuchungen zeigen in eindrucksvoller Weise, daß mit der Optimierung der Lagergestaltung ein Mittel gefunden wurde, um Lagerbelastbarkeit bzw. auch Verschleißsicherheit von Gleitlagern zu erhöhen.

Bei den Untersuchungen ist sowohl die Veränderlichkeit der Viskosität als auch das Temperaturfeld im Lagerkörper mit seinem Einfluß auf die thermischen Verformungen von Bedeutung. Am Beispiel eines zylindrischen und mittig angeordneten Gleitlagers ist in Bild 7 der Einfluß der veränderlich angesetzten Viskosität aufgezeigt. Immerhin nimmt die Tragfähigkeit des Lagers bei sonst gleich gehaltenen Parametern für dieses Beispiel von So = 7,5 bei konstant gehaltener Viskosität auf So = 6,4 bei veränderlicher Viskosität ab. Das Bild stellt jeweils das Druckgebirge einer Lagerhälfte in Form von Höhenschichtlinien dar.

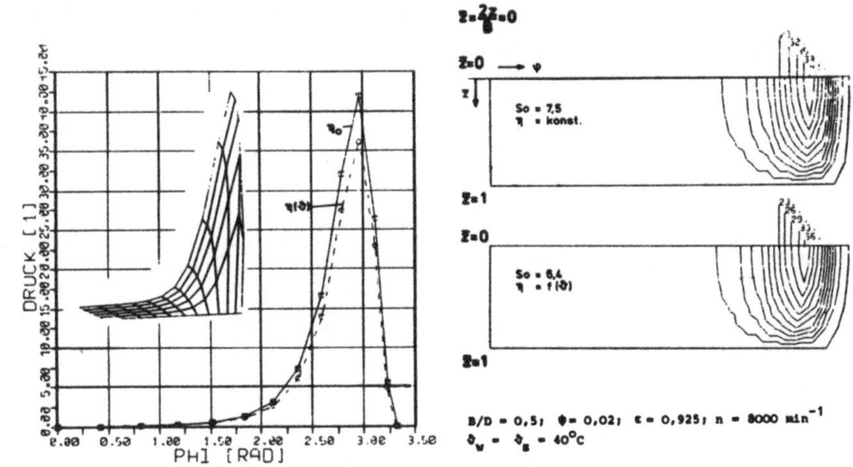

Bild 7: Druckverteilung im Radialgleitlager bei temperaturabhängigem Viskositätsverlauf $\eta(\varphi, \bar{z}) = f(\vartheta)$

Bei der Berücksichtigung des Einflusses der Temperaturverformungen zeigt sich der besondere Einfluß der Wärmeübergangsbedingungen. Im praktischen Fall ist eine saubere Analyse dieser Wärmeübergangsbedingungen unerläßlich.

Zur Erläuterung der Einflüsse sind in Bild 8 am Beispiel des mittig gestützten zylindrischen Gleitlagers verschiedene Wärmeübergangsbedingungen den thermischen Verformungsberechnungen zugrundegelegt. In allen Fällen wurde über die Lösung der Energiegleichung im Spalt die Temperaturverteilung im Ölfilm berechnet und dem Lagerkörper von innen aufgeprägt. In Bild 8, Fall a, wurde die thermische Randbedingung einer konstanten Umgebungstemperatur $\vartheta_o = 20^oC$ auf der äußeren Lageroberfläche im Bereich der Fläche ① vorgegeben. Im Fall b wurde die Temperaturvorgabe $\vartheta_o = 20^oC$ auf den Oberflächenbereich ① (Bereich der Lagerabstützung) begrenzt und ansonsten Wärmeübergang zugelassen, während im Fall c auf den gesamten Oberflächen des Lagers Wärmeübergang zugelassen ist. In Form von Höhenschichtlinien stellt Bild 8 die sich zu diesen einzelnen Fällen ergebende dimensionslose Radialverformung $\Delta N_R/R_s-R$ (R_s-R: Lagerspiel) der Lagerbohrung dar. Dabei bedeuten die dunkel angelegten Flächen eine Spaltverengung, die hell belassenen dagegen eine Spalterweiterung. Man erkennt aus dieser Darstellung, daß die thermische Belastung des Lagers durchaus zu einem teilweisen "Zuwachsen" des Lagers führen kann.

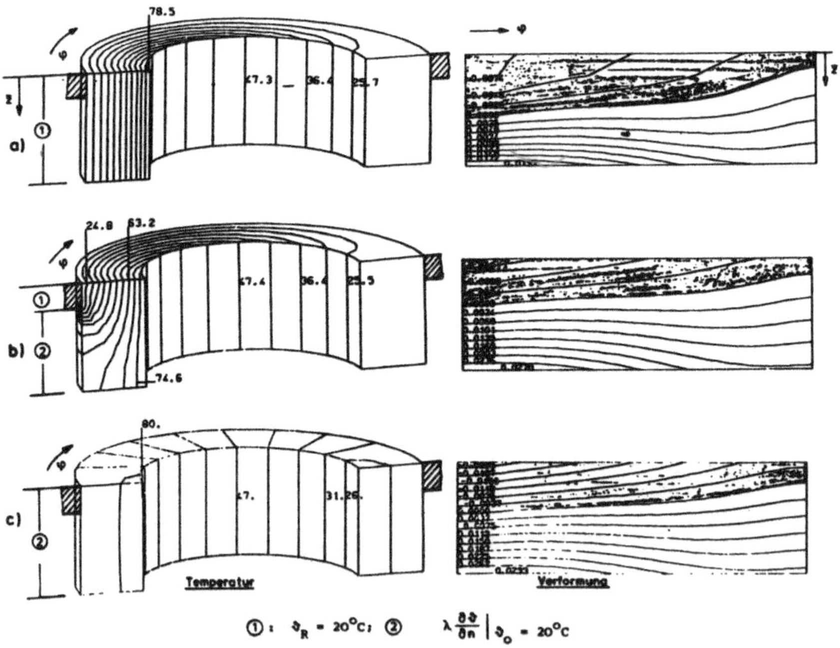

Bild 8: Temperaturverteilung und thermische Lagerschalenverformung

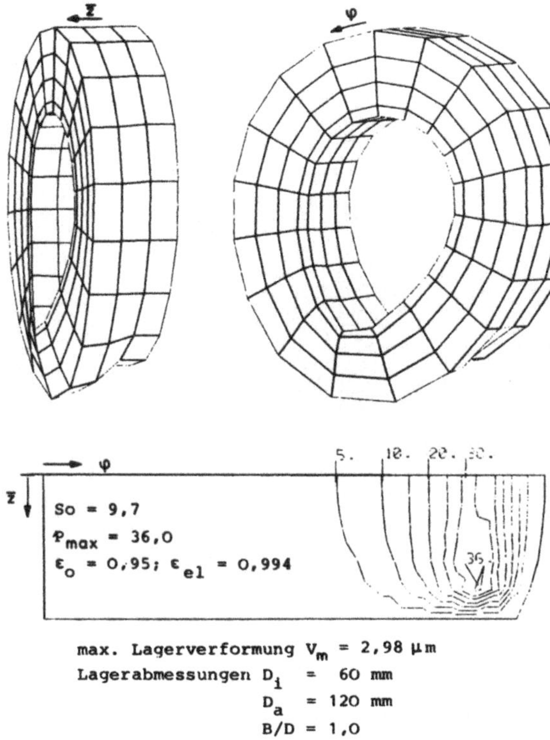

Bild 9: Druckverteilung bei elastischer Lagerverformung (symmetrisch zur Lagermittelebene)

In Bild 9 ist für das gleiche zylindrische Lager nach Bild 8 die sich bei elastischer Lagerverformung einstellende Druckverteilung gezeigt. Die vorhandene Lagergeometrie führt in diesem Fall zu einer im Vergleich zum Lager stärkeren Biegeverformung der Welle, so daß sich - wie die Höhenschichtlinien zeigen - ein sattelförmiges Druckgebirge mit zwei Druckspitzen ausbildet.

Bei den systematischen Variationen der Steifigkeit der Lagerkörper durch konstruktive Änderungen wurden jeweils die Betriebsparameter Viskosität η , Drehzahl n und relatives Lagerspiel konstant gehalten (η = 20 mPas, ω = 100 1/s; ψ = 0,001), weil sich die geometrische Lageroptimierung nicht in dimensionsloser Strenge durchführen läßt. Alle Untersuchungen wurden zunächst für sogenannte Mittenlager durchgeführt, bei denen gewährleistet ist, daß sich die Welle symmetrisch zur Lagermitte durchbiegt.

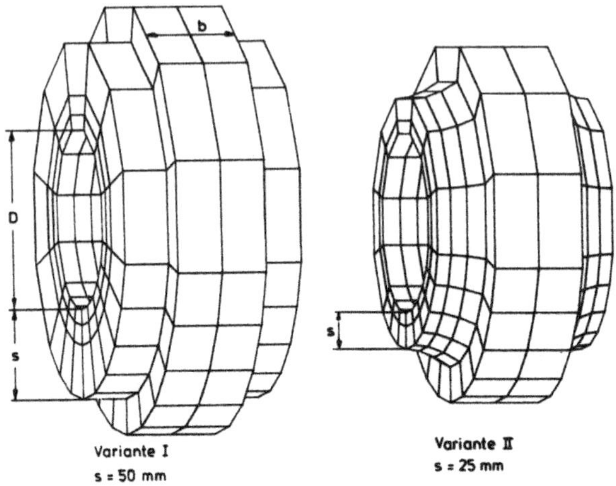

Bild 10: Lagergeometrie (Finite Elemente Modell)

Interessant ist aber auch die Frage, wie sich geometrieoptimierte Mittenlager verhalten, wenn sie am Ende einer Welle eingebaut sind (Endlager). In diesem Fall kommt es sehr leicht zu Schiefstellungen der Welle im Lager. Zur Aufdeckung der grundsätzlichen Zusammenhänge zwischen Spaltgeometrie, Verformung, Druckverteilung und Tragfähigkeit wurden zwei Lager unterschiedlicher Geometrie untersucht. Bild 10 zeigt die Finite-Elemente-Struktur dieser beiden Lager, wobei die Konstruktionsvariante I mit einer Randwandstärke von s = 50 mm wesentlich steifer ausgeführt wurde als die Variante II mit einer Randwandstärke von s = 25 mm. Die Berechnungen wurden abhängig von der Exzentrizität ε und von der bezogenen Wellenneigung im Lager $q = \frac{B}{D\psi}\tan K$ durchgeführt (B = Lagerbreite, D = Lagerdurchmesser, ψ relatives Lagerspiel, K = Winkel der Wellenneigung). Bild 11 zeigt den Einfluß der Elastizität des Lagergehäuses auf Druckverteilung und Tragfähigkeit. Die Druckverteilung ist in Form von Höhenschichtlinien dargestellt, während die Tragfähigkeit in Form der Sommerfeldzahl angegeben wurde. Die Gegenüberstellung macht deutlich, daß bei zu erwartender Schiefstellung der Welle im Lager eine nachgiebigere Gestaltung (Variante II) zu einer Erhöhung der Lagertragfähigkeit führt.

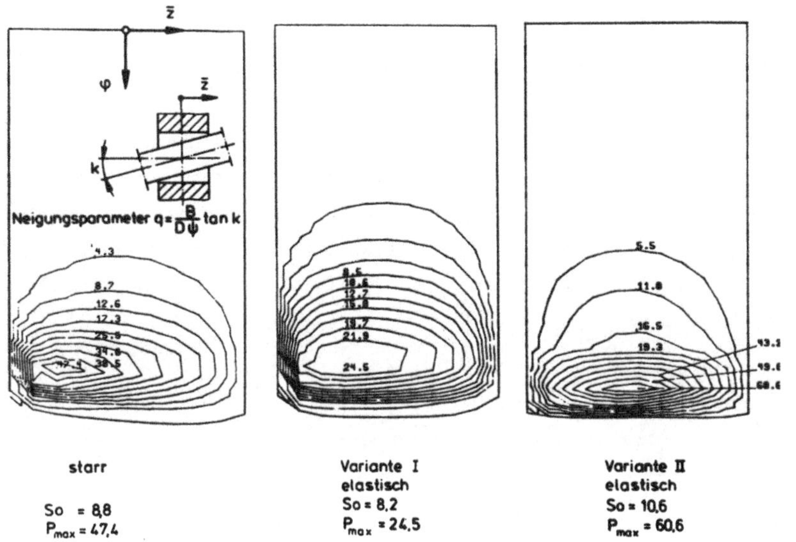

Bild 11: Druckverteilung $p(\varphi, \bar{z})$ und Tragzahl So bei unterschiedlicher Lagersteifigkeit

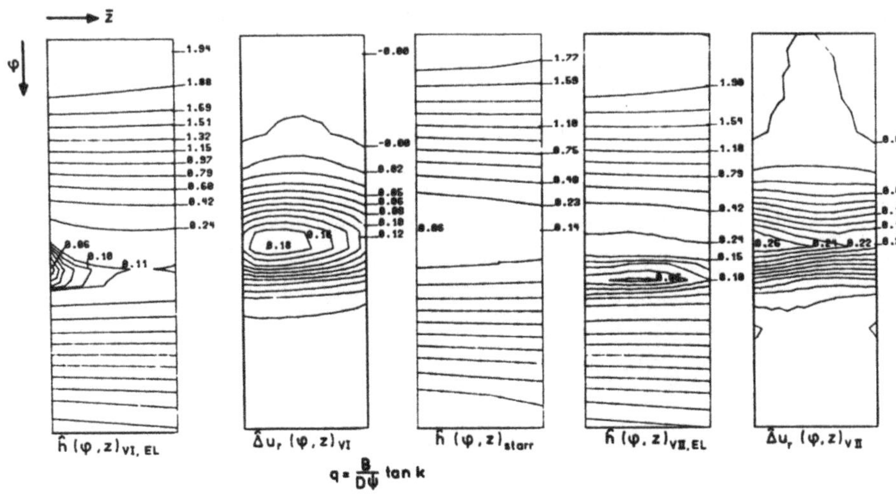

Bild 12: Radialverformung $\hat{h}(\varphi, \bar{z}) = h(\varphi, \bar{z})/(R_S - R)$ der Lagerbohrung (Variante I : VI; Variante II : VII)

In Bild 12 sind die bezogenen Spaltgeometrien sowie die Lagerverformungen der Varianten I und II dem starren Fall gegenübergestellt. Die Berechnungen gelten für eine Exzentrizität von $\varepsilon = 0{,}9$ und für eine Wellenneigung $q = 0{,}05$. Sie sind jeweils für eine Lagerhälfte dargestellt und zeigen für die Konstruktionsvariante I eine schlechtere Anpassung des Lagers an die Wellenschräglage. Die bessere Nachgiebigkeit des Lagerkörpers der Konstruktionsvariante II, die die Wellenschiefstellung gut ausgleicht, geht auch aus der 3-dimensionalen Darstellung in Bild 13 hervor.

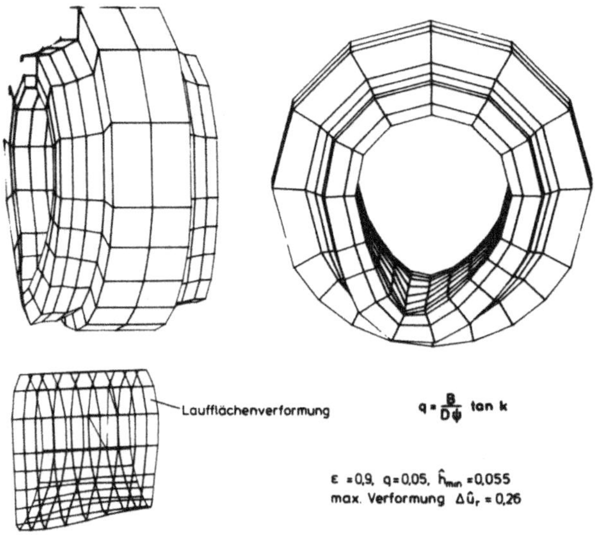

Bild 13:
Verformung der Lagervariante II

Die Abhängigkeit der Sommerfeldzahl So und des bezogenen maximalen Druckwertes p_{max} von der Exzentrizität $1 - \varepsilon$ mit der Wellenneigung q als Parameter ist in den Bildern 14 und 15 dargestellt. Verglichen wird die Variante I (elastisch) mit einer starren Ausführung.

Bei zum Lager paralleler Wellenlage liegt die Tragfähigkeit des elastischen Lagers unter der der starren Ausführung. Das liegt aber daran, daß die Welle in dieser Berechnung als starr behandelt wurde. Mit zunehmender Wellenneigung führen die Deformationen zu einem Abbau des Kantentragens und damit zu einer

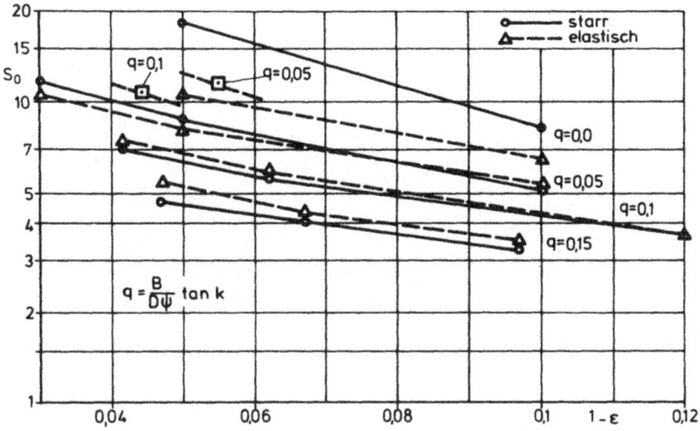

Bild 14: Tragzahl So = f(1-ε)
(——— starr, - - - Variante I, ⊡ Variante II)

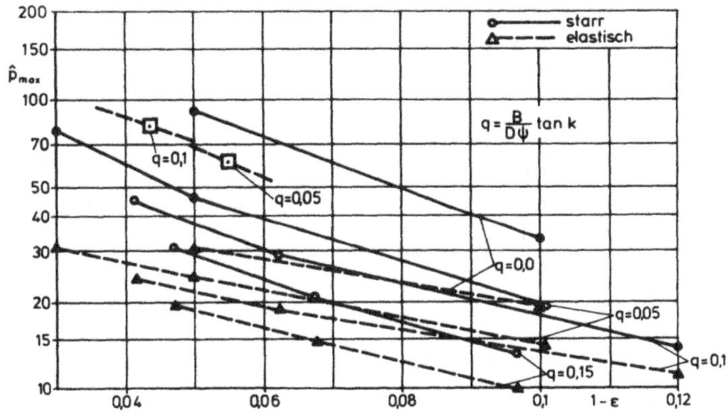

Bild 15: max. Druckwert $\hat{p}_{max} = (p \cdot \psi^2/\eta\,\omega)$
(——— starr, - - - Variante I, ⊡ Variante II)

Anhebung der Tragfähigkeit. Dies zeigen auch deutlich die Berechnungsergebnisse der Variante II (⊡), die wegen ihrer höheren Elastizität an den Lagerrändern gegenüber der Variante I eine größere Tragfähigkeitssteigerung aufweist.

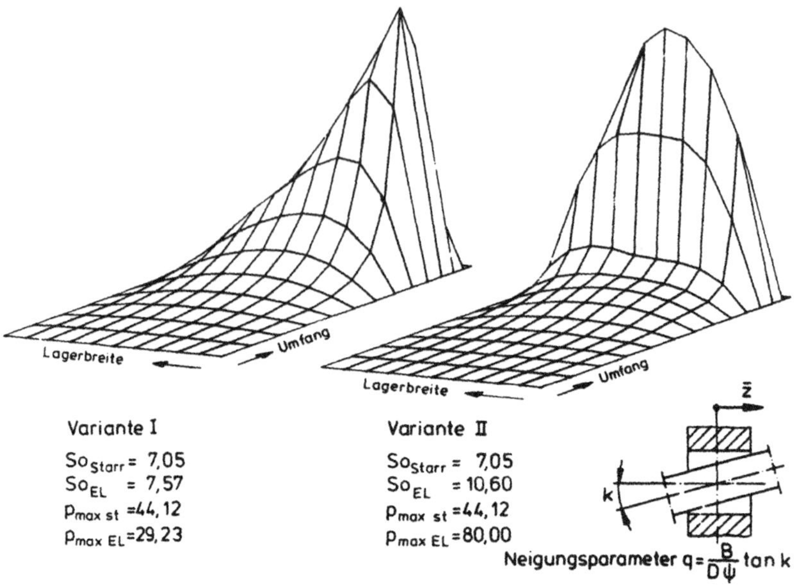

Bild 16: Druckverlauf bei unterschiedlicher Lagersteifigkeit

Besonders deutlich zeigt sich dieser Effekt an den beiden 3-dimensionalen Druckverteilungen der Varianten I und II bei einer Wellenneigung q = 0,1 in Bild 16.

3.2 Experimentelle Untersuchungen zur Gleitlageroptimierung

Zur Absicherung der theoretisch erzielten Ergebnisse über das Verhalten von Gleitlagern unter elastohydrodynamischen Bedingungen wurde ein Gleitlagerprüfstand erstellt, mit dem es möglich ist, die Güte einer Gleitlagergestalt zu prüfen. Ein Gleitlager weist eine um so größere Verschleißsicherheit auf, je später es beim Auslauf einer Maschine in den mit Verschleiß verbundenen Mischreibungsbereich gelangt. Demnach muß die Übergangsdrehzahl einen möglichst geringen Wert aufweisen. Es lag deshalb nahe, die Güte einer Gleitlagerkonstruktion durch Messung der Übergangsdrehzahl zu bestimmen [6]. Dafür eignet sich am besten der Auslaufversuch (Bild 17).

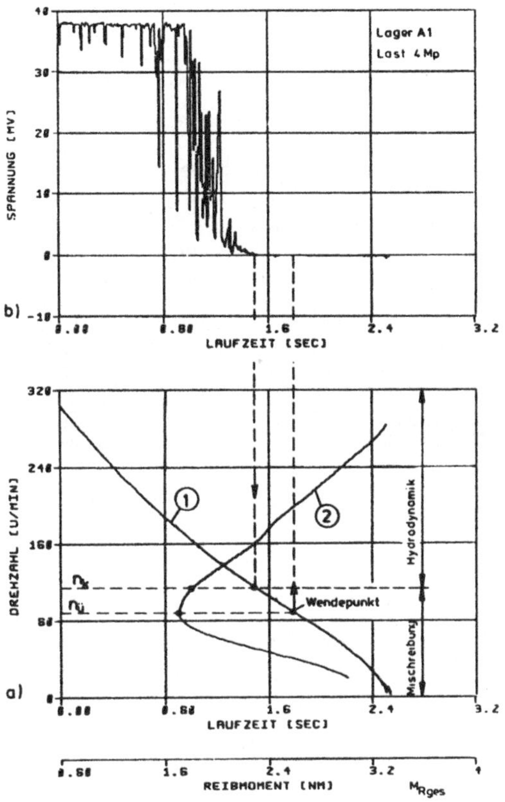

Bild 17:
Bestimmung der Übergangsdrehzahl durch Drehzahlabfall a) und Kontaktspannungsmessung b)

Die Auslaufkurve (Bild 17, Kurve 1) entsteht durch Messung und Auftragung der momentanen Drehzahl über der Laufzeit. Solange hydrodynamische Schmierung vorliegt, ist die Kurve nach oben hohl (konkav). Ist die Kurve konvex gekrümmt, so läuft das Lager unter Verschleiß im Bereich der Mischreibung. Der Wendepunkt trennt die beiden Gebiete voneinander. Diejenige Drehzahl, bei der der Wendepunkt beobachtet wird, ist die Übergangsdrehzahl $n_{ü}$. Wie auch die in Bild 17 b parallel durchgeführten Messungen der Kontaktspannung zwischen Welle und Lager zeigen, sind schon bei der etwas höheren Drehzahl n_K Kontakte und damit Festkörperberührungen vorhanden.

Der entwickelte Prüfstand erlaubt eine kontinuierliche experimentelle Analyse von Gleitlagern unter elasto-hydrodynamischen Bedingungen und gestattet eine rationelle Untersuchung einer Vielzahl von Lagergeometrien (Bild 18).

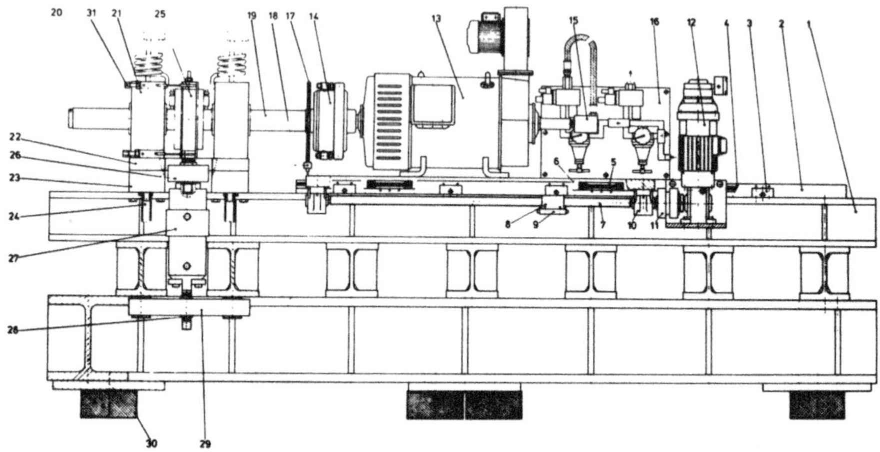

Bild 18: Gleitlagerprüfstand

Er ist auf einem geschweißten, spannungsfrei geglühten Fundament (1) aufgebaut, der auf acht schwingungsdämpfenden Gummipuffern (30) ruht. Die Lagereinheit mit den hydrostatischen Stützlagern (21) und der Lagerplatte (22) ist über die beiden Querträger (23) mit dem Fundament verbunden. Das zu untersuchende hydrodynamische Prüflager (25), wird durch einen Hydraulik-Zugzylinder (27) über eine Zugkraftmeßdose (26) belastet. Die zur Aufnahme von Meßfühlern hohlgebohrte Prüfwelle (19) wird über eine elastische Luftreifenkupplung (14) von einem drehzahlregelbaren Hauptmotor (13) angetrieben. Die Druckluftsteuerung der Schaltkupplung erfolgt über die hohlgebohrte Motorwelle und die Rotordichtung (15) von der Druckluftsteuertafel (16) aus. Hauptmotor und Steuertafel sind auf einem Transportschlitten (6) befestigt, der in Präzisionswälzführungen (4, 5) gelagert ist und über eine Gewinderollspindel (7) von einem Schneckengetriebemotor (12) mit Sicherheitsrutschkupplung (11) längs der Führungsschienen (2) definiert verschoben werden kann. Festpunkt der gesamten Verschieberichtung ist die Mutter (8) der Gewinderollspindel, die mit dem Mutterlagerbock (9) am Fundament befestigt ist; d.h. Spindellagerung (10) und Verschiebemotor sind ebenfalls am Transportschlitten aufgehängt. Da wegen der zu untersuchenden Lagerschalengeometrien die Welle axial ein- und ausgebaut werden muß, ist bei einer entsprechenden Prüfwellenlänge ein gesamter Verschiebeweg von ca. 1000 mm erforderlich.

Die Einzelheiten der Prüflagergruppe sind in Bild 19 dargestellt. Die Forderung an die Stützlager bestand in einer möglichst reibungsarmen Stützfunktion bei rotierender Welle und einer verschleißfreien Lagerung bei den Auslaufversuchen. Die gewählten hydrostatischen Lager (1) wurden derart in Stahlmembranen (2) aufgehängt, daß sich die Lager der jeweiligen Wellendurchbiegung anpassen können und keine Kantenpressungen auftreten.

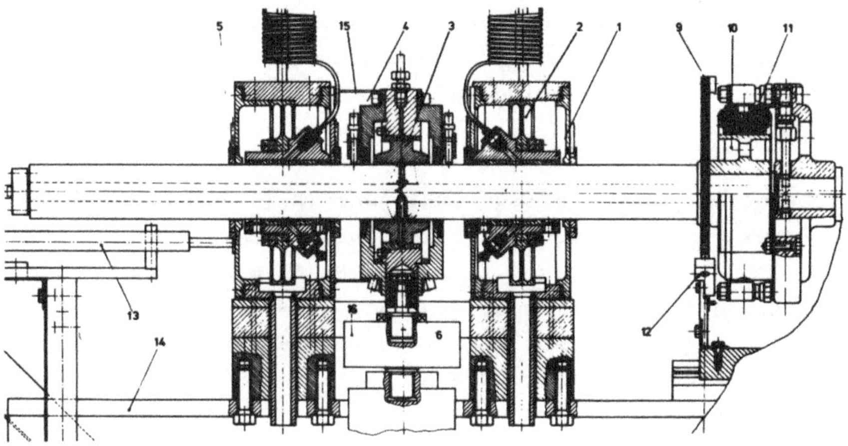

Bild 19: Lagergruppe zum Prüfstand nach Bild 18

Zwischen den Stützlagern ist das hydrodynamische Prüflager (9) angeordnet. Das Lagergehäuse ist durch vier biegeweiche Blattfedern (4) mit einem Stützlager verbunden. Diese vier Blattfedern ermöglichen eine ungehinderte vertikale Absenkung. Die Justierung des Prüflagers zur Welle erfolgt über Differentialschrauben, die die Blattfedern horizontal verschieben.

Da bei axialer Verschiebung der Welle das Eindringen von Fremdkörpern bzw. das Austreten von Schmiermitteln verhindert werden soll, bei Auslaufversuchen (plötzliches Abkuppeln des Motors, um die Welle mit ihrem Schwungmoment in den Übergangsbereich laufen zu lassen) aber eine Fremdreibung durch schleifende Dichtungen nicht erwünscht ist, wurde für alle Lager eine berühungsfreie Dichtungsart (5) ausgewählt, wobei durch einen Spalt von 200 µm Preßluft im gesamten Umfang auf die Welle geblasen wird. Das Prüflager ist vom übrigen Prüfstand durch Kunststoffteile (6) elektrisch isoliert, sodaß eine Kontaktüberwachung durch Spannungsmessung erfolgen kann.

Um den Druck- und Spaltverlauf aus der rotierenden Welle zu übertragen, befindet sich am linken Wellenende ein Schleifringübertrager (7), der auf einem Schlitten (8) montiert den axialen Bewegungen der Welle folgt. Am rechten Wellenende wurde die Zahnscheibe (9) zur Drehzahlmessung und die Reibtrommel (10) für die Luftreifenkupplung (11) montiert. Die Impulsgeber (12) für Drehzahl und Trigger sind auf dem Verschiebeschlitten des Motors angebracht.

Das verwendete hydrodynamische Prüflager (Bild 20) ist ein gebautes Lager, d.h. in einen Stahlring wird eine Bronzeschale von 2 mm Wandstärke eingesetzt. Der große Außendurchmesser des Stahlstützringes gewährleistet eine hohe Steifigkeit als Ausgangspunkt "starres Lager". Mit einer Kegelverbindung wird dieses Lager in einen Grundkörper eingebaut, der durch eine isolierte Zugschraube belastet wird. Die Isolation des Lagerkörpers vom Prüfstand ermöglicht die Kontaktüberwachung zwischen Welle und Schale.

In Bild 21 sind fünf verschiedene Lagergeometrien angegeben, die auf optimale Tragfähigkeit untersucht werden sollen. Ausgehend vom starren Stützring wurde durch Abdrehen die Kontur des Lagerkörpers bis hin zur dünnwandigen Schale verändert.

Einen Schnitt durch die Prüfwellen zeigt Bild 22. In beiden Ausführungen sind Druck- und Abstandsgeber um 180° versetzt eingebaut. Der Unterschied zwischen den beiden Wellen besteht erstens im Druckgeber mit unterschiedlichen Meßbereichen (Welle 1: bis 180 bar, Welle 2:bis 500 bar) aber gleicher Einbaugeometrie,

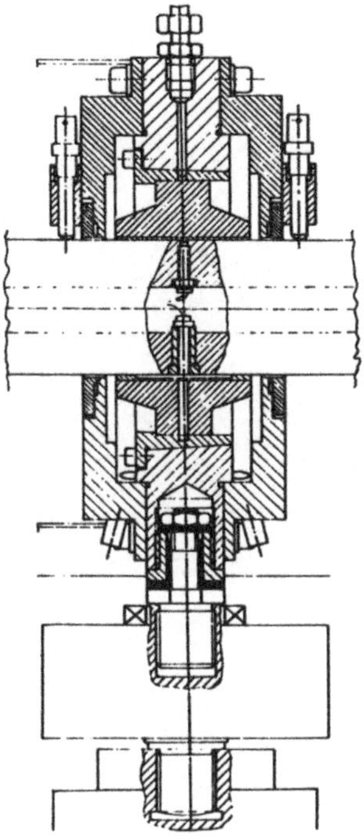

Bild 20:
Prüflager mit
Umbauten

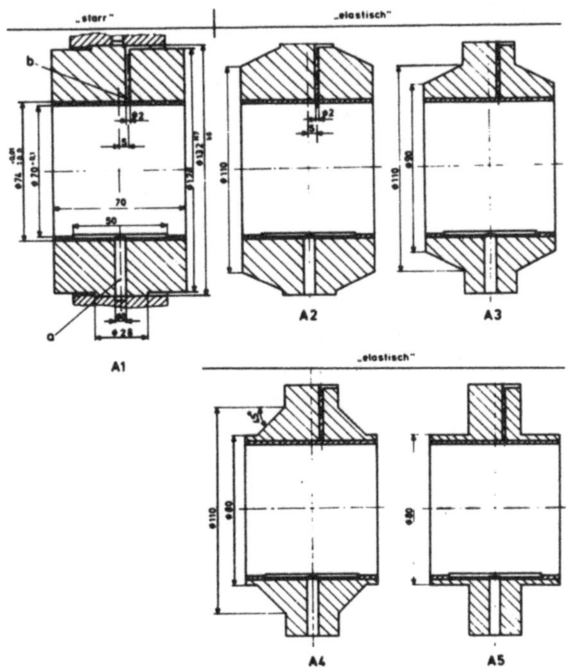

Bild 21:
Lager unter-
schiedlicher
Steifigkeit

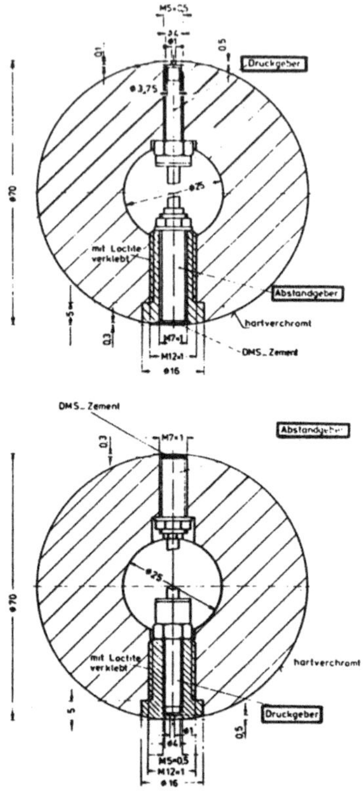

Bild 22: Applikation der Druck- und Abstandsgeber in der Meßwelle

zweitens ist in Welle 1 der Abstandsgeber mit einer Buchse eingesetzt, in Welle 2 dagegen direkt eingeschraubt, weil angenommen wurde, daß beim Einbau des Abstandsgebers mit Übergangsbuchse ein Nachgeben im Gewinde eintritt. Die Ölversorgung des hydrodynamischen Prüflagers und der hydrostatischen Gleitlager sowie die Ölversorgung des Belastungszylinders zur Aufbringung der Prüflast erfolgen zentral von einer Ölversorgungseinheit.

Kurzbeschreibung des Programmsystems zur Meßwerterfassung

Die bei den Auslaufversuchen und den Spalt-/Druck-Messungen anfallende Datenmenge läßt sich nur noch mit einem Rechner sinnvoll erfassen und abspeichern. Hierzu stand ein Kleinrechner vom Typ PDP8/e der Firma "Digital Equipment" zur Verfügung. Das universale Meßdatenerfassungprogramm ist in einem Assembler-Programm abgefaßt. Da der Prüfstand und der Rechner räumlich getrennt stehen, geschieht die Steuerung des Programms interaktiv vom Prüfstand aus mittels eines Fernschreibers. Das Programm ermöglicht die Aufnahme und Abspeicherung von 60 statischen und 4 dynamischen Kanälen, wobei der am Rechner ankommende analoge Meßwert im A/D-Wandler digitalisiert und mit den entsprechenden Eichwerten versehen wird, um dann als dimensionsbehafteter Zahlenwert abgespeichert zu werden. Die dynamischen Kanäle werden in ihrer Tastrate vom Programm gesteuert, die Tastrate selbst ist durch Änderung eines Eichwertes vom Prüfstand aus frei wählbar. Die maximale Anzahl der über dynamische Kanäle abzuspeichernden Werte beträgt aus Kernspeicher-Platzgründen 1600 Meßwerte, bei Ausnutzung der vier vorhandenen Kanäle pro Kanal also 400 Meßpunkte. Dies ermöglicht, wie hier durchgeführt, die Messung von vier Werten pro Winkelgrad bei einer Umdrehung (360 Meßpunkte und 40 Werte Überlauf). Man kann hier von einer quasiparallelen Einlesung der Meßwerte in den Kernspeicher sprechen, weil der Zeitabstand zwischen den Meßkanälen 100 µs beträgt. Das Programm kann ferner bei Bedarf die Meßwerte vor der Abspeicherung zur Kontrolle am Prüfstand ausdrucken bzw. die dynamischen Kanäle als Kurvenverläufe auf einem Speichersichtschirm darstellen. Die abgespeicherten Meßwerte lassen sich zur Auswertung mit Fortran IV-Programmen weiterverarbeiten.

Drehzahlmessung

Um die Stribeck-Kurve eines Lagers zu ermitteln, wird die Prüfwelle bei Nenndrehzahl vom Antriebsmotor durch Abschalten der Luftreifenkupplung abgekuppelt und der Drehzahlabfall der Welle, der sich durch die Lagerreibung ergibt, bis zum Stillstand der Welle gemessen. Die Verzögerung $\ddot{\varphi}$ wird nicht direkt durch einen Beschleunigungsaufnehmer erfaßt, sondern kann mit zwei zur Auswahl stehenden Meßverfahren, der kontinuierlichen Drehzahlmessung und dem Impulszählverfahren, ermittelt werden. Diese beiden Meßverfahren bieten eine gute Auflösung bei kleinen Änderungen des Verzögerungswertes.

Zur Drehzahlmessung stehen zwei unterschiedliche Meßverfahren zur Verfügung. Zur kontinuierlichen Drehzahlmessung wird vor einer Zahnscheibe ein induktiver Impulsaufnehmer angebracht. Über eine nachgeschaltete Elektronik wird die Zahnfrequenz der Zahnscheibe, die mit der Prüfwelle umläuft, in eine drehzahlproportionale Spannung umgewandelt, die über einen A/D-Wandler zur weiteren Auswertung einem angeschlossenen Rechner zugeführt wird.

Bedingt durch die Anzahl von 150 Zähnen und die Grenzfrequenz von f = 15 Hz eines Tiefpaßfilters, liegt die untere Grenze der erfaßbaren Drehzahl bei n = 6 U/min.

Die Messung der Übergangsdrehzahl bei sehr niedrigen Drehzahlen (n < 6 U/min), erfolgt nach dem Prinzip der Impulszählung.

Bei diesem Verfahren werden Impulse, die von der Realtime-Clock des Rechners geliefert werden, für eine Periodendauer der o.g. Zahnscheibe, in ein Zählregister des Rechners eingelesen. Hierbei ist der reziproke Wert des Zählergebnisses ein Maß für die Drehzahl. Bedingt durch die minimale Frequenz der programmierbaren Realtime-Clock und die maximale Registerlänge des Rechners (PDP 8/E), liegt die untere erfaßbare Drehzahlgrenze bei n = 0,1 U/min.

Vergleich der beiden Meßverfahren

Das Verfahren der kontinuierlichen Drehzahlmessung mit der Meßkette:

Zahnscheibe/Geber ⟶ Umwandlung in einen analogen Spannungswert ⟶ Digitalisierung der analogen Werte ⟶ Abspeicherung in Rechner,

hat den Nachteil, daß die Meßgenauigkeit bei kleinen Drehzahlen abnimmt, weil die analoge Meßspannung sich mit der Drehzahl ändert, sodaß der Zahnfrequenzeinfluß bei Drehzahlen unter n = 10 U/min sehr groß wird.

Der Vorteil dieses Meßverfahrens liegt in dem durch das Rechenprogramm vorwählbaren Drehzahlbereich und in der Möglichkeit, während der gesamten Auslaufzeit die momentanen Drehzahlwerte mit dem Rechner abzutasten und zu speichern.

Das zweite Verfahren mit der Meßkette:

Zahnscheibe/Geber ——▷ Zählschaltung/Realtime-Clock ——▷ Speichern digitaler Meßwerte,

hat den Vorteil, daß sich mit abnehmender Drehzahl die Meßgenauigkeit erhöht, da sich die Zahl der eingelesenen Impulse mit der Impulsdauer erhöht. Nachteilig wirkt sich dagegen die begrenzte Speicherkapazität des Datenpuffers aus, der nur 832 Meßwerte zuläßt, entsprechend 832 Zahnimpulsen. Hiermit läßt sich der Drehzahlverlauf über 5,5 Wellenumdrehungen verfolgen.

Das Verfahren ist vorgesehen für die Ermittlung der Übergangsdrehzahl bei sehr niedrigen Drehzahlen. Für die Messung über ein größeres Drehzahlband, die das erste Meßverfahren ermöglicht, sind daher mehrere Auslaufversuche in verschiedenen Drehzahlbereichen erforderlich.

Kontaktmessung zwischen der Prüfwelle und dem Prüflager bzw. Stützlager

Eine Überwachung der Berührung zwischen der Prüfwelle und den Lagerschalen ist mit Hilfe der Kontaktmessung möglich. Die optische Kontrolle auf dem Kathoden-Oszillographen läßt frühzeitig Lagerfresser, Ölverunreinigungen, Ölmangel, Einbau- und Einstellfehler sowie Überbelastung erkennen. Der Verlauf des Kontaktes wird als zweite Bestimmungsgröße für den Übergangsbereich zwischen vollhydrodynamischer Schmierung und Festkörperreibung während der Auslaufversuche durch den Vergleich der beiden Diagramme "Drehzahlkurve" und "Kontaktspannung" herangezogen.

Das Prüflager ist vom übrigen Prüfstand elektrisch isoliert, wobei eine Umschalteinrichtung die Überwachung nur des Prüflagers oder der gesamten Lagergruppe ermöglicht. Die Meßschaltung ist in Bild 23 dargestellt. An einem Trägerfrequenz-Meßver-

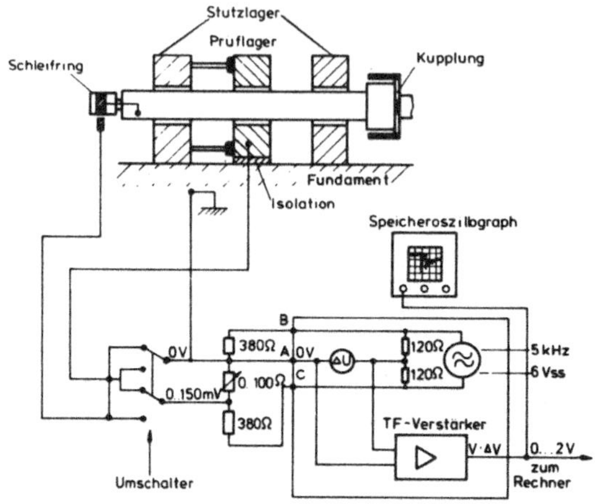

Bild 23:
Schaltplan zur Kontaktspannungsmessung

stärker mit interner Halbbrücke wird extern eine zweite Halbbrücke derart angeschlossen, daß ein regelbarer Widerstand, mit dem die Spannung zwischen den Meßobjekten vorgewählt werden kann, durch das Berühren von Welle und Schale kurzgeschlossen wird und sich dann die gesamte Brückenschaltung im Gleichgewicht befindet. Die Information am Ausgang des Verstärkers ist dann: kein Kontakt (Spannung > 0), bei Kontakt Zusammenbruch der Spannung auf Null (vergl. Bild 17).

Messung von Drehzahl und Kontaktspannung über der Auslaufzeit

In den Bildern 24 und 25 sind Ergebnisse von Auslaufvermessungen als Originalschriebe eines Plotters dargestellt [6, 7]. Die Betriebsdaten der gemessenen Lager sind:

$D = 70$ mm $B/D = 1$; $\psi = 1{,}43$ ‰ $\eta = 26{,}7$ mPas

Das Bild 24a zeigt den Kontaktspannungsverlauf zwischen Welle und Lagerschale, dem ein Spannungsniveau von 40 mV zugrunde liegt. Der Verlauf läßt sich in drei Bereiche einteilen: Bereich 1 (bis ca. 0,9 s Auslaufzeit): die angelegte Spannung von 40 mV bricht teilweise zusammen, es herrscht noch vollhydrodynamische Schmierung.

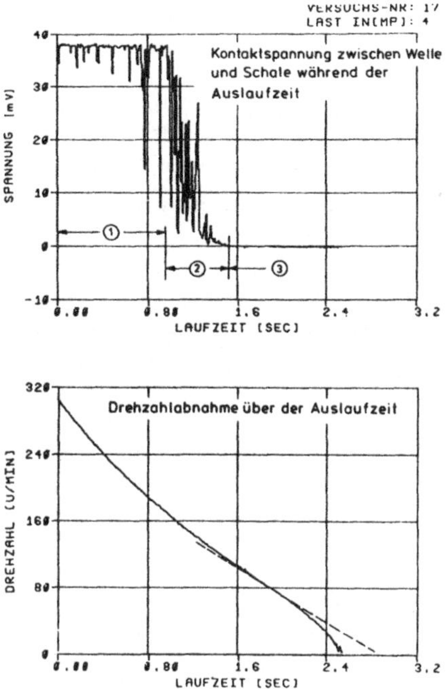

Bild 24:

Bestimmung der Übergangsdrehzahl bei "starrer" Lagerausführung (Variante A1)

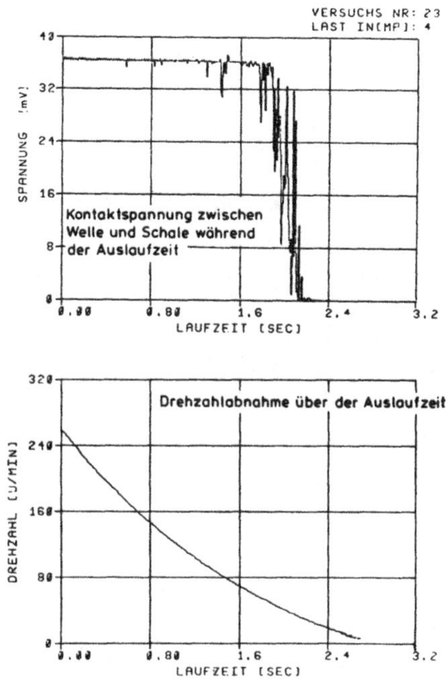

Bild 25:

Bestimmung der Übergangsdrehzahl bei elastischer Lagerausführung (Variante A4)

Bereich 2 (angrenzend bis ca. 1,4 s Auslaufzeit): der maximale Spannungswert von 40 mV wird nicht mehr erreicht, mit fallender Drehzahl wird 0 mV gemessen, das Mischreibungsgebiet beginnt. Bereich 3 (bis zum Stillstand bei ca. 2,4 s Auslaufzeit): vollständiger Abfall der Kontaktspannung auf Null, Mischreibung. Das Drehzahldiagramm Bild 24 b erscheint als ein kontinuierlicher Drehzahlabfall über der Auslaufzeit bis zu einer Drehzahl von ca. 10 U/min, wo ein starker Streubereich sichtbar wird. Die Übergangsdrehzahl ist hier der Punkt der Drehzahlkurve, in dem sich die Tangente mit der geringsten Steigung einzeichnen läßt. Mit der graphischen Bestimmung ist eine Unsicherheit verbunden, deshalb wird die Übergangsdrehzahl mit einem Rechenprogramm bestimmt.

Bild 25 a, b zeigt einen Auslaufversuch, der mit einem elastischen Lager durchgeführt worden ist. Wie aus dem Kontaktspannungsverlauf zu ersehen ist, hält der Bereich der vollhydrodynamischen Schmierung wesentlich länger bis zu einer Auslaufzeit von ca. 1,8 s an, danach fällt der Spannungswert rasch auf Null ab. Der Drehzahlverlauf zeigt keinen wie im Bild 24 b sichtbaren Wendepunkt, die Krümmung ist nahezu konstant.

Ergebnisse der experimentellen Untersuchungen

Wenn direkt etwas über Einfluß und Güte der Lagerform ausgesagt werden soll, muß jeder Auslaufversuch mit einem fabrikneuen Lager bei gleicher Lagertemperatur und Last durchgeführt werden. Werden mit einem Lager mehrmals Auslaufversuche ausgeführt, so zeigen sich durch Einlaufverschleiß Anpaßvorgänge, die die Geometrie des Lagers verbessern und die ein Absinken der Übergangsdrehzahl bewirken [7]. Beispielsweise sind in Bild 26 gemessene Übergangsdrehzahlen $n_ü$ über der spezifischen Belastung p für verschiedene Temperaturbereiche aufgetragen. Die Meßkurven zeigen den Einfluß von Temperatur und Belastung auf die Übergangsdrehzahlen.

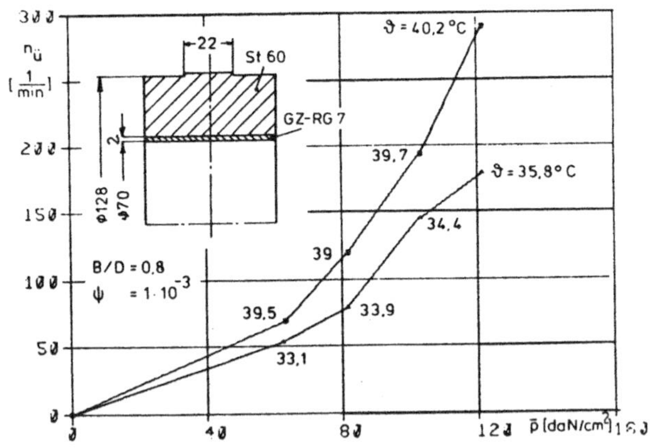

Bild 26: Einfluß der Belastung p und der Lagertemperatur auf die Übergangsdrehzahl $n_ü$

z.B. fällt bei einer Temperaturdifferenz von ca. 5^oC und der spezifischen Belastung $\bar{p}$ = 120 daN/cm^2 für die in Bild 26 gezeigte Lagergeometrie die Übergangsdrehzahl von $n_ü$ = 293 1/min auf den Wert $n_ü$ = 175 1/min ab. Der beobachtete Temperatureinfluß auf die Übergangsdrehzahl wird durch die mit der Temperatur abnehmende Schmierstoffviskosität bewirkt, während der Belastungseinfluß ein Anzeichen für die sich mit der Last nichtlinear verhaltende Verformung ist.

In Bild 21 sind die Gleitlagergeometrien gezeigt, die am Auslaufprüfstand experimentell untersucht wurden. Dabei kann die Bauform A1 als etwa "starres" Lager angesehen werden, während alle anderen Geometrien von A2 bis A5 sich zunehmend elastischer verhalten.

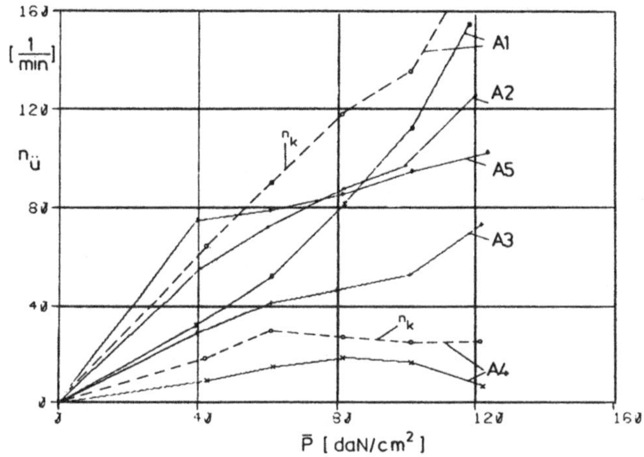

Bild 27: Übergangsdrehzahl $n_ü$ bei unterschiedlicher Lagersteifigkeit und Belastung $\bar{p}$

In Bild 27 sind nun die Ergebnisse der Auslaufversuche mit fabrikneuen Lagern der Formen A1 bis A5 in Form der Übergangsdrehzahlen $n_ü$ und n_K über der spezifischen Lagerbelastung $\bar{p}$ bei einer mittleren Lagertemperatur von ϑ = 40^oC aufgetragen.

Als effektive mittlere Lagertemperatur wird der Mittelwert der Oberflächentemperatur der Lagerschale eingesetzt. Hierfür waren in Lagermitte - 1 mm unter der Schalenoberfläche - 5 Thermoelemente in Umfangsrichtung eingebaut.
Die Geometrie A4 stellt sich aus den Experimenten eindeutig als die Lagergeometrie mit den niedrigsten Übergangs- und Kontaktdrehzahlen heraus. Es zeigt sich auch, daß bei einer optimierten Lagergestalt die Abhängigkeit der Übergangsdrehzahl von der Lagerbelastung offenbar verschwindet, während sich bei der Lagerbauform A5 wegen der zu großen Elastizität die Tragkraftverhältnisse wieder verschlechtern.

In Bild 28 sind zusätzlich auch die aus der Volumenformel nach Vogelpohl [5] bekannten $C_{ü}$-Werte als Funktion der spezifischen Lagerbelastung für verschiedene Lagerformen dargestellt. Beispielsweise erreicht $C_{ü}$ für das Lager A4 bei der Lagerbelastung $\bar{p}$ = 120 daN/cm^2 einen Wert von 132.

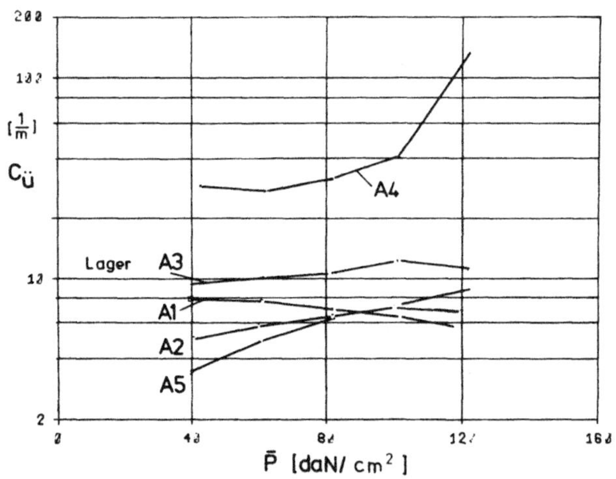

Bild 28:
$C_{ü}$-Wert bei unterschiedlicher Lagersteifigkeit und Belastung $\bar{p}$

Das für die Aufbereitung der Versuchsläufe entwickelte Auswerteprogramm erlaubt es auch, die während eines Auslaufs vorhandenen Reibwerte im Lager zu berechnen und aufzutragen. So zeigt Bild 29 die Reibungszahl f/ψ über der Sommerfeldzahl für die Lagergeometrien A1 und A4. Auch diese Auftragung läßt die

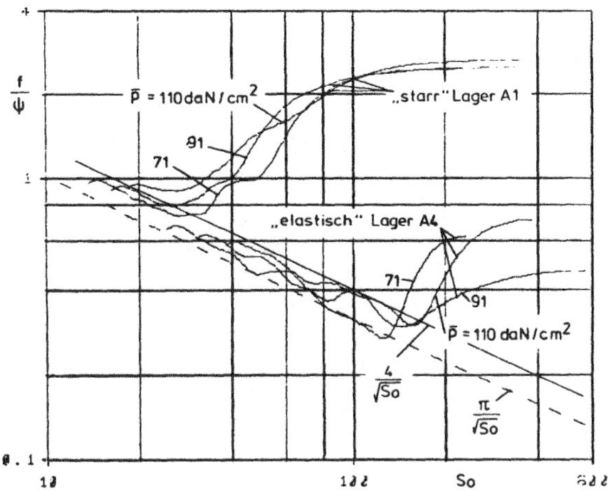

Bild 29:
Reibungszahl f/ψ bei unterschiedlicher Lagersteifigkeit und Belastung

Güte einer Lagerbauform erkennen. Dort, wo im Bereich des Reibungsminimums die Kurven für die Reibungszahlen die durch Beziehungen $f/\psi = 4/\sqrt{So}$ und $f/\psi = \pi/\sqrt{So}$ gegebene "Streifendarstellung" verlassen, beginnt der Übergang in die Mischreibung. Man erkennt, daß die Lagerbauform A4 gegenüber der starren Bauform A1 bei einem Auslauf sehr viel länger im Bereich der Hydrodynamik verbleibt und damit die Mischreibungsgrenze viel später erreicht.

Werden mit einem Lager mehrmals Auslaufversuche ausgeführt, so treten durch Abrieb Anpaßvorgänge zwischen Welle und Lager auf, die man als Einlaufen bezeichnet und die die Spaltgeometrie verbessern. Mit der Auftragung des Reibmomentes über der Drehzahl in Bild 30 mit der Anzahl der Ausläufe Z als Parameter ist dieser Vorgang für das starre Lager A1 gezeigt. Man erkennt die zunehmende Absenkung der Übergangsdrehzahl mit der Zahl der Ausläufe. Beim ersten Auslauf des fabrikneuen Lagers liegt die Übergangsdrehzahl bei $n_ü$ = 70 1/min und erreicht nach 7000 Ausläufen den Wert $n_ü$ = 30 1/min.

Der Einfluß der Lagergestalt auf die Güte eines Gleitlagers ist auch daraus erkennbar, daß die optimierte Bauform A4 bereits beim 1. Auslauf, d.h. im fabrikneuen Zustand eine Übergangsdrehzahl von $n_ü$ = 18 1/min aufweist, während das starre Lager

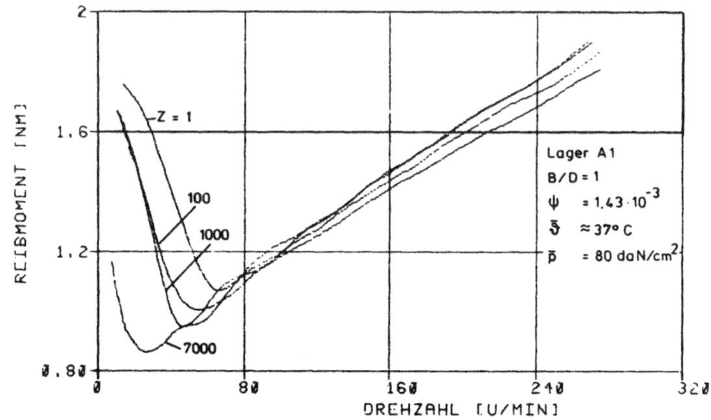

Bild 30: Reibmomentenverlauf mit der Drehzahl als Funktion des Einlaufvorgangs

A1 auch nach dem mit 7000 Ausläufen verbundenen Einlaufvorgang diesen Wert noch nicht erreicht hat.

4.0 Literatur

[1] Peeken, H.: Der Einfluß der Makrogeometrie auf Funktion und Sicherheit von Gleitlagern; Schmiertechnik und Tribologie 4 (1971), S. 64

[2] Knoll, G.: Tragfähigkeit zylindrischer Gleitlager unter elastohydrodynamischen Bedingungen; Diss. TH Aachen 1974

[3] Peeken, H., Knoll, G.: Analyse tribologischer Systeme mit Hilfe der Finite-Elemente-Methode; VDI-Z. 120 (1978) Nr. 24, S. 1157

[4] Knoll, G., Peeken, H., Widyanata, J.: Kostensparende Strukturanalyse nach der Finite-Elemente-Methode mit Hilfe rationeller Modellaufbereitung und Ergebnisauswertung; Konstruktion 31 (1979), S. 116 - 120

[5] Vogelpohl, G.: Bestimmung der Übergangsdrehzahl nach dem Auslaufverfahren; Konstruktion 16 (1964), S. 491

[6] Zargari, P.: Einfluß der Makrogeometrie auf Tragfähigkeit und Betriebssicherheit von Gleitlagern; Diss. TH Aachen 1980

[7] Peeken, H., Zargari, P.: Die Auslaufkurve als Maß für die Güte einer Gleitlagerkonstruktion; Konstruktion 33 (1981), H. 9, S. 341 - 346

Gleitlager-Ermüdung

Teilvorhaben: Erstellung eines Berechnungsverfahrens für die Spannungen

von

Dipl.-Ing. Rupendra Datta

Prof. Dr.-Ing. R. Haller

Institut für Maschinenkonstruktionslehre

Universität Karlsruhe

Förderkennzeichen: 01 ZT 107, 01 ZT 480 A

Laufzeit: 1.1.1978 ... 31.12.1981

Zusammenfassung

Für die Grund- und Pleuellager von Verbrennungsmotoren werden überwiegend ölgeschmierte Mehrschicht-Gleitlager eingesetzt, die instationär belastet sind. In den Lagermetallschichten treten daher zeitlich und örtlich veränderliche Spannungen auf, die beim Überschreiten der entsprechenden Werkstoffkennwerte zu Ermüdungsrissen und in der Folge davon zum Versagen des Lagers führen.

Das Vorhaben war der rechnerischen Ermittlung dieser Spannungen gewidmet. Um die Rechenzeit für das Computer-Programm in noch vertretbaren Grenzen zu halten, mußten hinsichtlich des Rechenmodells gewisse Vereinfachungen getroffen werden. Das Lager mit seiner Umgebung wird als hohler Kreiszylinder betrachtet. Unter der Annahme eines ebenen Spannungszustandes werden die Spannungen und Verschiebungen aus den Gleichungen der Elastizitätstheorie für beliebige, auf der inneren und äußeren Kreisringfläche wirkende Normal- und Schubspannungen bzw. für beliebig vorgegebene Verschiebungen analytisch über Fourieransätze bestimmt. Die Lösung wird mit dem hier entwickelten Verfahren zur Berechnung der Verlagerungsbahn des Zapfenmittelpunktes und der hydrodynamischen Druckverteilung bei instationärer Belastung gekoppelt: ausgehend von der hydrodynamischen Druckverteilung im unverformten Lager wird iterativ die Verformung und die zugehörige Druckverteilung und schließlich der Spannungszustand im homogenen bzw. geschichteten Gleitlager bestimmt. Für einige ausgewählte Beispiele werden die Rechenergebnisse dargestellt. Es zeigt sich, daß die hydrodynamische Druckverteilung durch die Lagerverformung z.T. erheblich beeinflußt wird. Die für die Werkstoffermüdung ausschlaggebende Tangentialspannung wird bei vorgegebenem Lagerlastverlauf wesentlich durch die Randbedingungen bestimmt.

Inhaltsverzeichnis

Zusammenfassung 202

1. Einleitung und Problemstellung 204

2. Rechenmodell, Grundgleichungen, Randbedingungen 205

3. Spannungen und Verformungen bei vorgegebener hydrodynamischer Druckverteilung 210

3.1 Das homogene Gleitlager 211

3.2 Das geschichtete Gleitlager 223

4. Koppelung der Berechnung von Schmierfilmdruck, Spannungen und Verformungen bei instationärer Belastung 227

Schrifttum 237

1. Einleitung und Problemstellung

In Hubkolbenmotoren werden für die Pleuel- und Grundlager der Kurbelwelle vornehmlich ölgeschmierte Mehrschicht-Gleitlager eingesetzt. Diese bestehen im allgemeinen aus einer relativ dünnen Stahlstützschale, auf die mehrere Schichten aus verschiedenen Lagermetallen aufgebracht sind. Beim Betrieb des Motors treten zeitlich veränderliche Kräfte auf, die über den hydrodynamischen Schmierfilm als zeitlich und örtlich veränderliche Drücke auf das Lager übertragen werden und dort zeitlich und örtlich veränderliche Spannungen und Verformungen hervorrufen. Durch die Verformungen wird die Schmierspaltgeometrie und damit die hydrodynamische Druckverteilung gegenüber dem unverformten Zustand verändert. Überschreiten die Spannungen werkstoffspezifische Grenzwerte, entstehen Ermüdungsrisse und Ausbrüche, die zum Versagen des Lagers führen. Zur sicheren Dimensionierung der Lager ist somit die Kenntnis der technologischen Werkstoffdaten einerseits und des Spannungszustandes andererseits erforderlich.

In den letzten Jahrzehnten wurden zahlreiche Untersuchungen an Gleitlagern bezüglich des Verlaufs des Schmierspaltes, der Verlagerungsbahn des Zapfens und des hydrodynamischen Schmierfilmdrucks sowohl theoretisch als auch experimentell durchgeführt, z.B. [1...10], wobei die Verformbarkeit des Lagers unberücksichtigt blieb. Noack [11], Spiegel [12], Ott und Wenig [13], Peeken und Knoll [14, 15] untersuchen die Druckverteilung und damit die Tragfähigkeit von homogenen (d.h. nicht geschichteten), statisch belasteten Radialgleitlagern unter Berücksichtigung der elastischen Lagerverformung und der Wellenverformung [13...15]; entsprechend der Zielsetzung steht hier die Verformung, nicht die Beanspruchung im Vordergrund.

Das Problem der Gleitlagermündung, das insbesondere für die stark instationär belasteten Motorenlager von Bedeutung ist, wurde von Harbordt [16] und Lang [17] erstmals behandelt. Für ein aus mehreren Schichten mit unterschiedlichen Werkstoffkenngrößen aufgebautes Lager berechnen sie die durch den vorgegebenen hydrodynamischen Schmierfilmdruck hervorgerufenen Spannungen in den Lagermetallschichten und stellen Kriterien für die Materialermüdung auf. In [16] und [17] wurde das Lager als hohler Kreiszylinder behandelt, auf dessen Innenseite ein in Achsrichtung konstanter, in Umfangsrichtung veränderlicher hydrodynamischer Druck wirkt. Die Randbedingung am Außenrand wurde in ganz spezieller Weise formuliert (vergl. Bild 6). Das Problem wurde unter der Annahme eines ebenen Spannungszustandes in [16] mit Hilfe der Airyschen Spannungsfunktionen, in [17] mit einer von Biezeno - Grammel [18] angegebenen Lösung, die ebenfalls auf den Airyschen Funktionen aufbaut, behandelt. Der Einfluß der Verformung auf die Spaltgeometrie und damit auf den hydrodynamischen Druck wurde dabei nicht berücksichtigt.

Wie die Rechnungen in [14] und [15] und eigene Rechnungen gezeigt haben, ist diese Vernachlässigung bei dünnwandigen Lagern, wie sie z.B. in den Pleueln von Verbrennungsmotoren zu finden sind, nicht mehr zulässig; unter den dort herrschenden Kräften verformt sich das Pleuelauge beachtlich. Auch für den Außenradius müssen allgemeinere Spannungs- bzw. auch Verschiebungsrandbedingungen formuliert werden.

Die Zielsetzung dieses Vorhabens ist es, ein Berechnungsverfahren zur Bestimmung des Spannungs- und Verformungszustandes im homogenen und mehrschichtigen Lager bei instationärer Belastung und unter Berücksichtigung des Einflusses der Verformung auf die hydrodynamische Druckverteilung zu entwickeln. Wegen des hohen Rechenaufwandes allein zur Bestimmung des hydrodynamischen Druckes bei instationärer Belastung wird ein analytisches Verfahren angestrebt.

2. Rechenmodell, Grundgleichungen und Randbedingungen

Rechenmodell

Das Radialgleitlager kann näherungsweise durch eine dickwandige Zylinderschale (hohler Kreiszylinder) ersetzt werden, die aus einem einheitlichen Material besteht (homogenes Lager), oder in die eine Lagerschale eingepreßt ist, die aus mehreren Schichten verschiedenen Materials aufgebaut ist (geschichtetes Lager). Im letzten Fall wird vorausgesetzt, daß die Pressung zwischen der Lagerschale und dem äußeren Zylinder so hoch ist, daß die Stahlstützschale als Bestandteil der äußeren Zylinderschale aufgefaßt werden kann.

Hydrodynamischer Druck im Schmierspalt

Unter den in der hydrodynamischen Schmierungstheorie üblichen Voraussetzungen erhält man aus den Glgn. von Navier - Stokes und der Kontinuitätsgleichung die zur Berechnung der Schmierfilmkennwerte geeignete Reynoldssche Gleichung

$$\frac{\partial}{\partial\varphi}\left(H^3\cdot\frac{\partial P}{\partial\varphi}\right)+\frac{\partial}{\partial\zeta}\left(H^3\cdot\frac{\partial P}{\partial\zeta}\right)=$$

$$\frac{\partial\bar{H}}{\partial\varphi}-2\varepsilon'\cdot\cos(\varphi-\gamma)+\varepsilon(1-\gamma')\cdot\sin(\varphi-\gamma). \qquad (1)$$

Darin sind (vergl. auch Bild 1) φ, ζ die dimensionslosen Koordi-

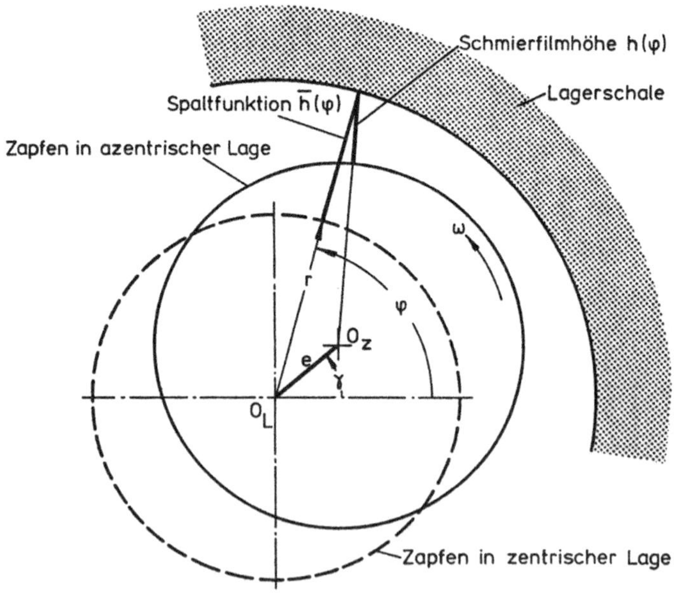

Bild 1 Bezeichnungen am Radialgleitlager

naten in Umfangs- bzw. Achsrichtung, $P = \psi^2 \cdot p/(\eta\omega)$ der dimensionslose Druck ($\psi = \Delta R/R$ = relatives Spiel, p = Druck, η = Viscosität, ω = Winkelgeschwindigkeit des Lagerzapfens, t = Zeit), $\varepsilon = e/\Delta R$ relative Exzentrizität, γ = Verlagerungswinkel, $\varepsilon' = \partial\varepsilon/\partial(\omega t)$, $\gamma' = \partial\gamma/\partial(\omega t)$ die entsprechenden zeitlichen Änderungen.

Die dimensionslose Spalthöhe $H = h/\Delta R$ ist

$$H = \overline{H} - \varepsilon \cdot \cos(\varphi - \gamma) + \overline{u}(\varphi) \ , \qquad (2)$$

wobei $\overline{H}$ die dimensionslose Schmierspaltfunktion, $\overline{u}(\varphi)$ die durch die Verformung des Lagerkörpers hervorgerufene dimensionslose radiale Verschiebung ist. Glg. (1) beschreibt den Schmierfilmdruck $P(\varphi, \zeta, \omega t)$ für den Fall, daß die Spaltweite $H(\varphi, \zeta, \omega t)$ vorgegeben ist.

Spannungs- und Verformungszustand des Lagerkörpers

Der Spannungs- und Verformungszustand des als elastisch und isotrop vorausgesetzten Lagerkörpers wird durch die Grundgleichungen der Elastizitätstheorie: die Gleichgewichtsbedingungen, das Hookesche Gesetz sowie den Beziehungen zwischen den Verzerrungs- und Verschiebungsgrößen beschrieben, die zweckmäßigerweise in Polarkoordinaten angeschrieben werden (vergl. z.B. [18]). Die Bezeichnung der Spannungen und Verschiebungen können Bild 2 entnommen werden.

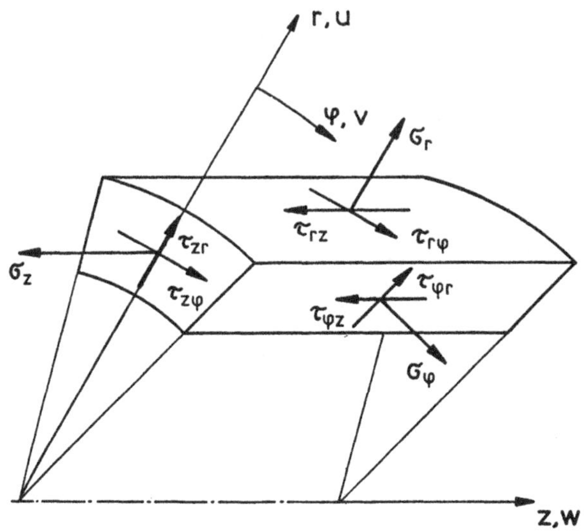

Bild 2 Spannungen σ, τ und Verschiebungen u, v, w am Volumenelement

Die Randbedingungen für die Spannungen und Verschiebungen

Zur eindeutigen Lösung der Grundgleichungen der Elastizitätstheorie sind auf der Oberfläche Randbedingungen vorzuschreiben. Diese müssen physikalisch sinnvoll den äußeren Gegebenheiten angepaßt werden und können als dynamische (Spannungs-), geometrische (Verschiebungs-) oder gemischte (dynamische und geometrische) Randbedingungen formuliert werden. Bei dem vorliegenden Problem kommen nur die dynamischen und gemischten Randbedingungen in Frage.

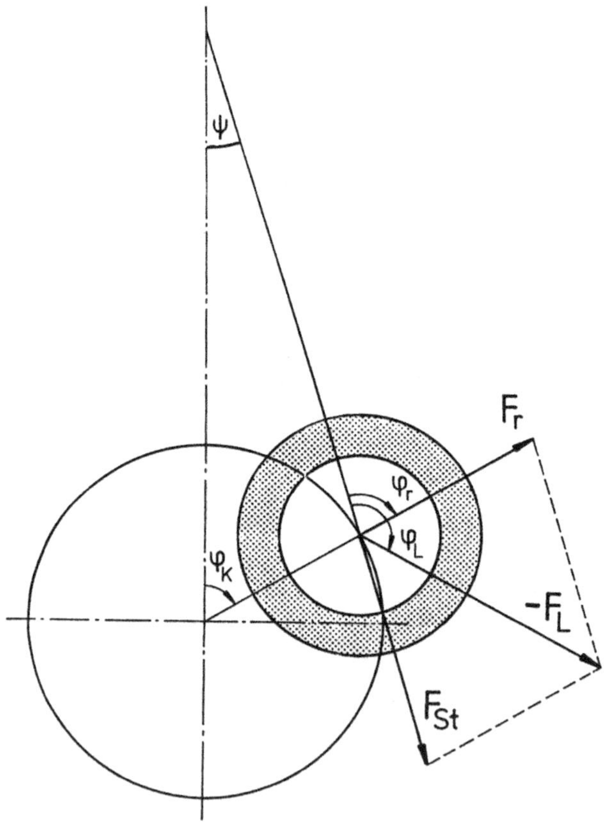

Bild 3 Stangenkraft F_{St}, Fliehkraft F_r und (negative) Lagerkraft $-F_L$ auf ein Pleuelauge (φ_K = Kurbelwinkel, φ_L = Lastwinkel)

Am Innenrand wird stets der hydrodynamische Druck als Oberflächennormalspannung σ_{ri} vorgegeben. Die aus der Flüssigkeitsreibung resultierende Schubspannung $\tau_{r\varphi i}$ wird Null gesetzt, da sie im Vergleich zu σ_{ri} klein ist und damit den Spannungszustand im Lagerkörper nur unwesentlich beeinflußt.

Ist das Lager von einem dickwandigen Träger umgeben, was näherungsweise für die Motorengrundlager zutrifft, kann man den äußeren Lagerrand als fest eingespannt betrachten, d.h. die Verschiebungen Null setzen.

Vielfach lassen sich für den äußeren Rand auch dynamische Bedingungen angeben. Betrachtet man z.B. den zylindrischen Lagerring als Näherung für das Auge eines Pleuels, dann wirken auf ihn die Stangenkraft F_{St} und die Fliehkraft F_r (Bild 3); ihre Resultierende ist $-F_L$, d.h. das Negative der Lagerkraft F_L, die durch den hydrodynamischen Druck erzeugt wird. Die Stangenkraft wird an der Schnittfläche durch Normalspannungen dargestellt (Bild 4).

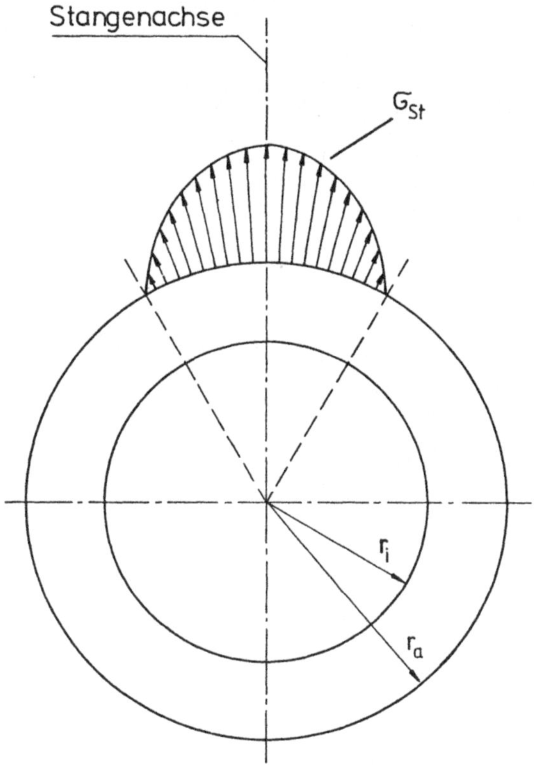

Bild 4 Verteilung der Stangenkraft F_{St} als Oberflächenbelastung σ_{St}

Die Fliehkraft ist eine Volumenkraft. Da ihr Einfluß auf den Spannungszustand nicht allzu groß ist, kann sie in ihrer Wirkung näherungsweise durch Normalspannungen an der äußeren und inneren Zylindermantelfläche ersetzt werden (Bild 5). Die Schubspannung $\tau_{r\varphi}$ am Außenrand kann zu Null gesetzt werden.

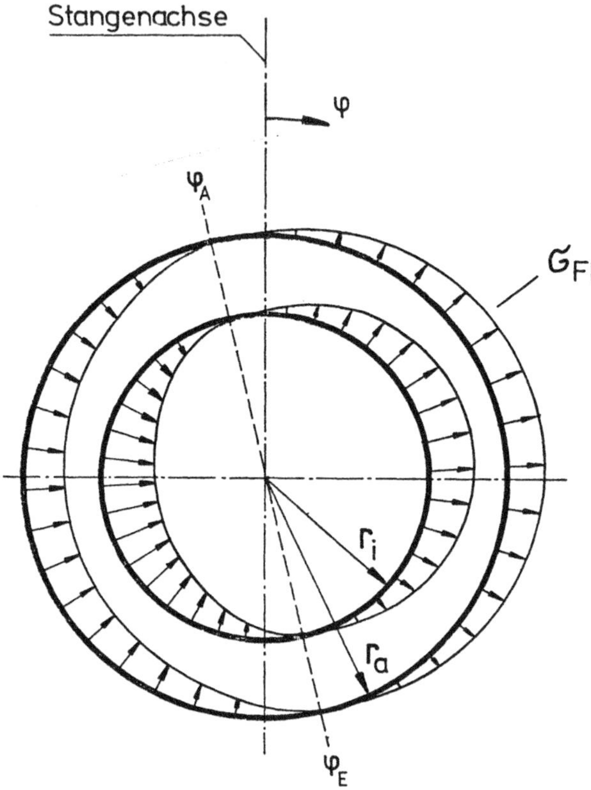

Bild 5 Ersatz der Fliehkraft F_r durch die Oberflächennormalspannung σ_{Fl}

3. Spannungen und Verformungen bei vorgegebener hydrodynamischer Druckverteilung

Der Druckverlauf im unverkanteten Lager ist in Achsrichtung näherungsweise parabolisch mit dem Maximum in der Lagermitte. Dies ist auch die für die Werkstoffermüdung kritische Stelle. Schneidet man in der Lagermitte eine schmale Scheibe frei, kann man das Problem auf ein ebenes reduzieren und die Spannungen und Verformungen berechnen.

3.1 Das homogene Gleitlager

Lösung der Gleichungen

Für die herausgeschnittene Scheibe wird der ebene Spannungszustand vorausgesetzt; damit vereinfachen sich die Grundgleichungen wesentlich. Eliminiert man die Spannungen aus den Gleichgewichtsbedingungen, so erhält man die Navierschen Verschiebungsdifferentialgleichungen:

$$\begin{aligned}
&\frac{m^2\cdot E}{m^2-1}\cdot\frac{\partial}{\partial r}\left[\frac{\partial u}{\partial r}+\frac{1}{m}\cdot\left(\frac{1}{r}\cdot\frac{\partial v}{\partial\varphi}+\frac{u}{r}\right)\right]+\frac{m\cdot E}{2(m+1)}\cdot\frac{1}{r}\cdot\frac{\partial}{\partial\varphi}\left[\frac{1}{r}\cdot\frac{\partial u}{\partial\varphi}+\frac{\partial v}{\partial r}-\frac{v}{r}\right]\\
&\qquad+\frac{m\cdot E}{m+1}\cdot\frac{1}{r}\cdot\left[\frac{\partial u}{\partial r}-\frac{1}{r}\cdot\frac{\partial v}{\partial\varphi}-\frac{u}{r}\right]=0\,,\\
&\frac{m\cdot E}{2(m+1)}\cdot\frac{\partial}{\partial r}\left[\frac{1}{r}\cdot\frac{\partial u}{\partial\varphi}+\frac{\partial v}{\partial r}-\frac{v}{r}\right]+\frac{m^2\cdot E}{m^2-1}\cdot\frac{1}{r}\cdot\frac{\partial}{\partial\varphi}\left[\frac{1}{r}\cdot\frac{\partial v}{\partial\varphi}+\frac{u}{r}+\frac{1}{m}\frac{\partial u}{\partial r}\right]\\
&\qquad+\frac{m\cdot E}{m+1}\cdot\frac{1}{r}\cdot\left[\frac{1}{r}\cdot\frac{\partial u}{\partial\varphi}+\frac{\partial v}{\partial r}-\frac{v}{r}\right]=0
\end{aligned}\tag{3}$$

und für die Radial-σ_r, Tangential-σ_φ und Umfangsschubspannungen $\tau_{r\varphi}$ die Beziehungen

$$\begin{aligned}
\sigma_r &= \frac{m^2\cdot E}{m^2-1}\left[\frac{\partial u}{\partial r}+\frac{1}{m}\cdot\left(\frac{1}{r}\cdot\frac{\partial v}{\partial\varphi}+\frac{u}{r}\right)\right],\\
\sigma_\varphi &= \frac{m^2\cdot E}{m^2-1}\left[\frac{1}{r}\cdot\frac{\partial v}{\partial\varphi}+\frac{u}{r}+\frac{1}{m}\cdot\frac{\partial u}{\partial r}\right],\\
\tau_{r\varphi} &= \frac{m\cdot E}{2(m+1)}\left[\frac{1}{r}\cdot\frac{\partial u}{\partial\varphi}+\frac{\partial v}{\partial r}-\frac{v}{r}\right];
\end{aligned}\tag{4}$$

dabei ist E der Elastizitätsmodul und $m = 1/\nu$ die Querkontraktionsziffer.

Die inneren (Index i) und die äußeren (Index a) Lagerrandbelastungen werden durch Fourier-Polynome dargestellt:

$$\sigma_{ri} = a_{oi}/2 + \sum_{n=1}^{N} [a_{ni} \cdot \cos(n\varphi) + b_{ni} \cdot \sin(n\varphi)] \ ,$$

$$\sigma_{ra} = a_{oa}/2 + \sum_{n=1}^{N} [a_{na} \cdot \cos(n\varphi) + b_{na} \cdot \sin(n\varphi)] \ , \tag{5 a}$$

$$\tau_{r\varphi i} = c_{oi}/2 + \sum_{n=1}^{N} [c_{ni} \cdot \cos(n\varphi) + d_{ni} \cdot \sin(n\varphi)] \ ,$$

$$\tau_{r\varphi a} = c_{oa}/2 + \sum_{n=1}^{N} [c_{na} \cdot \cos(n\varphi) + d_{na} \cdot \sin(n\varphi)] \ . \tag{5 b}$$

Die Schubspannungen $\tau_{r\varphi i}$, $\tau_{r\varphi a}$ sind nach Voraussetzung beim homogenen Lager Null, d.h. auch alle Koeffizienten in den Glgn. (5b)[1]. Die Koeffizienten von σ_{ri} werden aus dem berechneten hydrodynamischen Druckverlauf, die Koeffizeinten von σ_{ra} aus den vorgegebenen äußeren Randbedingungen (z.B. nach Bild 4 und 5), die mit den inneren im Gleichgewicht stehen müssen, durch Fourier-Analyse bestimmt. Statt einer Spannungsverteilung kann am äußeren Rand auch eine Randverschiebung u, v vorgegeben werden.

Zur Lösung der Dgln.(3) wird der folgende Ansatz gemacht:

$$u = U_o + \sum_{n=1}^{N} [U_{an} \cdot \cos(n\varphi) + U_{bn} \cdot \sin(n\varphi)] \ ,$$

$$v = V_o + \sum_{n=1}^{N} [V_{an} \cdot \cos(n\varphi) + V_{bn} \cdot \sin(n\varphi)] \ , \tag{6}$$

wobei die Koeffizienten U, V nur Funktionen von r sein sollen. Setzt man die mit gleichen Winkelfunktionen behafteten Glieder nacheinander in die Glgn. (3) ein und löst die so erhaltenen gekoppelten gewöhnlichen Differentialgleichungen, so erhält man als Gesamtlösung:

---

1) Die Glgn. (5 b) werden beim geschichteten Gleitlager benötigt.

$$u(r,\varphi) = r\cdot C_{01} + \frac{1}{r}\cdot C_{02}$$

$$+ \left[C_{a11} + \frac{1}{r^2}\cdot C_{a12} + r^2\cdot C_{a13} + \ln r\cdot C_{a14}\right]\cos\varphi$$

$$+ \left[C_{b11} + \frac{1}{r^2}\cdot C_{b12} + r^2\cdot C_{b13} + \ln r\cdot C_{b14}\right]\sin\varphi$$

$$+ \sum_{n=2}^{N}\left[r^{n-1}\cdot C_{an1} + r^{-(n+1)}\cdot C_{an2} + r^{n+1}\cdot C_{an3} + r^{-(n-1)}\cdot C_{an4}\right]\cos(n\varphi)$$

$$+ \sum_{n=2}^{N}\left[r^{n-1}\cdot C_{bn1} + r^{-(n+1)}\cdot C_{bn2} + r^{n+1}\cdot C_{bn3} + r^{-(n-1)}\cdot C_{bn4}\right]\sin(n\varphi), \tag{7}$$

$$v(r,\varphi) = r\cdot C_{03}$$

$$+ \left[- C_{a11} + \frac{1}{r^2}\cdot C_{a12} - \frac{3-p}{1-3p}\cdot r^2\cdot C_{a13} - \left(\ln r + \frac{1-p}{1+p}\right)\cdot C_{a14}\right]\sin\varphi$$

$$+ \left[C_{b11} - \frac{1}{r^2}\cdot C_{b12} + \frac{3-p}{1-3p}\cdot r^2\cdot C_{b13} + \left(\ln r + \frac{1-p}{1+p}\right)\cdot C_{b14}\right]\cos\varphi$$

$$+ \left[- r^{n-1}\cdot C_{an1} + r^{-(n+1)}\cdot C_{an2} - K_1\cdot r^{n+1}\cdot C_{an3} + K_2\cdot r^{-(n-1)}\cdot C_{an4}\right]\sin(n\varphi)$$

$$+ \left[r^{n-1}\cdot C_{bn1} - r^{-(n+1)}\cdot C_{bn2} + K_1\cdot r^{n+1}\cdot C_{bn3} - K_2\cdot r^{-(n-1)}\cdot C_{bn4}\right]\cos(n\varphi), \tag{8}$$

wobei $p = \frac{m-1}{2\,m}$,

$$K_1 = \frac{p^2n^2 - 2p\,n^2 + 4p - 2\,p^2n + n^2 + 2n}{p^2n^2 - 4\,p^2 - 2p\,n^2 + n^2},$$

$$K_2 = \frac{p^2n^2 - 2p\,n^2 + 4p + 2\,p^2n + n^2 - 2n}{p^2n^2 - 4\,p^2 - 2p\,n^2 + n^2}$$

Man erkennt, daß u und v stetige und eindeutige Funktionen sind, womit die Kompatibilitätsbedingung erfüllt ist. Sie sind in φ 2π-periodisch; damit ist gewährleistet, daß sie die zusammenhängende Scheibe beschreiben.

Das Glied $r \cdot C_{03}$ stellt die Drehung des Körpers als Ganzes dar und kann Null gesetzt werden. Die Glieder

$$u_1 = C_{a11} \cdot \cos\varphi + C_{b11} \cdot \sin\varphi \; ; \quad v_1 = -C_{a11} \cdot \sin\varphi + C_{b11} \cdot \cos\varphi$$

beschreiben die Verschiebung des Körpers als Ganzes. Sofern nur Spannungsrandbedingungen vorgegeben sind, kann beim homogenen Lager ohne Einschränkung der Allgemeingültigkeit $C_{a11} = C_{b11} = 0$ gesetzt werden. Bei gemischten oder Verschiebungsrandbedingungen kann über C_{a11}, C_{b11} nicht mehr frei verfügt werden.

Mit den Glgn. (7) und (8) ergibt sich aus den Glgn. (4):

$$\begin{aligned}
\sigma_r(r,\varphi) = \frac{m^2 \cdot E}{m^2-1} \Bigg[& \left[\frac{m+1}{m} \cdot C_{01} + \frac{1-m}{m} \cdot \frac{1}{r^2} \cdot C_{02}\right] \\
& + \Bigg[2 \cdot \frac{1-m}{m} \cdot \frac{1}{r^3} \cdot C_{a12} + 2 \cdot r \cdot \left(1 - \frac{1+p}{m(1-3p)}\right) \cdot C_{a13} \\
& + \frac{1}{r} \cdot \left(1 - \frac{1-p}{m(1+p)}\right) \cdot C_{a14}\Bigg] \cos\varphi \\
& + \Bigg[2 \cdot \frac{1-m}{m} \cdot \frac{1}{r^3} \cdot C_{b12} + 2 \cdot r \cdot \left(1 - \frac{1+p}{m(1-3p)}\right) \cdot C_{b13} \\
& + \frac{1}{r} \cdot \left(1 - \frac{1-p}{m(1+p)}\right) \cdot C_{b14}\Bigg] \sin\varphi \\
& + \sum_{n=1}^{N} \Bigg[2p(n-1) \cdot r^{n-2} \cdot C_{an1} - 2p(n+1) \cdot r^{-(n+2)} \cdot C_{an2} \\
& + \left(n+1 + \frac{1-n \cdot K_1}{m}\right) \cdot r^n \cdot C_{an3} + \left(1-n + \frac{1+n \cdot K_2}{m}\right) \cdot r^{-n} \cdot C_{an4}\Bigg] \cos(n\varphi) \\
& + \sum_{n=1}^{N} \Bigg[2p(n-1) \cdot r^{n-2} \cdot C_{bn1} - 2p(n+1) \cdot r^{-(n+2)} \cdot C_{bn2} \\
& + \left(n+1 + \frac{1-n \cdot K_1}{m}\right) \cdot r^n \cdot C_{bn3} + \left(1-n + \frac{1+n \cdot K_2}{m}\right) \cdot r^{-n} \cdot C_{bn4}\Bigg] \sin(n\varphi) \Bigg],
\end{aligned}$$

(9)

$$\sigma_\varphi = \frac{m^2 \cdot E}{m^2-1} \cdot \Bigg[\left[\frac{m+1}{m} \cdot C_{01} + \frac{m-1}{m} \cdot \frac{1}{r^2} \cdot C_{02} \right]$$

$$+ \left[\frac{2(m-1)}{m} \cdot \frac{1}{r^3} \cdot C_{a12} + 6\, \frac{m^2-1}{m^2-3m} \cdot r \cdot C_{a13} - \frac{(m-1)^2}{3m^2-m} \cdot \frac{1}{r} \cdot C_{a14} \right] \cos\varphi$$

$$+ \left[\frac{2(m-1)}{m} \cdot \frac{1}{r^3} \cdot C_{b12} + 6\, \frac{m^2-1}{m^2-3m} \cdot r \cdot C_{b13} - \frac{(m-1)^2}{3m^2-1} \cdot \frac{1}{r} \cdot C_{b14} \right] \sin\varphi$$

$$+ \sum_{n=1}^{N} \Big[-(n-1) \cdot \frac{m-1}{m} \cdot r^{n-2} \cdot C_{an1} + (n+1) \cdot \frac{m-1}{m} \cdot r^{-(n+2)} \cdot C_{an2}$$

$$- \frac{m^2-1}{m} \cdot \frac{(n+1)\cdot(n+2)}{m(n-2)+(n+2)} \cdot r^{n} \cdot C_{an3} + \frac{m^2-1}{m} \cdot \frac{(n-1)\cdot(n-2)}{m(n+2)+(n-2)} \cdot r^{-n} \cdot C_{an4} \Big] \cos(n\varphi)$$

$$+ \sum_{n=1}^{N} \Big[-(n-1) \cdot \frac{m-1}{m} \cdot r^{n-2} \cdot C_{bn1} + (n+1) \cdot \frac{m-1}{m} \cdot r^{-(n+2)} \cdot C_{bn2}$$

$$- \frac{m^2-1}{m} \cdot \frac{(n+1)\cdot(n+2)}{m(n-2)+(n+2)} \cdot r^{n} \cdot C_{bn3} + \frac{m^2-1}{m} \cdot \frac{(n-1)\cdot(n-2)}{m(n+2)+(n-2)} \cdot r^{-n} \cdot C_{bn4} \Big] \sin(n\varphi) \Bigg], \tag{10}$$

$$\tau_{r\varphi} = \frac{m\,E}{2(m+1)} \cdot \Bigg[\left[-4 \cdot \frac{1}{r^3} \cdot C_{a12} - 4 \cdot \frac{1-p}{1-3p} \cdot r \cdot C_{a13} - \frac{2 \cdot p}{1+p} \cdot \frac{1}{r} \cdot C_{a14} \right] \sin\varphi$$

$$+ \left[4 \cdot \frac{1}{r^3} \cdot C_{b12} + 4 \cdot \frac{1-p}{1-3p} \cdot r \cdot C_{b13} + \frac{2 \cdot p}{1+p} \cdot \frac{1}{r} \cdot C_{b14} \right] \cos\varphi$$

$$+ \sum_{n=1}^{N} \Big[-2(n-1) \cdot r^{n-2} \cdot C_{an1} - 2(1+n) \cdot r^{-(n+2)} \cdot C_{an2} - n(1+K_1) \cdot r^{n} \cdot C_{an3}$$

$$- n(1+K_2)\, r^{-n}\, C_{an4} \Big] \sin(n\varphi)$$

$$+ \sum_{n=1}^{N} \Big[2(n-1) \cdot r^{n-2} \cdot C_{bn1} + 2(1+n) \cdot r^{-(n+2)} \cdot C_{bn2}$$

$$+ n(1+K_1) \cdot r^{n} \cdot C_{bn3} + n(1+K_2) \cdot r^{-n} \cdot C_{bn4} \Big] \cos(n\varphi) \Bigg]. \tag{11}$$

Die über die Verschiebungsansätze Glgn. (6) gewonnenen Glgn. (9) und (11) lassen erkennen, daß die Randbedingungen Glgn. (5) erfüllt werden können.

Die Glgn. (7)...(11) entsprechen der in [18] auf andere Weise erhaltenen und etwas anders dargestellten Lösung.

Die Integrationskonstanten C_0, C_a, C_b in den Glgn. (7)...(11) lassen sich durch Vergleich mit den Fourier-Koeffizienten der Randbelastungen bzw. -verschiebungen berechnen. Für die C_{anj}, C_{bnj} (n = 2....N; j = 1....4) stehen jeweils vier lineare Gleichungen zur Verfügung, aus denen sie eindeutig bestimmbar sind. Eine Besonderheit stellen die mit sinφ, cosφ behafteten Glieder C_{a1j}, C_{b1j} (j = 2....4) dar. Für diese jeweils drei Konstanten erhält man bei der Vorgabe der Spannungsrandbedingungen vier Gleichungen. Da diese die Gleichgewichtsbedingungen erfüllen müssen, sind sie linear abhängig. Die jeweils drei Konstanten können daher eindeutig aus drei der vier Gleichungen berechnet werden. D.h. auch, daß von den vier mit sinφ, cosφ behafteten Randspannungsanteilen σ_{ri1}, σ_{ra1}, $\tau_{r\varphi i1}$, $\tau_{r\varphi a1}$ (s. Glgn. (5)) nur drei vorgegeben werden können; der vierte ergibt sich dann eindeutig aus den Konstanten C_{a1j}, C_{b1j} (j = 2....4) bzw. aus der Gleichgewichtsbedingung.

Rechenprogramm und Beispiele

Zur Berechnung der Spannungen und Verschiebungen wurde ein Computerprogramm in FORTRAN[2)] erstellt. Zur Bestimmung der Fourier-Koeffizienten wurde das Verfahren von Runge, zur Lösung der linearen Gleichungssysteme das Eliminationsverfahren nach Gauß-Jordan mit Pivotisierung benutzt.

Beispiel 1

Zur Kontrolle der Gleichungen und des Rechenprogramms wurde eine Vergleichsrechnung mit einem in [16] behandelten, stationär belasteten Lager aus einer hoch kupferhaltigen Bleibronze durchgeführt. Seine Daten sind:

---

2) Alle Rechnungen wurden auf der Rechenanlage UNIVAC 1108 des Rechenzentrums der Universität Karlsruhe durchgeführt.

Lagerinnendurchmesser	D_i	=	100 mm
Lageraußendurchmesser	D_a	=	190 mm
Lagerbreite	B	=	50 mm
Elastizitätsmodul	E	=	80 000 N/mm^2
Querkontraktionsziffer	m	=	3,0
Drehzahl	n	=	2000 min^{-1}
Ölviskosität	η	=	$0{,}3009 \cdot 10^{-7}$ Ns/mm^2
Relatives Lagerspiel	ψ	=	1,28 ‰

Der Rechnung wurde der gleiche, gemessene Schmierfilmdruck wie in [16] (dort Seite 32) und die besonderen Randbedingungen, die auch in [17] benutzt wurden (Bild 6), zugrunde gelegt. Die Ergebnisse für die Spannungen sind in Bild 7 und 8 dargestellt; sie sind identisch mit denen in [16] (dort Seite 32/33).

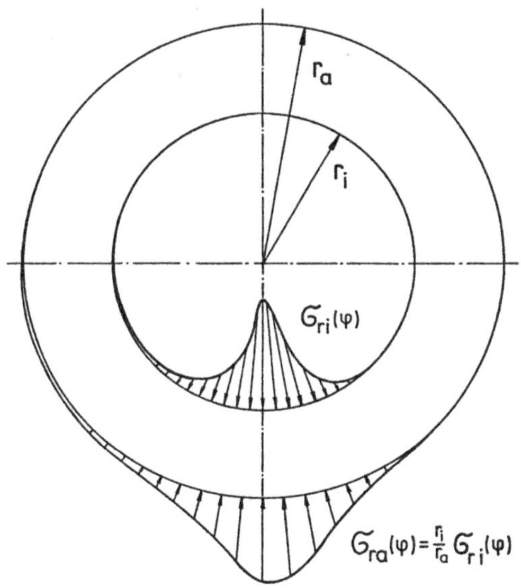

Bild 6 Äußere und innere Randbedingungen nach [16] und [17]

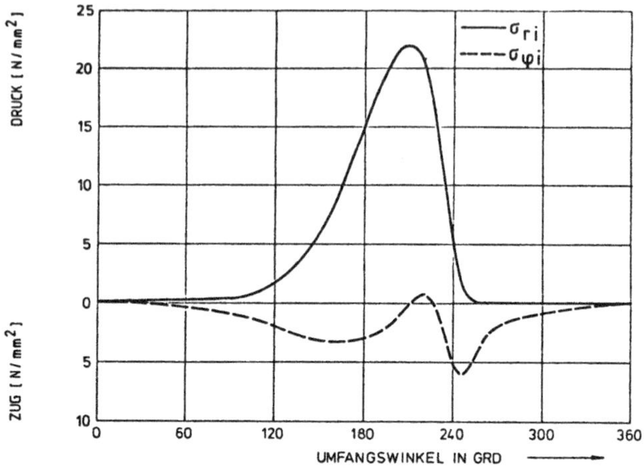

Bild 7 Radialspannung σ_r und Tangentialspannung σ_φ am Innenradius des Lagers nach Beispiel 1

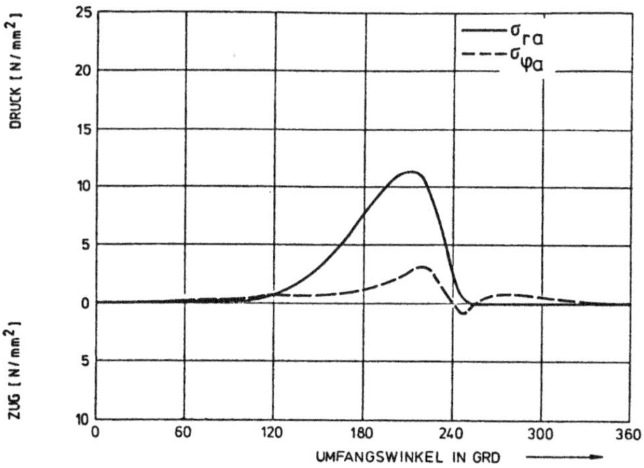

Bild 8 Radialspannung σ_r und Tangentialspannung σ_φ am Außenradius des Lagers nach Beispiel 1

Beispiel 2

Das Auge eines realen Pleuels wird als Kreiszylinderschale angenähert. Die Daten des so gebildeten Lagers sind:

Lagerinnendurchmesser	D_i	=	54 mm
Lageraußendurchmesser	D_a	=	80 mm
Lagerbreite	B	=	28,1 mm
Elastizitätsmodul	E	=	210 000 N/mm^2
Querkontraktionsziffer	m	=	3,33
Drehzahl	n	=	6000 min^{-1}
Ölviskosität	η	=	$0{,}4489 \cdot 10^{-8}$ Ns/mm^2
Relatives Lagerspiel	ψ	=	1,17 ‰

Das Lager wird mit einer zeitlich veränderlichen Kraft nach Bild 9 belastet. Wie in Kapitel 4 erläutert, wird die Verlagerungsbahn des Wellenmittelpunkes und die hydrodynamische Druckverteilung für verschiedene Kurbelwinkelstellungen bei unverformter Lagerbohrung berechnet. Zur Spannungs- und Verformungs-

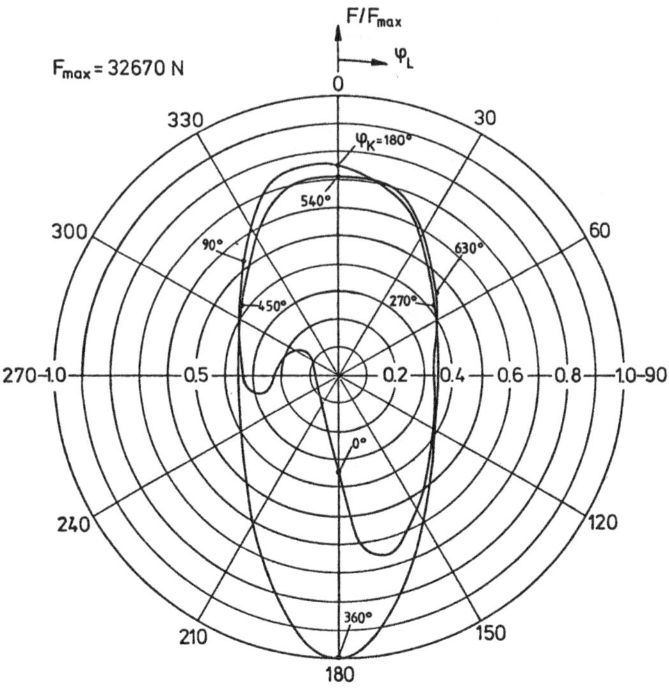

Bild 9 Lastverlauf (φ_K = Kurbelwinkel, φ_L = Lastwinkel, vergl. Bild 3)

rechnung wird die Druckverteilung als innere Randspannung vorgegeben. Am Außenradius wird die Randbedingung A bzw. B eingeführt:

Randbedingung A: Spannungen nach Bild 4 und 5

Randbedingung B: Verschiebung am Außenrand $u_a = v_a = 0$.

In den Bildern 10...14 sind für 2 Lastrichtungen die berechneten Spannungen und Verformungen dargestellt. Man beachte, daß hier keine Korrektur des hydrodynamischen Druckes infolge der Änderung der Bohrungskontur vorgenommen worden ist.

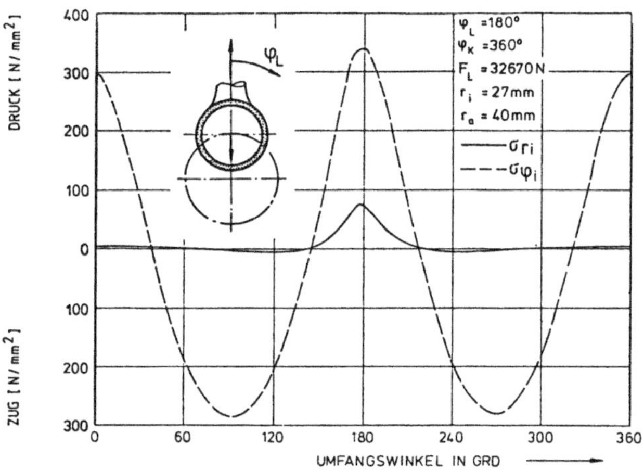

<u>Bild 10</u> Radialspannung σ_r und Tangentialspannung σ_φ am Lagerinnenrand (Beispiel 2, Randbedingung A)

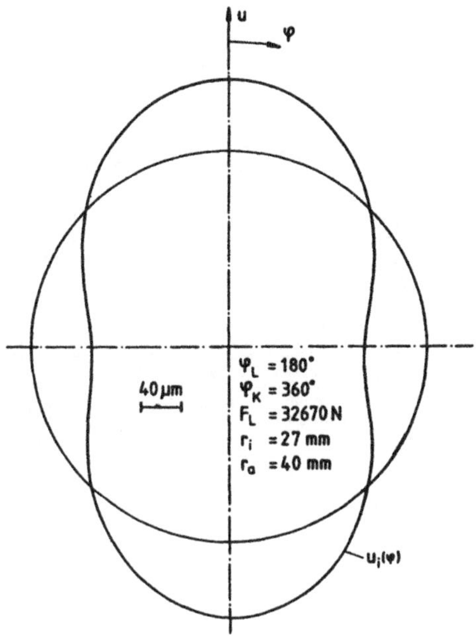

Bild 11 Radialverschiebung u am Lagerinnenrand (Beispiel 2, Randbedingung A)

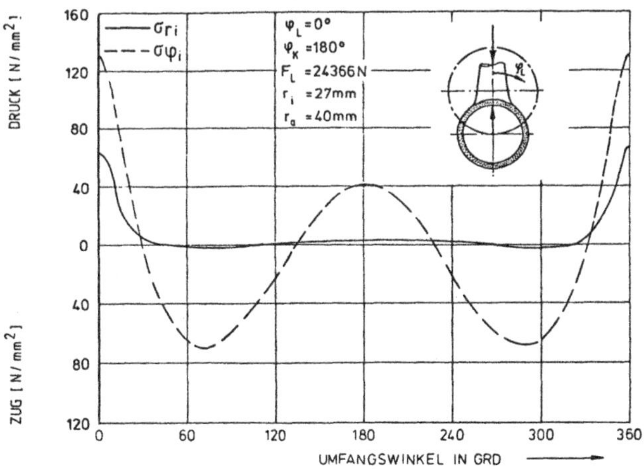

Bild 12 Radialspannung σ_r und Tangentialspannung σ_φ am Lagerinnenrand (Beispiel 2, Randbedingung A)

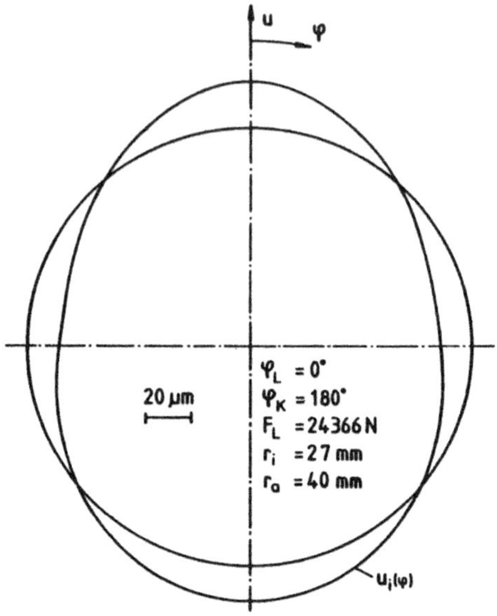

Bild 13 Radialverschiebung u am Lagerinnenrand (Beispiel 2, Randbedingung A)

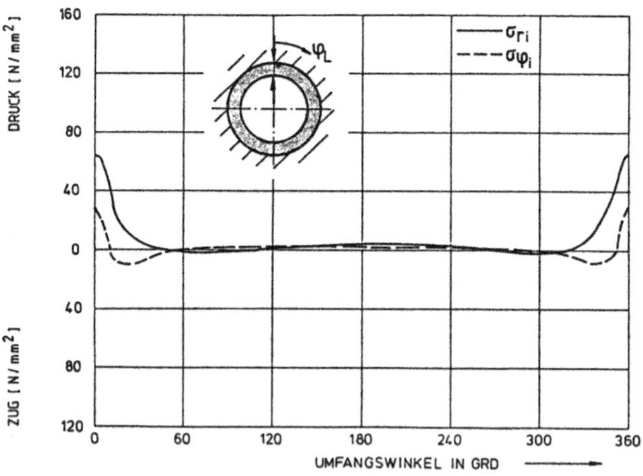

Bild 14 Radialspannung σ_r und Tangentialspannung σ_φ am Lagerinnenrand (Beispiel 2, Randbedingung B)

Man erkennt aus Bild 10 und 12, daß die Tangentialspannung bei der Vorgabe der Spannungsrandbedingungen nach Bild 4 und 5 gegenüber dem Beispiel 1 (mit der speziellen Abstützung am Außenrand) wesentlich größer ist und insbesondere beim Lastwinkel $\varphi_L = 180^0$ (Bild 10) erheblich über der Radialspannung liegt. Bemerkenswert sind auch die relativ großen Verformungen (Bild 11 und 13); beim Lastwinkel $\varphi_L = 180^0$ schnürt sich die Kontur sogar ein. Bei der starren Einspannung (Randbedingung B) ist nach Bild 14 die Tangentialspannung wesentlich kleiner und liegt unterhalb der Radialspannung.

Die tatsächlichen Spannungen und Verformungen weichen von den dargestellten noch etwas ab, da durch die geänderte Kontur sich auch die Druckverteilung am Innenradius ändert usw. (vergl. Kapitel 4). Man sieht aber, daß die Berücksichtigung der Lagerverformung insbesondere bei relativ dünnwandigen Lagerschalen und bei hoher Belastung unerläßlich ist.

3.2 Das geschichtete Gleitlager

Das geschichtete Gleitlager besteht aus zwei oder mehr konzentrischen Schichten (Zylinderschalen) unterschiedlicher Werkstoffe (Bild 15). Der Spannungs- und Verschiebungszustand wird für

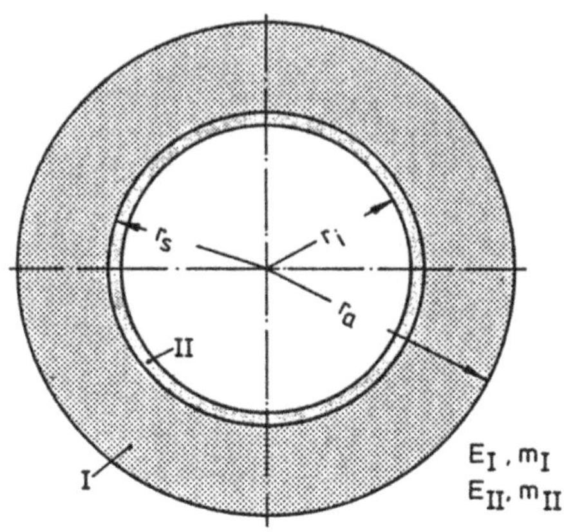

Bild 15 Zweischichtlager

jede Zylinderschale durch die Glgn. (7)...(11) beschrieben, wobei für den Elastizitätsmodul und die Querkontraktionszahl der jeweils zutreffende Wert einzusetzen ist. Damit der Zusammenhang der Schichten gewahrt bleibt, und die Gleichgewichtsbedingungen erfüllt werden, müssen in jeder Trennfuge (z.B. beim Zweischichtlager am Radius r_s) die Verschiebungen u, v, die Normalspannungen σ_r und die Schubspannungen $\tau_{r\varphi}$ der einen Schale gleich denen der Nachbarschale sein (Übergangsbedingungen). Wie beim homogenen Lager können an der äußeren und inneren Berandung Spannungs-, Verschiebungs- oder gemischte Randbedingungen vorgegeben werden. Durch die Rand- und Übergangsbedingungen ergeben sich genügend Gleichungen, um für jede Schicht die Integrationskonstanten C_a, C_b berechnen zu können.

Sofern Spannungsrandbedingungen vorgebeben sind, gilt hinsichtlich der mit $\sin\varphi$ und $\cos\varphi$ behafteten Randspannungsanteile das im Abschnitt 3.1 Gesagte. Ohne Einschränkung der Allgemeingültigkeit können die Ganzkörper-Verschiebungsanteile C_{a11}, C_{b11} nur noch für eine Schale zu Null gesetzt werden. Die entsprechenden Glieder der anderen Schalen sind dann eindeutig bestimmt. Sind Verschiebungs- oder gemischte Randbedingungen gegeben, kann für keine Schicht mehr über die Konstanten C_{a11}, C_{b11} frei verfügt werden.

Rechenprogramm und Beispiel

Unter Berücksichtigung der Übergangsbedingungen wurde das unter 3.1 erwähnte Computer-Programm zur Berechnung des Mehrschichtlagers erweitert und auf das folgende Beispiel angewendet.

Beispiel 3

Die äußeren Abmessungen und die sonstigen Daten sollen die gleichen sein wie im Beispiel 2. Die äußere Schicht (I) sei jedoch aus Stahl, die innere, 1 mm dicke Schicht (II) aus einem Lagermetall auf Bleibasis (Bild 15).

Elastizitätsmodul	E_I	=	210 000 N/mm^2
	E_{II}	=	23 000 N/mm^2
Querkontraktionszahl	m_I	=	3,33
	m_{II}	=	2,3
Schichtradius	r_s	=	28 mm.

Der Spannungsverlauf für zwei verschiedene Lastwinkel φ_L ist in den Bildern 16...19 dargestellt.

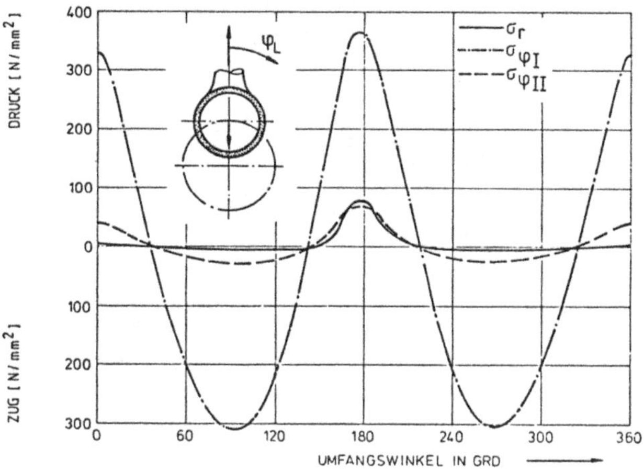

Bild 16 Radialspannung σ_r und Tangentialspannung σ_φ am Schichtradius r_s (Beispiel 3; Randbedingung A von Beispiel 2; Lastwinkel φ_L = 180°, Kurbelwinkel φ_K = 360°, Lagerlast F_L = 32 670 N)

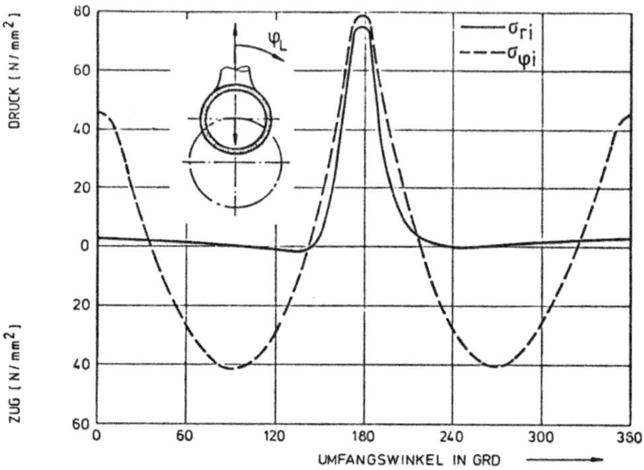

Bild 17 Radialspannung σ_r und Tangentialspannung σ_φ am Innenradius r_i (vergl. Bild 16)

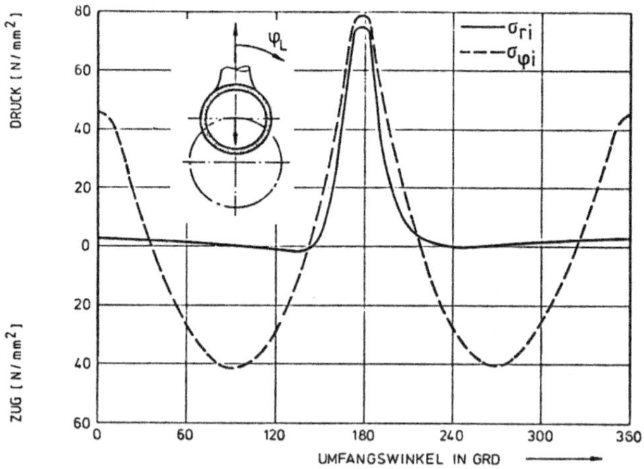

Bild 18 Radialspannung σ_r und Tangentialspannung σ_φ am Schichtradius r_s (Beispiel 3; Randbedingung A von Beispiel 2; Lastwinkel $\varphi_L = 0^o$, Kurbelwinkel $\varphi_K = 180^o$, Lagerlast F_L = 24 370 N)

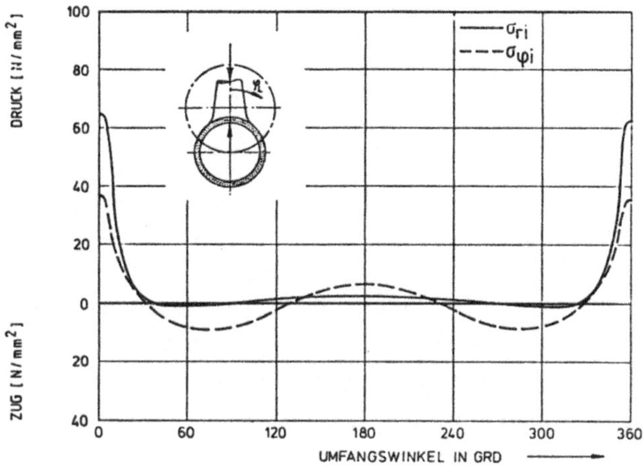

Bild 19 Radialspannung σ_r und Tangentialspannung σ_φ am Innenradius r_i (vergl. Bild 18)

Man erkennt, daß beim Lastwinkel $\varphi_L = 180^0$ die maximalen tangentialen Druckspannungen in der Lagermetallschicht praktisch genauso groß sind wie die Schmierfilmdrücke (Bild 16 und 17), beim Lastwinkel $\varphi_L = 0^0$ immerhin noch mehr als halb so groß (Bild 18 und 19). Zum Teil treten erhebliche tangentiale Zugspannungen auf, die für die Werkstoffermüdung von besonderer Bedeutung sind.

4. Koppelung der Berechnung von Schmierfilmdruck, Spannungen und Verformungen bei instationärer Belastung

Die Berechnung des Schmierfilmdruckes unter Berücksichtigung der Verformung erfordert eine größere Zahl von Iterationen. Zur Lösung der Reynoldsschen Gleichung (1) wurde daher das in [7] angegebene Verfahren benutzt. Es geht von der vereinfachenden Annahme aus, daß die Druckverteilung in Breitenrichtung des Lagers durch einen Parabelansatz beschrieben werden kann. Der hier verwendete Ansatz für die Druckfunktion $p(\varphi, \zeta)$ lautet:

$$p(\varphi,\ \zeta) = p_m(\varphi)\cdot\frac{q+1}{q}\cdot\left[1 - \left(\frac{|\zeta|}{\beta}\right)^q\right] , \qquad (12)$$

$$q = 2 + 0{,}35\cdot\beta \ ; \quad (\beta = B/D) \ . \qquad (13)$$

$p_m(\varphi)$ ist die mittlere Druckfunktion. Mit diesem Ansatz wird aus der partiellen Differentialgleichung (1) eine gewöhnliche, da jetzt die Ableitungen nach ζ explizit ausgeführt werden können. Die Lösung der Reynoldsschen Gleichung liefert die Druckverteilung $p(\varphi,\ \zeta)$, welche die innere Randbelastung des Lagers darstellt und dieses verformt. Im Rahmen dieser Arbeit wird das ebene Problem behandelt; als innere Randbelastung wird daher die mittlere Druckfunktion $p_m(\varphi)$ vorgegeben.

Rechenprogramm und Beispiele

Das Computer-Programm zur numerischen Lösung der Reynoldsschen Gleichung für instationäre Belastung und beliebige Spaltgeometrie wurde in [8] angegeben. Es mußte allerdings noch dem vorliegenden Problem angepaßt werden. So wurden beispielsweise zur Verbesserung der Konvergenz die erste und zweite Ableitung der Spaltfunktion Glg. (2) numerisch mit Hilfe kubischer Splines [19] durchgeführt. Dieses Lagerberechnungsprogramm wurde mit dem in Kapitel 3 erwähnten Programm zur Berechnung der Verschiebungen und Spannungen gekoppelt. Ausgehend von der unverformten Kreiskontur wird zunächst der hydrodynamische Druck berechnet, aufgrund dieses Druckes und der Randbedingungen am Außenrand die Verformung des Lagers, mit der neuen Kontur die dazugehörige Druckverteilung usw. bis zum Erreichen einer vorgegebenen Fehlerschranke. Diese Iteration muß für jeden der durchschnittlich 200 diskreten Punkte der Verlagerungsbahn durchgeführt werden. Die Bestimmung der Verlagerungsbahn selbst erfordert, ausgehend von einem Anfangswert, eine übergeordnete Iteration.

Aus einer größeren Zahl gerechneter Beispiele wurden zwei ausgewählt, die zu teilweise unerwarteten und überraschenden Ergebnissen führten.

Beispiel 4

Es wird das homogene Lager nach Beispiel 2 mit dem Lastverlauf nach Bild 9 und der Randbedingung B (starre Einspannung am Außenrand) der Rechnung zugrunde gelegt. Bild 20 zeigt zunächst die Verlagerungsbahn des Wellenmittelpunktes für den Fall der unverformten, d.h. starren inneren Lagerkontur und die durch die Druck-Verformungs-Iteration ermittelte Bahn. Entsprechend zeigen die folgenden Bilder die Gegenüberstellung der Rechenergebnisse für die Spannungen und die radiale Verschiebung.

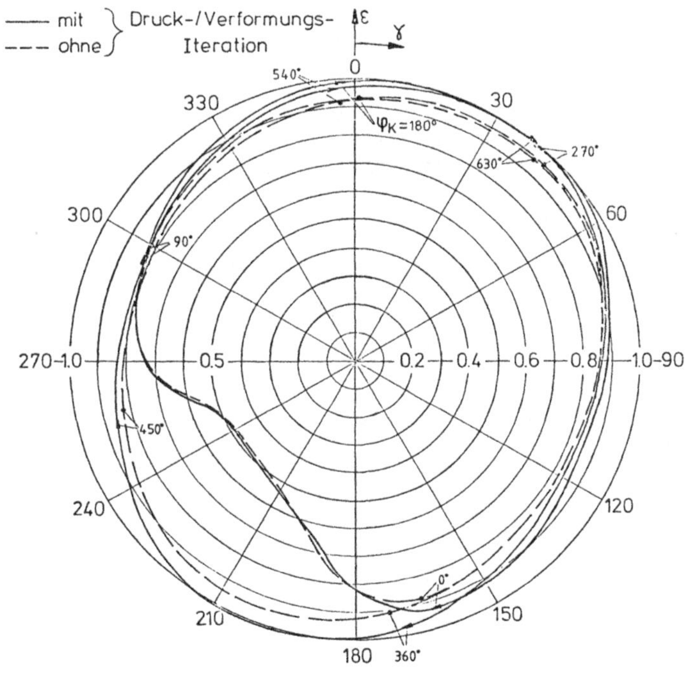

Bild 20 Verlagerungsbahn des Wellenmittelpunktes (ε = relative Exzentrizität, γ = Verlagerungswinkel, φ_K = Kurbelwinkel)

In den Bildern 21...23 sind die Ergebnisse für den Lastwinkel φ_L = 0 und den Kurbelwinkel φ_K = 180^0 dargestellt. Im allgemeinen

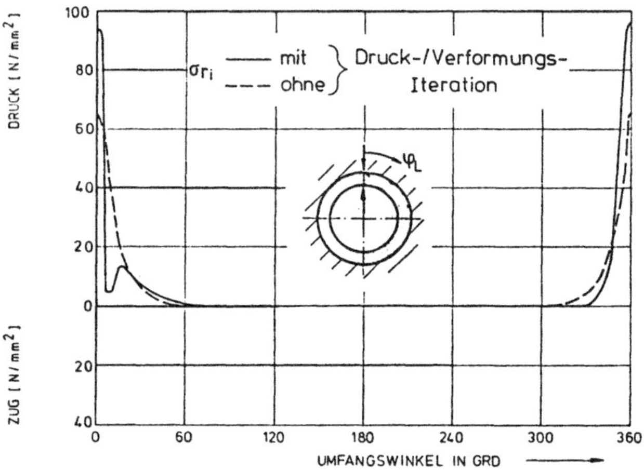

Bild 21 Radialspannung σ_r am Innenradius r_i (Beispiel 4; Randbedingung B von Beispiel 2; Lastwinkel φ_L = 0°; Kurbelwinkel φ_K = 180°, Lagerlast F_L = 24 370 N)

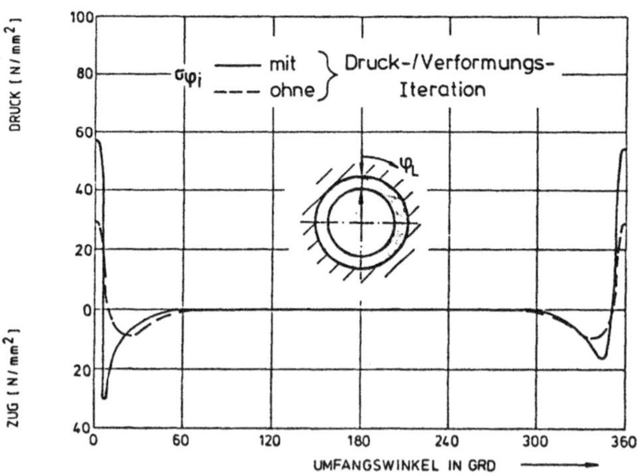

Bild 22 Tangentialspannung σ_φ am Innenradius r_i (Beispiel 4; sonstige Daten s. Bild 21)

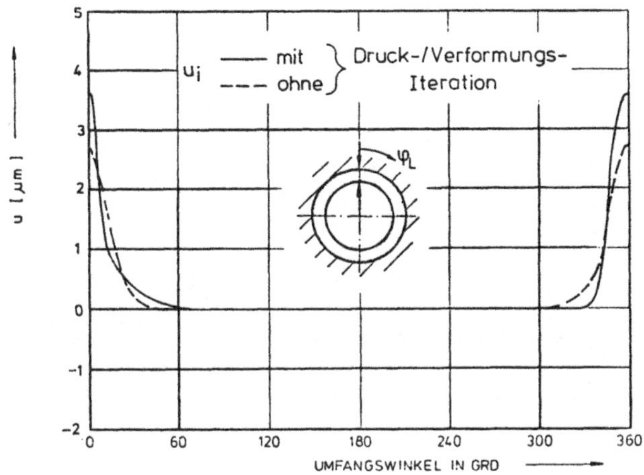

Bild 23 Radialverschiebung u am Innenradius r_i (Beispiel 4; sonstige Daten s. Bild 21)

erwartet man, daß bei Berücksichtigung der Konturverformung der maximale hydrodynamische Druck abnimmt. Es gibt aber auch, wie Bild 21 zeigt, Konstellationen, wo dies nicht zutrifft. Hier wird der Maximaldruck mit der Verformung größer, der Druckberg schmaler und der Druckgradient vor allem im abfallenden, aber auch im ansteigenden Ast, größer. Darüber hinaus bildet sich ein zweiter, kleinerer Druckberg aus. Offensichtlich tritt im divergierenden Spalt nach dem engsten Querschnitt noch einmal eine kleinere Verengung auf. Den höheren Drücken entsprechen auch höhere Tangentialspannungen, Bild 22. Die Zunahme ist insbesondere im Zugspannungsgebiet, auf der Seite der höheren Druckgradienten, beachtlich. Die maximale radiale Verschiebung u wird bei Berücksichtigung der Verformung, ebenso unerwartet, größer, der Bereich der wesentlichen Verformung schmaler, Bild 23.

Beim Lastwinkel $\varphi_L = 180^0$, Kurbelwinkel $\varphi_K = 360^0$ kehren sich die Verhältnisse gerade wieder um, Bild 24...26. Der Druckberg, Bild 24, wird niedriger und breiter, der Druckgradient kleiner; damit verkleidert sich auch die Tangentialspannung, vor allem im Druckspannungsgebiet, Bild 25. Die maximale radiale Verschie-

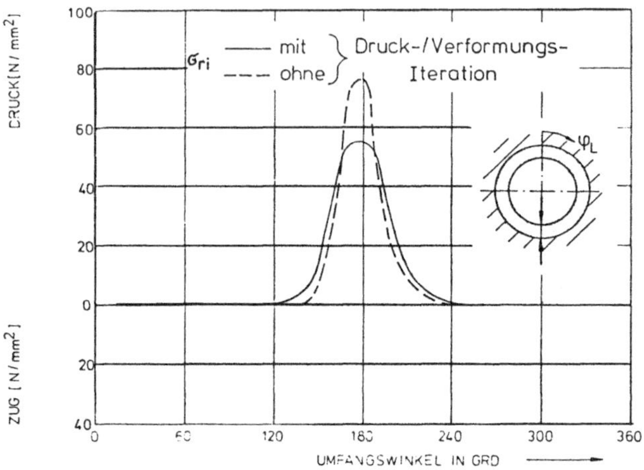

Bild 24 Radialspannung σ_r am Innenradius r_i (Beispiel 4; Randbedingung B von Beispiel 2; Lastwinkel φ_L = 180°, Kurbelwinkel φ_K = 360°, Lagerlast F_L = 32 670 N)

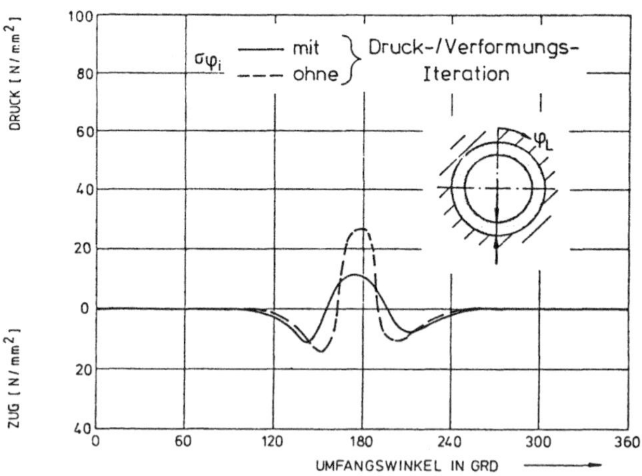

Bild 25 Tangentialspannung σ_φ am Innenradius r_i (Beispiel 4; sonstige Daten s. Bild 24)

bung wird kleiner, Bild 26, der Bereich der merkbaren radialen Verformungen breiter. Durch die Verformung und eine entsprechende Verlagerung des Zapfens wird in diesem Fall die Schmiegung zwischen Zapfen und Lagerkontur verbessert, was zu einer Erniedrigung und Verbreiterung des Druckberges führt.

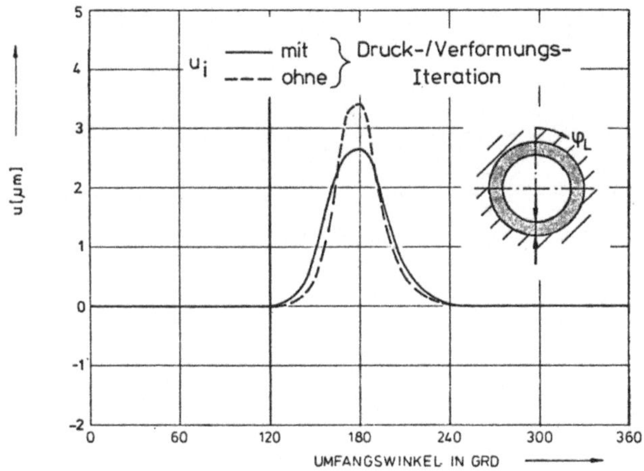

Bild 26 Radialverschiebung u am Innenradius r_i (Beispiel 4; sonstige Daten s. Bild 24)

Beispiel 5

Es wird das geschichtete Lager nach Beispiel 3 und dem Lastverlauf nach Bild 9 behandelt, mit dem Unterschied, daß hier, wie in Beispiel 4, der Außenrand starr eingespannt ist. Mit I wird die äußere Schicht aus Stahl, mit II die innere Schicht aus einem Lagermetall auf Bleibasis bezeichnet (vergl. Bild 15). Die Bilder 27...30 zeigen die Ergebnisse bei Berücksichtigung der Verformung der inneren Kontur für den Lastwinkel $\varphi_L = 0^0$ (Bild 27 und 28) bzw. für den Lastwinkel $\varphi_L = 180^0$ (Bild 29 und 30).

Beim Lastwinkel $\varphi_L = 0^0$ ist die Tangentialspannung im Lagermetall (Schicht II) am Innenradius, Bild 27, und am Schichtradius,

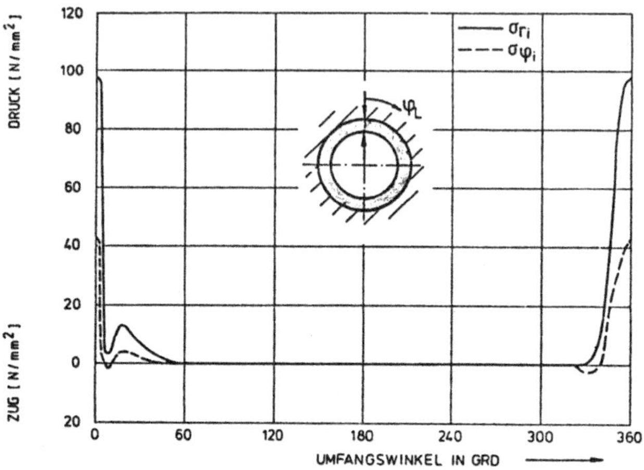

Bild 27 Radialspannung σ_r und Tangentialspannung σ_φ am Innenradius r_i (Beispiel 5; Randbedingung B von Beispiel 2; Lastwinkel φ_L = 0°, Kurbelwinkel φ_K = 180°, Lagerlast F_L = 24 370 N)

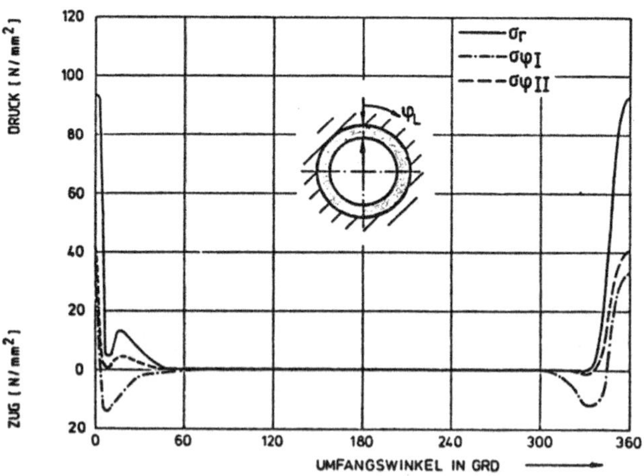

Bild 28 Radialspannung σ_r und Tangentialspannung σ_φ am Schichtradius r_s (Beispiel 5; sonstige Daten s. Bild 27)

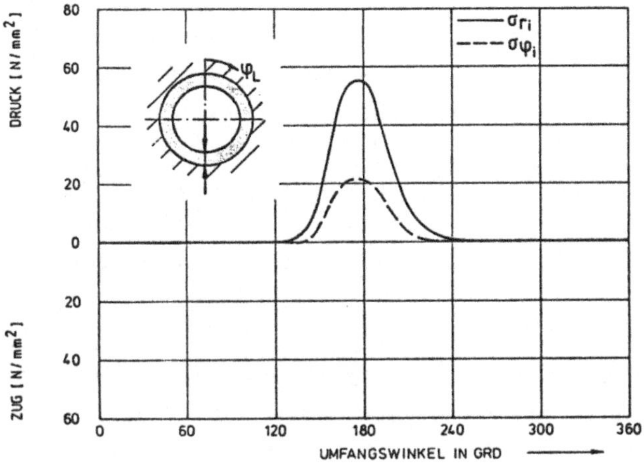

Bild 29 Radialspannung σ_r und Tangentialspannung σ_φ am Innenradius r_i (Beispiel 5; Randbedingung B von Beispiel 2; Lastwinkel φ_L = 180°, Kurbelwinkel φ_K = 360°, Lagerlast F_L = 32 670 N)

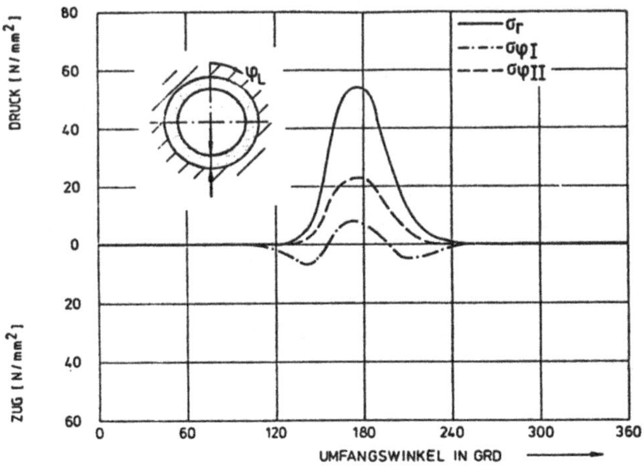

Bild 30 Radialspannung σ_r und Tangentialspannung σ_φ am Schichtradius r_s (Beispiel 5; sonstige Daten s. Bild 29)

Bild 28, im Druckbereich relativ hoch, im gefährlichen Zugbereich jedoch verschwindend klein. Die Tangentialspannung im Stahl (Schicht I) liegt am Schichtradius stets unterhalb der Tangentialspannung im Lagermetall, ganz im Gegensatz zum Beispiel 3, wo die Tangentialspannungen im Stahl sowohl im Druck- als auch im Zugbereich wesentlich größer sind als die im Lagermetall, Bild 16 und 18. Der Vergleich zeigt, in welch erheblichem Maße die Randbedingungen den Spannungszustand beeinflussen. In Beispiel 3 wird - auch beim Lastwinkel $\varphi_L = 0^0$ - der Spannungszustand wesentlich durch die Biegebeanspruchung des Ringes bestimmt.

Entsprechend dem niedrigeren hydrodynamischen Druck beim Lastwinkel $\varphi_L = 180^0$ ist die Tangentialspannung im Lagermetall sowohl am Innen-, Bild 29, als auch am Schichtradius, Bild 30, kleiner als bei $\varphi_L = 0^0$; sie verläuft ganz im Druckspannungsgebiet. Für die Tangentialspannung im Stahl gilt das zuvor Gesagte.

Schlußbemerkung

Zur Berechnung der Spannungen und Verformungen wurde eine in Achsrichtung konstante, mittlere Druckfunktion $p_m(\varphi)$ und ein ebener Spannungszustand vorausgesetzt; nur so konnte die Rechenzeit für das Computer-Programm in gerade noch vertretbaren Grenzen gehalten werden. Wegen der in Achsrichtung parabolischen Druckverteilung nach Glg. (12) wird die Spannung in der Mittelebene größer sein. Schneidet man in dieser Ebene eine schmale Scheibe heraus, setzt für diese einen ebenen Spannungszustand voraus und belastet sie mit dem maximalen Innendruck $p(\varphi, \zeta = 0) = p_m(\varphi)\cdot(q+1)/q$, so erhält man den oberen Grenzwert der auftretenden Tangentialspannung, der bei Vernachlässigung der Fliehkraftspannungen nach Bild 5 um den Faktor $(q+1)/q$ größer als der oben berechnete Wert ist. Unter Berücksichtigung der Ausführungen in [9], nach denen q nicht nur von B/D nach Glg. (13), sondern auch von der relativen Exzentrizität ε abhängt, wird bei großen Werten von ε der Faktor $(q+1)/q \approx 1{,}3$, d.h. die Spannungen in der Mittelebene sind etwa 30 % höher als die mit der mittleren Druckfunktion berechneten.

Schrifttum

[1] Sassenfeld, H. Walter, A. — Gleitlagerberechnung VDI-Forschungsbericht 441, Ausgabe B, Band 20, 1954

[2] Hahn, H.W. — Das zylindrische Gleitlager endlicher Breite unter zeitlich veränderlicher Belastung Diss. Universität Karlsruhe (TH), 1957

[3] Holland, J. — Beitrag zur Erfassung der Schmierverhältnisse in Verbrennungs-Kraftmaschinen VDI-Forsch.-Heft 475, 1959

[4] Eberhardt, A. Lang, O.R. — Zur Berechnung der Gleitlager in Verbrennungsmotoren mittels elektronischem Digitalrechner MTZ 7/1961 (S.276/281)

[5] Radermacher, K. — Das instationär belastete, zylindrische Gleitlager - Experimentelle Untersuchung - Diss. Universität Karlsruhe (TH), 1962

[6] Someya, T. — Das dynamisch belastete Radial-Gleitlager beliebigen Querschnitts Ing.-Arch. 34, 1965, Nr. 1 (S.7/16)

[7] Schaffrath, G. — Das Gleitlager mit beliebiger Schmierspaltform. Verlagerung des Wellenzapfens bei zeitlich veränderlicher Belastung Diss. Universität Karlsruhe (TH), 1967

[8] Harbordt, J. Klumpp, R. Computer-Programm zur Berechnung der Verlagerungsbahn, der örtlichen Drücke und des tatsächlichen Schmierspaltes in Gleitlagern mit beliebiger Geometrie unter statischer und dynamischer Last
Forschungsheft Nr. 137 der Forschungsvereinigung Verbrennungskraftmaschinen e.V., 1972

[9] Butenschön, H.J. Das hydrodynamische, zylindrische Gleitlager endlicher Breite unter instationärer Belastung
Diss. Universität Karlsruhe (TH), 1976

[10] Heisel, U. Messungen am instationär belasteten Radialgleitlager
Ein Beitrag zum Problem der Schmierspaltfüllung
Diss. Universität Karlsruhe (TH), 1977

[11] Noack, G. Laufspiegel und elastische Verformungen in Radialgleitlagern
VDI-Z. 1972, Nr. 17 (S.1295-1302)

[12] Spiegel, K. Über den Einfluß elastischer Deformationen auf die Tragfähigkeit von Radialgleitlagern
Schmiertechnik + Tribologie, 20. Jahrgang, Nr. 1, 1973 (S.3-9)

[13] Ott, H. Wenig, E. Die Übergangsdrehzahl von zylindrischen Radialgleitlagern
Konstruktion 28, 1976 (S.301-306)

[14] Peeken, H.; Knoll, G. — Zylindrische Gleitlager unter elastohydrodynamischen Bedingungen
Konstruktion 27, 1975 (S.176-181)

[15] Knoll, G.; Peeken, H. — Analyse tribologischer Systeme mit Hilfe der Finite-Elemente-Methode
VDI-Z. 120, 1978, Nr. 14 (S.1157-1162)

[16] Harbordt, J. — Beitrag zur theoretischen Ermittlung der Spannungen in den Schalen von Gleitlagern
Diss. Universität Karlsruhe (TU), 1975

[17] Lang, O.R. — Gleitlager-Ermüdung unter dynamischer Last
VDI-Berichte Nr. 248, 1975

[18] Biezeno, C.B.; Grammel, R. — Technische Dynamik, I. Band
Springer Verlag, 1953

[19] Jordan-Engeln, G.; Reutter, F. — Numerische Mathematik für Ingenieure
Hochschultaschenbücher Band 104
B.I.-Wissenschaftsverlag, 1978

Das Verformungsverhalten der Gleitlagerlegierung SnSb 8 Cu 4 Cd unter Zug- und Druck-Beanspruchung sowie mittelspannungsfreier Schwingbeanspruchung im Temperaturbereich 20 $^{o}C \leq T \leq 150$ ^{o}C

von

Dipl.-Ing. R. Löhr
o.Prof. Dr. rer. nat. E. Macherauch
Priv.-Doz. Dr.-Ing. habil. P. Mayr

Institut für Werkstoffkunde I
Universität (TH) Karlsruhe

Förderkennzeichen: 01 ZT 117-ZA/NT/NTS 1009
Laufzeit: 1.1. 1978 - 31.12. 1980

Gliederung

1. Einleitung	243
2. Untersuchungsmaterial	243
3. Versuchseinrichtung und Versuchsdurchführung	245
3.1 Quasistatische Verformungsexperimente	245
3.2 Wechselverformungsexperimente	246
4. Versuchsergebnisse	248
4.1 Quasistatische Zug- und Druckversuche	248
4.2 Zug-Druck-Wechselversuche	250
4.2.1 Wechselverformungskurven	250
4.2.2 Mitteldehnungskurven	255
4.2.3 Wöhlerkurven	259
5. Diskussion	261
5.1 Einsinniges Verformungsverhalten	261
5.2 Wechselsinniges Verformungsverhalten	262
6. Zusammenfassung	268
7. Literatur	269

1. Einleitung

Verbesserte Kenntnisse der hydrodynamischen Vorgänge im Schmierspalt von Gleitlagern und die daraus abgeleiteten konstruktiven Verbesserungen erlauben heute in vielen Fällen einen weitgehend schadensfreien Betrieb dieses wichtigen Maschinenelements [1]. Andererseits führte der Trend zum Bau von kompakteren und leistungsfähigeren Maschinen und die damit verbundene Reduzierung der Größe der Gleitlager als Folge der stark erhöhten spezifischen dynamischen Belastungen auch bei intakter Schmierung in zunehmendem Maße zu ermüdungsbedingten Ausfällen des Gleitlagerwerkstoffs [2,3]. Während des Betriebs eines Gleitlagers wird der Laufschichtwerkstoff in der Lagermitte inhomogen mehrachsig schwingend beansprucht [4 bis 6]. Die dabei auftretenden tangentialen Zugspannungen bewirken Oberflächenanrisse [5,6], die sich zunächst durch die Lagermetallschicht in die Tiefe ausbreiten, dann in der Verbindungsschicht Lagermetall-Stützkörper weiterwachsen und schließlich zu räumlichen Ausbrüchen führen [2,3]. Für die objektive Bewertung dieser Gleitlagerschäden sind hinreichende Grundlagenkenntnisse über das Wechselverformungsverhalten der Lagermetallwerkstoffe unter den wirksamen Beanspruchungsbedingungen erforderlich. Entsprechende Untersuchungsergebnisse fehlen. Erst in den letzten Jahren wurden einige bruchlastspielzahlorientierte Ermüdungsuntersuchungen an Gleitlagerwerkstoffen durchgeführt [7-10], um wenigstens die dynamische Belastbarkeit der aus ihnen gefertigten Gleitlager besser beurteilen zu können. Um die bei Gleitlagerwerkstoffen zum Ermüdungsbruch führenden Vorgänge verstehen zu können, sind aber neben bruchlastspielzahlorientierten Schwingversuchen vor allem Experimente erforderlich, die bei den vorliegenden komplexen Gefügezuständen einen Einblick in die zum Versagen führenden strukturmechanischen Prozesse ermöglichen. Über Untersuchungen mit dieser Zielsetzung wird nachfolgend für einen Gleitlagerwerkstoff auf Zinnbasis berichtet.

2. Untersuchungsmaterial

Die Untersuchungen erfolgten an der Legierung SnSb 8 Cu 4 Cd mit der Zusammensetzung 87.5 % Sn, 7.53 % Sb, 3.54 % Cu, 0.93 % Cd, 0.27 % As, 0.19 % Ni, $<$ 0.06 % Pb sowie $<$ 0.01 % Fe,Zn,Ag,Al und Bi (alle Angaben in Masse-%). Der mit der Bezeichnung Tegotenax S von der Firma Goldschmidt AG., Essen, in dankenswerter Weise zur Verfügung gestellte Werkstoff wurde aus einer Schmelzcharge zunächst in Kokillen mit 30 mm Durchmesser und 480 mm Länge abgegossen. Danach wurden die Gußstücke auf 25 mm Durchmesser abgedreht und aus den erhaltenen Zylinderstäben je 3 Abschnitte mit 120 mm Länge abgestochen.

Bild 1 zeigt den räumlichen Gefügeaufbau der untersuchten Legierung. Die Matrix

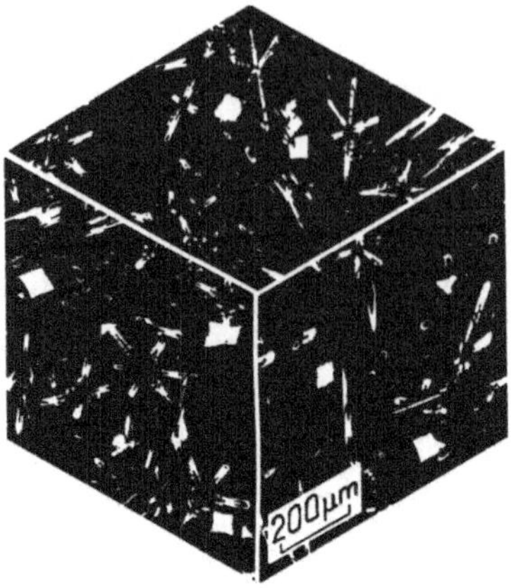

Bild 1
Gefügeausbildung bei dem Untersuchungsmaterial (Ätzung: 2%ige alkoholische Salpetersäure)

des Gefüges besteht aus weichen zinnreichen Mischkristallen (schwarz in Bild 1) mit Antimon, Kupfer und Cadmium als Substitutionselementen. In die Matrix sind harte, kubische SbSn-Kristalle (weiße, parallelogrammähnlich begrenzte Teilchen in Bild 1) eingebettet, in denen auch Arsen nachweisbar ist. Die nadelförmigen weißen Teilchen sind harte Kupfer(Nickel)-Stannide vom Typ $Cu(Ni)_6Sn_5$ mit stark inhomogener Nickelverteilung. Nach Mikrosondenanalysen nimmt der Nikkelgehalt von der Mitte der Kristalle zu den spitzen Enden hin ab. Die bei Abkühlen aus der Legierungsschmelze zuerst kristallisierenden Kupfer(Nickel)-Stannide bilden eine filzartige Struktur, in der sich die Mischkristallmatrix verankert. Das verhindert eine Schwerkraftseigerung der SbSn-Kristalle und bewirkt zugleich eine Erhöhung der mechanischen Festigkeit.

Als Vickershärten wurden für die Matrix 33 HV 0.01, für die SbSn-Kristalle 135 HV 0.01 und für die $Cu(Ni)_6Sn_5$-Kristalle 305 HV 0.01 gemessen. Die mittlere Brinellhärte der ganzen Legierung betrug bei Raumtemperatur 28.5 HB 10 (Belastungsgrad 1.2, Belastungszeit 180 s).

Aus den verfügbaren Stangen wurden die aus Bild 2 ersichtlichen Proben gefertigt. Probe 1 fand bei den quasistatischen Zugversuchen, den Ermüdungsversuchen und den Kriechversuchen Anwendung. Mit Proben der Form 2 wurden quasistatische Druckversuche durchgeführt.

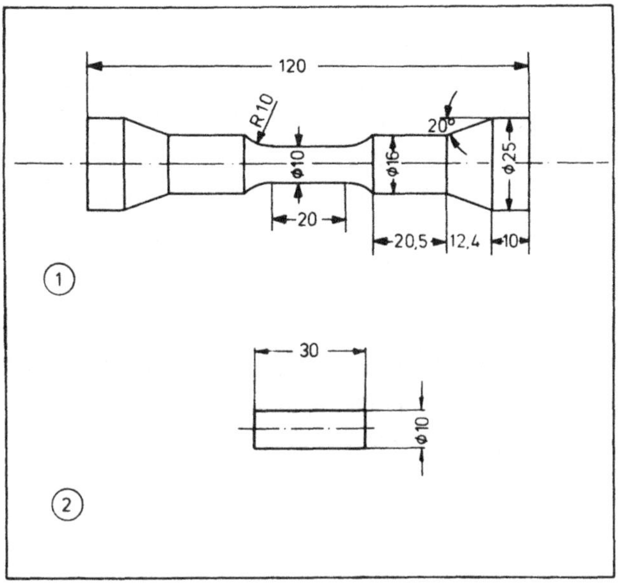

Bild 2 Form und Abmessungen der Versuchsproben

3. Versuchseinrichtungen und Versuchsdurchführung

3.1 Quasistatische Verformungsexperimente

Die quasistatischen Festigkeitskennwerte des Untersuchungsmaterials wurden mit Hilfe elektromechanischer 50 kN- und 100 kN-Prüfmaschinen (Bauart Zwick) ermittelt. Die Zug- und die Druckversuche wurden zeitproportional durchgeführt [11,12]. Dabei wurde die verformende Kraft über eine elektronische Kraftmeßdose und die Probenverlängerung über den Querhauptvorschub gemessen. Die Versuche erfolgten mit Verformungsgeschwindigkeiten zwischen 2.5 und $500 \times 10^{-4} s^{-1}$ bei Temperaturen zwischen -196 und 150°C. Die Verformungstemperaturen $25^{o}C \leq T \leq 150^{o}C$ wurden mit einem temperaturgeregelten Ölbad erzeugt. Die Verformungsexperimente bei Temperaturen $-100^{o}C \leq T \leq -10^{o}C$ wurden in einem mit Frigen 11 gefüllten Badbehälter durchgeführt, dessen Kühlung über Kühlschlangen mit flüssigem Stickstoff erfolgte. In beiden Temperierbädern sorgte ein Rührgerät für eine gleichmäßige Temperatur mit Abweichungen von $\pm$ 0,1°C von der jeweiligen Solltemperatur. Die Versuche bei -196°C wurden in flüssigem Stickstoff durchgeführt. Aus den unter den jeweiligen Versuchsbedingungen registrierten Kraft-Verlängerungs-Diagrammen wurden unter Berücksichtigung der Probenquerschnittsänderungen die Verfestigungskurven als σ_{eff}, ϵ_p-Kurven und daraus die interessierenden Werkstoffwiderstandsgrößen ermittelt.

3.2 Wechselverformungsexperimente

Die Schwingversuche wurden kraftkontrolliert mit einer dreieckförmigen Last-Zeit-Funktion und einer Prüffrequenz von 5 Hertz auf einer servohydraulischen 10 kN-Prüfmaschine (Bauart Schenck) durchgeführt. Die Sollwertvorgabe und die Meßdatenerfassung erfolgten mit einem Prozeßrechnersystem. Zur Dehnungsmessung wurde ein kapazitives Meßsystem mit einer Meßgenauigkeit von ± 0.1 µm, zur Kraftmessung ein Dynamometer mit einer Meßgenauigkeit von ± 10 N benutzt. Bild 3 zeigt den Versuchsstand und das Blockschaltbild der Meß- und Regeleinrichtungen. Zur Erfassung des Nennspannungs-Totaldehnungs-Zusammenhangs (Hysteresisschleife) während der einzelnen Lastspiele wurden jeweils etwa 120 Wertepaare vom Prozeßrechner erfaßt und abgespeichert. Vor Beginn jedes Versuchs wurde in einer Speichertermintabelle festgelegt, bei welchen Lastspielzahlen diese Messungen erfolgen sollten.

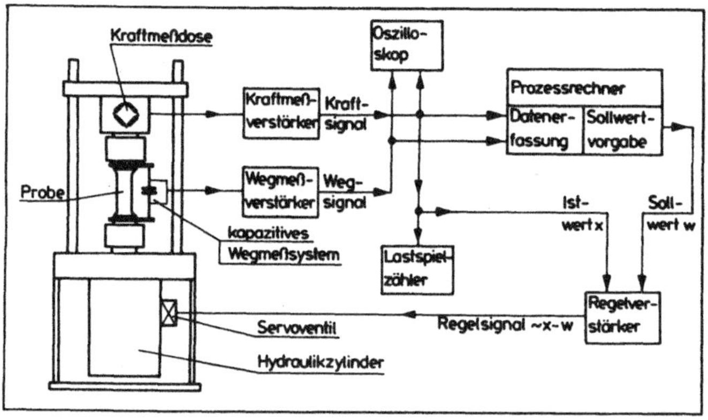

Bild 3 Servohydraulische Prüfmaschine und Blockschema der verfügbaren Meß- und Regeleinrichtungen

Für die Schwingversuche bei erhöhter Temperatur wurde die in Bild 4 schematisch wiedergegebene Versuchseinrichtung benutzt. Ein von einem Umwälzthermostaten gespeister Ölbadbehälter erlaubt zwischen Raumtemperatur und 200°C die auf ± 0,5°C genaue Einstellung der Solltemperatur über Zeiten > 10 h. Die Messung der Probendehnung erfolgt über ein an die Probenschultern angeklemmtes Übertragungsgestänge außerhalb des Ölbades. Die unzulässige Erwärmung der Kraftmeßdose verhinderte ein Kühlflansch, der zwischen Temperiervorrichtung und Meßdose installiert wurde.

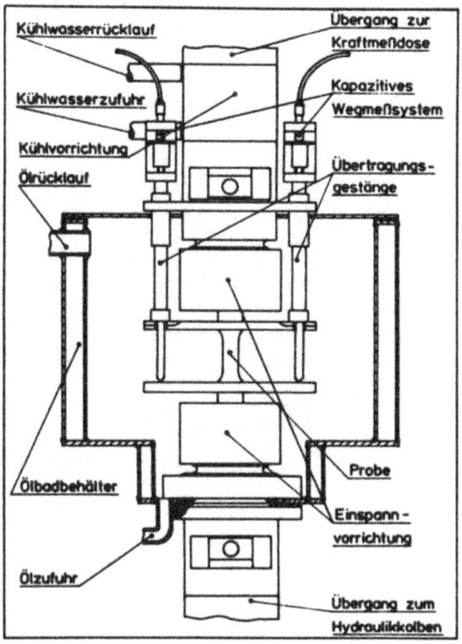

Bild 4
Versuchseinrichtung für Schwingversuche oberhalb Raumtemperatur

Die Schwingversuche wurden bei Raumtemperatur sowie bei 50, 75, 100, 125 und 150°C durchgeführt. Dabei wurden die Spannungsamplituden so gewählt, daß Bruchlastspielzahlen zwischen $5 \times 10^3 \lesssim N_B \lesssim 2 \times 10^6$ auftraten. Unter den einzelnen Bedingungen wurden jeweils mindestens zwei Schwingversuche durchgeführt. Um zu einer gewissen statistischen Absicherung der Versuchsergebnisse zu gelangen, wurden zudem bei jeder Versuchstemperatur bei 3 Spannungsamplituden jeweils mindestens 6 Versuche durchgeführt.

Die mit konstanter Spannungsamplitude σ_a und konstanter Mittelspannung σ_m durchgeführten Schwingversuche rufen Veränderungen des Werkstoffzustandes hervor, die sich anhand der lastspielabhängigen Nennspannungs-Totaldehnungs-Zusammenhänge beurteilen lassen. Änderungen der mechanischen Werkstoffeigenschaften bewirken meßbare Änderungen der Breite $2\epsilon_{a,p}$ und der Lage des Mittelpunktes der für ein Lastspiel in Bild 5 schematisch aufgezeichneten Hysteresisschleife. Mißt man für konstante Temperaturen und Spannungsamplituden $\epsilon_{a,p}$ als Funktion des Logarithmus der Lastspielzahl N, so erhält man Wechselverformungskurven. Eine entsprechende Bestimmung der Mitteldehnung ϵ_m als Funktion von lg N ergibt Mitteldehnungskurven. Dabei ist die Mitteldehnung als die plastische Dehnung definiert, die sich aus dem jeweiligen um die mittel-

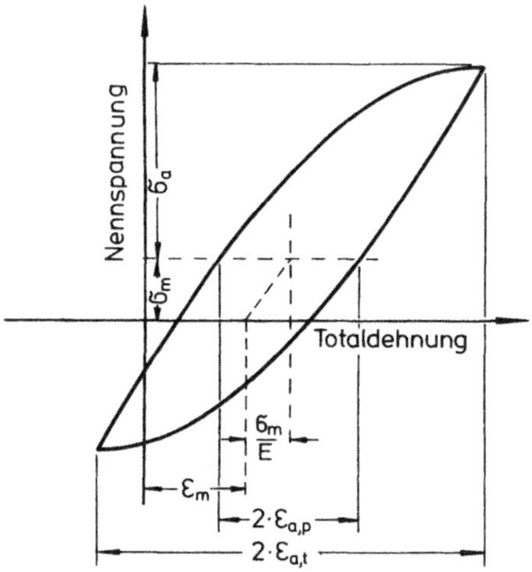

Bild 5
Kenngrößen der Hysterisschleife bei mittelspannungsbehafteter Schwingbeanspruchung

spannungsbedingte elastische Dehnung verminderten Abstand des Mittelpunktes der Hysteresisschleife vom Nullpunkt der Totaldehnung ergibt.

4. Versuchsergebnisse

4.1 Quasistatische Zug- und Druckversuche

Bild 6 gibt eine Übersicht über die Temperaturabhängigkeit der mit $\dot{\varepsilon} = 2{,}5 \times 10^{-4} s^{-1}$ ermittelten Zug- und Druckverfestigungskurven des Untersuchungsmaterials. Dabei wurde jeweils über der plastischen Dehnung der Betrag der Effektivspannung aufgetragen. Dies bot sich wegen der unterschiedlichen Probenquerschnittsänderungen bei Druck- und Zugbeanspruchung an. Die Zugverformungen erfolgten jeweils bis zum Bruch der Proben. Dagegen wurden die Druckverformungen nach plastischer Stauchung von 10 % abgebrochen, weil bei größeren Stauchungen die Effektivspannungsbestimmung infolge tonnenförmiger Ausbauchung der Proben nicht mehr exakt möglich war.

Während bei Druckbeanspruchung zwischen 25°C und 150°C glatte Verfestigungskurven mit zuletzt achsenparallelem Verlauf auftreten, zeigen die entsprechenden Zugverfestigungskurven leichte Unregelmäßigkeiten und einen Abfall der Effektivspannung nach Überschreiten eines Maximalwertes. Bei tieferen Temperaturen liefern die Druck- und die Zugverformungskurven einen bis zum Versuchs-

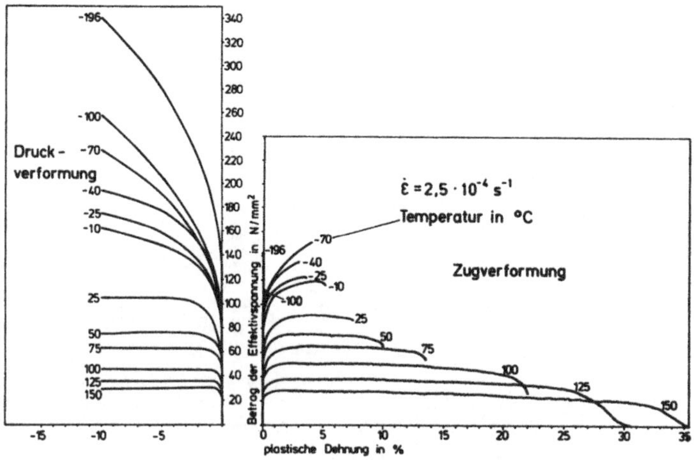

Bild 6 Verfestigungskurven bei Zug- und Druckverformung im Temperaturbereich $-196^{o}C \leq T \leq 150^{o}C$

ende andauernden Verfestigungsanstieg. Mit Ausnahme der Zugversuche bei -100 und $-196^{o}C$ wird in allen anderen Fällen ein mit sinkender Temperatur zunehmender Verfestigungsanstieg gemessen. Zwischen $-196^{o}C$ und $-25^{o}C$ treten bei Zugverformung keinerlei Unregelmäßigkeiten mehr im Verlauf der Verfestigungskurven auf. Die Bruchdehnungen nehmen mit steigender Temperatur stark zu. Bei $-196^{o}C$ bricht die Zugprobe ohne merkliche plastische Deformation fast genau bei der Effektivspannung, bei der im Druckversuch die ersten plastischen Deformationen beobachtet werden.

In Bild 7a und b sind die Streckgrenze R_{eS} sowie der maximale Werkstoffwiderstand gegen Zugverformung $\hat{R}_m$ und die Stauchgrenze $|R_{deS}|$ sowie der Werkstoffwiderstand $|R_{d,10\,\%}|$ gegen Überschreiten einer Stauchung von 10 % als Funktion der Versuchstemperatur angegeben. $\hat{R}_m$ entspricht jeweils den bei den einzelnen Temperaturen auftretenden größten effektiven Zugfließspannungen, $R_{d,10\,\%}$ den nach Stauchung von 10 % gemessenen effektiven Druckfließspannungen. Sowohl die Streck- als auch der Betrag der Stauchgrenze fallen im Temperaturbereich $25\ ^{o}C \leq T \leq 150^{o}C$ mit steigender Temperatur kontinuierlich ab. Zwischen $-25^{o}C$ und $-100^{o}C$ werden praktisch gleiche Streckgrenzen und leicht erniedrigte Stauchgrenzen gemessen. Bei $-196^{o}C$ liegt eine Streckgrenze von 142 N/mm^2 und eine Stauchgrenze von 134 N/mm^2 vor. Im Temperaturbereich $50^{o}C \leq T \leq 150^{o}C$ sind auch $\hat{R}_m$ und $|R_{d,10\,\%}|$ gleich groß. Unterhalb $50^{o}C$ steigt jedoch $|R_{d,10\,\%}|$ wesentlich stärker mit sinkender Temperatur an als $\hat{R}_m$. Der Größtwert von $\hat{R}_m$ wird bei $-75^{o}C$ beobachtet.

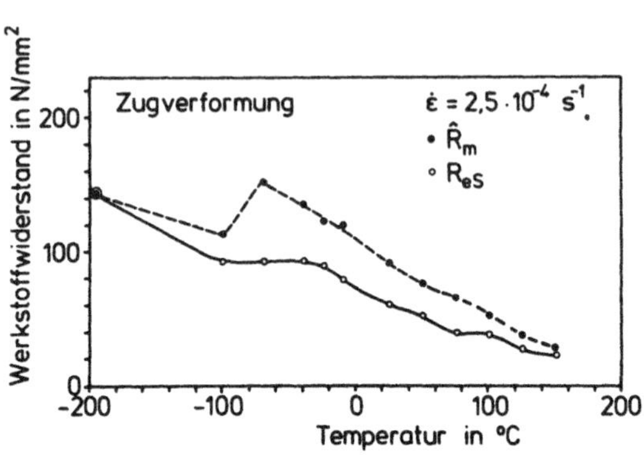

a

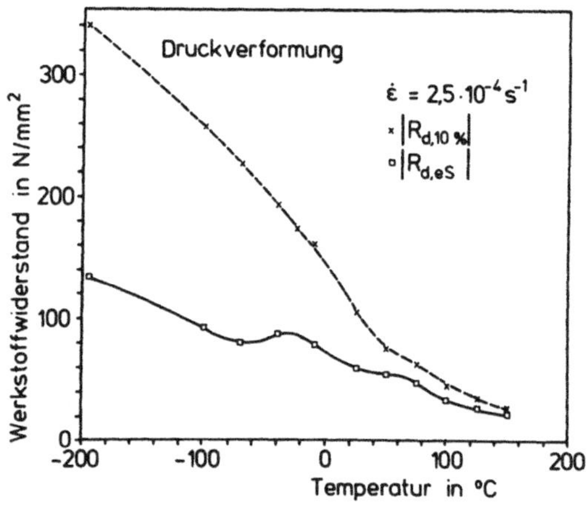

b

Bild 7a und b Temperaturabhängigkeit von R_{eS} und $\widehat{R}_m$ sowie $|R_{deS}|$ und $|R_{d,10\,\%}|$

4.2 Zug-Druck-Wechselversuche

4.2.1 Wechselverformungskurven

In den Bildern 8 bis 13 sind die bei 20, 50, 75, 100, 125 und 150°C unter mittelspannungsfreier Versuchsführung gemessenen Wechselverformungskurven für unterschiedliche Spannungsamplituden wiedergegeben. Die einzelnen Kurvenzüge verbinden dabei jeweils die aus mehreren Messungen errechneten Mittelwerte, für die sich maximale Streuungen von ± 15 % ergaben. Zur Realisierung der Forderung $5 \cdot 10^3 \lesssim N_B \lesssim 2 \cdot 10^6$ waren je nach Versuchstemperatur Spannungsamplituden $70\ N/mm^2 \leq \sigma_a \leq 20\ N/mm^2$ erforderlich.

Bei Raumtemperatur (vgl. Bild 8) treten bei der kleinsten gewählten Spannungsamplitude von 40 N/mm² nur zu Versuchsbeginn kleine, die Meßgenauigkeit des benutzten Dehnungsmeßsystems übersteigende plastische Dehnungsamplituden auf. Eine Beanspruchungsamplitude von σ_a = 50 N/mm^2 liefert dagegen bereits während der gesamten Versuchsdauer bis zum Probenbruch plastische Dehnungsamplituden. Diese sind zu Versuchsbeginn am größten und nehmen dann mit wachsender Lastspielzahl kontinuierlich ab. Der gegen Versuchsende beobachtete erneute Dehnungsamplitudenzuwachs beruht auf der Abnahme der Probensteifigkeit infolge Makrorißausbreitung und ist daher nicht als echte Dehnungszunahme zu interpretieren. Bei Spannungsamplituden > 50 N/mm^2 treten von Anfang an größere plastische Dehnungsamplituden auf, die mit wachsender Lastspielzahl bis zum Probenanriß kleiner werden. Die bei σ_a = 70 N/mm^2 gemessene Wechselverformungskurve deutet einen Plateaubereich an, in dem sich die plastische Dehnungsamplitude mit wachsender Lastspielzahl nur wenig ändert.

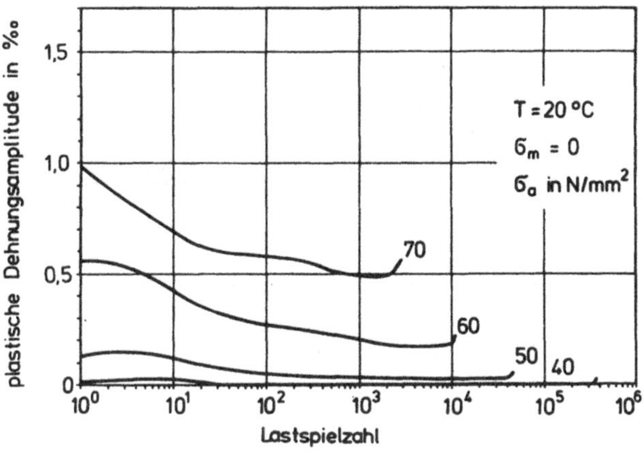

Bild 8 Wechselverformungskurven bei 20°C

Bei Erhöhung der Versuchstemperatur bleibt die Tendenz in der Änderung der Wechselverformungskurven bei Steigerung der Spannungsamplitude ähnlich wie bei den Raumtemperaturuntersuchungen. Bei gleichen Spannungsamplituden treten jedoch mit steigender Versuchstemperatur wesentlich größere plastische Dehnungsamplituden auf. Bei allen Versuchstemperaturen $\leq$ 75°C bewirken Spannungsamplituden, die auf Lebensdauer > 10^5 Lastwechsel führen, keine meßbaren plastischen Dehnungsamplituden mehr. Bei 125°C und 150°C gibt es dagegen Spannungsamplituden mit zugehörigen Bruchlastspielzahlen > 10^6, die während des ganzen Versuchs plastische Dehnungsamplituden von 0,02 ‰ bzw. 0,04 ‰ liefern. Ab einer Temperatur von 125°C werden bei den zu Bruchlastspielzahlen < 10^4 führenden Versuchen während der ganzen Probenlebensdauer plastische Dehnungsamplituden >1 ‰ beobachtet. Der bei Raumtemperatur für $\sigma_a = 70\ N/mm^2$ nahe $N \approx 100$ auftretende horizontale Bereich in der Wechselverformungskurve bildet sich bei höheren Temperaturen bei entsprechend kleineren Spannungsamplituden über ein etwas größeres Lastspielzahlintervall aus.

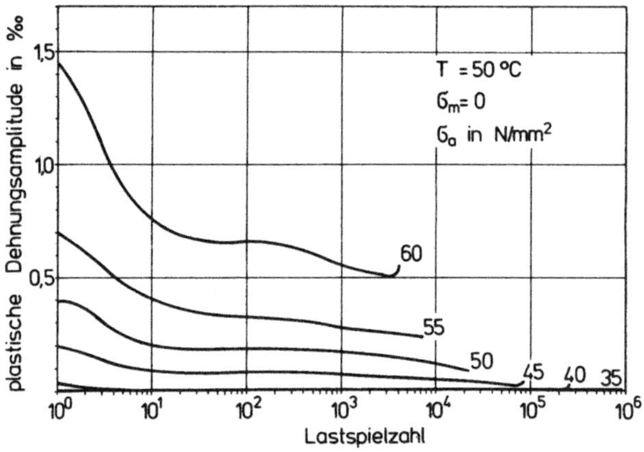

Bild 9 Wechselverformungskurven bei 50 °C

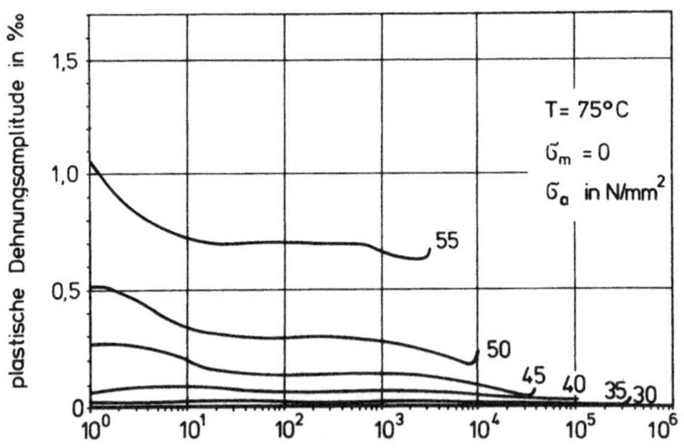

Bild 10 Wechselverformungskurven bei 75°C

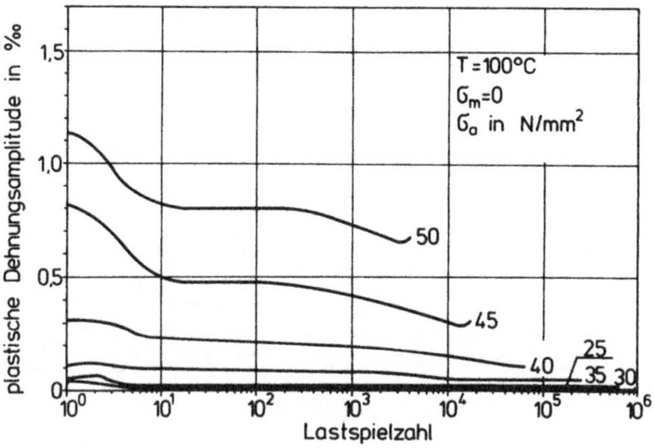

Bild 11 Wechselverformungskurven bei 100°C

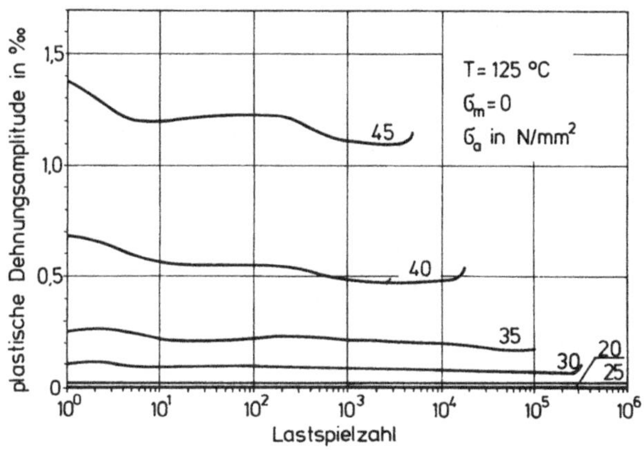

Bild 12 Wechselverformungskurven bei 125°C

In Bild 14 sind die unter einer Spannungsamplitude von 40 N/mm^2 bei verschiedenen Temperaturen auftretenden Wechselverformungskurven einander gegenübergestellt. Bei 20^{0}C und 50^{0}C treten nur zu Versuchsbeginn kleine plastische Dehnungsamplituden auf. Oberhalb 50^{0}C nehmen die plastischen Dehnungsamplituden mit wachsender Temperatur überproportional zu. Die Bruchlastspielzahlen sind umso kleiner, je größer sich die plastischen Dehnungsamplituden ergeben.

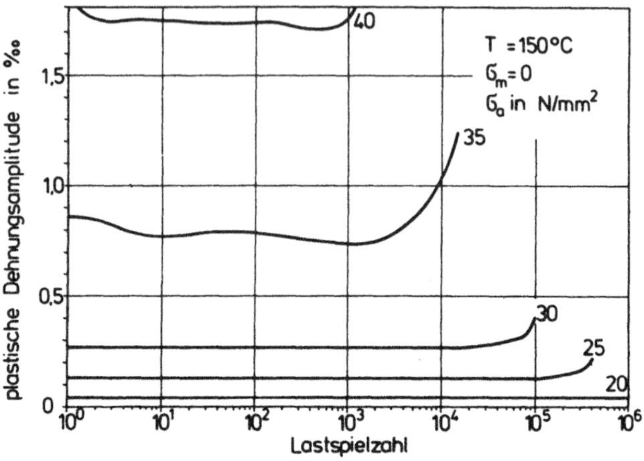

Bild 13 Wechselverformungskurven bei 150°C

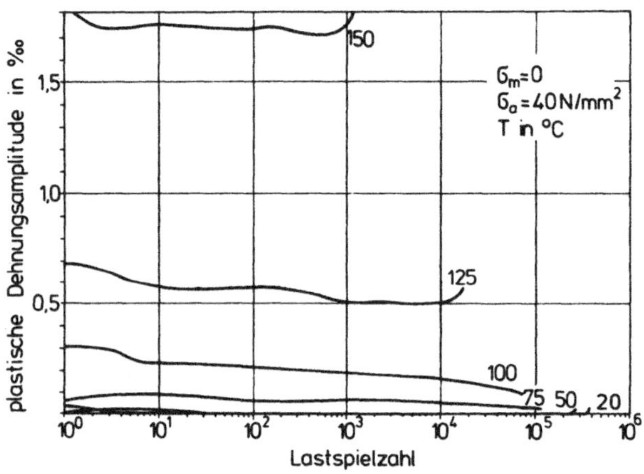

Bild 14 Wechselverformungskurven bei $\sigma_a = 40$ N/mm² bei verschiedenen Temperaturen

In Bild 15 sind einige Wechselverformungskurven zusammengefaßt, denen etwa eine gleiche Bruchlastspielzahl von $N_B \approx 10^4$ zukommt. Man sieht, daß unterschiedliche Kombinationen von Verformungstemperatur und Spannungsamplitude vergleichbare Lebensdauern liefern, wobei erwartungsgemäß umso kleinere σ_a-Werte benötigt werden, je größer T ist. Dabei wirkt sich eine lineare Erhöhung der Temperatur und eine lineare Absenkung der Spannungsamplitude unterhalb 75°C erheblich weniger auf die plastischen Dehnungsamplituden aus als oberhalb 75°C.

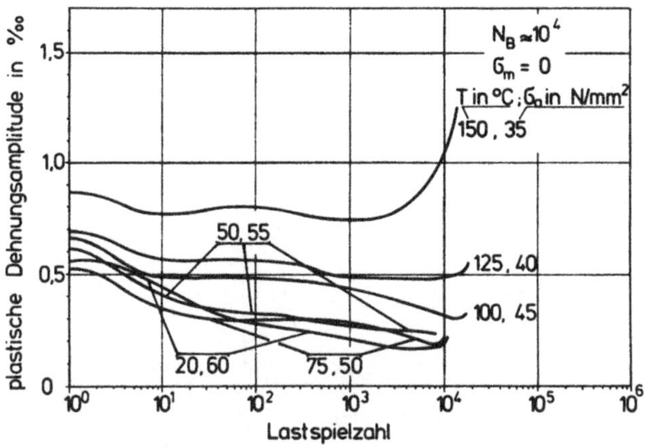

Bild 15 Wechselverformungskurven mit N_B = const. $\approx 10^4$ bei Beanspruchungen mit verschiedenen Temperaturen und Spannungsamplituden

4.2.2 Mitteldehnungskurven

Bei den mittelspannungsfreien Zug-Druck-Schwingversuchen entwickelten sich trotz praktisch symmetrischer Belastung der Proben (die Mittelkraft schwankte jeweils maximal um $\pm$ 1 % des Amplitudenwertes) nach hinreichend großen Lastspielzahlen Mitteldehnungen. Das äußerte sich im Wegwandern der Hysteresisschleifen vom Ausgangsnullpunkt in positive Totaldehnungsrichtung (vgl. Bild 5). Die Proben verlängerten also während eines Schwingversuchs ihre makroskopischen Abmessungen. Typische Mitteldehnungskurven von Raumtemperaturversuchen sind in Bild 16 dargestellt. Bei Spannungsamplituden, die zu Bruchlastspielzahlen $\gtrsim 2 \times 10^4$ führen, treten nur relativ geringe Mitteldehnungen auf. Spannungsamplituden $\geq$ 60 N/mm^2 führen dagegen bis zum Bruch der Proben auf Mitteldehnungen > 0,5 ‰.

Erwartungsgemäß treten bei höheren Temperaturen bei mittelspannungsfreier Versuchsführung unter vergleichbaren Spannungsamplituden erheblich größere Mitteldehnungen auf. Die Bilder 17 bis 21 belegen dies. Sie zeigen entsprechende Versuchsergebnisse für 50, 75, 100, 125 und 150^{0}C. Bei 50^{0}C und 75^{0}C werden bereits unter Amplituden, die auf Bruchlastspiele von 10^6 führen, makroskopische Probenverlängerungen von 0,5 ‰ gemessen. Generell bewirken steigende Spannungsamplituden, daß sich bis zum Probenbruch zunehmende Mitteldehnungswerte kumulieren. Oberhalb 100^{0}C werden bei allen Proben, die Bruchlastspielzahlen zwischen 5000 und 10^6 besitzen, größere Mitteldehnungen als 1 ‰

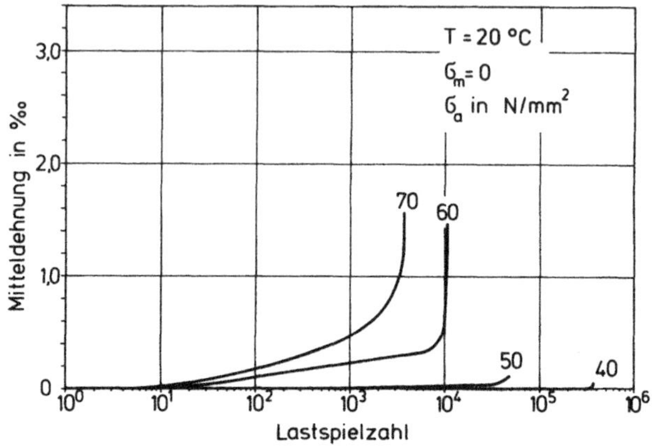

Bild 16 Mitteldehnungskurven bei 20°C

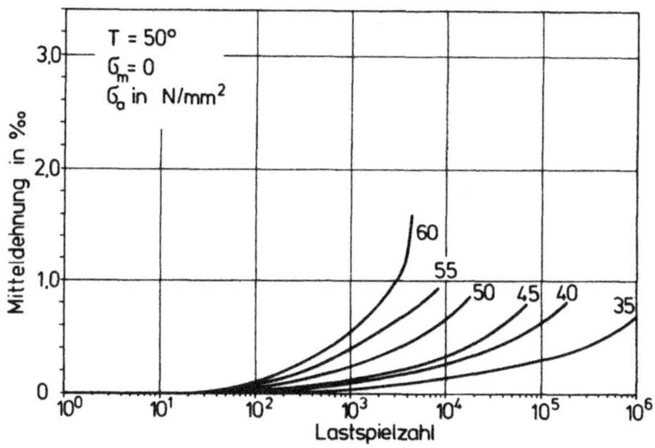

Bild 17 Mitteldehnungskurven bei 50°C

gemessen. Die größte beobachtete Mitteldehnungszunahme von 150 ‰ wird bei 150°C und einer Spannungsamplitude von 40 N/mm² festgestellt. Bei 125 und 150°C tritt die interessante Erscheinung auf, daß mit σ_a = 20 N/mm² beanspruchte Proben bis zum Bruch eine größere Mitteldehnungszunahme verzeichnen als die mit σ_a = 25 N/mm² belasteten. Dies ist offenbar die Folge des praktisch gleichen Anstiegs der Mitteldehnungskurven bei amplitudenmäßig abgestuften Lebensdauern der Proben. Deshalb kumuliert die mit der niedrigeren Spannungsamplitude beanspruchte Probe länger Mitteldehnungen als die höher beanspruchte.

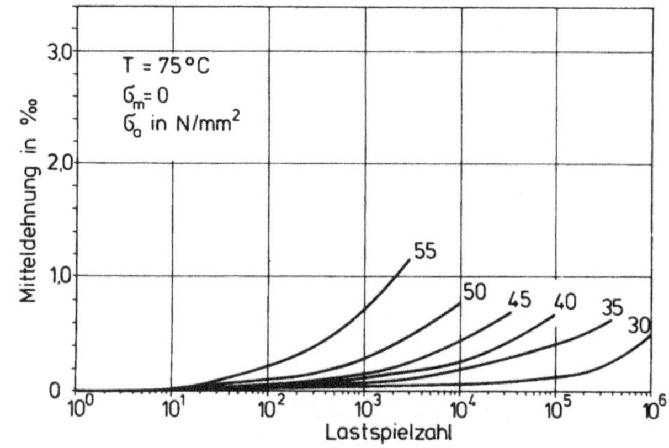

Bild 18 Mitteldehnungskurven bei 75°C

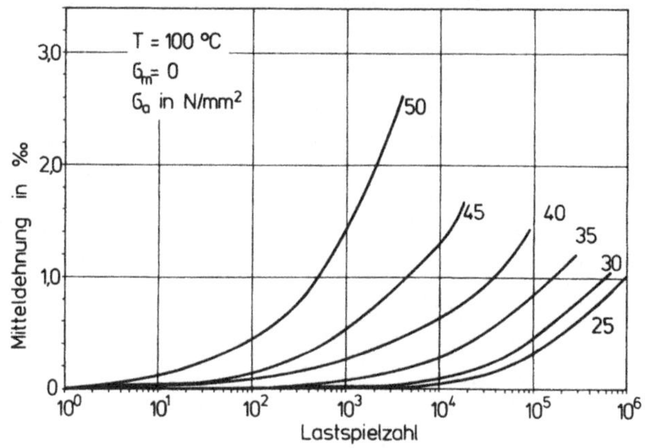

Bild 19 Mitteldehnungskurven bei 100°C

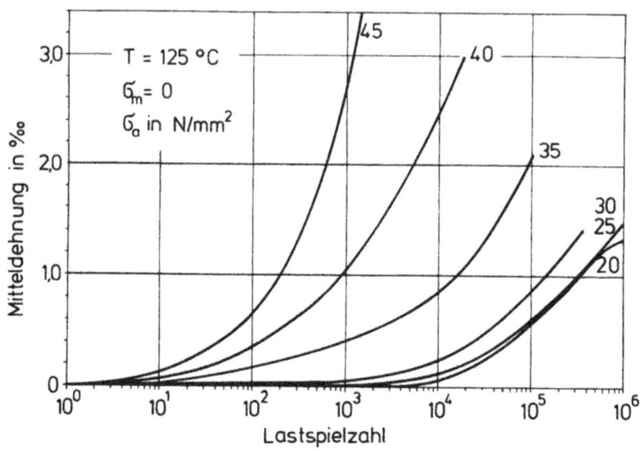

Bild 20 Mitteldehnungskurven bei 125°C

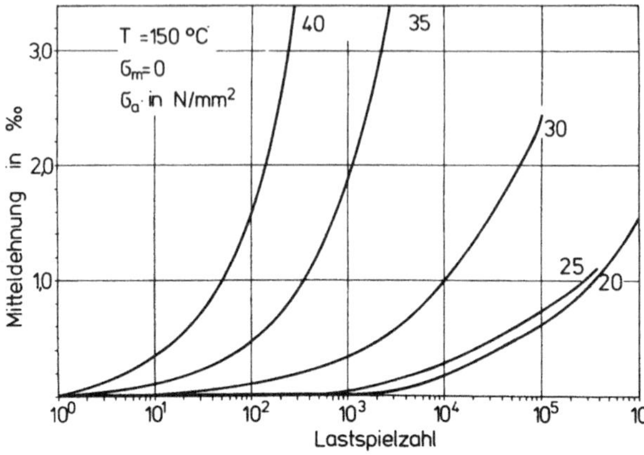

Bild 21 Mitteldehnungskurven bei 150°C

Bild 22 faßt für verschiedene Temperaturen die bei einer Spannungsamplitude von 40 N/mm^2 in Abhängigkeit von der Lastspielzahl auftretenden Mitteldehnungen zusammen. Es wird deutlich, wie sich mit steigender Temperatur die Mitteldehnungsentwicklung verstärkt und wie die beim Bruch vorliegenden Mitteldehnungsbeträge anwachsen. Das schon durch Bild 18 und 19 belegte gleichartige Werkstoffverhalten bei 50°C und 75°C wirkt sich im Zusammenfallen der Mitteldehnungskurven bei diesen Temperaturen aus.

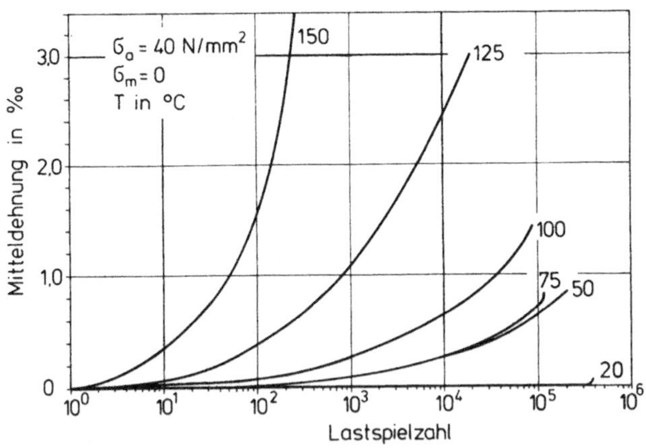

Bild 22 Mitteldehnungskurven bei verschiedenen Temperaturen und σ_a = 40 N/mm^2

In Bild 23 sind für die einzelnen Versuchstemperaturen die σ_a,lg N-Kombinationen eingetragen, bei denen Mitteldehnungen von 0,2 ‰ erreicht wurden. Die Werte wurden durch waagerechte Schnitte der in Bild 16 bis 21 gezeigten Mitteldehnungsdiagramme bei $\epsilon_m = 0{,}2$ ‰ ermittelt. Man erkennt deutlich, daß mit steigender Temperatur Mitteldehnungsbeträge von 0,2 ‰ schon bei kleineren Spannungsamplituden und Lastspielzahlen erreicht werden, wobei die die Werte verbindenden Kurvenzüge für 50°C und 75°C auch hier nahe beieinanderliegen.

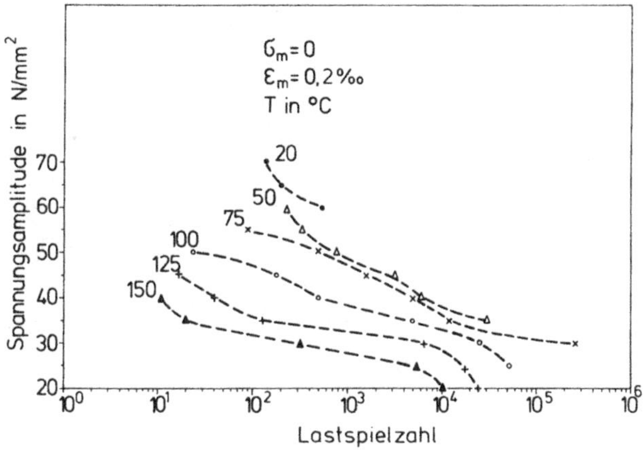

Bild 23 "0,2 ‰ Mitteldehnungsgrenze" als Funktion der Lastspielzahl bei verschiedenen Temperaturen

4.2.3 Wöhlerkurven

In Bild 24 sind die Wöhlerkurven wiedergegeben, die unter mittelspannungsfreier Versuchsführung bei 20, 50, 75, 100, 125 und 150°C ermittelt wurden. Die eingetragenen Meßwerte sind mittlere Bruchlastspielzahlen aus bis zu 10 Einzelbeobachtungen. Mit wachsender Temperatur verschieben sich die Wöhlerkurven zu kleineren Spannungsamplituden. Bei 20°C wird im Lebensdauerbereich $5 \cdot 10^3 \lesssim N_B \lesssim 2 \cdot 10^6$ eine einheitlich gekrümmte Kurve beobachtet. Ein horizontaler Wechselfestigkeitsast deutet sich nicht an. Dasselbe gilt für die 50°-Kurve. Demgegenüber zeigt die bei 150°C ermittelte Wöhlerkurve insgesamt eine entgegengesetzte Krümmung. Bei den Versuchstemperaturen von 75, 100 und 125°C liefern die die Meßwerte ausgleichenden Kurvenzüge Knickpunkte im Bereich $N_B \approx 10^5$. Unterhalb dieser Knickpunkte nimmt bei gleichgroßer Absenkung der Spannungsamplitude die logarithmisch aufgetragene Bruchlastspielzahl weniger zu als oberhalb der Knicke. Der Endteil der 100°-Kurve, der durch Meßwerte auf dem Beanspruchungsniveau $\sigma_a = 25$ N/mm² abgesichert ist, deutet an, daß zumindest für $T \leq 100$°C mit annähernd horizontal auslaufenden Kurvenästen für $N_B \gtrsim 10^7$ gerechnet werden kann. Bild 25 zeigt die bei den einzelnen Versuchstemperaturen bei konstanten Spannungsamplituden auftretenden Bruchlastspielzahlen in anderer Auftragungsweise.

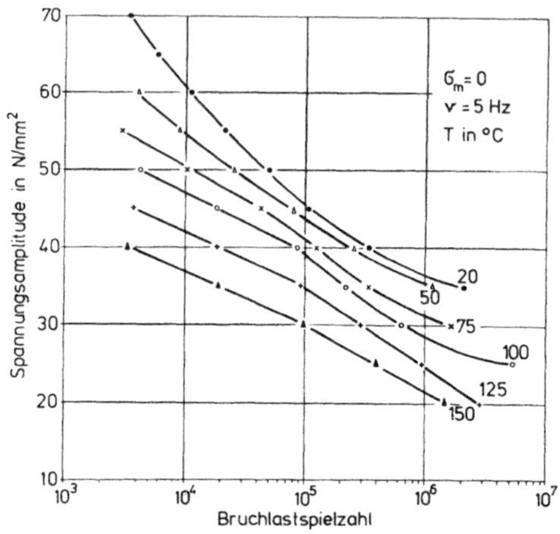

Bild 24 Wöhlerkurven für verschiedene Versuchstemperaturen

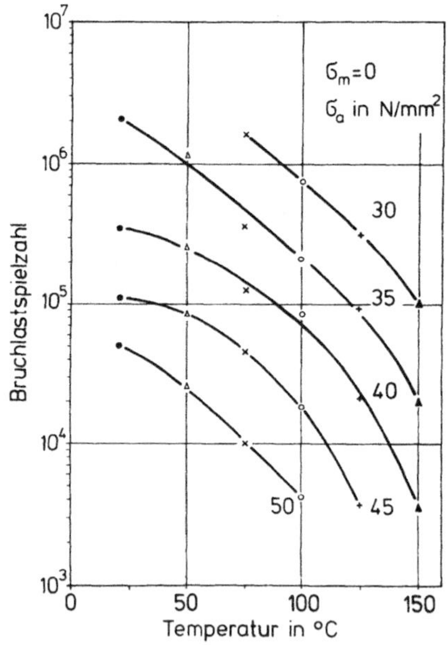

Bild 25 Bruchlastspielzahl als Funktion der Versuchstemperatur bei unterschiedlichen Spannungsamplituden

5. Diskussion

5.1 Einsinniges Verformungsverhalten

Die den einsinnigen Zug- und Druckversuchen entnehmbaren Werkstoffdaten geben Hinweise auf das strukturmechanische Verhalten des Versuchswerkstoffs unter makroskopisch einachsig homogener Beanspruchung. Aus den Bildern 7a und 7b folgt zunächst, daß die Streck- und Stauchgrenzen etwa die gleiche Temperaturabhängigkeit besitzen und auch betragsmäßig relativ gut übereinstimmen. Es liegt also ein nahezu gleicher Werkstoffwiderstand gegen einsetzende plastische Deformation bei Umkehr der Beanspruchungsrichtung im ganzen untersuchten Temperaturbereich vor. Unterhalb und oberhalb des sowohl bei Zug als auch bei Druckbeanspruchung bei $-100^{0}C \leq T \leq -20^{0}C$ auftretenden Plateaus der Streck- und Stauchgrenzen nehmen die Werkstoffwiderstände gegen einsetzende plastische Deformation etwa linear mit ansteigender Verformungstemperatur ab. Aufgrund allgemeiner Erfahrungen und aufgrund ergänzender Untersuchungen über die vorliegenden Aktivierungsvolumina kann man schließen, daß unterhalb dieses Plateaus thermisch aktivierte Versetzungsschneidprozesse den geschwindigkeitsbestimmenden Verformungsprozeß darstellen. Oberhalb $-20^{0}C$ werden diffusionsgesteuerte Verformungsmechanismen zunehmend wirksam. Für das Basismetall Zinn mit einem Schmelzpunkt $T_S = 505\ K = 232^{0}C$ ist $T_S/2 = 252\ K = -21^{0}C$, so daß die obige Feststellung mit der allgemeinen Erfahrung übereinstimmt, In strukturmechanischer Hinsicht liegen also bei und oberhalb Raumtemperatur für das Untersuchungsmaterial Hochtemperaturverformungsbedingungen vor. Dementsprechend sind unter konstanten Beanspruchungen Kriecherscheinungen zu erwarten.

Die Zug- und Druckverfestigungskurven (vgl. Bild 6) oberhalb Raumtemperatur sind in ihren Anfangsteilen fließspannungsmäßig vergleichbar. Interessanterweise wird aber bei der Zugverformung ein unregelmäßiger Verlauf der Verfestigungskurven beobachtet, der bei der Druckverformung nicht auftritt. Vermutlich handelt es sich dabei um die Auswirkung von Ablösungserscheinungen, die als Folge von Dehnungsinkompatibilitäten zwischen der Matrix und den Teilchen der dispers in der Legierung verteilten intermetallischen Phasen auftreten. Auch lokalisiert auftretende dynamische Erholungserscheinungen könnten zu diesen Unregelmäßigkeiten im Kurvenverlauf beitragen.

Die zu Rißbildungen führenden Ablösungserscheinungen bewirken auch die Reduzierung der unter zügiger Beanspruchung auftretenden Bruchdehnungen mit sinkender Verformungstemperatur. Unter Druckbeanspruchung sind die Ablöseerscheinungen weniger wahrscheinlich und beeinflussen, wenn sie auftreten, die Fließspannungen nur unwesentlich. Das bewirkt, vermutlich zusammen mit einer stark ansteigenden Bildung von Verformungszwillingen, den mit sinkender Temperatur anwachsenden Werkstoffwiderstand gegen Stauchung. Die "Einachsigkeit" des Stauchvorgangs dürfte bis zu den gewählten Grenzstauchungen von ϵ_p = 10 % gewährleistet gewesen sein. Untersuchungen mit veränderten Verformungsgeschwindigkeiten zeigen, daß im hier besonders interessierenden Temperaturbereich oberhalb Raumtemperatur eine etwa mit $\ln \dot{\epsilon}$ anwachsende Fließspannungsabhängigkeit vorliegt. Dies belegt Bild 26, das die Streckgrenzen-Temperatur-Zusammenhänge für $2{,}5 \cdot 10^{-4}s^{-1} \leq \dot{\epsilon} \leq = 5 \cdot 10^{-2}s^{-1}$ wiedergibt.

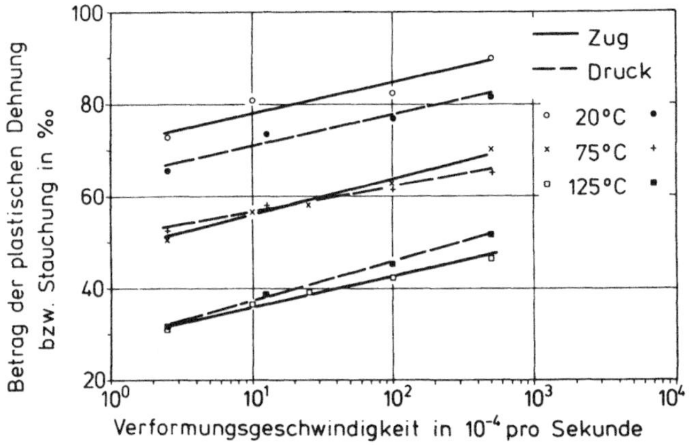

Bild 26 Abhängigkeit der 0,2 %-Dehn- bzw. Stauchgrenze von der Verformungsgeschwindigkeit bei verschiedenen Versuchstemperaturen

5.2 Wechselsinniges Verformungsverhalten

Die Ergebnisse der mittelspannungsfreien Zug-Druck-Schwingversuche zeigen, daß - abgesehen von kleinen Spannungsamplituden - bei allen Versuchstemperaturen der nach dem ersten Lastspiel auftretende Werkstoffzustand sich mit wachsender Lastspielzahl dahingehend verändert, daß kleinere plastische Dehnungsamplituden aufgenommen werden. Der Werkstoff verfestigt sich also als Folge der Wechselbeanspruchung. Im Lastspielzahlbereich $10 \lesssim N \lesssim 10^3$ bilden sich unter größeren Spannungsamplituden und Temperaturen Quasigleichgewichtszustände aus mit horizontal verlaufenden Wechselverformungskurven als Folge sich kompensierender Ver- und Entfestigungsprozesse. Bei großen Temperaturen und kleinen Spannungsamplituden liegen diese Quasigleichgewichtszustände praktisch von Anfang an bis zur Entwicklung ausbreitungsfähiger Ermüdungsrisse vor.

Aus den ermittelten Wechselverformungskurven lassen sich zyklische Verfestigungskurven ableiten, wenn man bestimmte Verabredungen über vergleichbare Ermüdungszustände trifft, die unter den gewählten Versuchsbedingungen auftreten. Wird dazu auf die bei $N_B/2$ der Wechselverformungskurven (vgl. Bild 8 bis 13) vorliegenden Wertepaare von plastischer Dehnungsamplitude und aufgeprägter Spannungsamplitude zurückgegriffen, so erhält man die in Bild 27 wiedergegebenen zyklischen Spannungs-Dehnungskurven. Mit wachsender Temperatur verschieben sich die Kurven zu kleineren Spannungsamplituden unter gleichzeitiger Reduzierung des Verfestigungsanstiegs bei größeren plastischen Dehnungsamplituden.

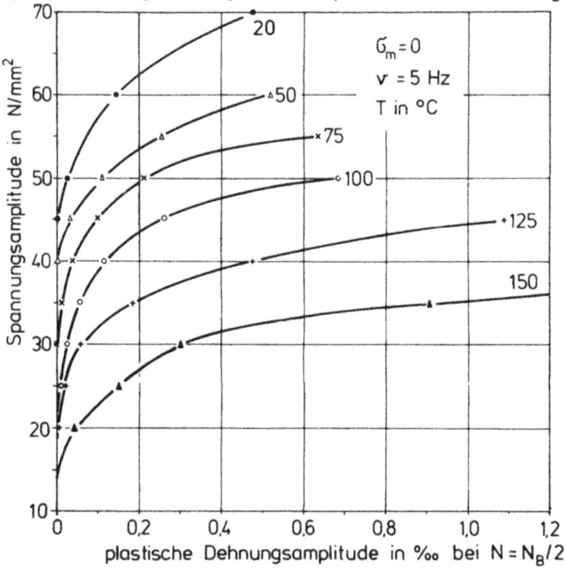

Bild 27 Zyklische Verfestigungskurven bei verschiedenen Temperaturen

Die Schnittpunkte der Kurven mit der Ordinate liefern bei den einzelnen Verformungstemperaturen die zyklischen Streckgrenzen $R_{eS}^{zyklisch}$ des Untersuchungsmaterials. In Bild 28 sind die zyklischen Streckgrenzen als Funktion der Versuchstemperatur aufgetragen. Zum Vergleich sind dort als Funktion der Temperatur mit eingezeichnet die mit $\dot{\epsilon} = 2{,}5 \cdot 10^{-4} s^{-1}$ und $5 \cdot 10^{-2} s^{-1}$ bestimmten zügigen Streckgrenzen sowie der bei Zug-Druck-Wechselbeanspruchung gegen Bruch bei $N_B = 10^6$ vorliegende Werkstoffwiderstand $R_{zdW/10^6}$ (Wechselfestigkeit). Man sieht, daß durchweg kleinere zyklische als quasistatische Streckgrenzen beobachtet werden und zyklische sowie zügige Streckgrenzen etwa die gleiche Temperaturabhängigkeit besitzen. Ein realistischer Vergleich der mit konstanter Belastungsfrequenz gefahrenen Zug-Druck-Schwingversuche mit den mit konstanter Verformungsgeschwindigkeit durchgeführten quasistatischen Zugversuche erfordert jedoch vergleichbare Verformungsgeschwindigkeiten. Bei dreieckförmiger Lastzeitfunktion schätzt man als obere Grenze der Verformungsgeschwindigkeit bei Zug-Druck-Beanspruchung

$$\dot{\varepsilon} = 4 \cdot \nu \cdot \frac{\sigma_a}{E} + 4 \cdot \nu \cdot \varepsilon_{a,p} \quad ,$$

ab, wobei ν die Belastungsfrequenz, σ_a die Spannungsamplitude, $\varepsilon_{a,p}$ die plastische Dehnungsamplitude und E der Elastizitätsmodul des untersuchten Werkstoffs ist. Unter Vernachlässigung der Temperaturabhängigkeit des Elastizitätsmoduls ergibt sich mit $E = 49\,600\ N/mm^2$ bei Raumtemperatur $180 \cdot 10^{-4} s^{-1} \leq \dot{\varepsilon} \leq 380 \cdot 10^{-4} s^{-1}$ und bei 150°C $80 \cdot 10^{-4} s^{-1} \leq \dot{\varepsilon} \leq 500 \cdot 10^{-4} s^{-1}$. Diese Werte sind

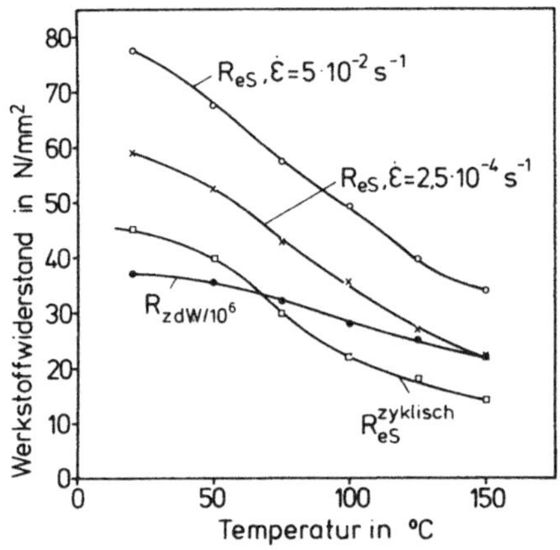

Bild 28 Quasistatische Streckgrenze für $\dot{\varepsilon} = 2{,}5 \cdot 10^{-4} s^{-1}$ und $\dot{\varepsilon} = 5 \cdot 10^{-2} s^{-1}$ sowie zyklische Streckgrenze und Werkstoffwiderstand gegen Bruch innerhalb von 10^6 Lastwechseln als Funktion der Versuchstemperatur

mit den Verformungsgeschwindigkeiten vergleichbar, unter denen die quasistatischen Kennwerte ermittelt wurden. Somit sind nach Bild 28 die für $N_B/2$ ermittelten zyklischen Streckgrenzen durchweg kleiner als die unter gleicher Verformungsgeschwindigkeit ermittelten zügigen Streckgrenzen. Gegenüber dem unverformten Ausgangszustand liegt also nach Schwingbeanspruchung bei $N = N_B/2$ ein entfestigter Werkstoffzustand vor.

Interessant ist in diesem Zusammenhang auch der Vergleich der Werkstoffwiderstände $R_{zdW/10^6}$ gegen Überschreiten einer Bruchlastspielzahl von $N_B = 10^6$ mit den ermittelten zyklischen Streckgrenzen. Bild 27 entnimmt man, daß nahe Raumtemperatur die zyklische Streckgrenze größer als $R_{zdW/10^6}$ ist. Bei höheren Temperaturen ist es umgekehrt. Dies legt den Schluß nahe, daß kleine Spannungsamplituden bei hohen Temperaturen zu einer andersartigen Schädigung des Werkstoffs führen als nahe Raumtemperatur. Man vermutet, daß sich mit anwachsender Temperatur zunehmende Kriechwirkungen den zyklischen Schädigungen überlagern. Diese Feststellung liefert auch einen Hinweis auf die Ursache der in den Wöhlerkurven zwischen 75°C und 125°C auftretenden Knickpunkte. Sie sind, wenn man die zugehörigen Mitteldehnungs- und Wechselverformungskurven beachtet, offenbar mit der Schaffung von Ermüdungszuständen verknüpft, denen relativ große Mitteldehnungen ($\sim 1 \cdot 10^{-3}$) und kleine plastische Dehnungsamplituden zukommen.

Es erhebt sich somit die grundsätzliche Frage, inwieweit den bei höheren Temperaturen zyklisch ermittelten Mitteldehnungsänderungen Dehnungs- bzw. Stauchungsanteile überlagert sind, die quasistatischen Ursprungs sind. Zur Klärung dieser Frage bieten sich Kriechversuche bei erhöhten Versuchstemperaturen an. Als Beispiel zeigt Bild 29 einige Kriechkurven, die mit Nennspannungen σ_n = -30, -20, -10, +10, +20 und +30 N/mm² bei 125°C ermittelt wurden. Aufgetragen ist jeweils der Betrag der plastischen Dehnung bzw. Stauchung als Funktion des Logarithmus der Zeit. Man sieht, daß bereits sehr kleine Spannungsbeträge zu merklichen Abmessungsänderungen führen. Man erkennt ferner, daß die Kriechdehnungen bzw. -stauchungen mit zunehmenden Spannungsbeträgen stark anwachsen. Besonders wichtig erscheint aber, daß bei konstanten Spannungsbeträgen die nach vorgegebenen Zeiten auftretenden Kriechdehnungen stets größer sind als die Kriechstauchungen. Der Werkstoffwiderstand gegen statisches Kriechen ist also unter Zugbeanspruchung kleiner als unter Druckbeanspruchung.

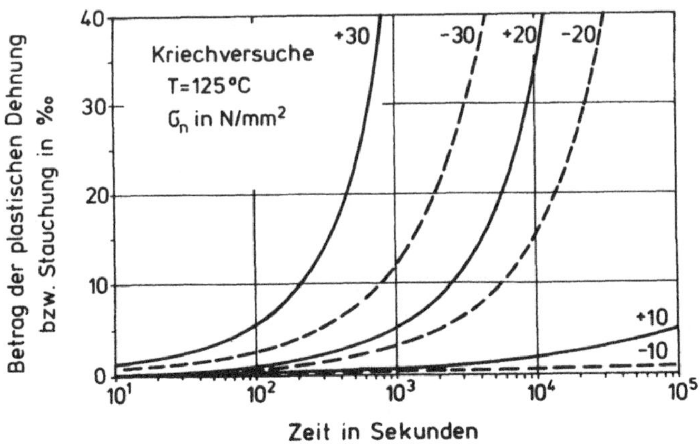

Bild 29 Kriechkurven bei 125°C für verschiedene Nennspannungen

Vergleicht man die Beträge der Kriechdehnungen bzw. -stauchungen mit den Dehnungen der bei der gleichen Temperatur erhaltenen Mitteldehnungskurven unter mittelspannungsfreier zyklischer Beanspruchung (vgl. Bild 20), so treten für vergleichbare Spannungen Unterschiede um mehrere Größenordnungen auf. Ein solcher Vergleich ist aber offenbar auch nicht sinnvoll, weil die statische Beanspruchung zeitlich konstant ist, wogegen sich die positiven und negativen Spannungshalbwellen während eines Lastspiels nur in den Zeitabschnitten Δt der Spannungsamplitude σ_a hinreichend nähern (vgl. Bild 30). Legt man Δt so fest,

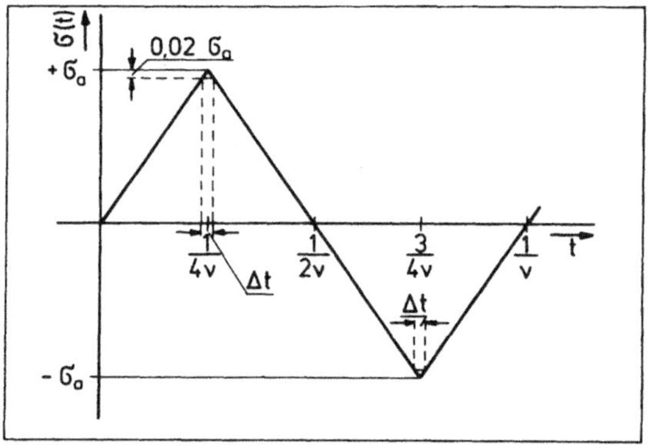

Bild 30 Schematische Darstellung zur Ermittlung der Zeit Δt, in der während einer Schwingbeanspruchung die einer statischen Belastung entsprechende Spannung $\sigma(t)$ wirksam ist, für die gilt $0{,}98\ \sigma_a \leq \sigma(t) \leq 1{,}00\ \sigma_a$

daß $0{,}98\ \sigma_a \leq (t) \leq 1{,}00\ \sigma_a$ wird, dann folgt

$$\Delta t = \frac{1}{200\ \nu}$$

und mit $\nu = 5$ Hz

$$\Delta t = \frac{1}{1000}\ s$$

Bei der vorgenommenen spannungskontrollierten Zug-Druck-Schwingbeanspruchung hat also nach N Lastspielen stets eine Zug- bzw. Druckspannung mit $\sigma \geq |0{,}98\sigma_a|$ über die Zeit

$$t_K = N\ \Delta t = \frac{N}{1000}\ s$$

auf die Proben eingewirkt. Betrachtet man in Bild 20 für T = 125°C die unter

$\sigma_a = 20$ N/mm^2 gemessene Mitteldehnungskurve, so entnimmt man dieser für $N = 10^5$

$$\epsilon_m = 0.6 \text{ ‰}$$

Für die zugehörige Zeit $t_K = N\,\Delta t = 10^2$s folgt andererseits aus Bild 29 für $\sigma_n = +20$ N/mm^2 bzw. -20 N/mm^2

$$|\epsilon^{Zug}_{Kriech}| - |\epsilon^{Druck}_{Kriech}| \approx 0{,}5 \text{ ‰}$$

Man kommt also bei dieser rohen Abschätzung bereits auf durchaus vergleichbare Dehnungswerte. Die durch Bild 29 belegten Unterschiede in den statischen Kriechwiderständen gegen Zug- und Druckbeanspruchung bieten offenbar auch eine Erklärung dafür, daß bei mittelspannungsfreier Zug-Druck-Wechselbeanspruchung stets positive Mitteldehnungsänderungen beobachtet werden. Statisch bedingte Mitteldehnungsanteile sind also nicht auszuschließen. Die Unterschiede in den Probenquerschnitten bei überelastischer Beanspruchung während der Zug-und Druckhalbwechsel bleiben selbst bei den größten Spannungsamplituden < 2 % und liefern daher keinen Ansatz für eine befriedigende Erklärung der Mitteldehnungen. Daß andererseits nicht alle Mitteldehnungsänderungen kriechbedingt sind, kann auf Grund der vor allem bei kleinen Temperaturen und großen Amplituden auftretenden Wechselverfestigungsprozesse geschlossen werden. Die Ursachen für die beobachteten unterschiedlichen Werkstoffreaktionen auf gleich große Zug- und Druckbeanspruchung bedürfen ebenso der weiteren Untersuchung wie die Frage, ob die auftretenden Mitteldehnungen durch bei Raumtemperatur schon beobachtete Ablöseerscheinungen und/oder Brüche der eingelagerten Härtekörper [13,14] beeinflußt werden.

Abschließend bietet sich noch an, die vorgestellten Untersuchungsergebnisse mit den über den Versuchswerkstoff bisher in der Literatur vorliegenden Ermüdungsdaten zu vergleichen. Für den untersuchten Gleitlagerwerkstoff auf Zinnbasis geben [7] und [8] Zugschwell-, Druckschwell-sowie Wechselfestigkeitswerte für $N_B=10^7$ und unter Zuhilfenahme der 0,2 %-Dehn- bzw.- Stauchgrenze ein Smithdiagramm für Raumtemperatur an. In [9] findet sich ein für 100^{0}C entwickeltes Smithdiagramm. Die dabei zugrundegelegten 0,2 % -Dehngrenzen von 65,7 N/mm^2 bei Raumtemperatur und 44 N/mm^2 bei 100^{0}C stimmen mit den hier für $\dot{\epsilon} = 2 \cdot 10^{-4}$s^{-1} gemessenen Werten recht gut überein. Auch die angegebene Raumtemperatur-Wechselfestigkeit $R_{zdW} = 31$ N/mm^2 stimmt gut mit dem Wert von 32,5 N/mm^2 überein, der aus Bild 24 für $N_B = 10^7$ extrapoliert wird. Bei 100^{0}C sind die entsprechenden Zahlenwerte 20 N/mm^2 und 24 N/mm^2. Die auftretenden Unterschiede können darauf beruhen, daß in [7-9] gekerbte Proben mit einem α_K=1,04 benutzt wurden.

Wegen der bereits bei Raumtemperatur unter reiner Zug-Druck-Wechselbeanspruchung auftretenden Mitteldehnungen ist bei Versuchen mit Mittelspannung eine verstärkte Ausbildung von Mitteldehnungen zu erwarten. Dies wird auch beobachtet [15]. Deshalb sind die klassischen Smith bzw. Haigh-Diagramme für Amplituden $< R_{p\,0,2}$ durch Mitteldehnungsangaben zu ergänzen [16].

6. Zusammenfassung

Es wird über die Ergebnisse ein- und wechselsinniger Verformungsexperimente mit dem Gleitlagerwerkstoff SnSb 8 Cu 4 Cd berichtet. Zur Ermittlung der einsinnigen Werkstoffkennwerte wurden quasistatische Zug- und Druckversuche mit Verformungsgeschwindigkeiten $2{,}5 \cdot 10^{-4}s^{-1} \leq \dot{\epsilon} \leq 5 \cdot 10^{-2}s^{-1}$ bei Temperaturen $-196^{o}C \leq T \leq 150^{o}C$ durchgeführt. Die Streck- und Stauchgrenzen fallen, unterbrochen durch einen Plateaubereich zwischen -100 und $-25^{o}C$ mit steigender Temperatur kontinuierlich ab. Für $50^{o}C \leq T \leq 150^{o}C$ sind die ermittelten Festigkeitskennwerte R_m und $|R_{d,\,10\%}|$ bei den einzelnen Temperaturen etwa gleichgroß, für $T < 50^{o}C$ wurden dagegen größere Festigkeiten bei Stauchung als bei Dehnung beobachtet. Der Unterschied zwischen beiden Werkstoffwiderständen steigt mit fallender Temperatur an. Im Temperaturbereich $20^{o}C \leq T \leq 125^{o}C$ wachsen alle quasistatischen Werkstoffkennwerte linear mit dem Logarithmus der Verformungsgeschwindigkeit.

Zur Untersuchung des Wechselverformungsverhaltens wurden kraftgesteuerte Zug-Druck-Versuche mit einer Frequenz von 5 Hertz, dreieckförmigem Last-Zeit-Verlauf und Mittelspannung 0 im Temperaturbereich $20^{o}C \leq T \leq 150^{o}C$ durchgeführt. Im Lebensdauerbereich $5 \cdot 10^{3} \leq N_B \leq 2 \cdot 10^{6}$ wurden für unterschiedliche Spannungsamplituden die plastischen Dehnungsamplituden und die Mitteldehnungen als Funktion der Lastspielzahl ermittelt. Die Wöhlerkurven verschieben sich mit steigender Temperatur in gesetzmäßiger Weise zu kleineren Spannungsamplituden. Die Wechselverformungskurven liegen mit steigender Spannungsamplitude und Temperatur bei höheren plastischen Dehnungsamplituden. Der Versuchswerkstoff verhält sich unter schwingender Beanspruchung wechselverfestigend. Die aus den Wechselverformungskurven abgeleiteten zyklischen Verfestigungskurven liefern kleinere Streckgrenzen als bei einsinniger Beanspruchung gemessen werden. Trotz mittelspannungsfreier Schwingbeanspruchung treten Mitteldehnungen auf, die mit steigender Spannungsamplitude und Temperatur zu anwachsenden Probenverlängerungen führen. Ergänzende Kriechversuche, die einen unterschiedlichen Kriechwiderstand bei Zug- und Druckbeanspruchung ergaben, zeigen, daß Kriechprozesse zu den zyklisch bestimmten Mitteldehnungen beitragen.

7. Literatur

[1] Lang, O.R., Steinhilper, W.: Gleitlager. Berlin: Springer Verlag 1978

[2] Engel, L., Fussgänger, A.: Gleitlagerschäden. Metall 33 (1979) 1, 27/32

[3] Hilgers, W.: Erkennung der Ursachen von Schäden an dickwandigen Verbundlagern. Goldschmidt informiert 3/78 (1978), Nr. 45, 70/90

[4] Graf, G.: Druckaufbau im Schmierfilm statisch und dynamisch belasteter Radialgleitlager. Dissertation, Universität Karlsruhe, 1970

[5] Harbordt, J.: Beitrag zur theoretischen Ermittlung der Spannungen in den Schalen von Gleitlagern. Dissertation, Universität Karlsruhe, 1975

[6] Lang, O.R.: Gleitlagerermüdung unter dynamischer Last. VDI-Berichte 248 (1975)

[7] Hilgers, W.: Lagerwerkstoffe für höhere Forderungen. VDI-Nachrichten 38 (1975)

[8] Hilgers, W.: Dynamische Festigkeit von Lagerwerkstoffen auf Blei-, Zinn- und Cadmium-Grundlage. Goldschmidt informiert 3/78 (1978), Nr. 45, 2/5

[9] Hilgers, W.: Persönliche Mitteilung

[10] Peeken, H., Knoll, G., Schüller, R.: Betriebsnahe Lebensdaueruntersuchungen an Gleitlager-Verbundwerkstoffen. VDI-Zeitschrift 123 (1981), Nr. 6, 195/200

[11] Leiser, W.: Untersuchungen zum zügigen Verformungsverhalten einer Zinnbasisgleitlagerlegierung. Diplomarbeit, Universität Karlsruhe, 1980

[12] Marggrander, P.: Untersuchungen zum Verformungsverhalten einer Zinnbasisgleitlagerlegierung unter Druckbeanspruchung. Diplomarbeit, Universität Karlsruhe, 1981

[13] Weiß, H.: Untersuchungen zur Anrißbildung an Proben aus einem Gleitlagerwerkstoff auf Zinn-Basis. Diplomarbeit, Universität Karlsruhe, 1979

[14] Löhr, R., Mayr, P., Macherauch, E.: Untersuchungen zum Ermüdungsverhalten eines hochzinnhaltigen Gleitlagerwerkstoffs. Goldschmidt informiert 3/80 (1980), Nr. 52, 2/8

[15] Löhr, R.: Unveröffentlichte Messungen

[16] Reik, W., Mayr, P., Macherauch, E.: Eine notwendige Änderung der Dauerfestigkeitsschaubilder bei Schwingfestigkeitsuntersuchungen. Arch. Eisenhüttenwesen 52 (1981), Nr. 8, 325/328

Untersuchung des Verhaltens von Gleitlagerwerkstoffen bei Störung des hydrodynamischen Betriebs

von

Dr.-Ing. Eckhart SCHOPF
Dipl.-Ing. Michael STEEG

GLYCO - METALL - WERKE
Daelen & Hofmann KG
Wiesbaden

Förderkennzeichen: 01ZT 297

Laufzeit: 1.1.1978 bis 31.12.1980

Projektleiter: Dr. phil. nat. Erich HODES
Dr. rer. nat. Erich ROEMER

Zusammenfassung:
Werkstoffe hydrodynamischer Gleitlager müssen so beschaffen sein, daß sie auch bei Störung der Vollschmierung, also im Mischreibungsgebiet, noch ein möglichst betriebssicheres Funktionieren der Gleitlagerung gewährleisten.

Auf einem Gleitlagerprüfstand wird das Freßverhalten, auf einem Stift-Scheibe-Tribometer das Verschleißverhalten unterschiedlicher metallischer Gleitlagerwerkstoffe untersucht. In beiden Fällen dienen spezifische Grenzlasten als kennzeichnende Größen der Werkstoffeignung.

Gliederung

Zusammenfassung 272

Verwendete Symbole 274

1. Einleitung 276

2. Verschleißprüftechnik 277

3. Versuche auf dem Gleitlagerprüfstand 279
3.1 Grund und Ziel der Untersuchungen 279
3.2 Versuchsdurchführung 280
3.3 Ergebnisse und Diskussion der Versuche bei ungestörter Gleitflächengeometrie 284
3.3.1 Spezifische Lager-Grenzbelastungen 284
3.3.2 Gleitpartner nach den Versuchsläufen 286
3.3.3 Diskussion der Versuchsergebnisse 288
3.4 Ergebnisse und Diskussion der Versuche bei gestörter Gleitflächengeometrie 291
3.4.1 Spezifische Lager-Grenzbelastungen 291
3.4.2 Gleitpartner nach den Versuchsläufen 293
3.5 Charakteristische Verläufe von Reibmoment und Lagerrückentemperatur während der Notlaufversuche 293
3.6 Kurze Zusammenfassung der Versuche auf dem Gleitlagerprüfstand 296

4. Versuche auf dem Stift-Scheibe-Tribometer 297
4.1 Versuchsaufbau 297
4.2 Versuchsdaten 297
4.3 Rampenversuche 300
4.4 Notlaufversuche 304

5. Vergleichende Schlußbetrachtung 313

Schrifttum 315

Verwendete Symbole

$a = \frac{\lambda}{c \cdot \rho}$	Temperaturleitfähigkeit
A_o	Kontaktfläche Stift-Scheibe
b	tragende Lagerbreite
c	spezifische Wärmekapazität
d_L	Lagerinnendurchmesser
e_R	Reibungsenergiedichte am Stift
f	Reibungszahl
f_G	Reibungszahl im Gleitlager unter Grenzbedingungen
F	Lagerbelastungskraft
F_N	Normalkraft auf Stift
F_R	Reibungskraft
k_b	Verschleißkoeffizient
M_R	auf Lager wirkendes Reibmoment
$p = \frac{F}{bd_L}$	auf projizierte Lagerfläche bezogene spezifische Lagerbelastung
p_F	auf projizierte Lagerfläche bezogene spezifische Lagerfreßlast
p_G	auf projizierte Lagerfläche bzw. auf Stiftquerschnitt bezogene spezifische Lager-Grenzbelastung
p_N	spezifische Normalkraft auf Stift
$P_R = f_G \cdot p_G \cdot v$	auf projizierte Lagerfläche bezogene Reibleistung unter Grenzlast
$P_R = f \cdot p_N \cdot v$	Reibleistung am Stift
Pv	auf projizierte Lagerfläche bezogene Vergleichsreibleistungsdichte

P_{vN}	Notlaufverlustleistung
P_{Nt}	Notlaufverlustleistung der Tieflage
R_t	Rauhtiefe
s	Beanspruchungsweg
t	Beanspruchungsdauer
t_t	Notlaufzeit in der Verschleißtieflage
t_N	Notlaufzeit des Gleitlagers ohne Ölzufuhr
v	Gleitgeschwindigkeit
W_{lt}	linearer Verschleißbetrag in der Tieflage
W_l	linearer Verschleißbetrag
$W_{l/s}$	Verschleißrate
$W_{l/t}$	Verschleißgeschwindigkeit
W_v	volumetrischer Verschleißbetrag
ϑ	Stifttemperatur
ϑ_R	Lagerrückentemperatur
λ	Wärmeleitfähigkeit
ρ	Dichte

1 Einleitung

Bei hydrodynamisch geschmierten Gleitlagern muß zumindest vorübergehend mit Mischreibungszuständen gerechnet werden. Diese treten beispielsweise beim Anfahren und Stillsetzen einer Maschine, bei geometrischen Ungenauigkeiten, unzureichender Oberflächengüte, Schmierstoffmangel, Fremdpartikeln im Schmierstoff, Überbelastung usw. auf. Der Lagerwerkstoff muß hierbei für eine Überbrückung der ungünstigen Betriebszustände sorgen. Bei kleineren Gleitgeschwindigkeiten haben diese Störungen meist nur Verschleiß zur Folge, wodurch die Lebensdauer der Lagerung begrenzt wird. Bei erhöhten Gleitgeschwindigkeiten wird durch eine momentane Störung u.U. eine große Energie (u. a. Wärmeenergie, Verformungsenergie) freigesetzt, wodurch schwerwiegendere Schäden bis hin zum Totalausfall auftreten können. Es liegen zwar praktische Erfahrungen an Maschinenschäden vor, systematische Untersuchungen sind bisher aber nur in unzureichendem Maße durchgeführt worden. Solche Untersuchungen sind aber unerläßlich zur Einstufung der gebräuchlichen und zur Entwicklung neuer Lagerwerkstoffe.
Hierzu sollten im Rahmen dieses Forschungsprojektes Untersuchungsmethoden entwickelt und ihre Aussagekraft an gebräuchlichen Lagerwerkstoffen unter Beweis gestellt werden.
Im Abschnitt 3 wird das Verhalten von Lagerwerkstoffen beim Auftreten von Störungen bei Gleitgeschwindigkeiten zwischen ca. 2 m/s und 11 m/s auf einem Gleitlagerprüfstand untersucht. Da diese Versuche zwar praxisnah, aber relativ aufwendig sind, wurden parallel dazu Modell-Verschleißversuche auf einem Stift-Scheibe-Tribometer durchgeführt. Hierüber wird in Abschnitt 4 berichtet. Einen Überblick zum Projekt gibt Bild 1.

Die Bedeutung der durchgeführten Arbeiten liegt insbesondere darin, daß durch Erforschung der Vorgänge im gestörten Betrieb für die Praxis gezielte Maßnahmen ergriffen werden können, welche die Betriebssicherheit von Gleitlagerungen erhöhen. Von den Versuchsergebnissen mit gebräuchlichen Lagerwerkstoffen sind Impulse für die Entwicklung neuer Lagerwerkstoffe zu erwarten, durch die Anzahl und Schwere von Schadensfällen beim Auftreten von Störungen reduziert werden könnten. Der volkswirtschaftliche Nutzen ergibt sich aus der Verlängerung der Lebensdauer und der Vermeidung von Folgeschäden, die sich nicht nur auf die Maschine selbst, sondern auch auf Ausfälle (z.B. Liegezeiten von Transportmitteln wie Schiffe oder Lokomotiven, Ausfall der Stromerzeugung von Kraftwerken usw.) erstrecken können.

Ein weiteres, aktuelles Beispiel stellen die Gleitlager aufgeladener Verbrennungsmotoren dar. Durch die Aufladung kann eine Kraftstoffeinsparung erzielt werden, sie führt aber zu ungünstigeren Betriebsbedingungen in den Lagern, die Weiter- bzw. Neuentwicklungen von Lagerwerkstoffen notwendig machen.

Die Versuchsergebnisse und die daraus folgenden Verbesserungen kommen nicht nur den Herstellern von Lagerschalen zugute, sondern auch den Herstellern der übrigen zum tribologischen System Gleitlagerung gehörenden Elemente sowie den Herstellern und Betreibern gleitgelagerter Maschinen, da die Lagerung für die Funktionsfähigkeit einer Maschine von ausschlaggebender Bedeutung ist.

2 Verschleißprüftechnik

Da Verschleiß nicht alleine als Werkstoff-, sondern vielmehr als Systemeigenschaft betrachtet werden muß, bedingt dies für die Verschleißprüfung eine entsprechende Prüftechnik. In [1] wird die Verschleißprüfung unter dem Gesichtspunkt 'Systemeigenschaft' aufgegliedert in Modell-, Bauteil-, Erzeugnis- und Praxisprüfung. Hieraus entnahmen wir Bild 2.

Für das Verschleißsystem 'Motorengleitlager' ist die Praxis z.B. der Fahrbetrieb von Pkw, Lkw und sonstigen Nutzfahrzeugen sowie der Betrieb von Schiffs- oder stationären Motoren. Der Motorenversuch stellt die Erzeugnisprüfung dar, während zur Bauteilprüfung verschiedene Lagerprüfmaschinen eingesetzt werden.

Bauteil- und Modell-Verschleißprüftechnik als in der Durchführung einfache und preisgünstige Prüfungen haben jedoch nur dann einen für die Praxis verwertbaren Nutzen, wenn es gelingt, die Verschleißbeanspruchungen praxisnah zu halten. Verschleißmechanismen, Schadensbilder und Verschleißraten müssen zum Praxisfall in geeigneten Korrelationen stehen. Beim Modell-

versuch stellen die konstruktiven Unterschiede der im Reibkontakt stehenden Teile im Gegensatz zum Bauteilversuch, wo meistens Originalteile eingesetzt werden, eine zusätzliche Einflußgröße dar.
Demgegenüber stehen im Modellversuch die günstigeren Meßmöglichkeiten für die beim Verschleißvorgang interessierenden Größen wie Reibkraft, Normalkraft, Verschleißbetrag, Temperatur nahe der Reibstelle und Übergangswiderstand. Alle diese Größen lassen sich in der Regel während des Versuches kontinuierlich messen und registrieren.

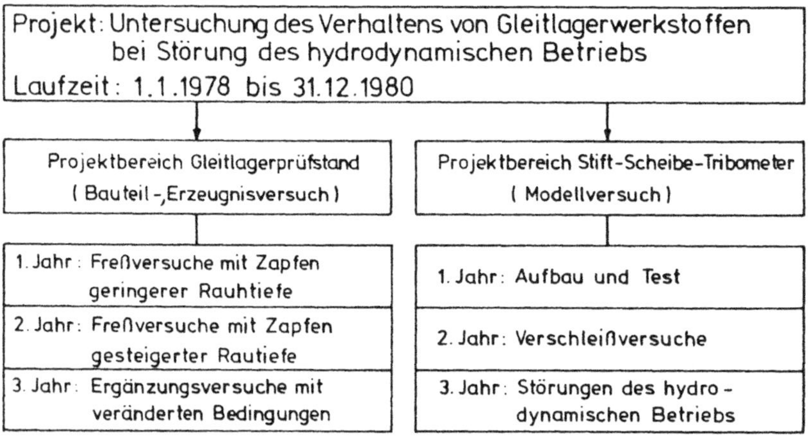

Bild 1: Projektübersicht

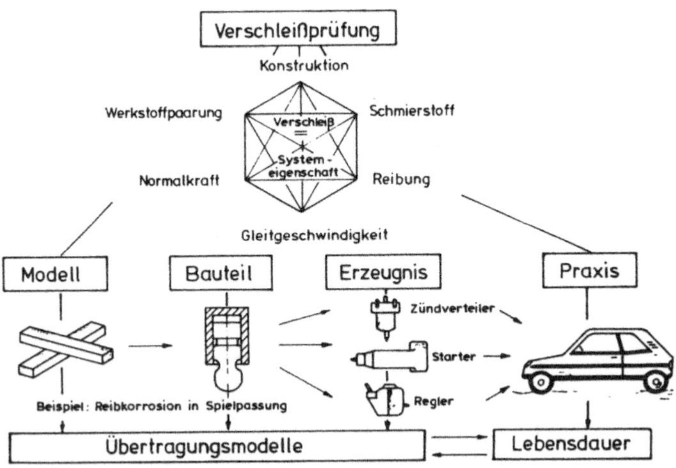

Bild 2: Verschleißprüfung unter Berücksichtigung des Verschleißes als Systemeigenschaft

3. Versuche auf dem Gleitlagerprüfstand

[2] enthält eine ausführliche Darstellung der Untersuchungen

3.1 Grund und Ziel der Untersuchungen

Die Verträglichkeit eines Gleitlagers mit dem Gleitpartner ist als eines der Hauptkriterien bei der Auswahl des Gleitlagerwerkstoffs für einen bestimmten Anwendungsfall anzusehen. Die wenigen diesbezüglichen Literaturhinweise stellen eine nur sehr unzulängliche Hilfe dar, so daß man bis heute bei der Festlegung auf den geeigneten Werkstoff in erster Linie auf Erfahrungen aus Schadensfällen angewiesen ist. Die Notwendigkeit genauerer Kenntnisse über die Freßempfindlichkeit von Gleitlagerungen ist dadurch gestiegen, daß in vermehrtem Maß Wert auf die Einsparung von Energie gelegt wird. Dies geschieht z.B. bei Verbrennungsmotoren u.a. durch Verringerung der Reibleistungsverluste in den Gleitlagern. Hierzu wird eine möglichst niedrige Reibungszahl angestrebt. Entweder werden die Lager extrem schmal ausgeführt oder niedrigviskose Öle eingesetzt. Nahe dem Reibungsminimum muß aber mit Verschleiß infolge Mischreibung gerechnet werden. Energieeinsparung ist gleichfalls das Ziel der Verwendung von Turboladern. Zur Verbesserung des thermischen Wirkungsgrades werden die Zünddrücke gesteigert. Die dadurch erhöhten Lagerbelastungen können ebenfalls zu stärkerem Verschleiß führen. Schließlich wird versucht, billigere Treibstoffe zu benutzen, womit häufig eine erhöhte Verschmutzung des Motoröls durch Verbrennungsrückstände verbunden ist. Alle diese Fälle steigern auch die Gefahr von Lagerfressern.

Es ist deshalb wünschenswert, Lagermetalle zu verwenden, die auch bei starker Störung der Vollschmierung noch möglichst lange funktionsfähig bleiben und die Welle, als das teurere Bauteil, weitestgehend schonen. Somit erschien es dringend geboten, systematische Untersuchungen der Freßempfindlichkeit von Gleitlagern durchzuführen.

Mit den Untersuchungen soll eine konkrete Aussage über den Werkstoffeinfluß auf die Freßempfindlichkeit von Gleitlagern erzielt werden. Es sollen der aus der Erfahrung vorhandene Kenntnisstand verbessert und für eine größere Palette von metallischen Gleitlagerwerkstoffen durch Erarbeitung eindeutiger Kriterien eine objektive und t r e f f s i c h e r e W e r k s t o f f a u s w a h l ermöglicht werden. Zusammen mit der Untersuchung der tribologischen Vorgänge bis zum Auftreten von Lagerfressern soll hierdurch auch die Entwicklung neuer Lagerwerkstoffe mit verbesserten Eigenschaften unterstützt werden.

3.2 Versuchsdurchführung

Als Kriterium der Notlaufeignung einer Gleitlagerung wird häufig die Zeitspanne angesehen, die vom Eintreten des ungünstigen Betriebszustandes Mischreibung bis zum Fressen vergeht, wobei die Lagerung unter den gleichen äußeren Beanspruchungen wie im Normalbetrieb weiterläuft. Dies kann mitunter einige Tage dauern, wie praktische Fälle und Versuche beweisen. Außerdem tritt hier eine starke Streuung und eine mangelhafte Reproduzierbarkeit der Versuchsergebnisse auf. Vorversuche ergaben, daß man zu besseren Ergebnissen kommt, wenn als N o t l a u f k r i t e r i u m d i e m a x i m a l m ö g l i c h e B e l a s t u n g s k r a f t angesehen wird, die bei v o r g e g e b e n e r N o t l a u f z e i t s p a n n e g e r a d e n o c h k e i n e n L a g e r f r e s s e r verursacht. Diese Grenzlast kann als F r e ß l a s t g r e n z e bezeichnet werden.

Im einzelnen wurde folgendes Konzept für die Versuchsdurchführung festgelegt:

Prüfteile sind die Gleitpartner Lagerschale und Zapfen. Nach einem bestimmten Einlaufprogramm bei konstanter Gleitgeschwindigkeit und Druckölschmierung wird die Ölzufuhr abgestellt. Lagerbelastung und Gleitgeschwindigkeit werden konstant gehalten. Als Beginn eines Lagerfressers gilt das Erreichen eines bestimmten, gegenüber dem Betriebsreibmoment, deutlich erhöhten Grenzreibmoments. Es wird die spezifische Lager-Grenzbelastung als signifikante Größe bestimmt, unter der die Prüflagerungen in einer fest vorgegebenen Zeitspanne das Grenzreibmoment gerade noch nicht erreicht. Nach den Prüfläufen erfolgt eine Schadensbeurteilung der Lagerung.

Bild 3 zeigt den verwendeten Gleitlagerprüfstand. Angaben zu Prüfteilen und den Betriebsbedingungen:

P r ü f l a g e r :

Zwei 180°-Lagerschalen, wie sie üblicherweise in Kolbenmaschinen verwendet werden.

Bohrungsdurchmesser:	55 mm
tragende Lagerbreite:	10 mm
Lagerspiel:	55 µm
Werkstoffe:	TABELLE 1

P r ü f z a p f e n :

Fliegend angeordnete Buchse, die zur besseren Auswechselbarkeit mit konischer Innenbohrung versehen ist.

Rauhtiefe: $R_t \approx 1\,\mu m$ bzw. $R_t \approx 2{,}5\,\mu m$

Werkstoff: Ck45 mit Härte HRC 55

B e l a s t u n g s k r a f t :

aufgebracht über Hydraulikzylinder auf Unterschale
maximal: 40 kN ≙ 72,7 N/mm^2.

D r e h z a h l e n : 700 bis 3.700 min^{-1}

Gleitgeschwindigkeiten: 2 bis 10,65 m/s

M e ß g r ö ß e n :

1. Lagerrückentemperatur im Scheitel der Unterschale mit Thermoelement.
2. Reibmoment über Reibmomentenwaage und Drehkraft-Meßgerät.

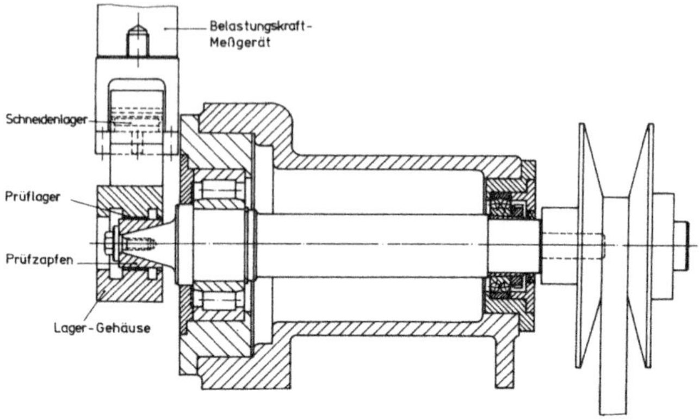

Bild 3: Gleitlagerprüfstand für Notlaufversuche

Nr	Legierung	DIN	Werkstoff Nr	Legierungsbestandteile in Gewichtsprozent Cu	Pb	Sn	Sb	Al	Sonstige
1	Lg Pb Sb 15	1703	2.3313	—	83	1	15	—	As
2	Lg Sn 89	1703	2.3775	3,5	—	89	7,5	—	—
3	G-Cu Pb 22 Sn	1716	2.1166.09	77	22	1	—	—	—
4	G-Cu Pb 10 Sn	1716	2.1176.01	80	10	10	—	—	—
5	Al Sn 6 Cu	1494	3.0620	1	—	6	—	91	Ni, Si
6	Al Sn 20 Cu	1494	3.0680	1	—	20	—	79	—
7	Al Si 11 Cu	—	—	1	—	—	—	88	11 Si
8	G-Cu Pb 22 Sn mit	1716	2.1166.09	77	22	1	—	—	—
	Deckschicht Pb Sn 10 Cu	—	—	2	88	10	—	—	—
9	Al Sn 6 Cu mit	1494	3.0620	1	—	6	—	91	Ni, Si
	Deckschicht Pb Sn 10 Cu	—	—	2	88	10	—	—	—

TABELLE 1: Zusammenstellung der untersuchten Lagerwerkstoffe, jeweils als Schicht auf Stahl St 3, DIN 1624.

Bekanntermaßen stellt eine mangelhafte Geometrie der Gleitpartner einen Störeinfluß des Lagerbetriebs dar. Deshalb wurden außer den Versuchen mit technisch glatten Gleitpartnerflächen auch solche mit ungünstigerer Gleitflächenbeschaffenheit durchgeführt. Während dies bei der Zapfenoberfläche durch Vergrößerung der Rauhtiefe von R_t = 0,8 bis 1,2 µm auf R_t = 2 bis 3 µm geschah, wurde in einer weiteren Versuchsvariante eine Beschädigung der Lagergleitfläche simuliert. Mit einer gehärteten Stahlkugel von 1 mm Durchmesser wurden vor den Prüfläufen Eindrücke in den Prüflagerunterschalen erzeugt. Charakteristisches Merkmal dieser Eindrücke sind Randaufwürfe, die in den Gleitraum hineinragen und durch den Quetschvorgang beim Verformungsvorgang entstehen. Je nach Art des Lagerwerkstoffs wiesen sie unterschiedliche Höhen bis zu 43 µm auf. Das Aussehen der Gleitschichtverformungen entspricht weitgehend den in der Praxis bei Riefenbildung durch Fremdpartikel im Schmieröl beobachteten Erscheinungen. Der Einlaufvorgang wurde hier bei leicht belasteter Oberschale vorgenommen, um die Randaufwürfe bis zum eigentlichen Versuch (Belastung der Unterschale) zu erhalten.

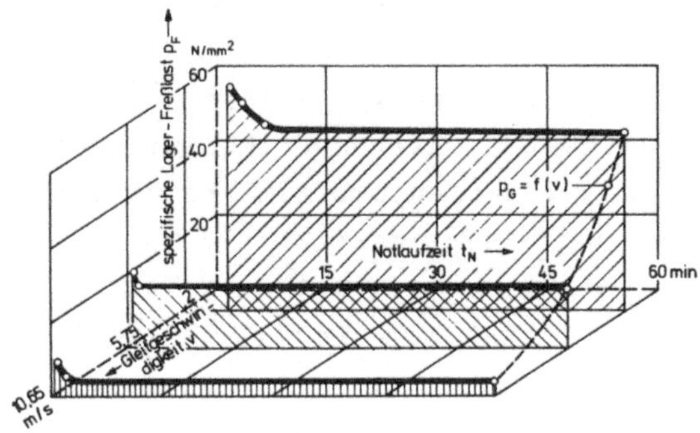

BILD 4: Charakteristische Abhängigkeit der spezifischen Lager-Freßlast p_F von der Gleitgeschwindigkeit v und der Notlaufzeit t_N ohne Schmierölzufuhr (Lagerwerkstoff: G-CuPb 10 Sn)

Die in den Versuchen angewandte Methode der Versuchsdurchführung ergab eine gute R e p r o d u z i e r b a r k e i t der Ergebnisse. Der wesentliche Grund liegt in der Existenz eines "Schwellenwertes" für die Lager-Grenzbelastung (Freßlastgrenze). Wie BILD 4 stellvertretend für die übrigen untersuchten Lagerwerkstoffe beweist, besteht im Grenzlastbereich eine starke Empfindlichkeit der Notlaufzeitspanne gegenüber der Lagerbelastung, die mit der Gleitgeschwindigkeit noch zunimmt. Unterschreitet die Lagerbelastung hingegen einen gewissen Schwellenwert, kann mit sehr langen Notlaufzeiten gerechnet werden. Auch bei Festlegung auf längere Notlaufzeitspannen als die gewählten 60 min (bzw. 10 min bei simuliert beschädigten Lagergleitschichten) wurden keine wesentlich geänderten Grenzlasten gefunden. Erst bei Laufzeiten unter 10 min ergeben sich höhere Freßlastgrenzen, wobei dann auch etwas stärkere Streuungen beobachtet wurden.

3.3 Ergebnisse und Diskussion der Versuche bei ungestörter Gleitflächengeometrie

3.3.1 Spezifische Lager-Grenzbelastungen

Im BILD 5 sind am Beispiel des Dreischichtlagers auf Bleibronzebasis alle Versuchsläufe eingezeichnet. Die gesuchten spezifischen Lager-Grenzbelastungen (Freßlastgrenze) wurden im allgemeinen bei gleicher Gleitgeschwindigkeit durch von Versuch zu Versuch gesteigerter Lagerbelastung ermittelt. Im Falle des Erreichens der maximal möglichen Prüfstandslast wurde die Gleitgeschwindigkeit erhöht. Der gestrichelte Linienzug teilt den oberen Bereich mit Notlaufzeiten bis zum Freßbeginn unter 60 min vom unteren Bereich, in dem innerhalb 60 min das Grenzreibmoment noch nicht erreicht wurde. Im oberen Bereich fällt wieder, wie in BILD 4, die rasche Abnahme der Notlaufzeitspanne auf.

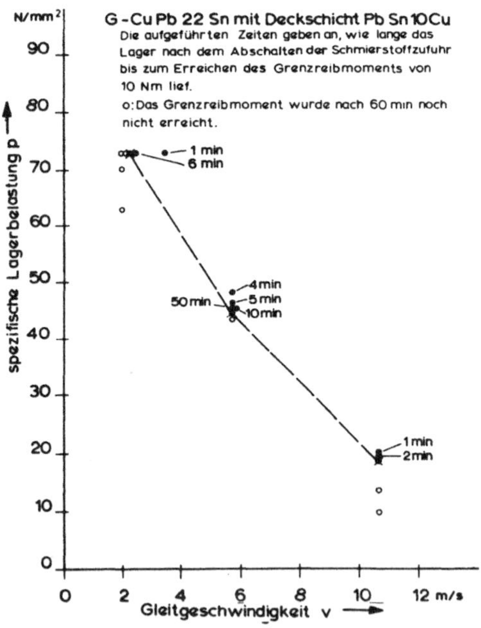

BILD 5: Ermittlung der Grenzlast, unterhalb welcher das Grenzreibmoment gerade noch nicht erreicht wurde (Rauhtiefe der Zapfen ca. R_t = 0,8 bis 1,2 µm)

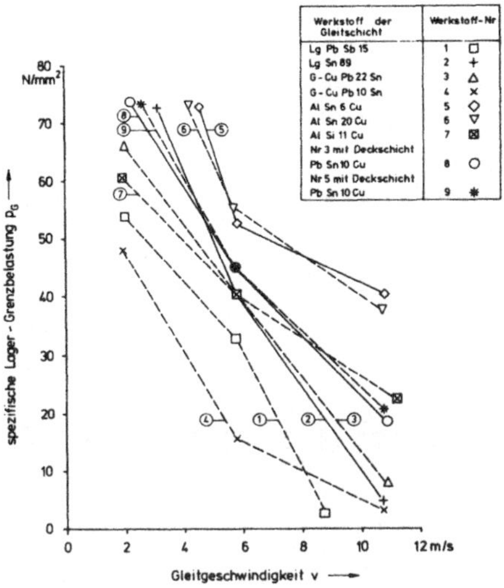

BILD 6: Zusammenstellung der experimentell gefundenen Lager-Grenzbelastungen p_G, unter denen im Notlauf ohne Schmierölzufuhr das Grenzreibmoment von 10 Nm innerhalb 60 min gerade noch nicht erreicht wird (Rauhtiefe der Zapfen ca. R_t = 0,8 bis 1,2 µm)

BILD 6 zeigt in einer Zusammenstellung die spezifischen Lager-Grenzbelastungen der neun untersuchten Lagerwerkstoffe. Es bestätigt sich die aus der Praxis bekannte Tatsache, daß die Freßgefahr grundsätzlich mit der Gleitgeschwindigkeit steigt.

Je höher die spezifische Lager-Grenzbelastung bei bestimmter Gleitgeschwindigkeit, um so besser ist die Notlaufeignung des verwendeten Lagerwerkstoffs im Sinne der Versuchsbedingungen. Niedrig liegende Werte bedeuten, daß nur gering belastet werden konnte, um ein Fressen innerhalb einer Stunde Notlauf zu vermeiden. Erwartungsgemäß schneidet die härteste der untersuchten Lagerlegierungen (die Blei-Zinn-Bronze Werkstoff Nr. 4) am schlechtesten ab, was sich allerdings nicht auf hohe Gleitgeschwindigkeiten bezieht. Hier liegt die Bleilegierung am ungünstigsten, weil ein Ausschmelzen der Lagerlegierung auftritt, so daß Fressen mit der Stahlstützschale erfolgt. Die Aluminium-Zinn-Legierungen sind bei den geschilderten Versuchen am unempfindlichsten gegen ein Fressen.

3.3.2 Gleitpartner nach den Versuchsläufen

TABELLE 2 gibt eine Obersicht zur Beurteilung des Aussehens und der weiteren Verwendungsfähigkeit der Gleitpartner. Nach dem einstündigen Notlaufbetrieb unter der spezifischen Lager-Grenzbelastung zeigten sich in der Regel nur geringfügige Veränderungen. Da während des Versuchs Mischreibung herrschte, ergaben sich natürlich V e r s c h l e i ß s p u r e n . Es zeigten sich leichte Riefen in Drehrichtung, die von der Zapfenrauheit herrührten.

Lfd. Nr.	Lagerwerkstoff	Gleitgeschwindigkeit [m/s]	Lagergleitfläche nach Notlauf unter spezif. Lager-Grenzbelastung p_G	Lagergleitfläche nach dem Freßvorgang	Lagerung nach dem Freßvorgang mit Ölzufuhr noch funktionsfähig	Zapfen wird durch Polieren der Oberfläche mit Diamantpapier wieder verwendungsfähig
1	LgPbSb 15	2,0 5,75 8,64	leicht riefig leicht riefig leicht riefig	leicht riefig ausgeschmolzen ausgeschmolzen	ja nein nein	ja nein nein
2	LgSn 89	3,2 5,75 10,65	breitgedrückt leicht riefig leicht riefig	leicht rief.,breitgedr. ausgeschmolzen ausgeschmolzen	ja nein nein	ja nein nein
3	G-CuPb 22 Sn	2,0 5,75 10,65	leicht riefig leicht riefig leicht riefig	riefig Bleiaustritt Bleiaustritt	ja ja ja	nein nein nein
4	G-CuPb 10 Sn	2,0 5,75 10,65	leicht riefig leicht riefig leicht riefig	riefig Bleiaustritt Bleiaustritt	ja ja ja	nein nein nein
5	AlSn 6 Cu	4,5 7,5 10,65	unbeschädigt unbeschädigt unbeschädigt	leicht riefig leicht riefig riefig	ja ja ja	ja ja ja
6	AlSn 20 Cu	4,25 5,75 10,65	fast unbeschädigt fast unbeschädigt fast unbeschädigt	riefig riefig stark riefig	ja ja ja	ja ja ja
7	AlSi 11 Cu	2,0 5,75 10,65	unbeschädigt unbeschädigt unbeschädigt	leicht riefig riefig riefig, schwarz	ja nein nein	ja ja ja
8	G-CuPb 22 Sn mit Deckschicht PbSn 10 Cu	2,3 5,75 10,65	leicht geschwärzt leicht riefig leicht riefig	Deckschicht abgeblät. Deckschicht abgeblät. Bleibronze sichtbar	ja ja ja	ja ja bedingt
9	AlSn 6 Cu mit Deckschicht PbSn 10 Cu	2,6 5,75 10,65	fast unbeschädigt fast unbeschädigt fast unbeschädigt	breitgedrückt leicht riefig stark riefig und Ausschmelzungen	ja ja nein	ja ja ja

TABELLE 2: Gleitlagerung nach Versuchsläufen mit Zapfen geringer Rauhtiefe (R_t = 0,8 bis 1,2 µm)

Nach dem Freßvorgang zeigten sich alle Lagergleitflächen mehr oder weniger stark angegriffen. Gemäß TABELLE 2 reicht die Palette der Beurteilung des Aussehens von "leicht riefig" über "stark riefig" bis "ausgeschmolzen". Nach jedem Freßvorgang wurde geprüft, ob die Gleitlagerung mit Ölzufuhr noch funktionsfähig war. Hierzu wurde der Ölzuführhahn geöffnet, die Belastung auf die Hälfte der vorherigen Betriebslast abgesenkt und der Antriebsmotor wieder eingeschaltet. TABELLE 2 bezieht sich auf die Lagerbelastungen, die knapp über den spezifischen Lager-Grenzbelastungen lagen. Die in den meisten Fällen vorhandene weitere Funktionsfähigkeit ist natürlich primär auf das relativ niedrig gewählte Grenzreibmoment zurückzuführen, wodurch die Gleitflächen der Gleitpartner weitgehend erhalten wurden bzw. der eigentliche Freßvorgang frühzeitig abgebrochen wurde.

Unter scharfen Notlaufbedingungen treten bei den untersuchten B r o n z e n und A l u m i n i u m - Z i n n - L e g i e r u n g e n die im Grundwerkstoffgerüst eingelagerten niedrigschmelzenden Legierungskomponenten Pb bzw. Sn als eine Art Opferwerkstoff an die Lageroberfläche. Dies geschieht durch örtliches Ausschmelzen. In Drehrichtung kurz hinter der Ausschmelzstelle oder bei Betrieb kurz vor dem Fressen auch in der oberen unbelasteten Lagerhälfte wurden nach dem Notlauf zahlreiche Pb- bzw. Sn-Inseln und -Perlen gefunden, die vermutlich in Form geschmolzener oder teigiger Metalltropfen von der Welle in den kühleren Lagerbereich mitgenommen wurden, wo sie wieder erstarrten und von der Welle an der Lageroberfläche festgewalzt wurden (hierzu BILD 7). Im Gleitbereich ergibt sich also ein dünner flüssiger oder teigiger Metallfilm, der sich schützend zwischen Welle und Lagergrundwerkstoff legt.

BILD 7: Lagerschale mit Gleitschicht aus G-CuPb 22 Sn nach einem Notlauf ohne Schmierölzufuhr von 13 min bis zum Ausfall durch Fressen. $p = 8{,}2$ N/mm^2, $v = 10{,}65$ m/s

Hierbei werden hohe örtliche Temperaturspitzen vermieden oder abgebaut, wozu auch die Schmelzwärme von Blei bzw. Zinn beitragen dürften. Erst wenn an der Reibstelle eine gewisse Erschöpfung des Reservoirs der niedrig schmelzenden Legierungskomponenten auftritt, erfolgt ein Fressen mit dem Grundwerkstoff.

3.3.3 Diskussion der Versuchsergebnisse

Das gemäß BILD 6 mehr oder weniger starke Abfallen der spezifischen Lager-Grenzbelastungen mit steigender Gleitgeschwindigkeit bestätigt in seiner Tendenz die Angaben in [3] , [4], [5] und führt zur Vermutung, daß für die untersuchten Lagerwerkstoffe jeweils eine ganz bestimmte, auf die projizierte Lagerfläche bezogene, spezifische Reibverlustleistung $P_R = f_G \cdot p_G \cdot v$ existiert, bei deren Oberschreiten ein Fressen der Lagerung auftritt.

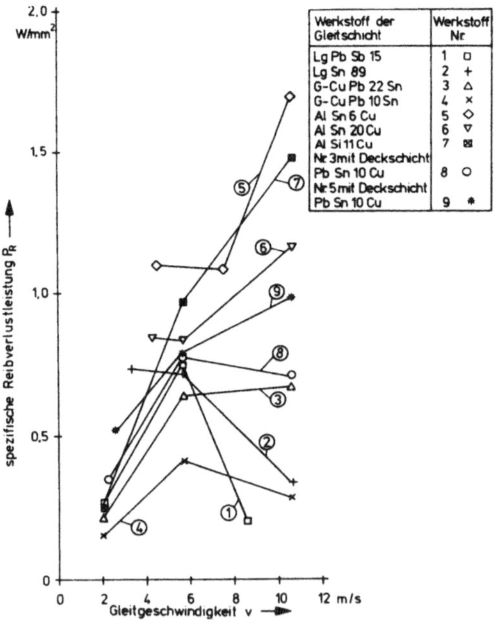

BILD 8: Spezifische Reibverlustleistung $P_R = f_G \cdot p_G \cdot v$ während des Notlaufs ohne Schmierölzufuhr (Rauhtiefe der Zapfen ca. R_t = 0,8 bis 1,2 μm)

$$P_R = f_G \cdot p_G \cdot v$$

P_R ≙ Reibleistungsdichte

f_G ≙ Reibungszahl (Meßwert unter Grenzbedingungen)

p_G ≙ spezifische Lager - Grenzbelastung } (Versuchsdaten)

v ≙ Gleitgeschwindigkeit }

Modellvorstellung: Existenz einer Vergleichsreibleistungsdichte P_V, die nur vom Lagerwerkstoff abhängig ist und welche die Gesamtbeanspruchungsfähigkeit während des Notlaufs ohne Schmierölzufuhr kennzeichnet

$$P_R = P_V \cdot m_p \cdot m_v$$

m_p ≙ Minderungsfaktor infolge spezifischer Lagerbelastung

m_v ≙ Minderungsfaktor infolge Gleitgeschwindigkeit

Mit linearen Ansätzen für die Minderungsfaktoren

$$m_p = 1 - \frac{p_G}{p_o}$$

$$m_v = 1 - \frac{v}{v_o}$$

p_o ≙ Grenzwert für p_G } (aus Versuchswerten ermittelbar)

v_o ≙ Grenzwert für v }

und Parabelansatz für die Reibungszahl

$$f_G = a + bv + cv^2$$

a, b, c ≙ Parabelkoeffizienten (aus Versuchswerten ermittelbar)

lassen sich $p_G = f(v)$

und $P_R = f(v)$

darstellen

BILD 9: Erläuterungen zum Rechenmodell für p_G und P_R

Daß diese Werte im untersuchten Betriebsbereich aber keineswegs konstant sind, zeigt BILD 8. Je g r ö ß e r die in den Versuchen ermittelten m a x i m a l m ö g l i c h e n s p e z i f i s c h e n R e i b v e r l u s t l e i s t u n g e n P_R sind, um so g e r i n g e r ist die F r e ß n e i g u n g. Niedrige Werte bedeuten, daß die Betriebsdaten so niedrig gewählt werden mußten, um ein Fressen innerhalb der festgelegten Notlaufzeit zu vermeiden. Bis auf die Al-Sn-Legierungen zeigen alle Linienzüge negative Krümmungen mit einem Maximum. Die maximal ertragbaren Reibleistungsdichten werden also sowohl durch hohe Flächenpressungen als auch durch hohe Gleitgeschwindigkeiten herabgemindert. Sieht man zunächst einmal von den beiden Al-Sn-Legierungen ab, so lassen sich die Versuchsergebnisse $p_G = f(v)$ und $P_R = f(v)$ mit Hilfe eines relativ einfachen Rechenmodells gemäß BILD 9 beschreiben. Ausgangswert bildet die auf die projizierte Lagerfläche bezogene Reibleistung $P_R = f_G \cdot p_G \cdot v$ unter Grenzbedingungen. Sie ergibt sich aus einer Vergleichsreibleistungsdichte P_V, wobei P_V durch die herrschende spezifische Lager-Grenzbelastung p_G

schiedenen Lagerwerkstoffe bedingt, da bei der Versuchsdurchführung stets sorgfältig auf sonst gleiche Betriebsbedingungen geachtet wurde. Dabei sind sowohl die Größe der entstehenden Reibungswärme als auch der Fähigkeit, diese Wärme abzutransportieren bzw. die örtlich entstehenden Temperaturspitzen niedrig zu halten oder rasch abzubauen, von ausschlaggebender Bedeutung. Es kann selbstverständlich nicht erwartet werden, das äußerst komplexe Geschehen während des Reibvorgangs bis zum Fressen könne in Abhängigkeit von ein oder zwei physikalischen Werkstoffeigenschaften in einer einfachen, exakten Funktion dargestellt werden. Immerhin ergeben sich aber beim Vergleich des Freßwiderstands mit thermodynamischen Werkstoffkennwerten recht deutliche Tendenzen. Trägt man die maximal ertragbare Reibleistungsdichte über der Temperaturleitfähigkeit a gemäß BILD 10 auf, beweist die geringe Streuung der Punkte um die Ausgleichsgerade, daß hier die instationären, thermodynamischen Vorgänge im Mikrobereich von ausschlaggebender Bedeutung sind.

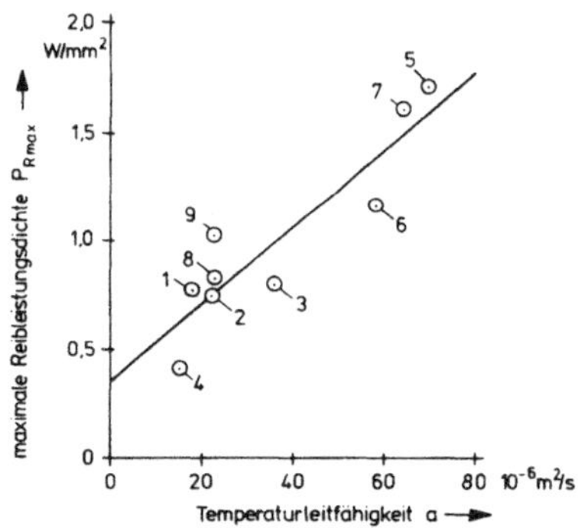

Werkstoff der Gleitschicht	Werkstoff Nr
Lg Pb Sb 15	1
Lg Sn 89	2
G-Cu Pb 22 Sn	3
G-Cu Pb 10 Sn	4
Al Sn 6 Cu	5
Al Sn 20 Cu	6
Al Si 11 Cu	7
Nr 3 mit Deckschicht Pb Sn 10 Cu	8
Nr 5 mit Deckschicht Pb Sn 10 Cu	9

BILD 10: Beeinflussung der maximal ertragbaren Reibleistungsdichte P_{Rmax} durch die Temperaturleitfähigkeit a des Lagerwerkstoffs

3.4 Ergebnisse und Diskussion der Versuche bei gestörter Gleitflächengeometrie.

3.4.1 Spezifische Lager-Grenzbelastungen

BILD 11 und BILD 12 zeigen die experimentell gefundenen spezifischen Lager-Grenzbelastungen für erhöhte Zapfenrauheit bzw. definiert beschädigte Lagergleitflächen. In BILD 13 sind getrennt nach den untersuchten Lagerwerkstoffen die drei Versuchsvarianten gegenübergestellt. Im Einklang mit praktischen Erfahrungen erhöhen rauhe Zapfen die Freßgefahr bei höheren Gleitgeschwindigkeiten stärker als bei niedrigen Gleitgeschwindigkeiten. Bei beschädigten Lagergleitflächen fällt im Bereich höherer Gleitgeschwindigkeiten das Versagen, der in den übrigen Versuchen so gut abschneidenden Al-Sn-Legierungen auf. Es konnten keine Gleitgeschwindigkeiten über 8,65 m/s innerhalb des Versuchsprogramms erreicht werden. Hier schnitt das Bronze-Dreischichtlager am besten ab.

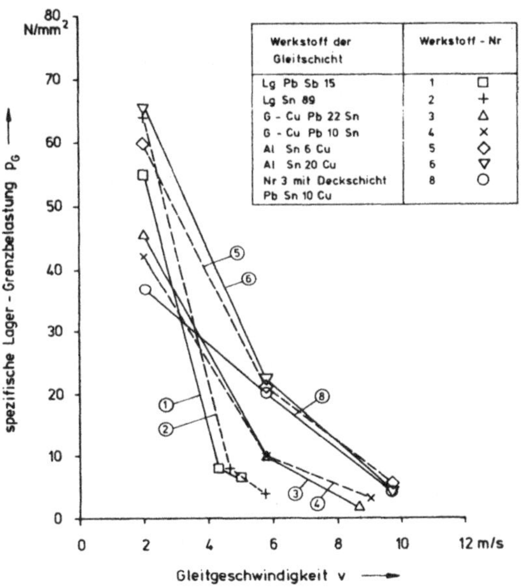

BILD 11: Zusammenstellung von p_G-Werten, bei denen im Notlauf ohne Schmierölzufuhr das Grenzreibmoment von 15 Nm innerhalb 60 min gerade noch nicht erreicht wird (Rauhtiefe der Zapfen ca. R_t = 2 bis 3 μm)

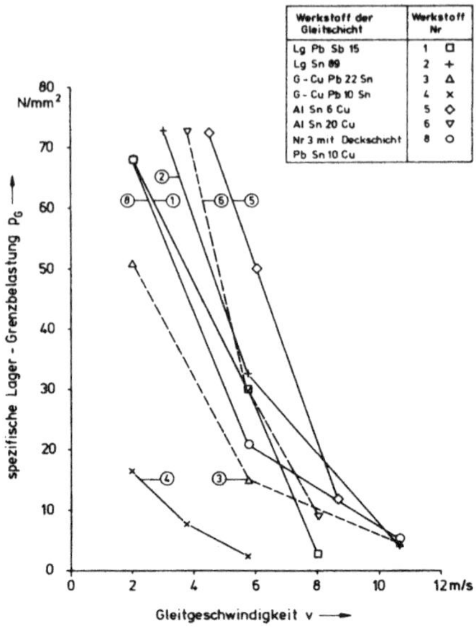

BILD 12: Zusammenstellung von p_G-Werten, bei denen bei simulierten Gleitlagerbeschädigungen im Notlauf ohne Schmierölzufuhr das Grenzreibmoment von 15 Nm innerhalb 10 min gerade noch nicht erreicht wird. (Rauhtiefe der Zapfen ca. R_t = 0,8 bis 1,2 μm)

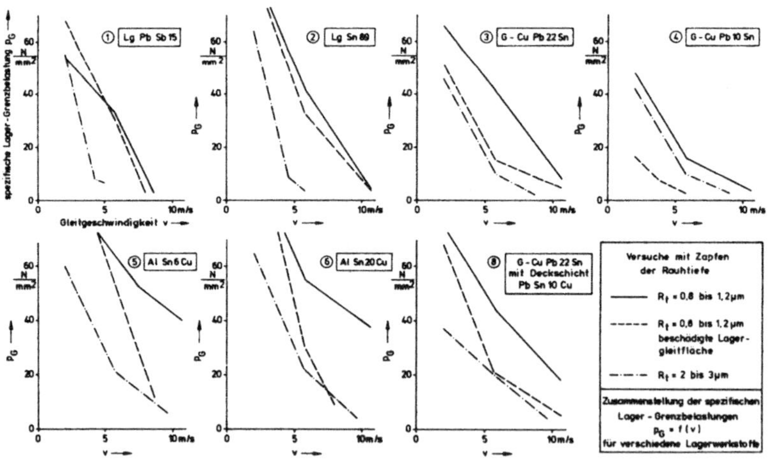

BILD 13: In den Versuchen ermittelte spezifische Lager-Grenzbelastungen p_G, unter denen im Notlauf ohne Schmierölzufuhr innerhalb der in den BILDERN 6, 11, 12 angegebenen Zeiten die ebenfalls dort angegebenen Grenzreibmomente gerade noch nicht erreicht werden.

Lfd. Nr.	Lagerwerkstoff	Gleitgeschwindigkeit [m/s]	Lagergleitfläche n. Notlauf unter spez. Lager-Grenzbelastung	Lagergleitfläche nach dem Freßvorgang	Lagerung nach dem Freßvorgang mit Ölzufuhr noch funktionsfähig	Zapfen wird durch Polieren der Oberfläche mit Diamantpapier wieder verwendungsfähig
1	LgPbSb 15	2,0	leicht riefig	leicht riefig	ja	ja
		4,3	leicht riefig	leicht riefig	ja	ja
		5,0	riefig	riefig	ja	ja
2	LgSn 89	2,0	leicht riefig	leicht riefig	ja	ja
		4,65	leicht riefig	leicht riefig	ja	ja
		5,75	riefig	riefig	ja	ja
3	G-CuPb 22 Sn	2,0	riefig	riefig, Bleiaustritt	ja	ja
		5,75	riefig	riefig, Bleiaustritt	ja	ja
		8,65	riefig	riefig, Bleiaustritt	ja	ja
4	G-CuPb 10 Sn	2,0	riefig	riefig	ja	ja
		5,75	riefig	riefig	ja	nein
		9,0	riefig	riefig	nein	nein
5	AlSn 6 Cu	2,0	riefig	stark riefig	ja	ja
		5,75	riefig	riefig	ja	ja
		9,65	riefig	riefig	ja	ja
6	AlSn 20 Cu	2,0	riefig	riefig	ja	ja
		5,75	riefig	riefig	ja	ja
		9,65	riefig	riefig	ja	ja
8	G-CuPb 22 Sn mit Deckschicht PbSn 10 Cu	2,0	riefig	riefig	ja	ja
		5,75	riefig	riefig	ja	ja
		9,65	riefig	riefig	ja	ja

TABELLE 3: Gleitlagerung nach Versuchsläufen mit Zapfen gesteigerter Rauhtiefe (R_t = 2 bis 3 μm)

3.4.2 Gleitpartner nach den Versuchsläufen

TABELLE 3 umfaßt Angaben über das Aussehen der Lagergleitfläche und die eventuelle weitere Funktionsfähigkeit der Lagerung sowie die eventuelle weitere Verwendungsfähigkeit des Prüfzapfens. Aufgrund der rauheren Zapfen waren die Lagergleitflächen durchweg stärker riefig. Trotzdem waren die Lagerungen häufiger weiter funktionsfähig als bei glatten Zapfen, was auf die kleineren Kontaktflächen (Rauheitsspitzen) zwischen den Gleitpartnern zurückzuführen ist.

3.5 Charakteristische Verläufe von Reibmoment und Lagerrückentemperatur während der Notlaufversuche

Entsprechend BILD 14 oben links traten zu Beginn des Notlaufs, also unmittelbar nach Abschalten der Schmierölzufuhr, mehr oder weniger starke Reibmomentschwankungen infolge Anpassungsvorgängen auf. Bei härteren Lagerlegierungen traten Fresser durch ansatzloses, plötzliches Ansteigen des Reibmoments auf. Gleiches gilt für Lagerlegierungen mittlerer Härte bei hohen Gleitgeschwindigkeiten(BILD 14 oben rechts). Die Reibmomentvermit dem Faktor m_p und durch die vorhandene Gleitgeschwindigkeit v mit dem Faktor m_v auf P_R gemindert wird. P_v ist ein von den Betriebsbedingungen unabhängiger Kennwert der Versuchslagerung. Er kennzeichnet die Freßunempfindlichkeit des Lagersystems unter den gewählten Notlaufbedingungen, wobei hier zwar der jeweilige Lagerwerkstoff von primärer Bedeutung ist, sein Freßverhalten aber eingebettet in das vorliegende spezielle System gesehen werden muß.

Im Unterschied zu den übrigen untersuchten Lagerwerkstoffen ergeben beide Al-Sn-Legierungen, wie bereits erwähnt, positive Krümmungen der P_R-v-Kurven (vergl. BILD 8), wodurch im untersuchten Gleitgeschwindigkeitsbereich statt eines P_R-Maximums ein P_R-Minimum auftritt. Bei höheren Gleitgeschwindigkeiten steigt die Reibleistungsdichte unter der Lager-Grenzbelastung, die von niedriger zu mittlerer Gleitgeschwindigkeit zunächst geringfügig abfällt, stark an. Vermutlich ergibt sich ein Maximum außerhalb des Versuchsbereichs. Die Modellvorstellung einer Minderung von P_R durch p_G und v wird im Versuchsbereich offensichtlich hier durch eine Veränderung im System überlagert, die bei den übrigen Lagerwerkstoffen nicht auftritt. Da bei der Versuchsdurchführung große Sorgfalt auf Gleichheit der verschiedenen Einflußgrößen bei allen untersuchten Lagerwerkstoffen verwandt wurde, muß es sich bei diesen Veränderungen um interne Prozesse des Systems handeln. Wie erwähnt, neigt Reinaluminium in hohem Maße zur Oxidation. Gerade die Oxidhaut gibt Aluminium seine relativ gute Korrosionsfestigkeit. Da nun bei höheren Gleitgeschwindigkeiten die Temperaturblitze an den Berührstellen der Rauheitsspitzen von Welle und Lager höher anzusetzen sind als bei niedrigen Gleitgeschwindigkeiten, wird hierdurch vermutlich eine verstärkte Regenerierung der durch Verschleiß abgetragenen Oxidschicht auftreten, die das Freßverhalten zum Positiven hin verändert.

Die gefundenen beachtlichen Unterschiede der spezifischen Lager-Grenzbelastungen und Reibleistungsdichten sind, wenn auch systembezogen auf die Gleitlagerung, allein durch die ver-

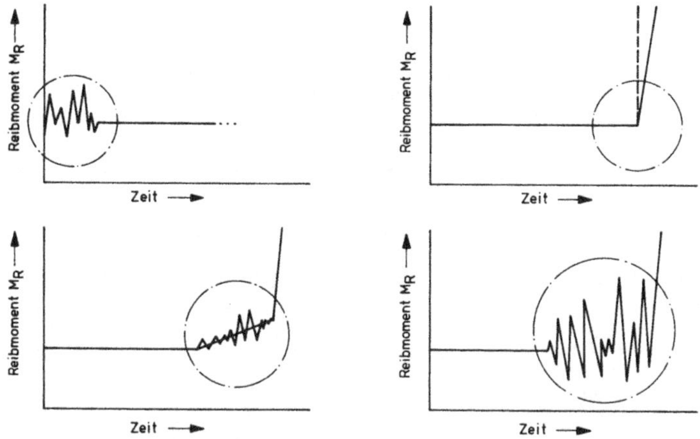

BILD 14: Charakteristische Verläufe des Reibmoments M_R (schematisch) am Anfang und Ende (unmittelbar vor dem Fressen) des Notlaufs ohne Schmierölzufuhr

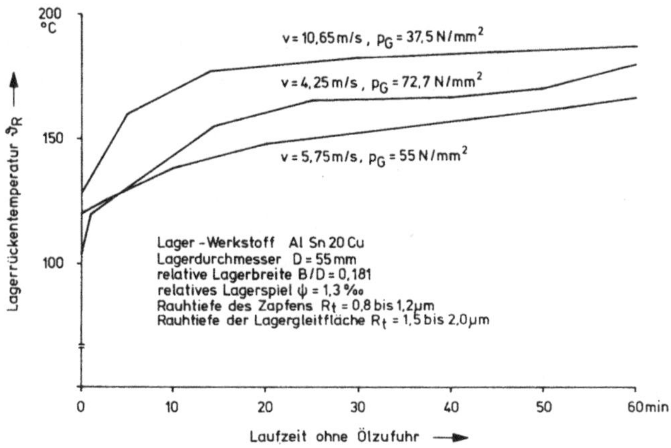

BILD 15: Charakteristischer Verlauf der Lagerrücken-Temperatur während des Notlaufs ohne Schmierölzufuhr unter spezifischer Lager-Grenzbelastung

läufe gemäß BILD 14 unten links wurden meist bei niedrigeren Gleitgeschwindigkeiten, die gemäß BILD 14 unten rechts bei geringen Gleitschichthärten und mittleren bis hohen Gleitgeschwindigkeiten beobachtet. Es handelt sich hierbei um Anschmelzvorgänge der Gleitschicht, bei denen Verbindungsbrücken zum Stahlzapfen aufgebaut und wieder abgeschert werden.

Nach dem Abschalten der Ölzufuhr stieg die Lagerrückentemperatur in allen Fällen mehr oder weniger stark an und hatte angenähert die Charakteristik einer Sättigungskurve. Am Beispiel der Aluminiumlegierung AlSn 20 Cu sind in BILD 15 die während des Notlaufs auftretenden Verläufe der Lagerrückentemperaturen unter den jeweiligen spezifischen Lager-Grenzbelastungen aufgetragen. Es ergab sich erwartungsgemäß bei fast allen Lagerlegierungen eine in der Tendenz befriedigende Übereinstimmung zwischen den Verläufen der Lagerrückentemperatur und der spezifischen Reibverlustleistung.

3.6 Kurze Zusammenfassung der Versuche auf dem Gleitlagerprüfstand

Der Freßwiderstand einer Gleitlagerung wird in entscheidender Weise durch den Lagerwerkstoff bestimmt. Die Freßlastgrenze sinkt mit zunehmender Gleitgeschwindigkeit je nach Lagerwerkstoff unterschiedlich stark ab. Die untersuchten Al-Sn-Legierungen weisen in weiten Betriebsbereichen den höchsten Freßwiderstand auf. Das Bronze-Dreischichtlager besitzt unter höheren Gleitgeschwindigkeiten bei Zapfen größerer Rauhtiefe einen ebenso guten, bei beschädigten Lagergleitflächen einen noch besseren Freßwiderstand. Die Blei-, Zinnlegierungen zeigen zwar eine relativ geringe Freßempfindlichkeit, neigen bei höheren Gleitgeschwindigkeiten aber zum vollkommenen Ausschmelzen, was durch rauhere Zapfen noch verstärkt wird. Insgesamt gesehen besteht bei der härtesten untersuchten Lagerlegierung, der Blei-Zinn-Bronze, die höchste Freßempfindlichkeit.

4. Versuche auf dem Stift-Scheibe-Tribometer

Zur Durchführung von Modellversuchen entschieden wir uns für das System Stift-Scheibe, da eine Literaturauswertung zeigt, daß in der Bundesrepublik Deutschland offensichtlich gerade mit diesem System sehr viele positive Erfahrungen vorliegen [1, 10, 11, 12, 13, 14].
Die ausgefeilte Versuchs- und Meßtechnik sowie die in großen Bereichen variabelen Versuchsparameter waren ausschlaggebend dafür, daß das von unserem Gesprächspartner auf seiten der Hochschulinstitute (Lehrstuhl für Werkstoffkunde der TH-Darmstadt, Prof. Dr.-Ing. K. H. Kloos und Dr.-Ing. E. Broszeit) entwickelte Stift-Scheibe-Tribometer mit lediglich kleinen konstruktiven Änderungen praktisch komplett in unseren Werkstätten nachgebaut wurde.

4.1 Versuchsaufbau

Kernstück des Prüfstandes ist ein hydrostatisches Lager mit einer drehbaren, nahezu reibungsfrei gelagerten Nabe. Diese kann durch ein hydraulisches Regelsystem in ihrer axialen Bewegungsrichtung wie ein Hydraulikzylinder gesteuert werden. Exzentrisch in dieser Nabe ist der Stift eingebaut, der normal gegen eine rotierende Scheibe gedrückt wird. Ein Mitdrehen der Nabe wird durch einen am anderen Ende eingespannten und gegen das Gehäuse abgestützten Biegebalken verhindert. Durch auf dem Biegebalken aufgeklebte Dehnmeßstreifen wird eine der an der Reibstelle auftretenden Reibkraft proportionale Dehnung gemessen. Bild 16 zeigt den Prüfstand mit elektronischer Steuer- und Registriereinheit.

Das Prinzip des Stift-Scheibe-Tribometers mit angeschlossenen Meßmöglichkeiten verdeutlicht die Skizze Bild 17.

4.2 Versuchsdaten

Für alle Versuche wurden massive Stifte der zu untersuchenden Werkstoffe durch Drehen hergestellt. Die Stiftabmessungen sind aus Bild 18 ersichtlich.

Die Daten der Versuchswerkstoffe sind in Tabelle 4 zusammengefaßt.
Die Herstellart der Halbzeuge ist in der Tabelle durch römische Zahlen gekennzeichnet. Es bedeuten:

(I) Strangguß (II) Kokillenguß (III) Strangpressen

Bild 16 - Stift-Scheibe-Tribometer

1) hydrostatisches Lager mit Nabe
2) Schalt- und Bedienpult
3) 6-Kanal-Punktdrucker
4) Verschleiß- u. Reibkraftmessung
5) Temperaturmeßeinheit
6) Regeleinheit für hydrostat. Lager
7) Funktionsgenerator

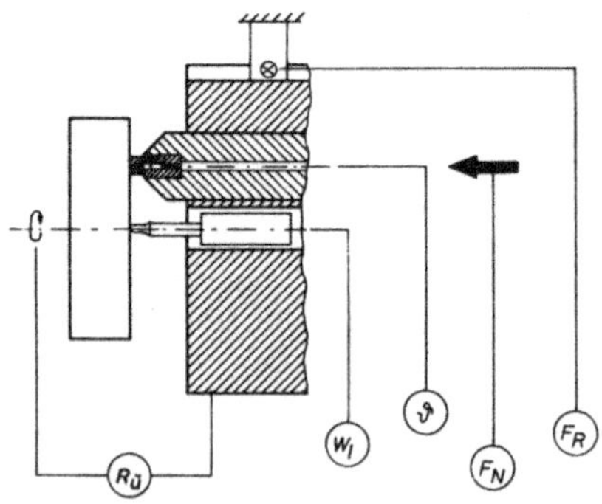

Bild 17 - Prinzip des Stift-Scheibe-Tribometers mit Meßmöglichkeiten

Tabelle 4 - Versuchswerkstoffe

Nr.	Bezeichnung	Brinell-Härte	Herstellart
1	PbSb14SnAs	22	II
2	SnSb12Cu6CdAsNi	37	II
3	AlZn5SiCuPbMg	58	III
4	AlSn6CuNi	40	I
5	AlSn20Cu	36	I
6	CuPb22Sn	50	II
7	CuPb22SnAg	46	II
8	CuPb10Sn10	86	II
9	CuSn14	99	I
10	SnSb8Cu3CdAsNi	29	II
11	SnSb8Cu4	22	II
12	Sn		
13	PbSb10Sn6CuCdAs	20	II
14	AlCu1	33	III
15	AlCu1Zn5	42	III
16	AlCu1Zn10	53	III
17	AlCu1Zn15	74	III
18	AlCu1Zn20	85	III

Alle Stifte aus dem Vollen gedreht. Versuchsfläche feingedreht R_t <6 µm. Durchmesser der Versuchsfläche 4 mm, --> Versuchsfläche A_o = 12,6 mm²

Scheibenwerkstoff: Ck45; HRC 55 bis 60, Scheibenoberfläche geschliffen R_t < 1 µm.

Tabelle 5 - Versuchsdaten

Gleitgeschwindigkeiten v = 0,5 bis 4,4 m/s		
Belastungsgeschwindigkeit	$\dot{F} = 0{,}14 \frac{N}{s}$	(Rampenversuche)
spez. Belastungen	$P_N = 8$ bis $32 \frac{N}{mm^2}$	(Notlaufversuche)
Schmiermittel:	Shell Rotella SX SAE 30 HD	
	Zulauftemperatur 80°C	
	Durchfluß 26 l/h	

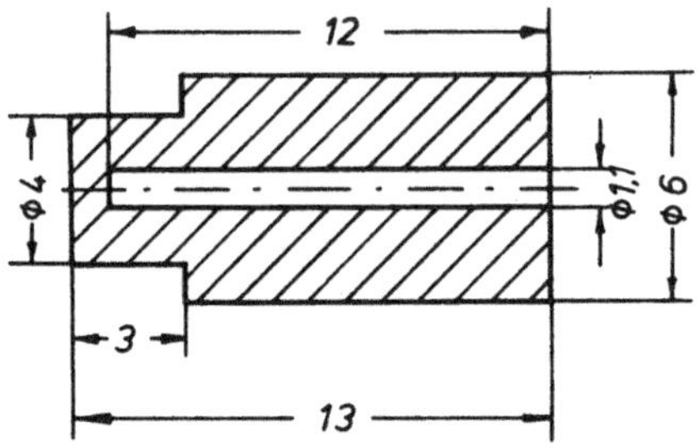

Bild 18 - Abmessungen der Versuchsstifte

Die einzelnen Versuchsparameter sind in Tabelle 5 angeführt.

4.3 Rampenversuche

Die nachfolgend beschriebene Versuchsvariante haben wir als Rampenversuche bezeichnet entsprechend der Art der Lastaufbringung. Die auf das tribologische System einwirkende Normalkraft wird dabei mit Hilfe eines Funktionsgenerators bei Null beginnend linear hochgefahren. Es wird derjenige Belastungsgrenzwert p_G gesucht, ab dem das System in die Verschleißhochlage übergeht. Da dieser Übergang bei den meisten Versuchen nicht schlagartig erfolgte, vielmehr in Form einer progressiven Verschleißwegkurve verläuft, wurde als Grenzwert derjenige Punkt gewählt, an dem die Tangente an die Verschleißwegkurve

$$\frac{dW_1}{dt} = 2\ \mu m\ /\ min$$

erreichte.

Bild 19 gibt den Versuchsablauf schematisch wieder.

Dem eigentlichen Versuch war eine Einlaufphase mit F_N = 15 und 30 N vorgeschaltet. Diese 10 min dauernde Einlaufphase bei einer Gleitgeschwindigkeit von 0,5 m/s diente zur Anpassung der Geometrien von Stift und Scheibe.

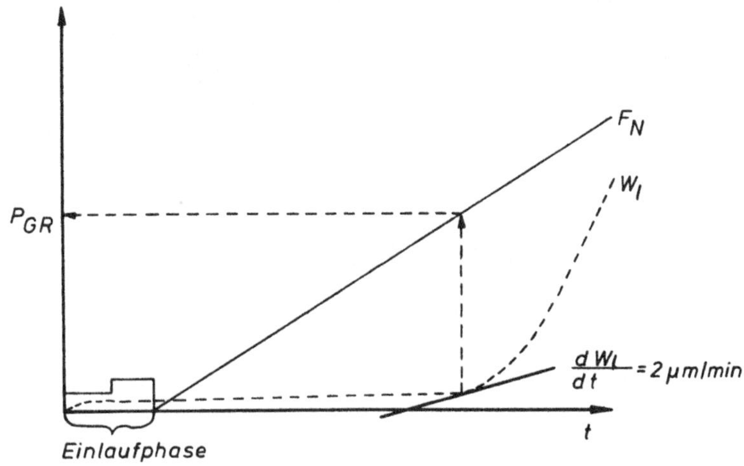

Bild 19 - Schema zum Rampenversuch

Ergebnisse

Die im Rampenversuch ermittelten Belastungsgrenzen p_G, bei denen das tribologische System in die Verschleißhochlage übergeht, sind in Abhängigkeit von der Gleitgeschwindigkeit in den Bildern 20 bis 23 aufgetragen.

Bild 20 zeigt an einer AlCu1Znx-Legierung, wie sich die Zugabe von Zink bei niederen Gleitgeschwindigkeiten positiv auf p_G, bei höheren jedoch negativ auswirkt. Für Zn-haltige AlCu1Znx-Legierung wird die Grenzbelastbarkeit durch steigenden Zink-Gehalt erniedrigt.

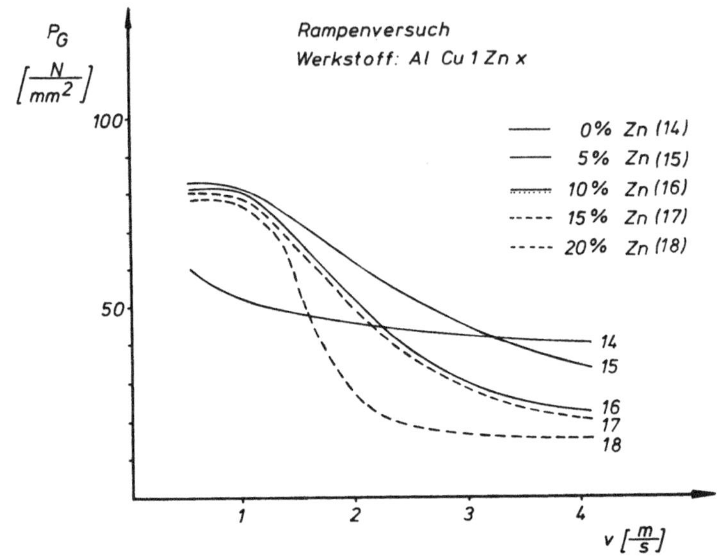

Bild 20 - Rampenversuch, Grenzbelastungen für AlCu1Znx

Die Zinn-Bleibronze CuPb10Sn10 zeigt bei nur geringer Abhängigkeit von der Gleitgeschwindigkeit im untersuchten Bereich von allen geprüften Legierungen die höchsten Belastungswerte. In Bild 21 sind auch die Grenzwerte der beiden Al-Lagerlegierungen AlSn6CuNi und AlSn20Cu eingezeichnet, wobei erstere die höheren Werte aufweist. Der in Bild 22 dargestellte Vergleich von Lagerwerkstoffen auf Sn-Basis zeigt, wie deutlich sich die SnSb- und CuSn-Härtekristalle in den Legierungen gegenüber reinem Zinn bemerkbar machen.

Bei den Pb-Lagerlegierungen ist die Sb-reichere der in den technologischen Eigenschaften vergleichbaren Legierung mit 10 w_{Sb} % überlegen (Bild 23).

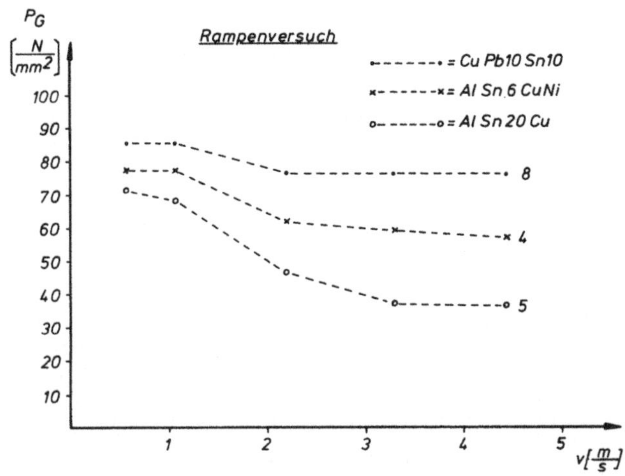

Bild 21 - Rampenversuch, Grenzbelastungen von CuPb10Sn10, AlSn6CuNi und AlSn20Cu

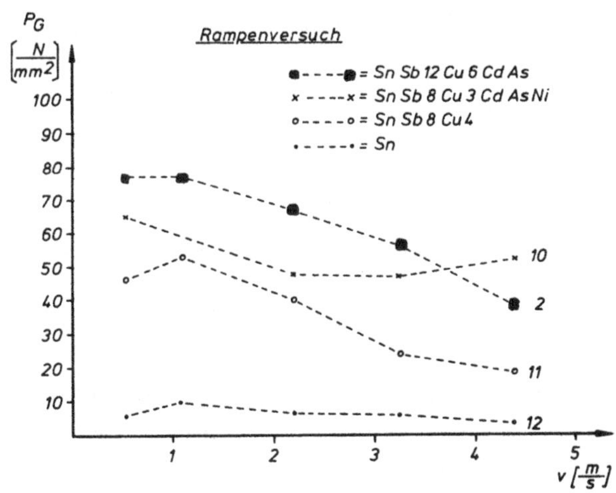

Bild 22 - Rampenversuch, Grenzbelastungen von Sn-Lagerwerkstoffen

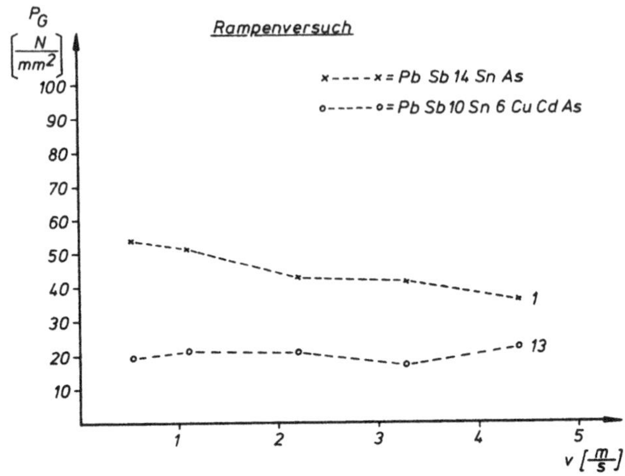

Bild 23 - Rampenversuch, Grenzbelastungen von Pb-Lagerwerkstoffen

Allen Versuchen ist gemein, daß die Grenzbelastbarkeit mit der Gleitgeschwindigkeit abfällt. Wie umfangreiche Versuche an der TH-Darmstadt [10] gezeigt haben, ist bei Stift-Scheibe-Versuchen bei Rampenbelastung ab etwa 3,5 bis 4 m/s Gleitgeschwindigkeit mit keinem weiteren Abfall der Grenzbelastbarkeit zu rechnen. Dieser oberhalb 3,5 m/s geschwindigkeits-invariante Verlauf wird auch bei den meisten hier vorliegenden Versuchen vorgefunden.

4.4 Notlaufversuche

Für diese Versuche wurde die Scheibe zunächst auf Versuchsdrehzahl beschleunigt und anschließend in Stufen zu 50 N die Normalkraft bis zur Versuchsbelastung aufgebracht. Nach jeder Belastungserhöhung wurde abgewartet, bis sich ein stationärer Verlauf der Reibkraft eingestellt hatte. Während dieser Belastungsphase wurde kontinuierlich Öl von 80°C auf die Scheibe kurz vor der Reibstelle aufgespritzt. Nach Erreichen der Versuchsbelastung und Einstellung des stationären hydrodynamischen Reibungszustandes beginnt der eigentliche Versuch durch schlagartiges Abstellen der Ölzufuhr. Der Versuch läuft dann so lange ohne Öl weiter, bis ein linearer Verschleiß W_l = 1 mm erreicht ist, bzw. bis schlagartig und irreversibel die Verschleißhochlage erreicht wird.
Bild 24 zeigt den prinzipiellen Ablauf eines solchen Versuches.

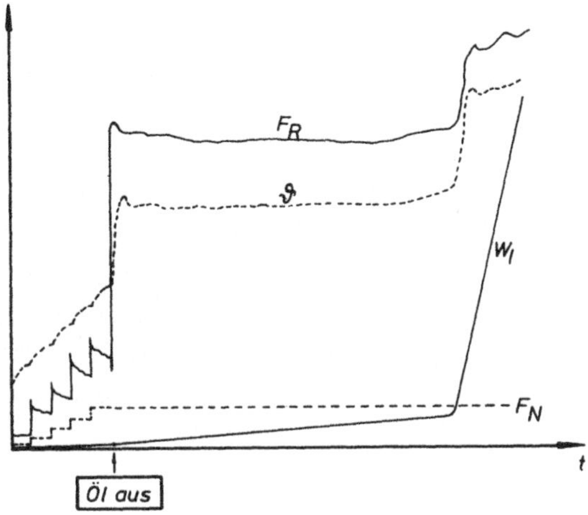

Bild 24 - Schema zum Notlaufversuch

Ergebnisse

Während der Versuche wurden linearer Verschleißbetrag, Reibkraft und Stifttemperatur auf einem Linienschreiber kontinuierlich aufgezeichnet. Für alle Versuche gilt, daß die beiden letzteren Meßgrößen konform verlaufen, d. h. eine Erhöhung der Reibkraft bewirkt sofort eine Erhöhung der Temperatur in der Reibstelle. Sofort nach Ölabschaltung tritt Mischreibung auf, was durch den Anstieg von Reibkraft, Temperatur und sinkenden Übergangswiderstand registriert wird. Bei den weicheren Werkstoffen wird der Verschleiß sofort als linearer Verschleißbetrag registriert, während bei härteren Werkstoffen zunächst für einige Minuten noch kein Verschleiß meßbar ist; danach verläuft der Verschleiß für einige Zeit in der Tieflage. Schlagartig tritt dann jedoch ein Sprung von der Verschleißtief- in die Hochlage ein (Übergang der Verschleißrate von µm/h in mm/min).

Im Bereich der Verschleißtieflage verlaufen Reibkraft und Temperatur in erster Näherung konstant. Der Übergang zur Verschleißhochlage läßt sich mit einiger Sicherheit bei den meisten Versuchen ca. 1 bis 5 min vorher durch langsamen Anstieg von Reibkraft und Temperatur vorhersehen. Diese Vorankündigungszeit wird mit steigender Belastung und steigender Gleitgeschwindigkeit immer kürzer.

Bei den CuPb-Werkstoffen (Nr. 6, 7, 8) wurde ein von Bild 24 abweichendes Verhalten vorgefunden. Bei allen 3 Legierungen wurde ein Rücksprung aus der Hochlage in die Verschleißtieflage beobachtet. Dieses in Bild 25 dargestellte Verhalten wurde bei diesen Versuchen bis zu zweimal beobachtet, bevor die Verschleißhochlage irreversibel erreicht wurde. Die kurzzeitige Hochlage wird von Temperatur und Reibkraft als eindeutige Peaks registriert.

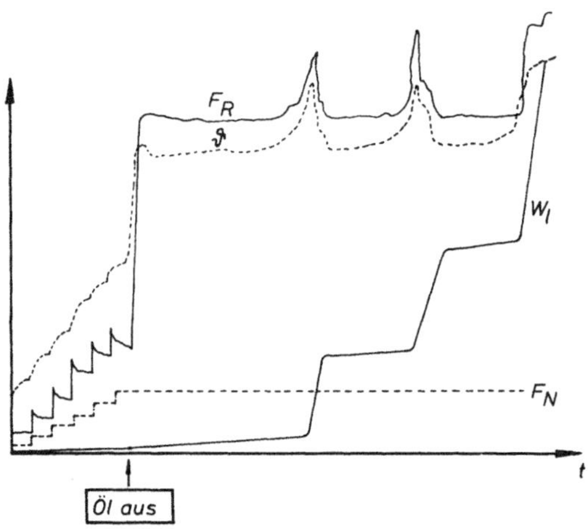

Bild 25 - Notlaufverhalten der CuPb-Werkstoffe

Diese Erscheinung wird damit erklärt, daß sich bei diesen Werkstoffen bei den ersten Verschleißhochlagen durch Materialübertrag auf der Scheibe eine CuPb-Gleitspur gebildet hat, während sich auf dem Stift ein dünner Bleifilm aufzieht. Dieses führt zu einer kurzzeitigen Glättung der Stiftoberfläche, worauf der Verschleißmechanismus aufs neue beginnt.

Aus den bei den Notlaufversuchen erhaltenen Daten wurden verschiedene Kennwerte berechnet mit dem Ziel, das Notlaufverhalten quantitativ darzustellen. Folgende Möglichkeiten bieten sich an:

a) Reibleistung $P_R = F_R \cdot v$

b) Reibungsenergiedichte $e_R^* = \frac{F_R \cdot s}{A_o \cdot W_l} = \frac{F_R \cdot v \cdot t}{A_o \cdot W_l}$

Für günstiges Notlaufverhalten müssen Reibkraft und Verschleiß möglichst niedrig, die Laufzeiten über möglichst lange sein.
Bei der Reibleistung werden aber Verschleiß und Laufzeit nicht berücksichtigt, und bei der Reibungsenergiedichte nach Fleischer [15] ergibt sich eine direkte Proportionalität zwischen Reibkraft und Laufzeit, so daß beide Kenngrößen keine geeignete Darstellung des Notlaufverhaltens ergeben.
Unter Berücksichtigung der o. a. Zusammenhänge läßt sich eine Kenngröße definieren, die als "Notlauf-Verlustleistung" bezeichnet werden soll:

c) Notlauf-Verlustleistung $P_{VN} = \frac{F_R \cdot W_l}{t}$

Hierin ist t als diejenige Zeitspanne definiert, die der Versuch läuft, bis W_l = 1 mm Verschleißabtrag erreicht ist. Das Notlaufverhalten ist um so günstiger, je kleiner diese Notlaufverlustleistung ist.

Die Bilder 26 bis 28 dokumentieren, wie die Notlaufverlustleistung mit wachsender Gleitgeschwindigkeit und Belastung größer, d. h. ungünstiger wird. Als überlegene Legierungen stellen sich bei allen Betriebsbedingungen die Bleibronzen heraus. Die 14%ige Zinnbronze CuSn14 kann bei der niedrigen Gleitgeschwindigkeit noch mithalten, während sie bei höherer Gleitgeschwindigkeit die weitaus schlechtesten Notlaufeigenschaften zeigt.

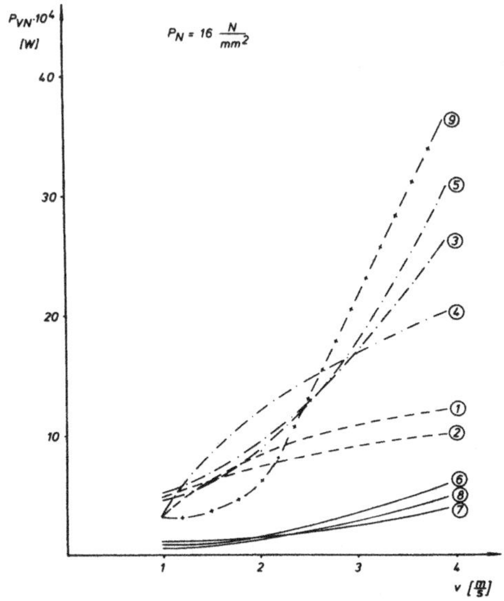

Bild 26 - Notlaufverlustleistung bei P_N = 16 N/mm²

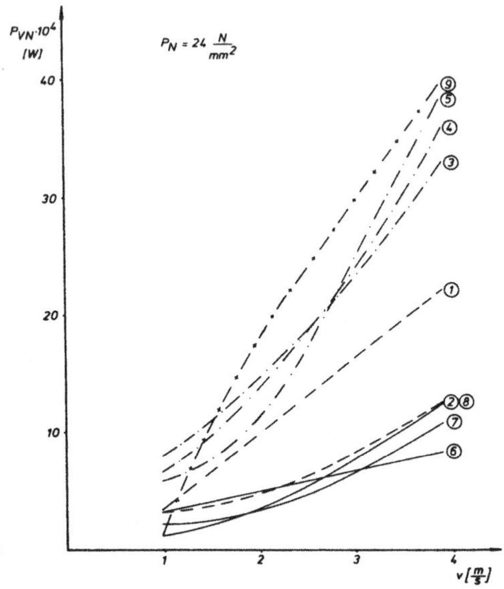

Bild 27 - Notlaufverlustleistung bei P_N = 24 N/mm²

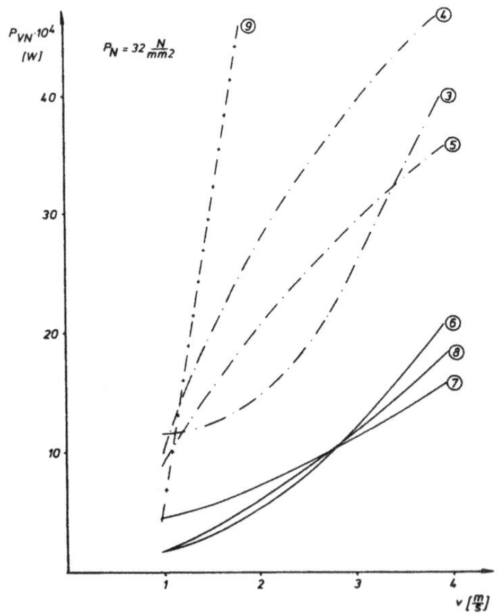

Bild 28 - Notlaufverlustleistung bei P_N = 32 N/mm²

Beim Vergleich der Pb- und Sn-Lagermetalle verhält sich der Sn-Lagerwerkstoff günstiger, bei den Al-Werkstoffen schneidet mit steigender Belastung AlSn20Cu ungünstiger und AlZn5SiCuPbMg relativ besser ab.
Der Vergleich der Bleibronzen untereinander zeigt, daß eine geringfügige Silberzugabe zu CuPb22Sn eine eindeutige Verbesserung des Notlaufverhaltens bewirkt. Diese könnte durch eine feinere Bleiverteilung im Gefüge - wie sie durch Silberzugabe erreicht wird - verursacht sein.
Zur Kennzeichnung des Verschleißverhaltens während des Notlaufs in der Verschleißtieflage wird ein Kennwert

d) Notlaufverlustleistung der Tieflage $P_{Nt} = \frac{F_R \cdot W_{1t}}{t_t}$

definiert. Die erreichneten Leistungen sind in den Bildern 29 und 30 dargestellt.

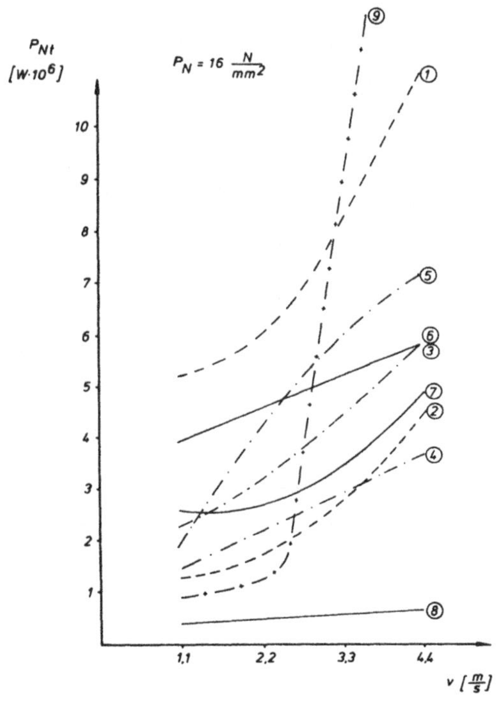

Bild 29 - Notlaufverlustleistung der Tieflage bei P_N = 16 N/mm²

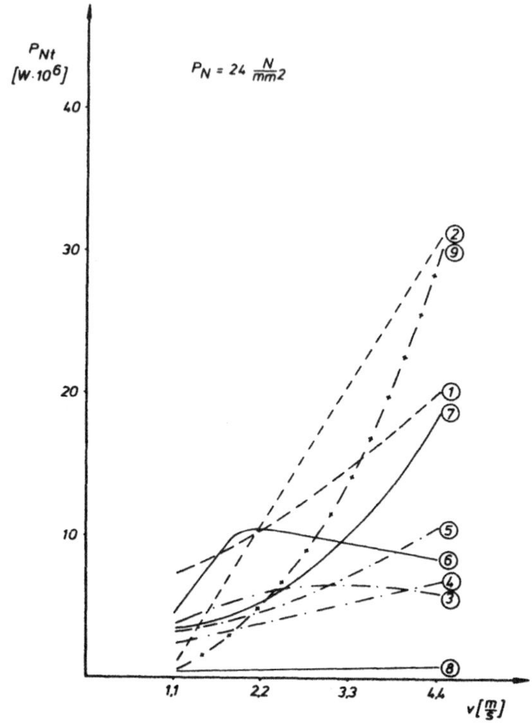

Bild 30 - Notlaufverlustleistung der Tieflage bei P_N = 24 N/mm²

Auch hier gilt wieder, daß niedrige Werte ein günstiges Verhalten anzeigen. Bei dieser Auswertung schneidet die Zinn-Bleibronze CuPb10Sn10 aufgrund ihrer geringen linearen Verschleißrate weitaus am günstigsten ab.

Die während des Notlaufs in der Verschleißtieflage registrierten nahezu konstanten Temperaturen in der Reibstelle sind in den Bildern 31 und 32 dargestellt. Auch hinsichtlich der auftretenden Temperaturen liegt der Werkstoff Nr. 8 am niedrigsten.

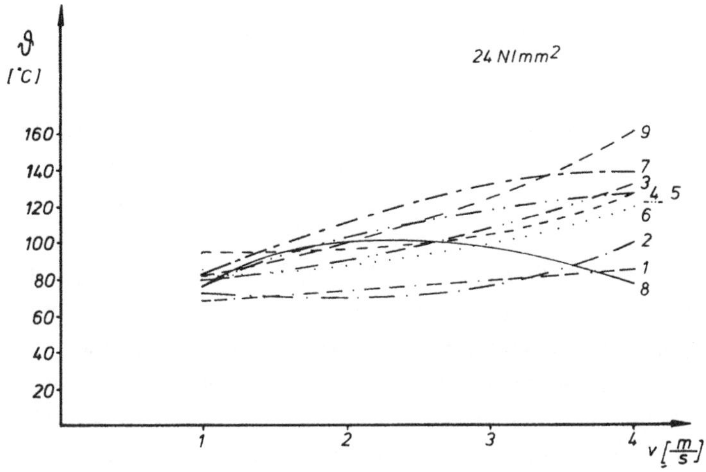

Bild 31 - Temperaturen während der Tieflage bei P_N = 24 N/mm²

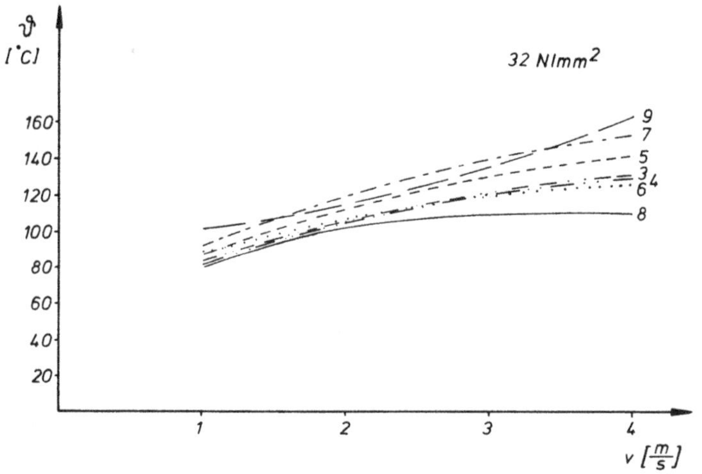

Bild 32 - Temperaturen während der Tieflage bei P_N = 32 N/mm²

Unter dem Aspekt der hohen Gewichtung, die dem Verschleiß bei der Auswertung der Notlaufversuche zugrunde gelegt wurde sowie unter Berücksichtigung der in der Reibstelle entstehenden Temperaturen sind die energetischen Verluste beim Notlauf von CuPb10Sn10 die günstigsten aller 9 hier

untersuchten Gleitlagerwerkstoffe. Mit den größten Verlusten ist vor allem bei den höheren Gleitgeschwindigkeiten bei der Zinnbronze CuSn14 zu rechnen. Es zeigt sich also, daß der härteste der Versuchswerkstoffe bei der Untersuchung des tribologischen Systems im Notlauf unter strenger Berücksichtigung des Verschleißverhaltens die ungünstigsten Ergebnisse liefert.
Auch der Vergleich der anderen Legierungen untereinander zeigt, daß in keinem Fall bei dieser Betrachtung eine Relation zur Härte des Werkstoffes dargestellt werden kann. So ist beispielsweise beim Vergleich der Aluminium-Legierungen die härteste (AlZn5SiCuPbMg, Nr.3) bei einigen Betriebsbedingungen am ungünstigsten, wohingegen der Werkstoff der mittleren Härte (AlSn6CuNi) die besten Werte bringt. Beim Vergleich der beiden Bleibronzen Nr. 6 und Nr. 7 schneidet die Bleibronze mit geringem Silber-Zusatz, trotz niedriger Härte, günstiger ab. Bei den Zinn- und Blei-Lagerwerkstoffen 1 und 2 ist der Zinn-Lagerwerkstoff dem Blei-Lagerwerkstoff überlegen.

5. Vergleichende Schlußbetrachtung

Das Notlaufverhalten von Gleitlagerwerkstoffen wurde mit zwei unterschiedlichen Versuchapparaturen untersucht.

Während es sich bei dem Stift-Scheibe-Tribometer, wie im Kapitel 2 im Bild 2 dargestellt um eine reine Modellverschleißprüfeinrichtung handelt, ist der Gleitlagerprüfstand als Bauteilversuchstand einzuordnen. Wegen der unterschiedlichen Geometrien und Versuchsbedingungen können die gewonnenen Ergebnisse nur qualitativ und in geringem Umfang miteinander verglichen werden. Durch die unterschiedliche Schmierspaltgeometrie dürfte die nach Abschalten der Ölzufuhr noch zur Verfügung stehende "Restölmenge" bei den beiden Versuchseinrichtungen unterschiedlich sein.

Das Kriterium zur Beendigung des einzelnen Versuchs ist beim Gleitlagerprüfstand das durch Fressen bedingte Überschreiten eines Grenzreibmomentes, während bei der Stift-Scheibe-Apparatur in erster Linie der Verschleiß in Form des linearen Verschleißbetrages als Kriterium herangezogen wird. Außerdem überlappen sich die anlagenbedingten möglichen Gleitgeschwindigkeiten nur in geringem Umfang (2 bis 4 m/s).

Ein weiterer entscheidender Unterschied liegt in den Versuchswerkstoffen, da auf dem Gleitlagerprüfstand serienmäßige Lagerschalen als Schichtverbundwerkstoffe, auf der Stift-Scheibe-Apparatur jedoch Massivwerkstoffe mit größtenteils anderem Gefüge eingesetzt wurden.

Trotzdem lassen sich ansatzweise ähnliche Tendenzen feststellen.

1. Werkstoffe aus gleichem Basismaterial bzw. artverwandte Werkstoffe liegen vom Ergebnis her nahe beieinander.
   Eine Ausnahme bildet bei den Versuchen auf dem Gleitlagerprüfstand die Cu-Basislegierung CuPb10Sn 10, die deutlich schlechter als CuPb22Sn abschneidet, wohingegen dies auf

der Stift-Scheibe nicht der Fall war. Dieses Verhalten läßt sich durch die Freßempfindlichkeit des Werkstoffes erklären, der allerdings ein extrem günstiges Verschleißverhalten entgegensteht.

2. Bei beiden Versuchsvarianten verhält sich unter allen Betriebsbedingungen ein Lagerwerkstoff auf Sn-Basis besser als einer auf Pb-Basis.

3. Bei einwandfreien Gleitflächengeometrien beider Gleitpartner unterscheiden sich die Al- und Cu-Legierungen dadurch, daß sich erstere auf dem Gleitlagerprüfstand günstiger, auf der Stift-Scheibe jedoch schlechter als die Cu-Lagerlegierung verhalten. Auch dies erklärt sich aus dem gegensätzlichen Verhalten bezüglich Freßneigung und Verschleiß.

4. Bei Vergleich der auf dem Stift-Scheibe-Tribometer durchgeführten Rampenversuche, bei denen ebenfalls eine Belastungsgrenze ermittelt wird, schneidet wie beim Freßversuch auf dem Gleitlagerprüfstand AlSn6CuNi günstiger ab als AlSn20Cu.

5. Ein Vergleich der in den Notlaufversuchen gemessenen Reibkräfte zwischen den Al- und Cu-Legierungen zeigt, daß diese bei den Cu-Legierungen größer sind. Dieses Ergebnis bestätigt die auf dem Gleitlagerprüfstand ermittelte größere Freßneigung, die auf die größere Adhäsionsneigung zurückgeführt werden könnte.

Als gemeinsames Ergebnis ist festzustellen, daß beim Notlauf verschleißfestere Werkstoffe zwar meist freßempfindlicher sind, aber dann Vorteile bieten, wenn die Betriebsbelastung unterhalb der Freßlastgrenze liegt.

Zur Unterscheidung der beiden Versuchsprogramme sollte man die Versuche auf dem Gleitlagerprüfstand als Freßversuche, auf dem Stift-Scheibe-Tribometer als Verschleißversuche bezeichnen.

Schrifttum

[1] Heinke, G.: Verschleiß - eine Systemeigenschaft, Zeitschrift für Werkstofftechnik, Verlag Chemie, Weinheim, Heft 5 (1975)

[2] Schopf, E.: Untersuchung des Werkstoffeinflusses auf die Freßempfindlichkeit von Gleitlagern, Dissertation, Universität Karlsruhe (1980)

[3] Broszeit, E.: Modellverschleißuntersuchungen über den Einfluß des Zwischenmediums auf das Gleitverhalten unterschiedlicher Werkstoffpaarungen. Diss. TH Darmstadt (1972)

[4] Föhl, J.: Untersuchung von Triboprozessen in der Grenzfläche von Metallpaarungen bei Mischreibungen, insbesondere im Hinblick auf Werkstoffübertragung, Reaktionsschichtbildung und Verschleiß Diss. Uni Stuttgart (1975)

[5] Schmid, E., Weber, R.: Gleitlager Springer-Verlag, Berlin/Göttingen/Heidelberg (1953)

[6] Dobiewski, Z.: Einige Aspekte zum Einfluß des Lagermaterials auf die Betriebssicherheit und Betriebsdauer von Gleitlagern, Forschungskuratorium Maschinenbau e.V., Forschungsheft Nr. 60 (1977)

[7] Roemer, E.: Werkstoffe und Schichtaufbau bei Gleitlagern, Zeitschrift für Werkstofftechnik, Verlag Chemie, Weinheim, Heft 7 (1973)

[8] Maaß, H.: Ideas and Hypotheses on Plain Bearing Failures, 12th International Congress on Combustion Engines (CIMAC), Tokyo, B 7, S. 1 bis 26 (1977)

[9] Lang, O.R. und Steinhilper, W.: Gleitlager Konstruktionsbücher Band 31, Springer-Verlag, Berlin/Heidelberg/New York (1978)

[10] Broszeit, E.: Modell-Verschleißprüftechnik VDI-Berichte, Nr. 194, 1973

[11] Czichos, H.: Experimentelle Methoden zur Untersuchung tribologischer Effekte im Mischreibungsgebiet VDI-Berichte, Nr. 156, 1970

[12] Broszeit, E., K.H. Kloos, F.J. Hess und E. Wagner: Einfluß von Schwingungen auf die Verschleißeigenschaften eines Reibsystems, Wear, 28 (1974)

[13] Netz, H. und Föhl, J.: Einfluß der Temperatur auf die Grenzbelastbarkeit metallischer Werkstoffe bei Gleitbeanspruchung unter Schmierung. Schmiertechnik und Tribologie, 21. Jhrg./Nr. 6, 1974

[14] Habig, K.H.: Verschleiß und Härte von Werkstoffen, Hanser-Verlag, München/Wien 1980

[15] Fleischer, G.: Energiebilanzierung der Festkörperreibung als Grundlage zur energetischen Verschleißberechnung, Schmierungstechnik 7. Jhrg. (1976) Heft 8, Heft 9 und 8. Jhrg. (1977) Heft 2

Theoretische Untersuchungen an berührungslosen radialen Gleitringdichtungen mit Öl als Sperrmedium

von

Dr.-Ing. D. Schüler
Dipl.-Ing. W. Schulte
Prof. Dr.-Ing. H. Seifert

Institut für Konstruktionstechnik
Ruhr-Universität Bochum

Förderkennzeichen: O1 ZT 397
Laufzeit: 1.1.1978 - 31.12.1980

Zusammenfassung

Hauptforderung bei der Auslegung von ölgesperrten radialen Gleitringdichtungen für Wasserstoffgas in großen Turbomaschinen ist eine hohe Betriebssicherheit der Dichtungen. Daneben besteht der Wunsch, den Aufwand für den Dichtölkreislauf, die absorptionsbedingten Gasverluste und nach Möglichkeit auch die an den Dichtungen auftretende Reibleistung gering zu halten. Beim Versuch, durch Veränderung geometrischer und sonstiger Betriebsparameter diese Forderungen und Wünsche optimal zu erfüllen, stößt man auf Zielkonflikte. Als Beispiel hierfür seien die Auswirkungen einer Veränderung des radialen Spiels zwischen Welle und Dichtring genannt: Durch eine Spielvergrößerung wird z.B. die durch große Dichtspalthöhen und niedrige Temperaturen im Dichtspalt und an den Laufflächen von Welle und Dichtring gekennzeichnete Betriebssicherheit erhöht, gleichzeitig werden hierdurch jedoch der Dichtölstrom und damit der Aufwand für den Dichtölkreislauf sowie die Gasverluste größer. Voraussetzung für die Konstruktion von Dichtungen, die die geforderte hohe Betriebssicherheit bei geringstmöglichem Aufwand gewährleisten, ist eine genaue Kenntnis der sich in der Dichtung abspielenden Vorgänge.

Es wurde ein Rechenprogramm entwickelt, in dem alle wesentlichen Vorgänge erfaßt werden. Im einzelnen werden die Reynoldsgleichung und die Energiegleichung zur Ermittlung der Drücke, Schubspannungen und Temperaturen im radialen Dichtspalt, die Laplacegleichung zur Ermittlung der Temperaturen im Dichtring und die Differentialgleichungen für die Ringverformung auf Grund von Drücken, Schubspannungen, Eigengewicht des Dichtringes und thermischen Belastungen gelöst. Die Lösung aller dieser Gleichungen erfolgt simultan. Um den Rechenaufwand in erträglichen Grenzen zu halten, wurden insbesondere bei der Verformungsrechnung erheblich vereinfachende Voraussetzungen angenommen: Der Ring wird als schwach gekrümmter Stab angesehen, Drücke, Schubspannungen und Temperaturen werden über der Ringbreite gemittelt. Nachträglich gerechtfertigt erscheinen diese Vereinfachungen durch die aus zahlreichen Rechnungen gewonnene Erkenntnis, daß die Auswirkungen elastischer Ringverformungen auf die Betriebseigenschaften bei einer günstigen Wahl der Parameter vernachlässigbar und selbst bei sehr ungünstig gewählten Parametern (von der Fertigung her stark unrunder Ring, falsche Abstützung des Ringes) überraschend gering sind. Hieraus kann gefolgert werden, daß eine mit erheblichem Aufwand verbundene genauere Berechnung der Ringverformung die Ergebnisse praktisch kaum beeinflussen würde.

Anhand eines Beispiels wird gezeigt, wie sich die Veränderung einiger Parameter auf die wichtigsten Betriebseigenschaften auswirkt und wie im Dialogverkehr ein Dichtring durch Variation von geometrischen und sonstigen Betriebsparametern hinsichtlich bestimmter Eigenschaften optimiert werden kann.

Wichtigstes Ergebnis der hier vorgestellten sowie einer großen Zahl darüberhinaus durchgeführter Rechnungen ist, daß die elastischen Ringverformungen eine weit geringere Rolle spielen als ursprünglich vermutet wurde und daß selbst Ringe mit verhältnismäßig großer fertigungsbedingter Unrundheit sogar noch bei sehr geringen Radialspielen von der Rechnung her als betriebssicher anzusehen sind. Voraussetzung hierfür ist jedoch, daß sich der Ring auch im Betrieb relativ zur Welle frei verlagern kann. Es muß deshalb gefolgert werden, daß die meisten der in der Praxis beobachteten Störungen beim Betrieb von radialen Gleitringdichtungen auf eine Behinderung dieser freien radialen Beweglichkeit zurückzuführen sind und daß die wichtigste Maßnahme zur Erhöhung der Betriebssicherheit darin besteht, diese Beweglichkeit trotz der relativ schwierigen Einbauverhältnisse durch geeignete Maßnahmen zu gewährleisten.

Gliederung

	Zusammenfassung	320
1.0	Einleitung	325
2.0	Theoretische Grundlagen	330
2.1	Grundgleichungen	330
2.2	Lösung der Grundgleichungen	338
2.2.1	Druck- und Temperaturverteilung im Dichtspalt	340
2.2.2	Bestimmung des statischen Gleichgewichtspunktes	343
2.2.3	Temperaturverteilung im Ring	346
2.2.4	Ringverformung	347
3.0	Ergebnisse	348
3.1	Untersuchung des Einflusses der Ringverformung	349
3.2	Einfluß von Parametervariationen	351
3.3	Optimierung	355
	Schrifttum	358

Formelzeichen

Zeichen	Einheit	Bedeutung
B	mm	Dichtspaltbreite
c	Nm/(kgK)	spez. Wärme des Öl
D	mm	Wellendurchmesser
E	N/mm^2	Elastizitätsmodul des Ringwerkstoffs
F	N	Kraft
g	m/s^2	Erdbeschleunigung
h	μm	örtliche Spalthöhe
I	mm^4	Flächenträgheitsmoment
M	Nm	Moment
p	N/m^2	örtlicher Dichtöldruck
p_R	N/m^2	Reibungsdruck
P_R	kW	Reibleistung
R	mm	Radius
ΔR	mm	radiales Dichtspaltspiel
r, s	μm	örtliche Verschiebung des Ringquerschnittes in radialer und tangentialer Richtung
T	^oC	örtliche Temperatur
T_E	^oC	Dichtöleintrittstemperatur
U	m/s	Umfangsgeschwindigkeit der Welle
u, w	m/s	Geschwindigkeit des Dichtöls in x- und z-Richtung
$\dot{V}$	l/min	Dichtölstrom
x, y, z	mm	Koordinaten in Umfangs-, Höhen- und Breitenrichtung
α	$W/(m^2K)$	Wärmeübergangszahl
α_T	1/K	linearer Wärmeausdehnungskoeffizient des Ringwerkstoffs

Zeichen	Einheit	Bedeutung
β	rad	örtliche Verdrehung des Ringquerschnittes
ε	1	relative Exzentrizität
η	mPas	dynamische Dichtölviskosität
η_E	mPas	Eintrittsviskosität
η_{50}	mPas	Viskosität bei 50° C
λ	W /(mK)	Wärmeleitfähigkeit des Ringwerkstoffs
ρ	kg/m^3	Dichte des Öls
ψ	1	relatives Dichtspaltspiel
ω	1/s	Winkelgeschwindigkeit

1.0 Einleitung

Wirtschaftliche Erzeugung elektrischer Energie erfordert wachsende Leistung je Dampfturbosatz, d.h. gleichzeitig auch wachsende Leistung je Turbogenerator. Da einer weiteren Vergrößerung der Generatorläufer-Abmessungen enge Grenzen gesetzt sind - einerseits wegen der mit wachsendem Durchmesser zunehmenden Fliehkräfte, andererseits wegen der mit wachsender Länge abnehmenden Eigenfrequenzen und der damit verbundenen schwingungstechnischen Probleme -, besteht die Aufgabe zunächst darin, die Leistung der Turbogeneratoren bei gleichbleibenden Abmessungen und Gewichten zu steigern, d.h. deren Leistungsgewicht zu erhöhen. Das entscheidende Problem ist hierbei das Abführen der mit der Stromdichte quadratisch ansteigenden elektrischen und magnetischen Verlustleistung. Die zur Zeit wirtschaftlichste Lösung ist die Verwendung von Wasserstoff als Kühlgas, wobei sich die Wärmeaufnahme durch Erhöhung des Gasdruckes steigern läßt.

Selbst wenn man das Leistungsgewicht dadurch erhöht, daß man Rotor und Ständer der Generatoren mit Wasser kühlt, kann man auf die Kühlung mit Wasserstoffgas nicht verzichten, weil nicht alle Stellen, an denen Verlustwärme frei wird, von der Wasserkühlung erfaßt werden können. Die Verwendung von Wasserstoffgas setzt eine weitgehend gasdichte Durchführung der Welle durch das Generatorgehäuse voraus.

Es existiert eine Vielzahl konstruktiver Lösungen von Wellendichtungen, die sich zum Teil im Funktionsprinzip, zum Teil aber auch nur in konstruktiven Einzelheiten voneinander unterscheiden. Wegen der hohen Umfangsgeschwindigkeiten kommt im vorliegenden Fall die Verwendung berührender Dichtungen, mit denen sich ein nahezu gasdichter Abschluß erreichen ließe, praktisch nicht in Betracht. Berührungslose Labyrinthdichtungen können wegen der zu großen Leckströme ebenfalls nicht eingesetzt werden. Als mögliche Lösung bieten sich berührungslose Gleitringdichtungen mit einem Sperrmedium an, die auch als Schwimmringdichtungen bezeichnet werden. Diese haben sich bei nicht zu hohen Umfangsgeschwindigkeiten der Welle und nicht zu hohen Wasserstoffdrükken bewährt. Das Entweichen von Wasserstoff zwischen der rotierenden Welle und dem Gehäuse wird bei den ausgeführten Konstruktionen durch Aufrechterhaltung eines ununterbrochenen Ölfilms zwischen der Welle und einem schwimmenden, sich nicht mitdrehenden Dichtungsring verhindert. Als Dichtöl wird das für die Gleitlager des Turbosatzes verwendete Schmieröl benutzt. Bei dieser Dichtungsart ergeben sich jedoch bei den bereits jetzt hohen Umfangsgeschwindigkeiten mit höheren Kühlgasdrücken zunehmend Schwierigkeiten, wenn man den Aufwand für den Dichtölkreislauf gering halten will.

Die Wichtigkeit betriebssicherer Wellendichtungen wird besonders deutlich, wenn man bedenkt, daß von deren Funktion die Verfügbarkeit eines ganzen Kraftwerkblocks abhängt.

Beim Betrieb von Gleitringdichtungen beobachtete Erscheinungen deuten darauf hin, daß die Ursache für Betriebsstörungen vor allem in einer zu hohen und zudem noch ungleichförmigen thermischen Belastung der Ringe zu suchen ist.

Wesentlicher Inhalt der Arbeit war deshalb die Erstellung eines Rechenprogramms, mit dem die in den heute eingesetzten Gleitringdichtungen sich abspielenden Vorgänge genauer erfaßt werden können. Außerdem sollte mit Hilfe dieses Programms untersucht werden, inwieweit sich unter Beibehaltung des jetzigen Konstruktionsprinzips durch Parameteroptimierung die Betriebssicherheit der Gleitringdichtungen ohne Vergrößerung des Aufwandes für den Dichtölkreislauf erhöhen läßt. Das Rechenprogramm wurde so formuliert, daß zwei gebräuchliche Ausführungsformen erfaßt werden können, die Radial-Einflußwellendichtung und die Radial-Doppelflußwellendichtung.

Bild 1 zeigt schematisch den Aufbau der Einflußwellendichtung im Axialschnitt. Der Dichtring 1 ist im Ringhalter 2 mit axialem Spiel so eingebaut, daß er sich radial bewegen, d.h. radialen Wellenbewegungen folgen kann. Der Dichtölstrom Q_1 wird mit einem Druck p_1, der über dem Wasserstoffdruck liegt, durch den Ringhalter und durch radiale Bohrungen im Dichtring der Umlaufnut 3 zugeführt. Der Teilstrom Q_{H2} fließt zur Wasserstoff-, der Teilstrom Q_L zur Luftseite ab. Um eine freie radiale Beweglichkeit des Dichtringes im Ringhalter zu gewährleisten, werden mit Hilfe

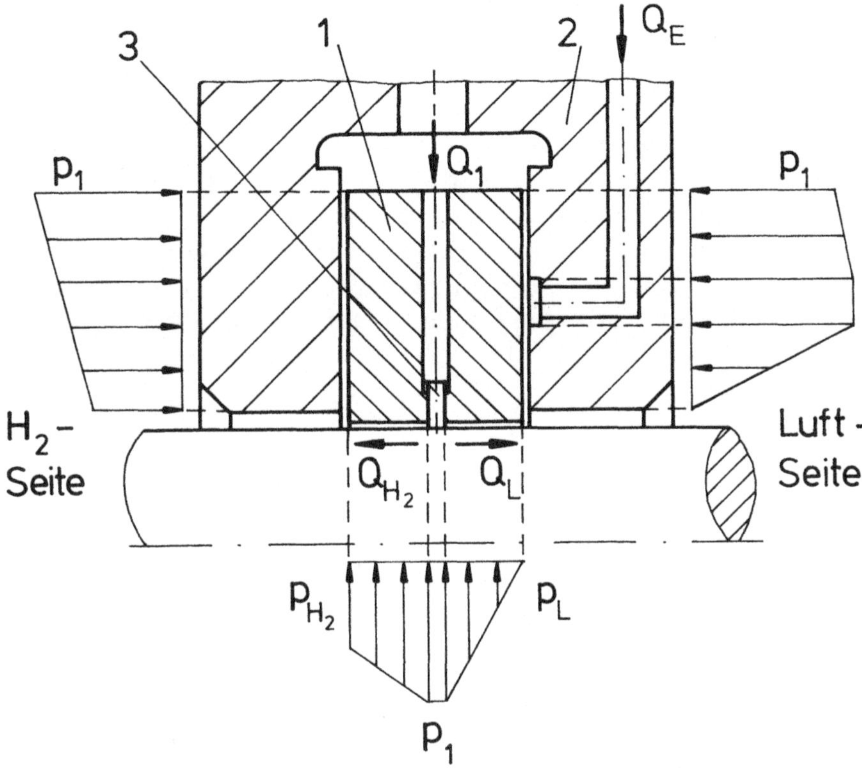

Bild 1: Einflußwellendichtung

des Entlastungsölstromes Q_E die axialen Öldruckkräfte ins Gleichgewicht gebracht.

Die mit Wasserstoff bzw. Luft in Berührung kommenden Teilströme reichern sich durch Absorption mit diesen Gasen an. Um ein Überschleppen von Luft in den Generatorinnenraum bzw. von Wasserstoff in den umgebenden Luftraum zu vermeiden, muß deshalb bei Einflußwellendichtungen der gesamte Dichtölstrom entgast werden, bevor er im Kreislauf der Dichtung wieder zugeführt wird.

Die in Bild 2 dargestellte Doppelflußwellendichtung weist zwei voneinander nahezu getrennte Dichtölkreisläufe auf. Der über die Umlaufnut 3 geführte Dichtölstrom Q_1 ist luftgesättigt, der über die Umlaufnut 4 geführte Ölstrom Q_2 wasserstoffgesättigt. Um sicherzustellen, daß kein Wasserstoff zur Luftseite gelangt, wird der Druck in der luftseitigen Nut geringfügig höher als in der wasserstoffseitigen gehalten, so daß stets eine geringe Ölmenge Q_M von der Luftseite über den Mittelsteg 5 zur H_2-Seite strömt. Nur diese Überschußmenge muß entgast werden, bevor sie dem luftseitigen Ölkreislauf wieder zugeführt wird. Die Menge des bei der Entgasung verloren gehenden Wasserstoffgases ist dadurch bei der Doppelflußwellendichtung geringer als bei der Einflußwellendichtung.

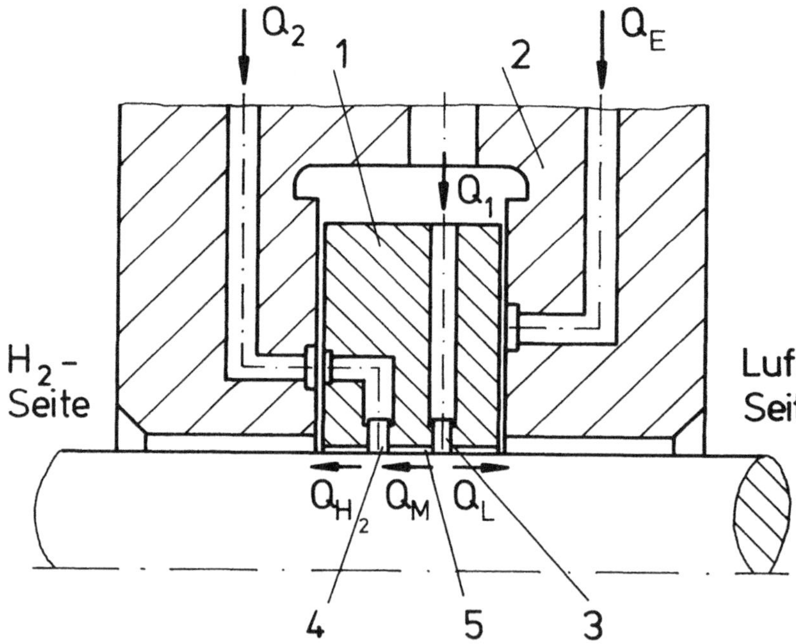

Bild 2: Doppelflußwellendichtung

Bild 3 zeigt schematisch einen Radialschnitt durch Welle 1 und Dichtring 2. Der mit Öl gefüllte Dichtspalt 3 ist stark vergrößert dargestellt. Durch einen am Gehäuse abgestützten Stift 4 wird der Ring am Mitdrehen gehindert. Auf den Ring wirken somit als äußere Belastung seine aus der Ringmasse resultierende Gewichtskraft F_G und die aus der Flüssigkeitsreibung M_R resultierende Stützkraft F_{St} ein. Im Betrieb stellt sich der Ring selbsttätig gerade so ein, daß die hydrodynamisch erzeugten resultierenden Druck- und Schubkräfte mit diesen äußeren Kräften im Gleichgewicht stehen.

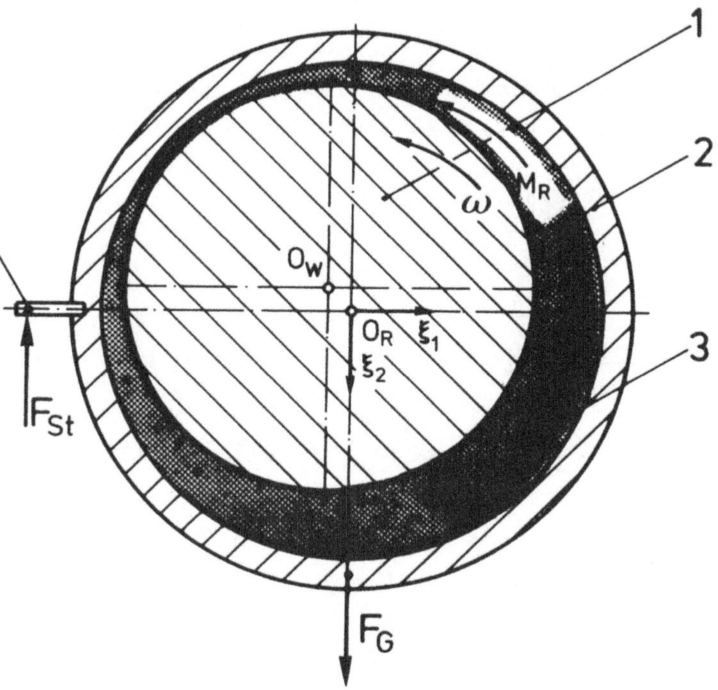

Bild 3: Äußere Kräfte am Dichtring

2.0 Theoretische Grundlagen

Wichtigste Größen zur Beurteilung der Betriebssicherheit sind die kleinste sich im Betrieb einstellende Dichtspalthöhe und die maximale Temperatur im Dichtöl bzw. in den den Dichtspalt begrenzenden Wänden. Zur Beurteilung der Wirtschaftlichkeit werden der Dichtöldurchsatz und die Verlustleistung infolge der Flüssigkeitsreibung im Dichtöl benötigt.

Der Spalthöhenverlauf wird bestimmt durch das fertigungsbedingte Spiel zwischen Welle und Dichtring, durch die sich im Betrieb einstellende Lage des Ringes relativ zur Welle, durch thermische Verformung von Welle und Dichtring sowie durch elastische Verformung des Dichtringes.

Berechnet werden müssen Druck-, Temperatur- und Geschwindigkeitsverteilung im Dichtspalt, die Temperaturverteilungen in Welle und Dichtring und die vom Dichtöl auf den Ring wirkenden Druck- und Schubspannungen.

2.1 Grundgleichungen

Die Druckverteilung im Dichtspalt wird durch die Reynoldssche Dgl. beschrieben:

$$\frac{\partial}{\partial \varphi}\left(\frac{h^{*3}}{\eta^*}\frac{\partial p^*}{\partial \varphi}\right) + \frac{1}{4}\left(\frac{D}{B}\right)^2 \cdot h^{*3}\frac{\partial}{\partial z^*}\left(\frac{1}{\eta^*}\frac{\partial p^*}{\partial z^*}\right) - 6\frac{\partial h^*}{\partial \varphi} = 0 \qquad (1)$$

mit dem Umfangswinkel φ,

der bezogenen Spalthöhe $h^* = \frac{h}{\Delta R}$,

der bezogenen Viskosität $\eta^* = \frac{\eta}{\eta_E}$,

der Druckkennzahl $p^* = \frac{p \cdot \psi^2}{\eta_E \cdot \omega}$

und der bezogenen Breitenkoordinate $z^* = \frac{z}{B}$.

Voraussetzungen für die Gültigkeit dieser Gleichung sind, daß es sich bei dem strömenden Medium um ein Newtonsches Fluid handelt, daß die Strömung laminar ist, Trägheitskräfte vernachlässigt werden können und die Viskosität über der Spalthöhe konstant ist.

Zur Lösung von Gl. (1) müssen die von der örtlichen Temperatur abhängige bezogene Viskosität $\eta^*(\varphi, z^*)$ und die örtliche bezogene Spalthöhe $h^*(\varphi, z^*)$ bekannt sein.

Die Temperaturverteilung im Dichtspalt wird durch die Energiegleichung beschrieben. Unter den Voraussetzungen, daß die gesamte dissipierte Energie im strömenden Medium verbleibt und die Viskosität über der Spalthöhe konstant ist, läßt sich diese Gleichung auf folgende einfache Form bringen:

$$\frac{\partial T}{\partial x}\cdot c\cdot\rho \int_0^h u\cdot dy + \frac{\partial T}{\partial z}\cdot c\cdot\rho \int_0^h w\cdot dy = \eta \int_0^h \{(\frac{\partial u}{\partial y})^2 + (\frac{\partial w}{\partial y})^2\}\, dy \qquad (2)$$

Die Geschwindigkeitsverteilung hängt von der Druck- und Viskositätsverteilung sowie vom Spalthöhenverlauf ab:

$$u = U\cdot\frac{h-y}{h} + \frac{y(y-h)}{2\eta}\cdot\frac{\partial p}{\partial x}$$

$$w = \frac{y(y-h)}{2\eta}\cdot\frac{\partial p}{\partial z} \qquad (3)$$

Die Energiegleichung (2) läßt sich hiermit auf folgende Form bringen:

$$\frac{\partial T^*}{\partial\varphi}\cdot(\frac{h^*}{2} - \frac{\partial p^*}{\partial\varphi}\cdot\frac{h^{*3}}{12\eta^*}) + \frac{\partial T^*}{\partial z^*}\cdot\frac{1}{4}(\frac{D}{B})^2\cdot(-\frac{\partial p^*}{\partial z^*}\cdot\frac{h^{*3}}{12\eta^*}) =$$

$$= K_t\cdot\eta^*\cdot\frac{1}{h^*} + \frac{h^{*3}}{12\eta^{*2}}\cdot((\frac{\partial p^*}{\partial\varphi})^2 + \frac{1}{4}(\frac{D}{B})^2\cdot(\frac{\partial p^*}{\partial z^*})^2) \qquad (4)$$

mit der bezogenen Temperatur $T^* = T/T_E$ und der

Erwärmungskennzahl $K_t = \dfrac{\eta_E\cdot\omega}{c\cdot\rho\cdot T_E\cdot\psi^2}$

Die Viskosität hängt bei den verwendeten Dichtölen stark von der Temperatur ab. Die Abhängigkeit läßt sich für die infrage kommenden Dichtöle relativ genau durch die Gleichung von Vogel-Cameron [1]

$$\eta(T) = a\cdot e^{(\frac{b}{T/^{o}C + c})}\ \mathrm{mPas} \qquad (5)$$

mit den von Vogelpohl [2] angegebenen Koeffizienten

$$a = 0{,}1282 \cdot \left(\frac{\eta_{50}}{\text{mPas}}\right)^{-0{,}198}$$

$$b = 400 \cdot \log_{10}\left(\frac{\eta_{50}}{\text{mPas}}\right) + 297{,}9$$

$$c = 95$$

beschreiben.

Wegen der Abhängigkeit der Viskosität von der Temperatur müssen die Reynolds-Gleichung (1) und die Energiegleichung (4) unter Beachtung von Gl. (5) simultan gelöst werden.

Außerdem muß zur Lösung der gekoppelten Differentialgleichungen der Spalthöhenverlauf bekannt sein.

Für die Spalthöhe wird angenommen:

$$h^*(\varphi) = 1 + UR \cdot \cos\{2(\varphi - \varphi_{UR})\} + \xi_1 \cdot \cos\varphi - \xi_2 \cdot \sin\varphi + r^*(\varphi) \qquad (6)$$

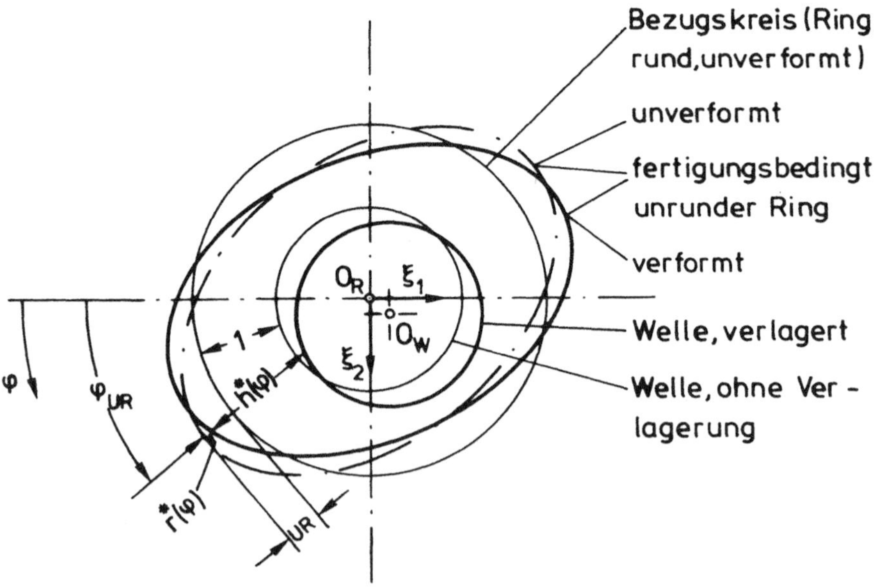

Bild 4: Spalthöhenverlauf

Mit $0 \leq UR < 1$ kann eine fertigungsbedingte Ovalität des Ringes simuliert werden, durch ξ_1 und ξ_2 wird die örtliche Spalthöhenänderung infolge Ringverlagerung berücksichtigt, $r^*(\varphi)$ resultiert aus der thermischen und elastischen radialen Ringverformung.

Größe und Lage der Ovalität werden durch den als Unrundheit bezeichneten Wert UR und durch den Winkel φ_{UR} vorgegeben.

Wie bereits anhand von Bild 3 erläutert, stellt sich die Ringlage selbsttätig ein. Daraus ergibt sich, daß ξ_1 und ξ_2, die den relativen Abstand zwischen Wellen- und Ringmitte angeben, gerade so bestimmt werden müssen, daß die auf den Ring einwirkenden Kräfte und Momente im Gleichgewicht stehen. Bei vorgegebener Drehrichtung der Welle und beliebiger Lage der Ringabstützung wirken die in Bild 5 dargestellten Kräfte und Momente auf den Ring ein.

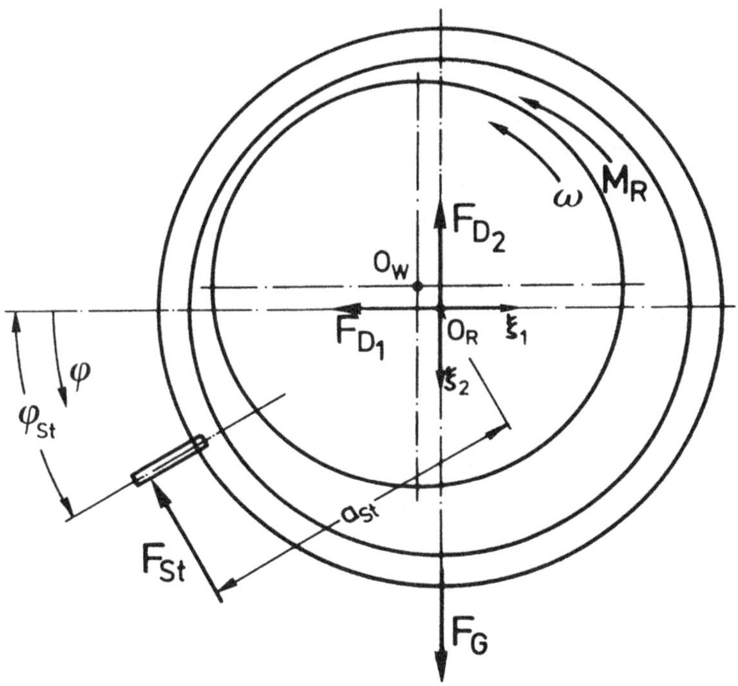

Bild 5: Kräfte und Momente am Dichtring

Es ergeben sich folgende Gleichgewichtsbedingungen:

$$\left.\begin{aligned} \Sigma F_1 &= 0 = F_{St}\cdot \sin \varphi_{St} + F_{D1} \\ \Sigma F_2 &= 0 = F_{St}\cdot \cos \varphi_{St} + F_{D2} - F_G \\ \Sigma M &= 0 = M_R - F_{St}\cdot a_{St} \end{aligned}\right\} \quad (7)$$

Die aus den Schubspannungen resultierenden Kräfte sind hierbei wie üblich vernachlässigt.

Die Druckkraftkomponenten F_{D1} und F_{D2} erhält man durch Integration der Druckverteilung:

$$F_{D_1} = \int_0^{2\pi} \int_0^B p\cdot \cos \varphi \cdot R\cdot d\varphi \cdot dz$$

$$F_{D_2} = \int_0^{2\pi} \int_0^B -p\cdot \sin \varphi \cdot R\cdot d\varphi \cdot dz$$

Aus der Ringmasse m_R ergibt sich die Gewichtskraft:

$$F_G = m_R\cdot g$$

Die Stützkraft F_{St} resultiert aus dem Reibmoment M_R und dem Abstand a_{St}:

$$F_{St} = \frac{M_R}{a_{St}}$$

Für das Reibmoment M_R gilt:

$$M_R = R\cdot F_R$$

mit der Reibkraft $F_R = \int_0^{2\pi} \int_0^B \tau \cdot R\cdot d\varphi \cdot dz$,

wobei für die Schubspannung τ am Ring

$$\tau = \eta\cdot\frac{du}{dy} = \frac{\eta_E\cdot\omega}{\psi} \left(\frac{h^*}{2}\,\frac{dp^*}{d\varphi} - \frac{\eta^*}{h^*}\right)$$

geschrieben werden kann.

Zur Bestimmung der Spalthöhenfunktion muß schließlich noch die bezogene radiale Verschiebung $r^*(\varphi)$ berechnet werden.

Für die Verformung des Ringes werden die folgenden Voraussetzungen und Annahmen getroffen [3]:

1. Es wird die "lineare Elastizitätstheorie" vorausgesetzt, d.h. die Verschiebungen aller Körperpunkte sowie die Verzerrungen und Drehungen aller Körperelemente bleiben so klein, daß alle auf den Körper einwirkenden Kräfte am unverformten Körper angesetzt und Verzerrungen sowie Drehungen superponiert werden können.
2. Der Ring wird als homogen und isotrop betrachtet (Bohrungen, Nuten und Fasen werden vernachlässigt), so daß für das thermomechanische Verhalten das verallgemeinerte Hookesche Gesetz gilt.
3. Der "aufgeschnittene Ring" kann als in einer Ebene schwach gekrümmter Stab betrachtet werden, d.h. die Stabachse ist eben gekrümmt und Querschnittsabmessungen sind klein im Vergleich zum Krümmungsradius.
4. Bei der Belastung des Ringes durch Druck-, Schub- und Gewichtskräfte werden die Dehnungen der Stabachse vollständig vernachlässigt.

Mit diesen Annahmen lassen sich die Formänderungen des Ringes auf die Verschiebungen der Punkte der Stabachse zurückführen. Für die Abhängigkeiten der Radialverschiebung r, der Tangentialverschiebung s und der Verdrehung β vom Biegemoment M erhält man die Differentialgleichungen

$$\left.\begin{aligned} &\frac{ds(\varphi)}{d\varphi} = -\, r(\varphi) \\ &\frac{d^2r(\varphi)}{d\varphi^2} + r(\varphi) = -\,\frac{M(\varphi)\cdot R^2}{E\cdot I} \\ &\beta(\varphi) = -\,\frac{dr(\varphi)}{R\cdot d\varphi} + \frac{s(\varphi)}{R} \end{aligned}\right\} \quad (8)$$

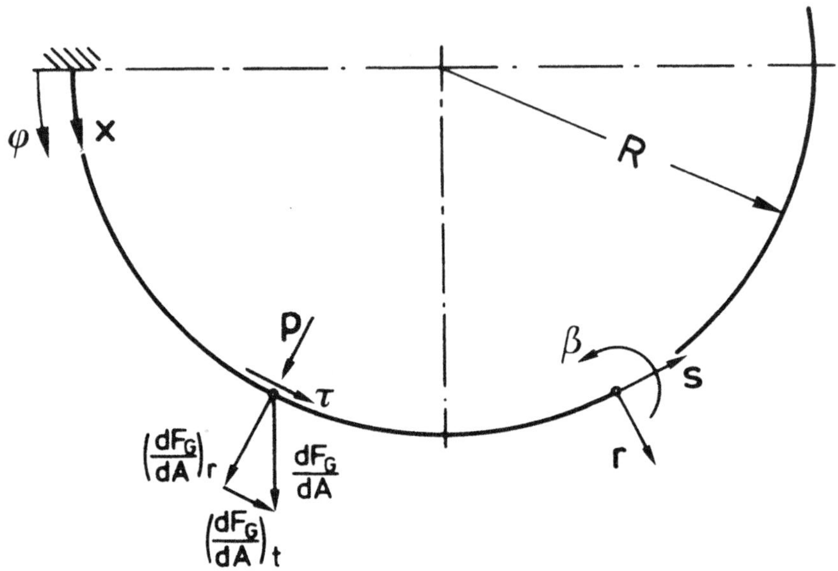

Bild 6: Ringverformung

Um die Verformung des Ringes aufgrund der Temperaturbelastung zu bestimmen, wird zunächst die Temperaturverteilung im gesamten Ring berechnet. Hierzu wird ein stationäres Wärmeleitungsproblem vorausgesetzt und die Wärmeleitung in Umfangsrichtung vernachlässigt. Außerdem wird wieder vorausgesetzt, daß der Ring schwach gekrümmt ist.

Für jeden beliebigen Ringquerschnitt kann damit die Laplacesche Differentialgleichung

$$\frac{\partial^2 T}{\partial y^2} + \frac{\partial^2 T}{\partial z^2} = 0 \qquad (9)$$

angesetzt werden.

Die thermischen Verformungen des Ringes können analog zu den Verformungen durch die angreifenden Momente beschrieben werden.

$$\frac{ds(\varphi)}{d\varphi} = - r(\varphi) + R\cdot\alpha_T\cdot\Delta T_m(\varphi)$$

$$\frac{d^2r(\varphi)}{d\varphi^2} + r(\varphi) = - \frac{M_T(\varphi)\cdot R^2}{E\cdot I} + R\cdot\alpha_T\cdot\Delta T_m(\varphi) \tag{10}$$

Durch ΔT_m wird die Dehnung der Stabachse, durch M_T die Verformung durch Temperaturunterschiede über dem Ringquerschnitt berücksichtigt.

Bei linearer Temperaturverteilung über dem Querschnitt, wie in Bild 7 dargestellt, gilt:

$$M_T(\varphi) = E\cdot I\cdot\alpha_T\cdot \frac{T_a(\varphi) - T_i(\varphi)}{H} \tag{11}$$

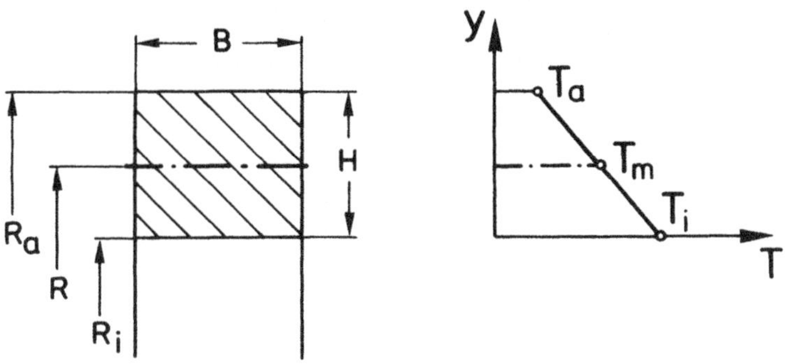

Bild 7: Temperaturverteilung im Ringquerschnitt

T_i und T_a sind die über der Ringbreite gemittelten Temperaturen am Innen- bzw. Außenumfang des Ringes. T_m ist der Mittelwert zwischen T_i und T_a, ΔT_m die Differenz zwischen dem örtlichen und dem über dem Ringumfang gemittelten T_m.

2.2 Lösung der Grundgleichungen

Zur Lösung der Differentialgleichungen (1), (4), (8), (9) wurde ein Rechenprogramm in der Programmiersprache FORTRAN IV entwikkelt. Das Gesamtprogramm kann in drei Abschnitte unterteilt werden:

1. Dichtspalt
   Berechnung der Druck- und Temperaturverteilung in der Sperrflüssigkeit
2. Ringtemperatur
   Berechnung der Temperaturverteilung im Ring
3. Ringverformung
   Berechnung der elastischen Verformung des Ringes infolge der angreifenden Kräfte und der ungleichförmigen Temperaturverteilung.

Für die jeweiligen Teilprobleme wurden Unterprogramme erstellt, die so allgemeingültig gehalten wurden, daß sie auch bei anderen Problemstellungen eingesetzt werden können. Durch die Kopplung der einzelnen Unterprogramme erhält man ein modular aufgebautes Gesamtprogramm mit genau definierten Schnittstellen.

Aufbau und Ablauf des Gesamtprogramms zeigt das Flußdiagramm Bild 8. Man erkennt hier die beiden äußeren Iterationsprozesse. Zunächst wird der statische Gleichgewichtspunkt des Dichtringes bestimmt. Dazu wird für jeden der durch Umfangsnuten getrennten Dichtspalte die Durck- und Temperaturverteilung berechnet und anschließend eine Kräftesummation durchgeführt. Ist das Ergebnis verschieden von Null, werden neue Verlagerungswerte ξ_1, ξ_2 als Startwerte für die nächste Iteration bestimmt.

Erst wenn das Kräftegleichgewicht erzielt ist, wird mit Hilfe der Temperaturverteilung im Dichtspalt die Temperaturverteilung im gesamten Ring ermittelt. Dabei werden die Spalttemperaturen als Randwerte eingesetzt. Mit den Ringtemperaturen, den angreifenden Druck- und Schubkräften und den Gewichtskräften lassen sich die elastischen Ringverformungen berechnen. Aus der Ringverformung ergibt sich eine neue Spalthöhenfunktion, die mit den letzten Werten aus der ersten Iterationsschleife verglichen wird.

Liegt keine Übereinstimmung vor, werden mit der neuen Dichtspaltgeometrie Druck- und Temperaturverteilung erneut berechnet und das gesamte Vorgehen wiederholt.

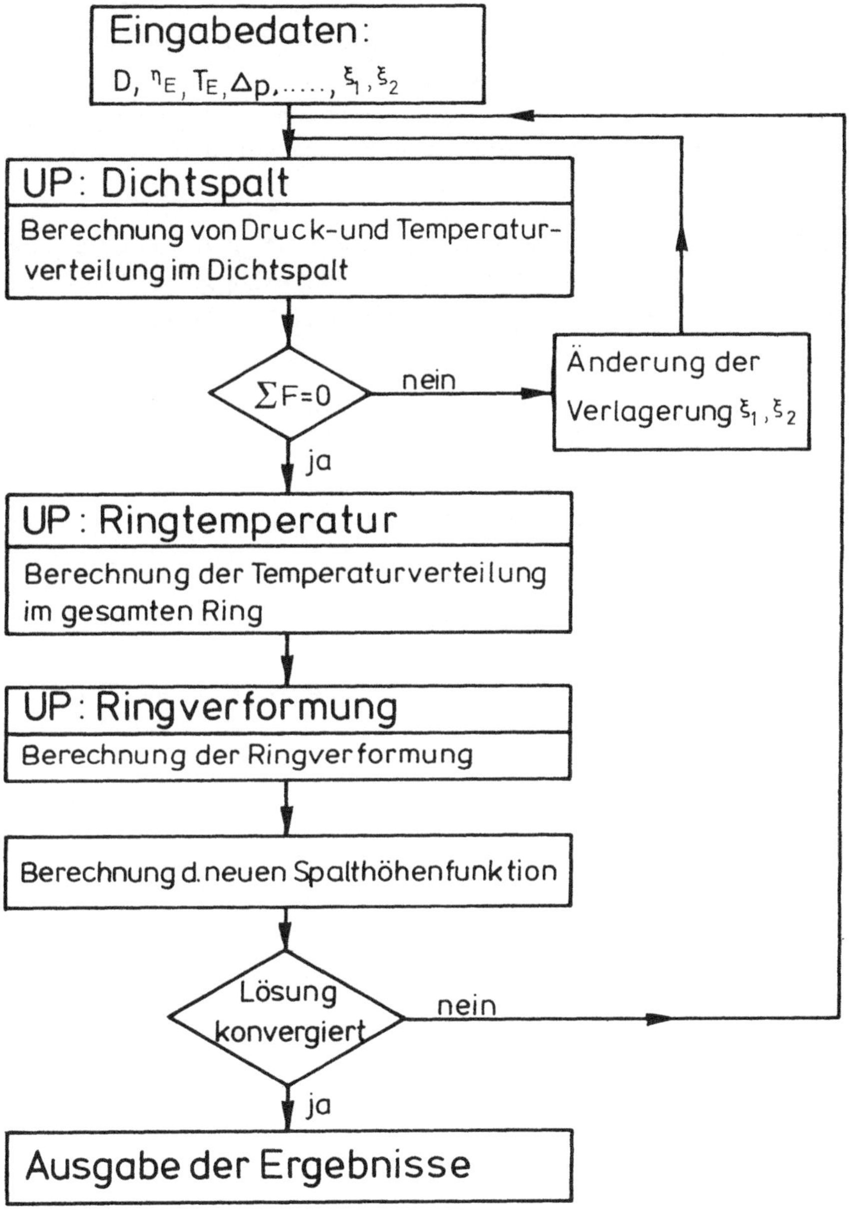

Bild 8: Ablauf des Gesamtprogramms

2.2.1 Druck- und Temperaturverteilung im Dichtspalt

Wie bereits im Abschnitt 2.1 beschrieben, sind die Gleichungen für Druck p und Temperatur T über die Dichtmittelviskosität $\eta(T)$ nichtlinear gekoppelt und müssen daher simultan gelöst werden. Im Rechenprogramm werden Druck-, Temperatur- und Viskositätsberechnung nacheinander solange wiederholt, bis iterativ eine Viskositätsverteilung gefunden ist, die bei der vorgegebenen Spaltgeometrie sowohl für den Druck p als auch für die Temperatur T eine zusammengehörige Lösung liefert.

Die Rechnung wird nacheinander für die zwei bzw. drei Teilspalte des Dichtringes durchgeführt. Für jeden Teilspalt erfolgt die Rechnung vom Rand mit dem höheren Druck ($z^* = 0$) zum Rand mit dem niedrigeren Druck ($z^* = 1$).

Reynoldsgleichung (1) und Energiegleichung (4) werden mittels Differenzenverfahren gelöst. Die in den beiden Differentialgleichungen auftretenden Ableitungen werden hierbei für jeden inneren Gitterpunkt (Bild 9) näherungsweise durch Differenzenformeln bestimmt.

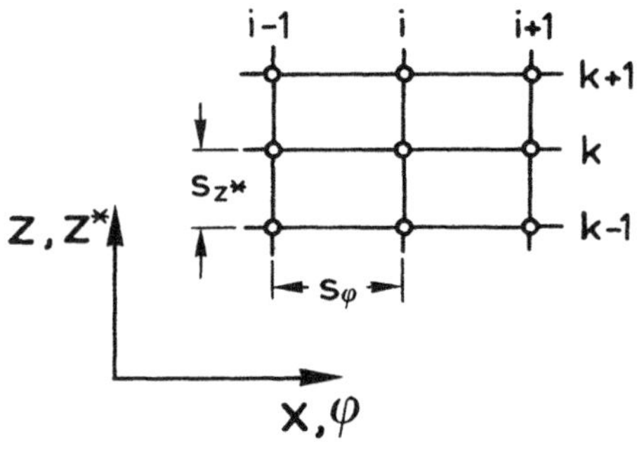

s_φ : bezogene Schrittweite in Umfangsrichtung

s_{z^*}: bezogene Schrittweite in Breitenrichtung

Bild 9: Ausschnitt aus dem Gitternetz

$$\left(\frac{\partial p}{\partial \varphi}\right)_{i,k} \approx \frac{p_{i+1,k} - p_{i-1,k}}{2 \cdot s_\varphi} \; ; \quad \left(\frac{\partial p}{\partial z^*}\right)_{i,k} \approx \frac{p_{i,k+1} - p_{i,k-1}}{2 \cdot s_{z^*}}$$

$$\left(\frac{\partial^2 p}{\partial \varphi^2}\right)_{i,k} \approx \frac{p_{i+1,k} - 2p_{i,k} + p_{i-1,k}}{s_\varphi^2} \; ; \quad \left(\frac{\partial^2 p}{\partial z^{*2}}\right)_{i,k} \approx \frac{p_{i,k+1} - 2p_{i,k} + p_{i,k-1}}{s_{z^*}^2}$$

$$\left(\frac{\partial T^*}{\partial \varphi}\right)_{i,k} \approx \frac{T^*_{i,k} - T^*_{i-1,k}}{s_\varphi} \; ; \quad \left(\frac{\partial T^*}{\partial z^*}\right)_{i,k} \approx \frac{T^*_{i,k} - T^*_{i,k-1}}{s_{z^*}}$$

Durch Einsetzen der Differenzenformeln in die entsprechenden Differentialgleichungen erhalten wir für den Druck an einem Gitterpunkt (i,k)

$$p_{i,k} = \{p_{i-1,k} \cdot (1 - H2_i + E1_{i,k}) + p_{i+1,k} \cdot (1 + H2_i - E1_{i,k})$$
$$+ p_{i,k-1} \cdot B1 \cdot (1 + E2_{i,k}) + p_{i,k+1} \cdot B1 \cdot (1 - E2_{i,k})$$
$$- \eta^*_{i,k} \cdot H3_i\} / \{2 \cdot (1 + B1)\} \qquad (12)$$

mit den Abkürzungen

$$H1_i = \left(\frac{\partial h^*}{\partial \varphi}\right)_i \; ; \quad H2_i = 1{,}5 \cdot s_\varphi \cdot \frac{H1_i}{h^*_i} \; ; \quad H3_i = 6 \, \frac{s_\varphi^2}{h^{*3}_i} \cdot H1_i \cdot p_R$$

$$E1_{i,k} = \frac{\eta^*_{i+1,k} - \eta^*_{i-1,k}}{4 \cdot \eta^*_{i,k}} \; ; \quad E2_{i,k} = \frac{\eta^*_{i,k+1} - \eta^*_{i,k-1}}{4 \cdot \eta^*_{i,k}}$$

$$B1 = \frac{1}{4}\left(\frac{D}{B} \cdot \frac{s_\varphi}{s_{z^*}}\right)^2 \; ; \quad p_R = \frac{\eta_E \cdot \omega}{\psi^2}$$

Für die bezogene Temperatur an einem Gitterpunkt (i,k) erhält man

$$T^*_{i,k} = \{\eta^*_{i,k} \cdot A1_{i,k} + T^*_{i-1,k} \cdot \frac{G2_{i,k}}{s_\varphi} - T^*_{i,k-1} \cdot \frac{G1_{i,k}}{s_{z^*}}\}$$
$$/ \{\frac{G2_{i,k}}{s_\varphi} - \frac{G1_{i,k}}{s_{z^*}}\} \qquad (13)$$

mit den Abkürzungen

$$A1_{i,k} = K_T \cdot \left\{ \frac{2}{h_i^{*2}} p_R^2 + \frac{\left(\frac{dp}{d\varphi}\right)_{i,k}^2}{\eta_{i,k}^{*2}} \cdot \frac{h_i^{*4}}{12} + \frac{\left(\frac{D}{B}\right)^2 \cdot h_i^{*2} \cdot \left(\frac{dp}{dz^*}\right)_{i,k}^2}{24 \cdot \eta_{i,k}^{*2}} \right\}$$

$$G1_{i,k} = \frac{h_i^{*2} \cdot \left(\frac{D}{B}\right)^2 \cdot \left(\frac{dp}{dz^*}\right)_{i,k}}{24 \cdot \eta_{i,k}^*}$$

$$G2_{i,k} = p_R - \frac{\left(\frac{dp}{d\varphi}\right)_{i,k} \cdot h_i^{*2}}{6 \cdot \eta_{i,k}^*}$$

Gleichung (12) für alle Gitterpunkte entspricht bei gegebenem Spalthöhenverlauf und gegebener Viskositätsverteilung einem linearen Gleichungssystem für die Druckverteilung. Dieses wird nach einem modifizierten Gauß-Seidel-Verfahren iterativ gelöst.

Nach Gleichung (13) läßt sich bei gegebener Viskositäts- und Druckverteilung und gegebenen Temperaturen am Eintrittsrand (Gitterlinie k=1) die gesamte Temperaturverteilung berechnen. Da die Temperaturerhöhung im Dichtspalt stark von der Viskosität abhängt, ist es zum Erreichen befriedigender Konvergenz zweckmäßig, nicht erst das gesamte Gitternetz mit den zuvor berechneten Viskositäten abzuarbeiten, sondern an jedem Gitterpunkt einen Iterationsschritt zur Bestimmung der veränderten Viskosität zwischenzuschalten.

Die zur Lösung der Reynolds-Gleichung benötigten Randbedingungen ergeben sich aus den jeweiligen Zuführungsdrücken.

Für die Lösung der Energiegleichung werden als Anfangswerte die Eintrittstemperaturen der jeweiligen Dichtspalte benötigt. Bis auf den H_2-seitigen Dichtspalt bei der Doppelflußwellendichtung wird die Öltemperatur am Eintritt in den Dichtspalt mit der Zuführungstemperatur gleichgesetzt:

$$T(\varphi, z^*=0) = T_E$$

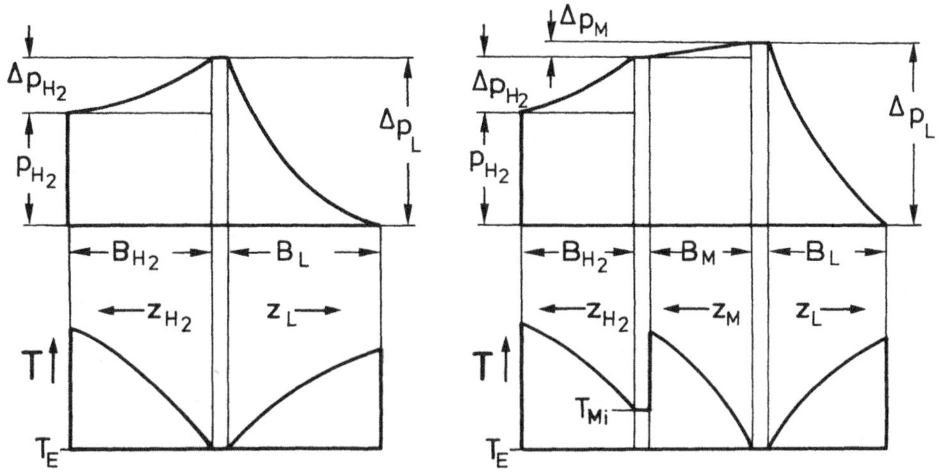

Bild 10: Druck- und Temperaturrandbedingungen

Bei der Doppelflußwellendichtung mischt sich das aus dem Mittelsteg austretende erwärmte Öl mit dem Öl, das in die H_2-seitige Zuführungsnut geleitet wird. Hier gilt also

$$T(\varphi,\ z^*_{H_2}=0) = T_{Mi}$$

wobei die Mischungstemperatur T_{Mi} aus den Volumenströmen und Temperaturen der Teilströme berechnet wird.

2.2.2 Bestimmung des statischen Gleichgewichtspunktes

Für die Rechnung ergibt sich folgende Schwierigkeit: Sowohl das Reibmoment (und damit die Stützkraft) als auch die hydrodynamische Druckkraft hängen vom Spalthöhenverlauf in Umfangsrichtung, d.h. von der Lage des Ringes relativ zur Welle ab. Da diese Abhängigkeiten nur implizit über die Differentialgleichungen für Druck- und Temperaturverteilung im Dichtspalt vorliegen, muß zur Berechnung der Druck- und Stützkraft ein Spalthöhenverlauf angenommen werden, der natürlich das geforderte Kräftegleichgewicht zunächst nicht liefern wird. Für die Rechnung ergeben sich zwei Möglichkeiten:

1. Man kann innerhalb des Bewegungsbereiches des Ringes eine Reihe fester Punkte wählen, an allen diesen Punkten die Reynoldssche und die Energiegleichung lösen und die jeweils resultierenden Druck- und Stützkräfte berechnen. Durch Interpolation läßt sich dann derjenige Punkt ermitteln, an dem diese Kräfte mit dem Ringgewicht im Gleichgewicht stehen. Dieses Verfahren ist jedoch, wenn die Lage des Gleichgewichtspunktes nicht von vornherein gut abgeschätzt werden kann, sehr rechenaufwendig, weil dann an einer großen Zahl von Punkten gerechnet werden muß.

2. Man schätzt einen beliebigen Anfangspunkt und ermittelt die Stützkraft F_{St} und die Druckkomponenten F_{D1} und F_{D2} (siehe Bild 5). Mit diesen Kräften und der bekannten Gewichtskraft erhält man aus den Gleichgewichtsbedingungen im allgemeinen eine horizontal wirkende Differenzkraft DF_1 und eine vertikal wirkende Differenzkraft DF_2. Die Ringlage wird nun zur Erfüllung des Kräftegleichgewichts gezielt so verändert, daß diese Differenzkräfte verschwinden. Dies gelingt, wenn man die Abhängigkeit zwischen Kraftänderung und Ringverlagerung kennt. Es genügt für den Iterationsprozeß, diese an sich nichtlineare Abhängigkeit zu linearisieren, was auf die Berechnung von Federkoeffizienten hinausläuft. Im Programm wird so vorgegangen, daß nach Abschluß einer Druck- und Stützkraftberechnung der Ring nacheinander um $\Delta\xi_1$ bzw. $\Delta\xi_2$ an zwei horizontal bzw. vertikal dicht benachbarte Punkte verlagert wird. Sowohl bei der horizontalen als auch bei der vertikalen Verlagerung ergeben sich jeweils horizontale und vertikale Kraftdifferenzen ΔF_1 und ΔF_2, so daß man insgesamt vier Federkoeffizienten erhält:

$$c_{11} \equiv \frac{\Delta F_1}{\Delta\xi_1} \; ; \quad c_{21} \equiv \frac{\Delta F_2}{\Delta\xi_1} \; ; \quad c_{12} \equiv \frac{\Delta F_1}{\Delta\xi_2} \; ; \quad c_{22} \equiv \frac{\Delta F_2}{\Delta\xi_2}$$

Die erwähnten Differenzkräfte DF_1 und DF_2 verschwinden (aufgrund der Linearisierung annähernd), wenn der Ring relativ zur Welle um $D\xi_1$ und $D\xi_2$ verschoben wird. Diese Verschiebungen lassen sich berechnen, wenn man entsprechend der Linearisierung folgenden Einfluß der Verschiebungen auf die Kräfte annimmt:

$$DF_1 = C_{11} \cdot D\xi_1 + C_{12} \cdot D\xi_2 \,,$$

$$DF_2 = C_{21} \cdot D\xi_1 + C_{22} \cdot D\xi_2 \,,$$

und nach den gesuchten Verschiebungen auflöst:

$$D\xi_1 = \frac{DF_1 \cdot C_{22} - DF_2 \cdot C_{12}}{C_{11} \cdot C_{22} - C_{21} \cdot C_{12}}$$

$$D\xi_2 = \frac{DF_1 \cdot C_{21} - DF_2 \cdot C_{11}}{C_{12} \cdot C_{21} - C_{22} \cdot C_{11}}$$

Das iterative Vorgehen sei noch einmal zusammenfassend dargestellt:

a) Ein Gleichgewichtspunkt wird geschätzt. Es ergeben sich Kraftunterschiede DF_1 und DF_2, die zum Verschwinden gebracht werden sollen.

b) Ausgehend von dem geschätzten Gleichgewichtspunkt wird der Ring nacheinander horizontal und vertikal um geringe Beträge $\Delta\xi_1$ und $\Delta\xi_2$ verlagert. Die Zusammenhänge zwischen den sich ergebenden Kraftdifferenzen ΔF_1 und ΔF_2 in horizontaler und vertikaler Richtung werden linearisiert und man erhält vier Federkoeffizienten des Dichtölfilms im gewählten Punkt.

c) Mit Hilfe dieser Koeffizienten können Verschiebungen $D\xi_1$ und $D\xi_2$ berechnet werden, mit denen sich die Differenzkräfte DF_1 und und DF_2 annähernd eliminieren lassen.

Da der Fehler durch die Linearisierung umso geringer wird, je näher man sich am wirklichen Gleichgewichtspunkt befindet, konvergiert das Verfahren sehr gut.

2.2.3 Temperaturverteilung im Ring

Zur Lösung der Laplaceschen Differentialgleichung (9) wurde wie bei der Lösung der Reynolds- und Energiegleichung die numerische Lösung in Form des Differenzenverfahrens gewählt. Für die Temperatur an einem Gitterpunkt (k,j) erhält man

$$T_{k,j} = \frac{T_{k,j+1} + T_{k,j-1} + (T_{k+1,j} + T_{k-1,j}) \cdot \left(\frac{s_y}{s_z}\right)^2}{2 \cdot \left[1 + \left(\frac{s_y}{s_z}\right)^2\right]} \qquad (14)$$

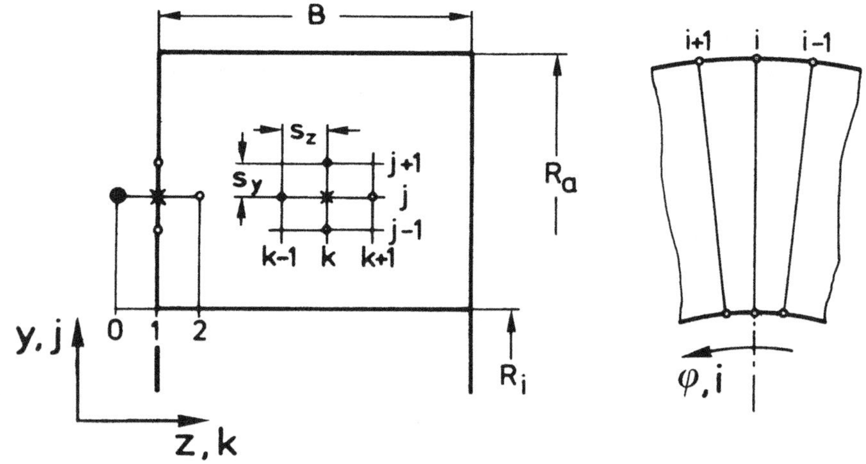

Bild 11: Gitternetz an einer Stelle i

Die bei der Ermittlung der Randtemperaturen in Gleichung (14) auftretenden fiktiven Temperaturen (●) können mit Hilfe der Randbedingung eliminiert werden.

Für den in Bild 11 eingezeichneten Randpunkt ergibt sich beispielsweise:

$$-\lambda \cdot \left(\frac{\partial T}{\partial z}\right)_{1,j} = \alpha \cdot (T_u - T_{1,j})$$

mit der Umgebungstemperatur T_u

$$\left(\frac{\partial T}{\partial z}\right)_{1,j} \approx \frac{T_{2,j} - T_{0,j}}{2 \cdot s_z}$$

$$T_{0,j} = -\frac{\alpha}{\lambda} \cdot 2 \cdot s_z \cdot (T_{1,j} - T_u) + T_{2,j}$$

An die Stelle von Gleichung (14) tritt damit im gewählten Beispiel die Gleichung

$$T_{1,j} = \frac{T_{1,j+1} + T_{1,j-1} + 2 \cdot \left(\frac{s_y}{s_z}\right)^2 \cdot \left(T_{2,j} + T_u \cdot \frac{\alpha}{\lambda} \cdot s_z\right)}{2 \cdot \left\{1 + \left(\frac{s_y}{s_z}\right)^2 + \left(\frac{s_y}{s_z}\right)^2 \cdot \frac{\alpha}{\lambda} \cdot s_z\right\}}$$

Die entstehenden linearen Gleichungssysteme werden wieder iterativ mit einem Relaxationsverfahren gelöst.

Die Randbedingungen werden folgendermaßen festgelegt:

An der Dichtspalt-Randfläche (k,j=1) wird die im Programm 'DICHTSPALT' berechnete mittlere Dichtöltemperatur vorgegeben.

An der restlichen Ringoberfläche wird als Umgebungstemperatur die Eintrittstemperatur des Dichtöls vorgegeben und eine überschlägig bestimmte Wärmeübergangszahl α angenommen.

2.2.4 Ringverformung

Lösung des mechanischen Modells: [3,4,5]

Der Dichtring stellt ein dreifach (innerlich) statisch unbestimmtes System dar. Durch ein gedachtes Aufschneiden des Ringes und Einspannen eines Ringendes erhält man ein statisch bestimmtes Hauptsystem. Für dieses Hauptsystem können Differentialgleichungen aufgestellt werden, die die Verformungen des Ringes in Abhängigkeit von den jeweiligen äußeren Belastungen beschreiben. Bei den Differentialgleichungen handelt es sich um inhomogene Differentialgleichungen 2. Ordnung, die mit Hilfe der Randbedingungen an der Einspannstelle geschlossen gelöst werden können.

Man erhält getrennt für Druck- und Temperaturbelastung Formeln, mit denen die Verschiebungen in radialer und tangentialer Richtung über dem Umfang ermittelt werden.

Um den aufgeschnittenen Ring wieder zu schließen, müssen am freien Ringende eine Normalkraft, eine Querkraft und ein Moment aufgebracht werden. Diese drei zunächst unbekannten Schnittlasten können aus den Randbedingungen an der Einspannstelle bestimmt werden.

Für diese Schnittlasten werden, wie vorher für die äußeren Belastungen, die Verformungen ermittelt. Durch Überlagerung der Verformungen aus den äußeren Belastungen und aus den Schnittlasten erhält man schließlich die gesuchten Verformungen des geschlossenen Ringes.

3.0 Ergebnisse

Das Rechenprogramm ermöglicht die Berechnung der Ringverlagerung und -verformung und damit des Dichtspalthöhenverlaufs, der Temperaturen im Dichtspalt, der Ölströme und der Reibleistung. Durch Parametervariation wurde untersucht, wie sich diese Größen beeinflussen lassen. Im Dialogverkehr können Dichtringe hinsichtlich bestimmter Betriebseigenschaften optimiert werden. Weiter kann untersucht werden, wie sich durch Fertigungsungenauigkeiten bedingte geometrische Abweichungen von der Sollform und Abweichungen anderer Betriebsdaten von den Sollwerten (z.B. Druck und Temperatur des zugeführten Dichtöls) auf die Betriebseigenschaften auswirken.

In diesem Abschnitt werden Ergebnisse für ein ausgewähltes Beispiel

- Wellendurchmesser	500 mm
- Drehzahl	3000 min^{-1}
- Dichtölviskosität	24,8 mPas
- Wasserstoffüberdruck	3 bar

dargestellt.

3.1 Untersuchung des Einflusses der Ringverformung

Im Bild 12 sind für die gleichen Daten wie im Fall Nr. 2 im Bild 16 die zu Ringverformungen führenden Belastungen, die Einzelverformungen, die Gesamtverformung sowie der dazugehörige Spalthöhenverlauf dargestellt. Zum Vergleich ist der Spalthöhenverlauf $h_{o.V.}$ eingezeichnet, der sich bei einer Rechnung ohne Berücksichtigung von Ringverformungen ergibt.

Der Druck p, die Schubspannung τ und die Temperaturdifferenzen ΔT_m und ΔT_{i-a} sind über der Ringbreite gemittelte Größen. Da auf Grund der verwendeten Ansätze ein über dem Umfang konstanter Druckanteil bzw. eine konstante Temperaturdifferenz ΔT_{i-a} keine Ringverformung bewirken, wurden bei diesen Größen konstante Beträge abgezogen. $(\frac{dF_G}{dA})_r$ und $(\frac{dF_G}{dA})_t$ sind der radiale bzw. tangentiale Anteil der auf die Fläche bezogenen Ringgewichtskraft. ΔT_m ist die Abweichung der Temperatur in Ringmitte von der insgesamt mittleren Ringtemperatur.

Eine Erhöhung der mittleren Ringtemperatur bewirkt zwar eine erhebliche Ringausdehnung, die daraus resultierende Spalthöhenvergrößerung wird jedoch durch eine Erhöhung der Wellentemperatur weitgehend kompensiert. Da eine theoretische Ermittlung der Wellentemperatur mit großen Unsicherheiten behaftet ist, wurden Spalthöhenveränderungen infolge von Änderungen der Wellen- und mittleren Ringtemperatur nicht berücksichtigt. Bei den in dieser Arbeit angegebenen Radialspielen handelt es sich damit um Betriebsspiele. Genaue Angaben darüber, inwieweit das Fertigungsspiel vom Betriebsspiel abweicht, können nur durch Messungen am ausgeführten Generator erhalten werden.

Im dargestellten Beispiel wurde die Lage der Verdrehsicherung mit $\varphi_{St} = 0^o$ so gewählt, daß die Stützkraft F_{St} der Gewichtskraft F_G entgegenwirkt. In diesem Fall ergeben sich eine geringe Exzentrizität ε und, weil der Ring als von der Fertigung her rund angenommen wurde, geringe Druck- und Temperaturunterschiede über dem Umfang. Die druck- und temperaturbedingten Ringverformungen sind daher klein. Auffällig groß sind die Verformungen auf Grund der Schubspannung und des Ringgewichts. Wegen der günstigen Wahl des Abstützpunktes heben sie sich jedoch weitgehend

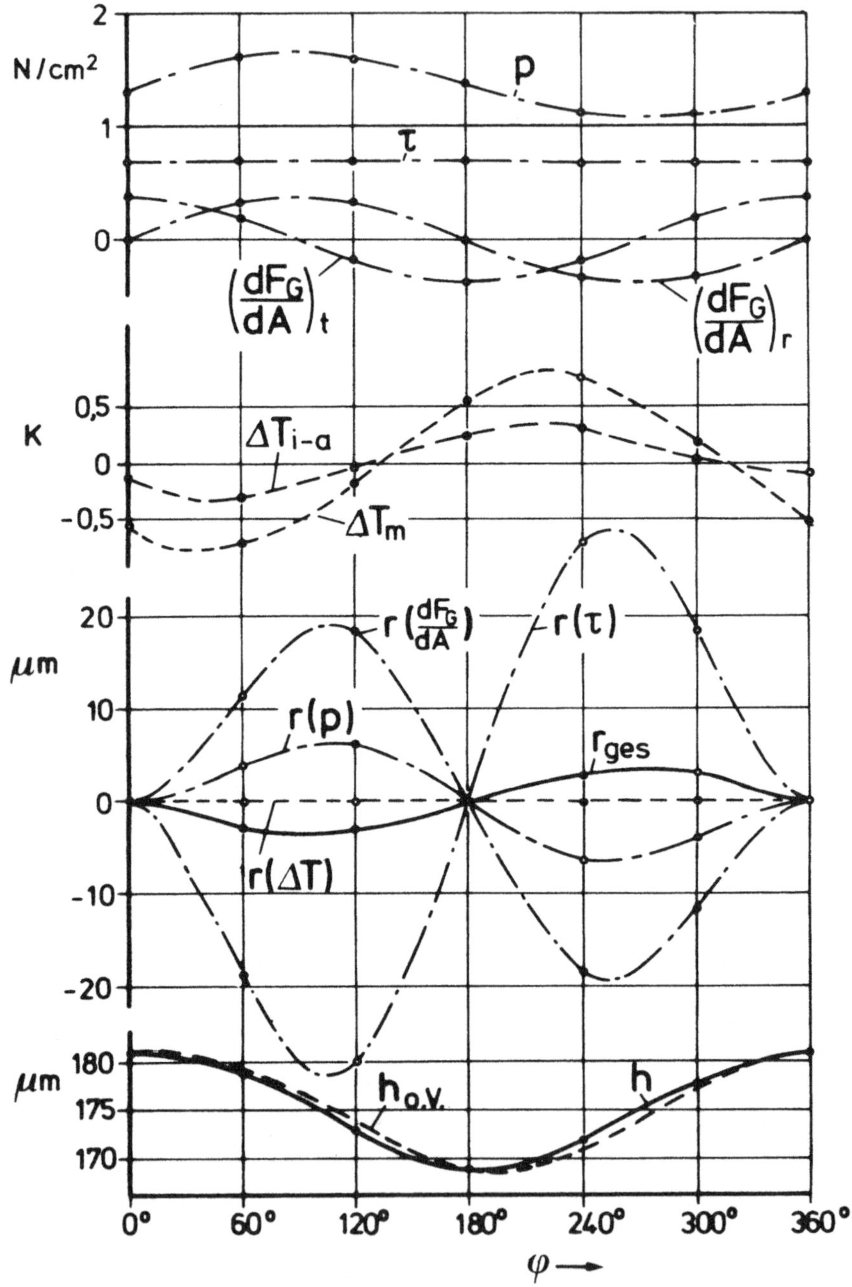

Bild 12: Belastungen, Verformungen und Spalthöhenverlauf eines Dichtringes

gegeneinander auf. Die Gesamtverformung bleibt damit gering.

Der Einfluß der Verformungen auf den Spalthöhenverlauf ist in diesem Beispiel kaum erkennbar. Bei sehr viel ungünstigeren Parametern (falsche Wahl des Abstützpunktes, starke Unrundheit des Ringes) ergeben sich zwar erheblich größere druck- und temperaturbedingte Verformungen und entsprechend große Gesamtverformungen. Die sich aus diesen Rechnungen ergebenden Spalthöhenverläufe wichen jedoch in keinem Fall wesentlich von denjenigen Spalthöhenverläufen ab, die unter der Annahme eines starren Ringes berechnet wurden. Insbesondere gilt dies für die Kleinstspalthöhe. Diese zunächst überraschende Tatsache ist damit zu erklären, daß sich der Ring relativ zur Welle frei verlagern kann.

Wegen der Geringfügigkeit des Einflusses von Ringverformungen auf den Spalthöhenverlauf und die übrigen Rechenergebnisse (insbesondere bei runden Ringen mit geringer Exzentrizität) wurde der Ring bei den folgenden Parameteruntersuchungen und Optimierungsrechnungen als starr angenommen.

3.2 Einfluß von Parametervariationen

Wichtigste Größe zur Beurteilung der Betriebssicherheit ist neben der kleinsten Dichtspalthöhe die Maximaltemperatur T_{max} im Dichtöl. Der Aufwand für den Dichtölkreislauf läßt sich anhand des Dichtölstromes $\dot{V}_{Ges}$ beurteilen.

Beispielhaft ist in den Bildern 13 bis 15 der Einfluß des relativen Spiels, des Stegbreitenverhältnisses und der Eintrittstemperatur des Dichtöls auf die oben genannten Größen sowie auf die Reibleistung P_R dargestellt.

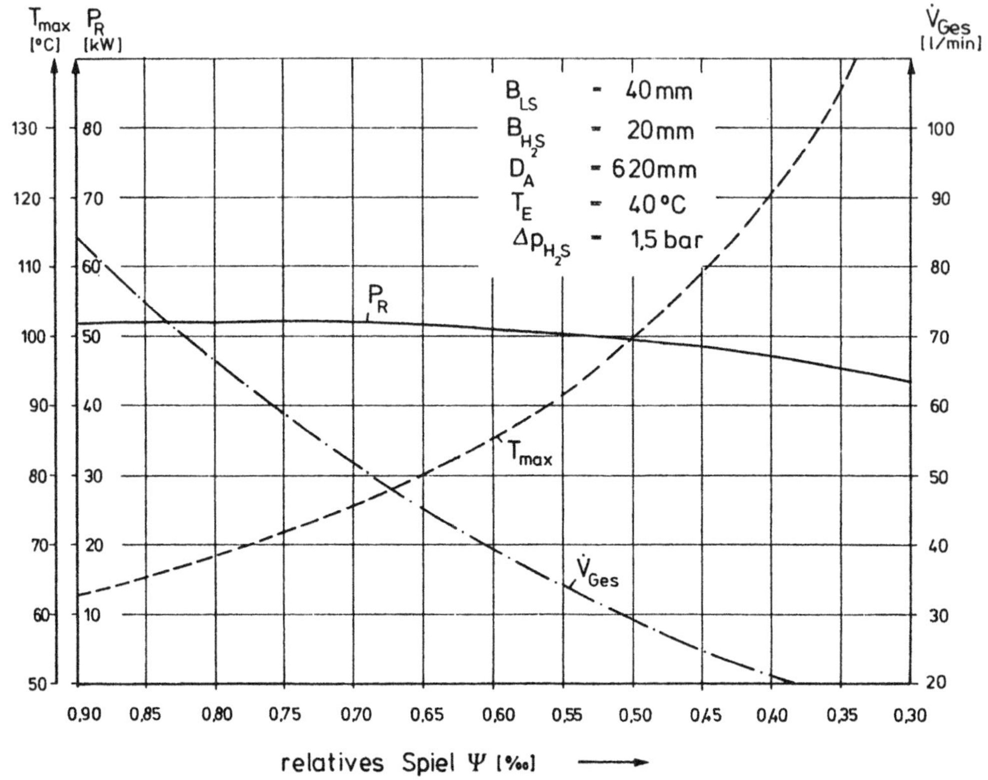

Bild 13: Abhängigkeit der wichtigsten Betriebsgrößen vom Ringspiel

Zu Bild 13: Erwartungsgemäß nimmt mit kleiner werdendem Spiel der Dichtölstrom ab und die Maximaltemperatur zu.

Bei konstanter Viskosität würde die Reibleistung reziprok zum abnehmenden Spiel zunehmen. Im vorliegenden Fall ist die durch die Temperaturerhöhung bedingte Viskositätsverminderung so groß, daß die Reibleistung sogar geringfügig kleiner wird.

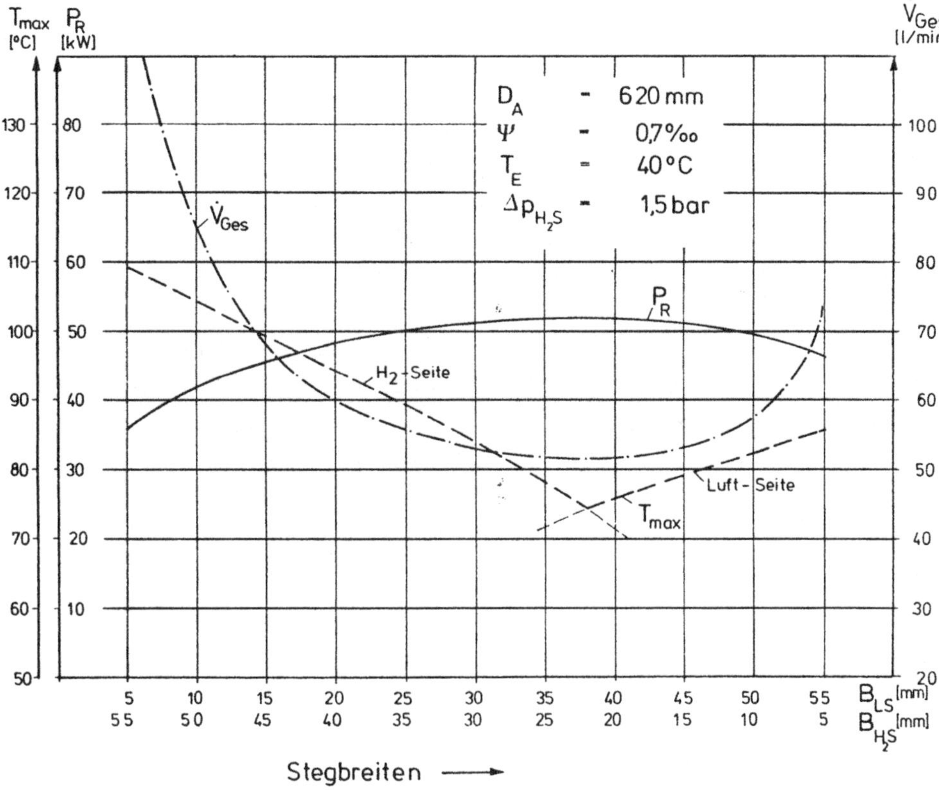

Bild 14: Abhängigkeit der wichtigsten Betriebsgrößen vom Stegbreitenverhältnis

Zu Bild 14: Bedingt durch die unterschiedlichen Druckdifferenzen am luft- bzw. H_2-seitigen Dichtspalt ergibt sich ein optimaler Betriebspunkt (kleinste Maximaltemperatur, niedrigster Dichtölstrom) bei unterschiedlich breiten Stegen. Aufgrund des in diesem Punkt niedrigen Temperaturniveaus und der entsprechend hohen Viskosität nimmt die Reibleistung hier ein Maximum an.

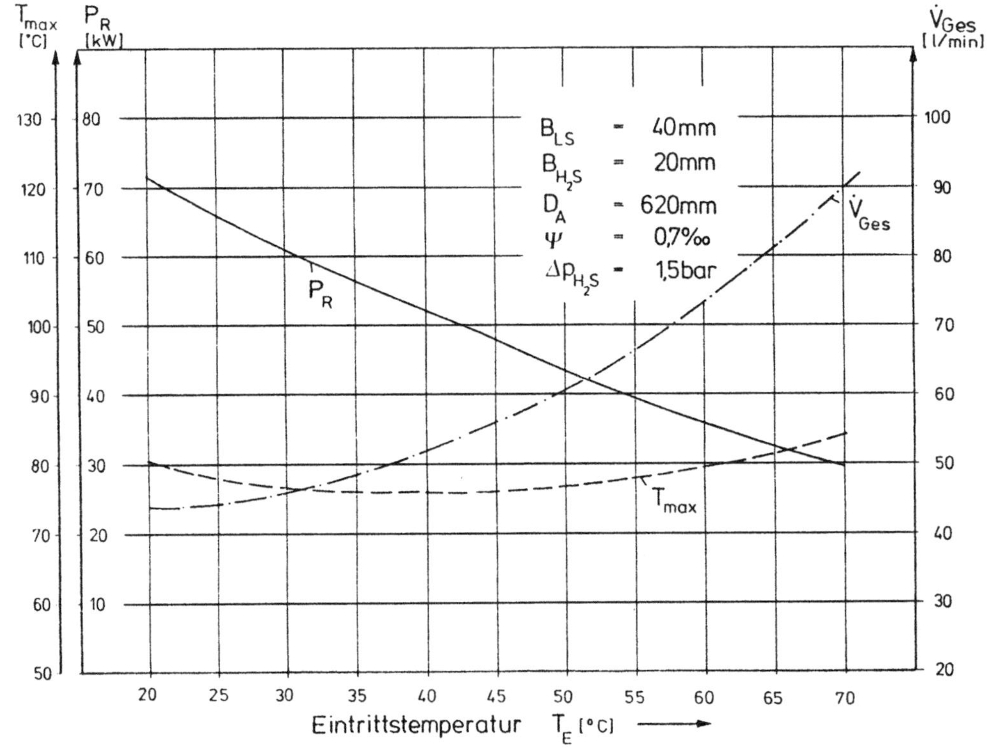

Bild 15: Abhängigkeit der wichtigsten Betriebsgrößen von der Eintrittstemperatur des Dichtöls

Zu Bild 15: Mit größer werdender Eintrittstemperatur nimmt wegen der Viskositätsverminderung der Dichtölstrom zu und die Reibleistung ab. Überraschend ist der geringe Einfluß der Eintrittstemperatur auf die Maximaltemperatur. Im vorliegenden Fall ist unterhalb einer bestimmten Grenze sogar ein geringfügiges Ansteigen der Maximaltemperatur bei kleiner werdender Eintrittstemperatur zu beobachten.

3.3 Optimierung

Da der Einfluß der einzelnen Parameter qualitativ aus Reihenrechnungen bekannt ist, kann durch gezielte Beeinflussung bestimmter Parameter im Dialogverkehr ein vorgegebenes Optimierungsziel erreicht werden.

Da sich die möglichen Forderungen

- hohe Betriebssicherheit (niedrige Maximaltemperatur, große Dichtspalthöhe)
- kleiner Dichtölstrom
- kleine Reibleistung

zum Teil widersprechen, müssen bei den Optimierungsvorgaben Kompromisse geschlossen werden bzw. Grenzwerte festgelegt werden.

Allgemeingültig kann festgehalten werden, daß alle Betriebseigenschaften günstig beeinflußt werden, wenn der Dichtring ideal rund gefertigt ist und seine Parameter so aufeinander abgestimmt sind, daß sich im Betrieb eine absolut zentrische Lage einstellt. Die dann überall gleich große Spalthöhe bewirkt, daß Maximaltemperatur, Volumenstrom und Reibleistung ein relatives Minimum annehmen und daß zudem die Temperatur über dem Umfang gleich ist. Durch diese gleichmäßige Temperaturverteilung wird vermieden, daß sich der Ring infolge von "Temperaturmomenten" verformt.

Bild 16 zeigt anhand eines Beispiels den Ablauf eines Optimierungsvorgangs. Hierbei wurden die Ausgangsparameter (Nr. 1) im Dialogverkehr sinnvoll so verändert, bis nach weiteren Rechendurchgängen (Nr. 2 - Nr. 8) die Optimierungsvorgaben möglichst gut erfüllt waren. Im vorliegenden Beispiel war neben einem möglichst zentrischen Lauf und einer Maximaltemperatur von ca. 100° C ein minimaler Volumenstrom Ziel der Optimierung.

In Bild 17 sind Druck- und Temperaturverteilung der Ausgangslösung (Nr. 1), in Bild 18 der optimierten Lösung (Nr. 8) dargestellt. Man erkennt hier deutlich, daß es durch die Optimierung gelingt, eine gleichförmige Druck- und Temperaturverteilung über dem Umfang zu erhalten.

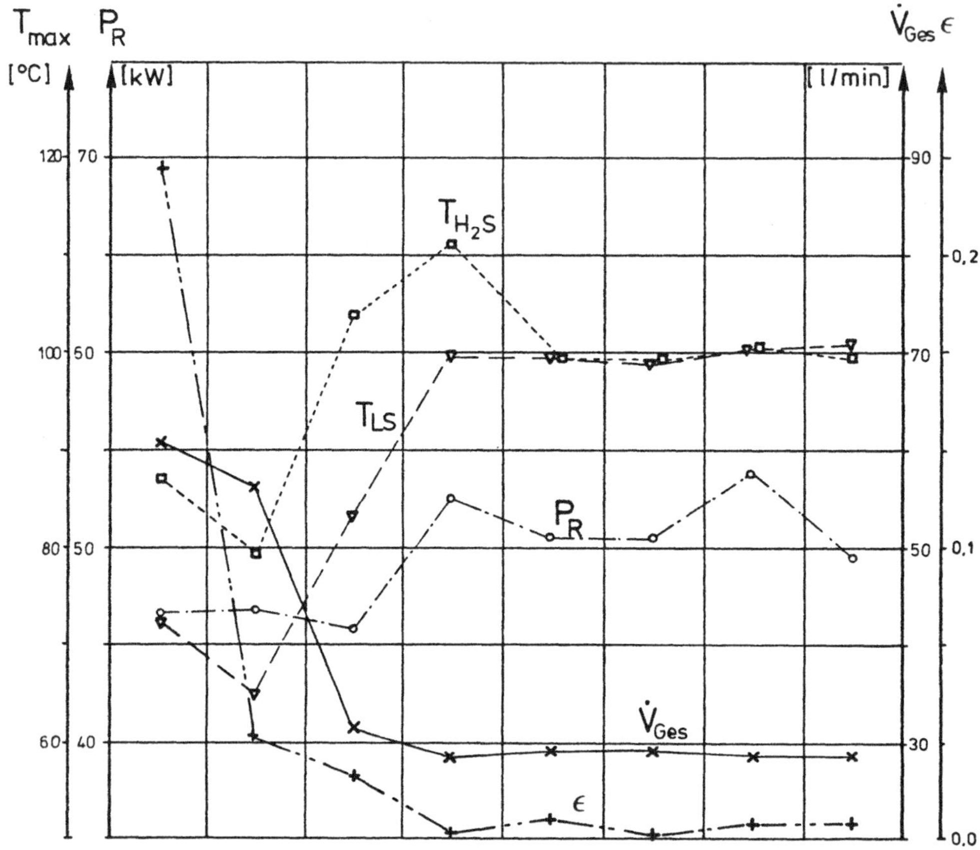

Nr.	1	2	3	4	5	6	7	8	
B_{Ges}	50	→	→	70	63	→	→	→	[mm]
B_{LS}	25	→	→	40	→	→	→	→	[mm]
B_{H_2S}	25	→	→	30	23	→	→	→	[mm]
D_A	600	→	→	→	→	610	→	→	[mm]
Ψ	0,7	→	0,5	→	→	→	→	→	[‰]
T_E	40	→	→	→	→	→	35	40	[°C]
Δp_{H_2S}	1,5	→	→	→	→	→	→	1,3	[bar]
φ_{St}	180	0	→	→	→	→	→	→	[°]

Bild 16: Optimierung durch Veränderung von Parametern

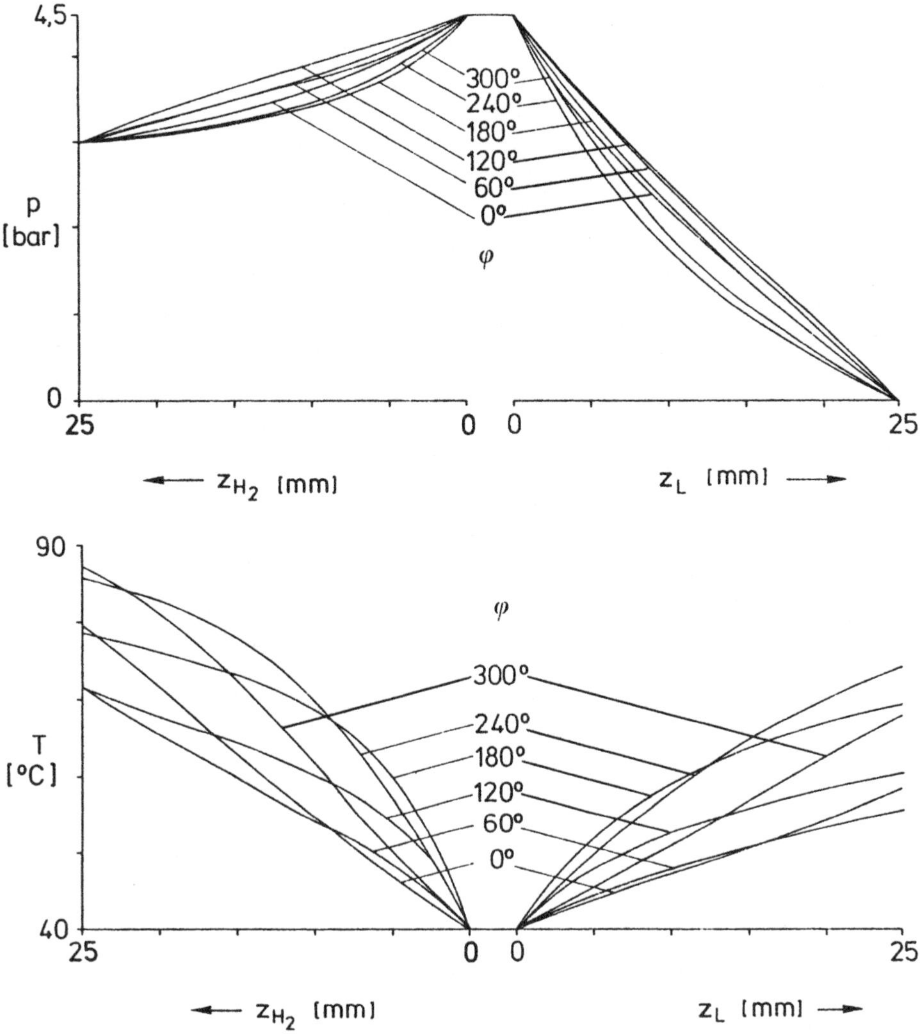

Bild 17: Druck- und Temperaturverteilung im Dichtspalt
vor der Optimierung

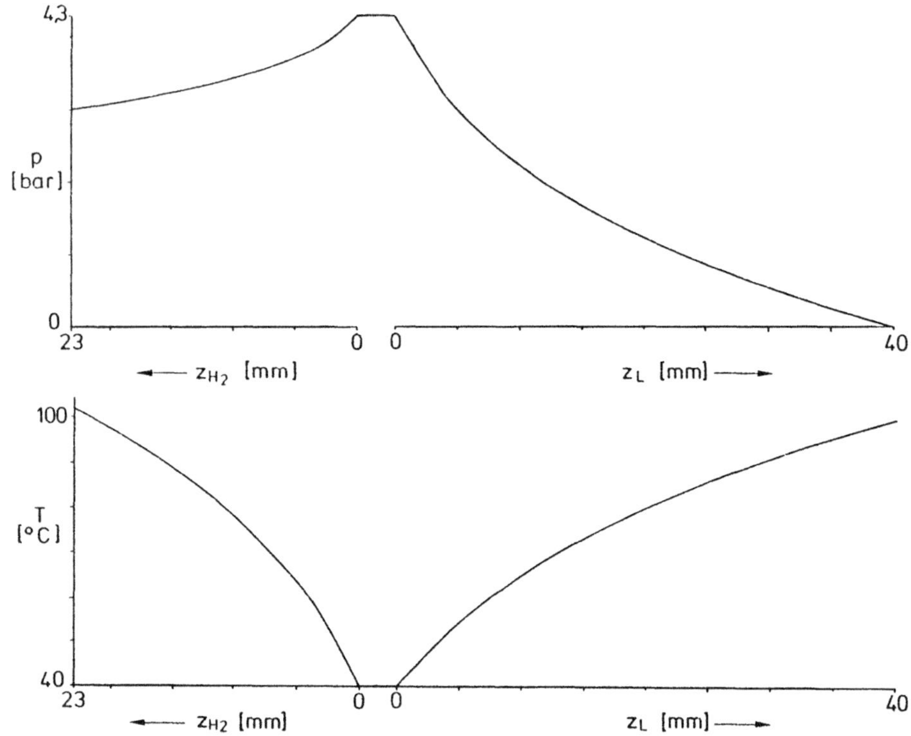

Bild 18: Druck- und Temperaturverteilung im Dichtspalt nach der Optimierung

<u>Schrifttum</u>

[1] Vogel, H.: Das Temperaturabhängigkeitsgesetz der Viskosität von Flüssigkeiten. Phys.Z. 22 (1921)

[2] Vogelpohl, G.: Betriebssichere Gleitlager. 1. Band, Springer-Verlag Berlin, 2. Aufl. 1967

[3] Lehmann, T.: Elemente der Mechanik. 2. Band, Vieweg-Verlag, Braunschweig, 1975

[4] ten Bosch, M.: Berechnung der Maschinenelemente. Springer-Verlag Berlin, 3. Aufl. 1953

[5] Hütte I, Theoretische Grundlagen. 1. Band, Verlag von Wilhelm Ernst u. Sohn, Berlin, 28. Aufl. 1955

Wellenabdichtungen für Kraftwerkspumpen hoher Leistung

Dr.-Ing. Reinhard Dechow
Dr.-Ing. Frank Etzold
Ing. grad. Hans-Dieter Sturm

Klein, Schanzlin & Becker AG
Frankenthal (Pfalz)

Förderkennzeichen: 01 ZT 498 S

Laufzeit: 01.01.1979 - 31.12.1980

Zusammenfassung

Ziel dieser Untersuchung war die Verbesserung des Verschleiß- und Betriebsverhaltens der Wellenabdichtungen großer Kraftwerkspumpen. Damit soll ein Beitrag zur Erhöhung der Verfügbarkeit von konventionellen und nuklearen Kraftwerken geleistet werden. Es wurden hydrostatische (HSD) und hydrodynamische (HND) Wellendichtungen untersucht.

Bei HSD bestimmt die Leckage durch den Dichtspalt in Abhängigkeit von Druck und Temperatur das Betriebsverhalten. Nach einer theoretischen Abschätzung der Spaltströmung wurden Spaltweite und Spaltform unter Druck- und Temperaturbelastung im stehenden System vermessen. Der Einfluß der Dichtungsgeometrie auf die Leckagemenge und insbesondere der Einfluß der Lage der sekundären Abdichtstelle wurden ebenfalls im Versuch bestimmt. Diese Sekundärabdichtung besteht aus einer O-Ring/Stützring-Kombination, für die der Einfluß der Werkstoffe und der Querschnittsform untersucht wurde.
Mit einem 2500-Stunden-Dauerlauf wurden zwei ausgewählte Formen der HSD abschließend auf Verschleiß in der Sekundärabdichtung getestet.

Für HND wurde ein Rechenprogramm erarbeitet, mit dem eine Optimierung des Schrumpfverbandes für den Kohlering durchgeführt werden kann. Für zwei HND unterschiedlicher Bauart wurden Tests durchgeführt und dabei das Verhalten der Dichtung in Verbindung mit den Hilfseinrichtungen analysiert.

Gliederung

Zusammenfassung 360

1. Einleitung 362

2. Untersuchungen zu hydrostatischen Dichtungen (HSD) 366
2.1 Beschreibung der HSD und Problemstellung 366
2.2 Spaltströmung und Spaltweite 369
2.2.1 Berechnung der Spaltströmung mit turbulentem Ansatz 369
2.2.2 Messung der Spaltweite 373
2.3 Einfluß der Dichtungsgeometrie 377
2.4 Reibungsverhalten der sekundären Abdichtung 381

3. Untersuchungen zu hydrodynamischen Dichtungen (HND) 384
3.1 Beschreibung der HND und Problemstellung 384
3.2 Berechnung eines Schrumpfverbandes 387
3.2.1 Voraussetzung 387
3.2.2 Lösungsweg 389
3.2.3 Ergebnis 390
3.3 Optimierung des Dichtungskreislaufes 390
3.3.1 Versuchsaufbau 391
3.3.2 Versuchsprogramm 393
3.3.3 Versuchsergebnisse 393

Schrifttum 396

1. Einleitung

Kraftwerke benötigen zu ihrem Betrieb eine große Anzahl von Kreiselpumpen, die die verschiedenen Kreisläufe aufrechterhalten. Die Verfügbarkeit einiger dieser Pumpen beeinflußt direkt die Verfügbarkeit des jeweiligen Kraftwerksblockes. Es sind dies z. B. in fossil befeuerten Kraftwerken die Kesselspeisepumpen Bild 1 und in Kernkraftwerken mit Druckwasserreaktor die Hauptkühlmittelpumpen Bild 2 und die Reaktorspeisepumpen Bild 3.

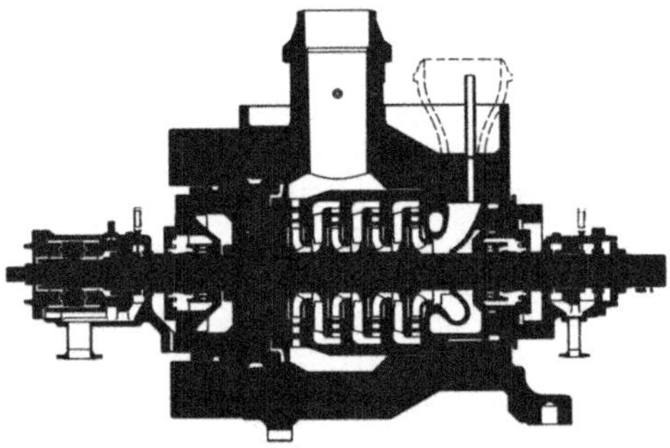

Bild 1 Höchstdruckkesselspeisepumpe zur Speisewasserförderung in einem fossil geheizten Kraftwerk

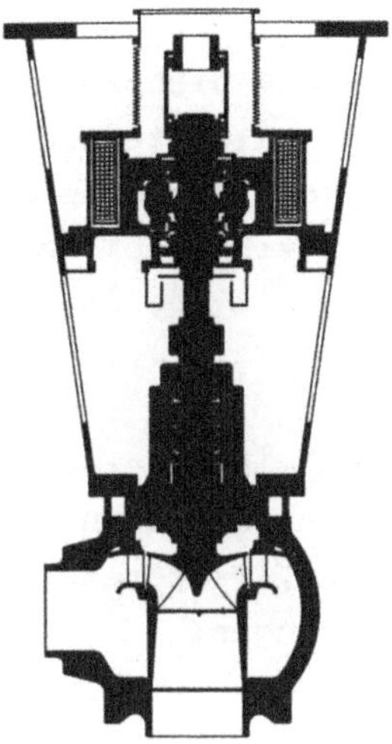

Bild 2
Hauptkühlmittelpumpe zur Kühlmittelumwälzung im Primärkreislauf eines Kernkraftwerkes mit Druckwasserreaktor

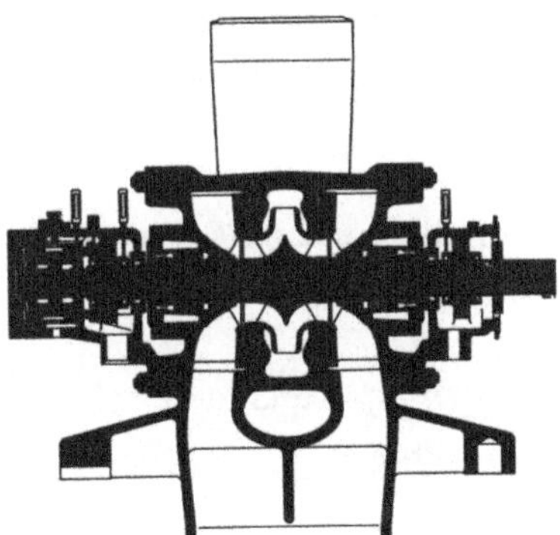

Bild 3
Reaktorspeisepumpe zur Speisewasserförderung im Sekundärkreislauf eines Kernkraftwerkes mit Druckwasserreaktor

Allen diesen Pumpen gemeinsam ist, daß die Funktions- und Betriebssicherheit wesentlich durch die jeweils eingesetzten Wellendichtungen mitbestimmt wird.

Die hohen technischen Anforderungen an die Dichtungssysteme resultieren zum einen aus den großen Blockleistungen heutiger Kraftwerke, die u.a. über die Erhöhung der Kesseltemperaturen und -drücke erreicht wurden, und zum anderen aus dem Bestreben, die benötigten Strömungsleistungen mit möglichst wenig Pumpen bereitzustellen.

In Tabelle 1 sind für die bereits beispielhaft erwähnten Pumpen die z. Z. möglichen maximalen Betriebsdaten zusammengestellt, zusätzlich die Werte für Druck, Temperatur und Umfangsgeschwindigkeit an den Wellendichtungen.

Im Rahmen des Vorhabens, über das hier berichtet wird, wurde versucht, das Betriebsverhalten und die Verschleißmechanismen der verwendeten Dichtungssysteme zu analysieren. Ziel des Vorhabens war es, auf der Basis dieser Analyse geeignete konstruktive und technologische Maßnahmen zu erarbeiten, mit deren Hilfe die Standzeiten und das Betriebsverhalten der Dichtungssysteme verbessert werden können, um damit einen Beitrag zur Erhöhung der Verfügbarkeit der Kraftwerke zu leisten.

Bei den untersuchten Dichtungssystemen unterscheidet man von der Wirkungsweise her zwischen den

- hydrostatischen Wellendichtungen (HSD) und den
- hydrodynamischen Wellendichtungen (HND).

		Kessel-speise-pumpe	Hauptkühl-mittelpumpe	Reaktor-speise-pumpe
Förderstrom	l/s	1 360	9 200	1 600
Förderhöhe	m	4 200	140	850
Betriebsdruck	bar	525	150	150
Betriebs-temperatur	°C	230	300	200
Drehzahl	1/min.	6 700	1 800	6 500
Antriebs-leistung	kW	30 000	12 000	12 000
Dichtungs-prinzip *)		HND	HSD HND	HND
Betriebsdruck an der Dichtung	bar	20	150	40
Betriebstempe-ratur an der Dichtung	°C	60	75	60
Umfangsge-schwindigkeit	m/s	70	24	70

*) HND = hydrodynamische Dichtung
HSD = hydrostatische Dichtung

Tabelle 1 Maximale Betriebsdaten verschiedener Kraftwerkspumpen und Betriebsdaten der zugehörigen Wellendichtungen

Die unterschiedlichen Arbeitsweisen von HSD und HND in Verbindung mit den jeweiligen Betriebsbedingungen führten für beide Bauarten zu unterschiedlichen Problemen, auf die das Arbeitsprogramm zugeschnitten war. Im folgenden werden deshalb HSD und HND getrennt behandelt.

Wegen des großen Umfangs der durchgeführten Untersuchungen kann dieser Bericht nur einen Überblick über die Arbeiten geben, Ergebnisse werden nur beispielhaft dargestellt.

2. Untersuchungen zu hydrostatischen Dichtungen (HSD)

2.1 Beschreibung der HSD und Problemstellung

Die Hauptkühlmittelpumpe für Kernkraftwerke mit Druckwasserreaktor Bild 2 besitzt eine Wellenabdichtung, die das radioaktiv kontaminierte Reaktorwasser bei einer Temperatur von 300 °C und einem Druck von 150 bar sicher nach außen abdichten muß.

Hauptelement des Dichtungssystems Bild 4 ist die hydrostatische Dichtung, die die Aufgabe hat, den Druck von 150 bar auf ca. 2 bar abzubauen. Dabei sorgt eine bestimmte Leckage für den entsprechenden Druckverlust im Dichtspalt. Die Abdichtung der Leckage gegenüber der Atmosphäre ist technisch unproblematisch und wird mit einer hydrodynamischen Dichtung, die der Hauptdichtung nachgeschaltet wird, erreicht.
Eine Stillstandsdichtung als Notdichtung ergänzt das System.

Sperrwasser in Verbindung mit einem Hochdruck-Kühlkreislauf begrenzt die Temperatur auf 75 °C im Bereich der Dichtung. Neben den normalen stationären Betriebsbedingungen muß das Dichtungssystem seine Fuktion auch bei verschiedenen Transienten von Druck und Temperatur sowie bei Notfallbedingungen erfüllen.

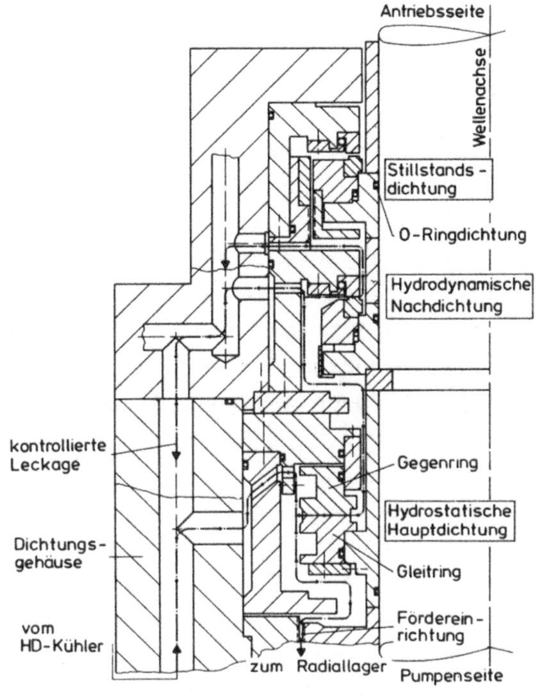

Bild 4 Dichtungssystem einer Hauptkühlmittelpumpe mit hydrostatischer Hauptdichtung

Die hydrostatische Dichtung muß mindestens für die Zeit zwischen den Brennelementwechseln, d. h. für eine Kernreisezeit von 8000 Stunden, ununterbrochen funktionstüchtig bleiben und wartungsfrei arbeiten.

Die Dichtung wurde so entworfen, daß sich ein mit der Welle rotierender Dichtring und ein mit dem Gehäuse verbundener nicht rotierender Ring in einem Abstand von weniger als 20 μm gegenüberstehen, ohne daß während des Laufes der Pumpe eine Berührung zwischen den Dichtflächen stattfinden darf.

Die konstruktive Lösung dieser Aufgabe beruht darauf, daß der nicht rotierende Dichtring axial verschieblich gehalten wird und sich im Druckfeld selbstregelnd auf eine bestimmte Spaltweite zum gegenüberliegenden Ring einstellt. Eine stabile Gleichgewichtslage ist nur dann möglich, wenn der Dichspalt am Austritt enger ist als am Eintritt. Bei einem parallelen Spalt und bei einem divergenten Spalt ergäben sich instabile Gleichgewichtslagen. Dieses würde in beiden Fällen zum Berühren der Dichtringe führen. Das muß sicher vermieden werden, denn nur der berührungsfreie Lauf bei allen Betriebsbedingungen ermöglicht durch geringen Verschleiß die lange Lebensdauer der Dichtungen.

Im Bild 5 ist schematisch die Druckverteilung am nicht rotierenden, axial beweglichen Dichtungsring dargestellt.
Das axiale Gleichgewicht stellt sich zwischen dem Druckprofil im Dichtspalt und dem Druck an der Rückseite des Dichtungsringes ein, er wird dort bestimmt durch die radiale Lage der sekundären Abdichtstelle. Das Druckprofil im Dichtspalt wird zunächst durch die Geometrie des Dichtspaltes festgelegt. Wegen der geringen axialen Spaltweite wirken sich Verformungen des Dichtringes unter Druck- und Temperatureinfluß stark auf die Druckverteilung im Dichtspalt aus. Einen Einfluß im Langzeitbetrieb haben außerdem Verschleiß im Dichtspalt und Reibung und Verschleiß an der sekundären Abdichtstelle.

Das Dichtungsverhalten wird charakterisiert durch die Kennlinie der Dichtungsleckage in Abhängigkeit von Druck und Temperatur. Eine rechnerische Vorhersage der Kennlinien ist nicht mit genügender Genauigkeit möglich, ihre endgültige Bestimmung muß deshalb im Versuch erfolgen.

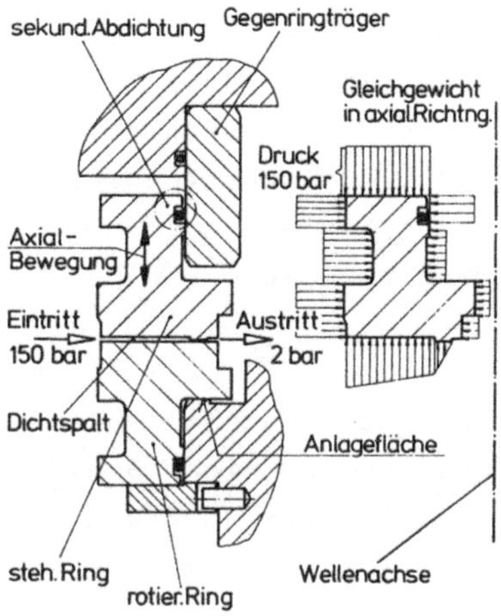

Bild 5 Hydrostatische Dichtung
Druckverteilung am Gegenring

2.2 Spaltströmung und Spaltweite

2.2.1 Berechnung der Spaltströmung mit turbulentem Ansatz

Die bisher verwendeten Rechenmodelle zur Behandlung der Spaltströmung in HSD gehen von der Voraussetzung laminarer Verhältnisse aus [1], [2], [3]. Diese Voraussetzung ist korrekt, wenn man übliche kritische Reynolds-Zahlen für den laminar-turbulenten Umschlag einer Strömung zwischen rotierender und fester Scheibe auf die HSD anwendet. Demgegenüber ist das Verhalten der Dichtung nicht in allen Fällen mit dem Vorliegen einer laminaren Strömung zu erklären.

Unter der Voraussetzung laminarer Strömung im Spalt kann die Spaltweite bei gegebener Spaltkontur in Abhängigkeit von der Leckage rechnerisch bestimmt werden. Es ergeben sich Werte zwischen 10 und 30 μm an der engsten Stelle. Bei diesen geringen Spaltweiten liegt die Oberflächenrauhigkeit der geläppten Spaltflächen, es handelt sich um eine plasmagespritzte Chromoxidschicht, in derselben Größenordnung wie die Spaltweite.

Die Anwendbarkeit klassischer Stabilitätskriterien der Strömungslehre auf die Strömung in einem Spalt derart extremer Abmessungen sollte zumindestens in Frage gestellt werden. Die Annahme einer turbulenten Strömung erscheint ebenso fraglich.

Die Spaltweiten liegen in einer Größenordnung der wandnahen Bereiche turbulenter Grenzschichten, in denen die molekulare Viskosität die turbulenten Effekte überwiegt (weshalb von einer sogenannten laminaren Unterschicht gesprochen wird). Wegen des starken Druckabfalls in Strömungsrichtung ist mit einer Verschiebung der kritischen Reynolds-Zahl zu höheren Werten zu rechnen. (Ein Vergleich mit üblichen Abschätzungen zum Strömungszustand in Gleitlagern ergibt ebenfalls keine klare Aussage, die spezifische Kennzahl liegt in der Nähe des kritischen Wertes.)

Wegen der Unsicherheit bei der Vorhersage des Strömungszustandes wurde eine Rechnung mit einem turbulenten Geschwindigkeitsansatz durchgeführt. Dabei wurde der vereinfachende Ansatz für das turbulente Geschwindigkeitsprofil von BLASIUS [4] für eine Näherungsrechnung als ausreichend angesehen.

Die Rechnung wurde für eine vorgegebene Spaltgeometrie ohne Berücksichtigung von druck- oder temperaturbedingten Verformungen durchgeführt. Den Vergleich der gerechneten Leckage-Kennlinie mit einer gemessenen Kennlinie für zwei verschiedene Temperaturen zeigt Bild 6. Bei niedrigem Druck stimmen der gerechnete und der gemessene Leckageverlauf gut miteinander überein. Im mittleren Bereich der Kennlinien ergibt die Rechnung gegenüber der Messung geringere Leckagewerte. Die bei hohem Druck gemessene abnehmende Leckage kann durch die Rechnung nicht wiedergegeben werden, weil sie durch die Ringverformung bewirkt wird. Die Abweichungen bei mittlerem Druck deuten darauf hin, daß die Annahme turbulenter Strömung im Spalt nicht zutrifft.

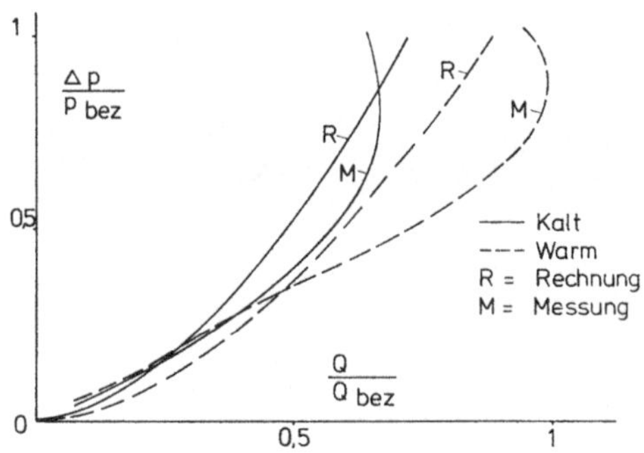

Bild 6 Vergleich gerechnete und gemessene Leckagekennlinie für die Temperaturen 30 °C (kalt) und 75 °C (warm)

Ein direkter Vergleich von Rechenergebnissen mit Versuchsdaten und Anlagenerfahrungen zur Erhärtung der Annahmen war bisher nicht möglich, da die Spaltweite als wichtige Größe unbekannt war und damit keine Trennung von Spaltströmungs- und Ringverformungsvorgängen vorgenommen werden konnte.

Im Gegensatz zur Strömungsberechnung bereitet die Berechnung der Ringverformung unter Druck- und Temperatureinfluß keine Schwierigkeiten, wenn der Druckverlauf im Spalt bekannt ist. Es stehen geeignete Rechenprogramme zur Verfügung.
(Weitere Arbeiten zu HSD siehe unter [5], [6], und [7].)

Bild 7
Versuchsstand
für hydrostatische
Dichtungen

Die gemessenen Kennlinien wurden in dem im Bild 7 gezeigten Versuchsstand aufgenommen. In diesem Versuchsstand können HSD in Originalabmessungen unter weitgehend den Verhältnissen in der Pumpe entsprechenden Bedingungen untersucht werden. Das Wasser entspricht den Verhältnissen im Reaktor (vollentsalzt, Borsäure- und Lithiumhydroxyd-Konditionierung), es ist lediglich nicht radioaktiv. Druck und Temperatur können in den geforderten Grenzen variiert werden.

2.2.2 Messung der Spaltweite

Die experimentelle Bestimmung der Dichtspaltweite dient der Ermittlung der hydrostatischen Spaltsteifigkeit, d. h. der Ermittlung der Rückstellkräfte, die entstehen, wenn der axial bewegliche Dichtring aus der Gleichgewichtslage gebracht wird. Die Kenntnis der Spaltsteifigkeit ist eine Voraussetzung, um die Sicherheit gegen Anlaufen der Dichtringe beurteilen zu können. Außerdem kann abgeschätzt werden, ob die Reibungskräfte des axial beweglichen Ringes an der sekundären Abdichtstelle für das Kräftegleichgewicht von Bedeutung sind.

Bild 8 zeigt ein Schnittbild des Versuchsstandes, der für die Messung der Spaltweite und der Ringverformung entworfen und gebaut wurde. In Bild 9 ist die zugehörige Meßeinrichtung dargestellt. Die Messungen können nur für den Fall stehender Dichtung durchgeführt werden.

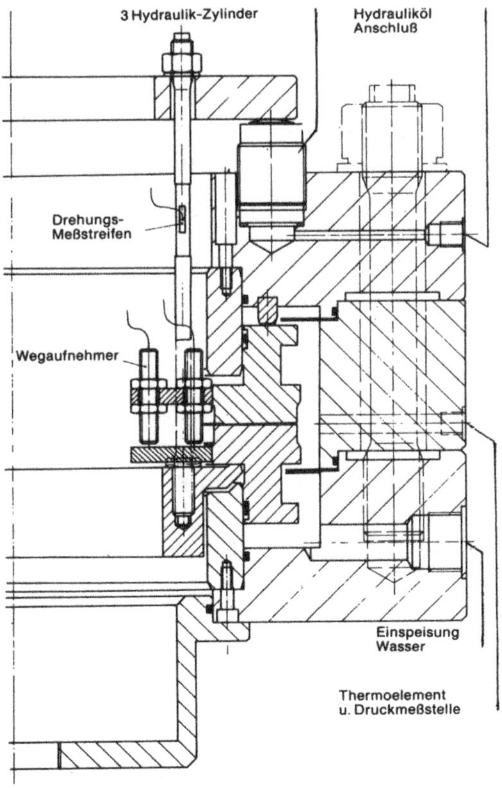

Bild 8
Versuchsstand für Spaltweitenmessung

Eine Messung der Spaltweite im rotierenden System hätte zu einem nicht vertretbaren Aufwand geführt. Eine Abschätzung des Drehzahleinflusses auf die Spaltströmung ergibt, daß die Umfangsgeschwindigkeit von untergeordneter Bedeutung ist.

Bild 9 Versuchsaufbau für Spaltweitenmessung

Im Gegensatz zu anderen Prüfständen, bei denen die Dichtung rotierend gefahren wird, kann bei dem hier verwendeten Prüfstand der austretende Leckagestrahl beobachtet und hinsichtlich der Radialsymmetrie beurteilt werden, Bild 10. Vorteilhaft ist auch die Zugänglichleit der Meßsonden und der Zuganker, die auf der Niederdruckseite angebracht sind.

Die Meßaufgabe, Wege mit einer Auflösung von 1 μm zu messen, wurde mit Hilfe von berührungslos arbeitenden Aufnehmern gelöst, die seit wenigen Jahren auf dem Markt sind und die zuerst zur Messung von Wellenschwingungen eingesetzt wurden. Es handelt sich um Sensoren, die in einem Abstand von weniger als 1 mm gegenüber dem Meßobjekt angebracht werden und die dort - abhängig von der Entfernung - Wirbelstromfelder induzieren. Das hochfrequente Signal wird in eine linearisierte Ausgangsspannung umgewandelt. Es wurde mit einem Linienschreiber registriert.

Bild 10 Spaltströmung

Durch drei hydraulisch betätigte Zuganker konnte das Ringpaar der Dichtung axial verschoben und so belastet werden, daß der Dichtspalt sich verengte. Die Zugkraft wurde mit Dehnungsmeßstreifen gemessen.

Die Leckagemenge wurde im Zulauf mit einem Turbinendurchflußmesser bestimmt. Der Druck wurde mit einem Druckwandler ebenfalls in ein elektrisches Ausgangssignal umgewandelt.

Im Betriebspunkt der Dichtung, bei 150 bar, wurde eine Spaltweite von 15 μm gemessen. Die Federkonstante des Spaltes, also die Spaltsteifigkeit, betrug 10 000 N/μm.

Die Spaltweitenänderung bei Änderung des Druckes erfolgt erwartungsgemäß nicht als Parallelverschiebung der Dichtringe, sondern als Verstülpung mit schließender Tendenz des Dichtspaltes. In <u>Bild 11</u> ist die Spaltform für 2 verschiedene Druckdifferenzen dargestellt. Der Maßstab in Richtung der Spaltweite ist stark überhöht. Die Bewegung beider Dichtringe zueinander ist in Bild 11 als Bewegung des profilierten Ringes gezeichnet, sie setzt sich aus einer Verschiebung und einer Drehung zusammen.

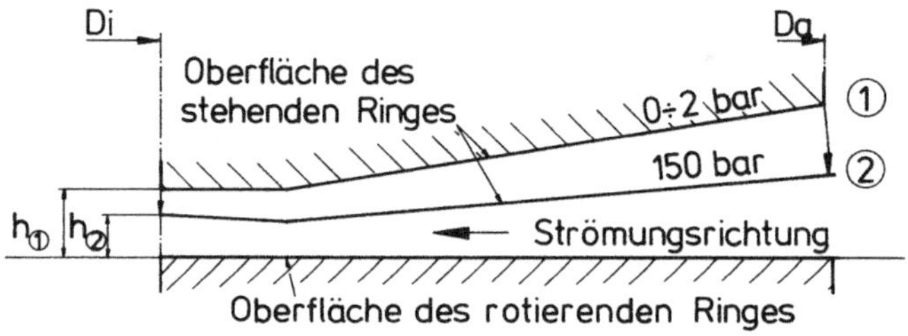

Bild 11 Änderung der Spaltweite mit Druck

Die Reibungskraft im Schiebesitz des axial beweglichen Ringes wurde mit maximal 2500 N bestimmt. Nach dem oben ermittelten Wert für die Spaltsteifigkeit führt diese Reibkraft zu einer Spaltweitenänderung von höchstens 0,25 μm und einer Leckageänderung von 50 l/h. Daraus ist zu schließen, daß die Reibungskraft im Schiebesitz von untergeordneter Bedeutung für das Regelverhalten des beweglichen Dichtringes ist.

Durch Messung der Spaltweite an drei Stellen des Umfanges und durch Beobachtung des austretenden Leckagestrahls über den ganzen Umfang wurde der Dichtspalt auf Radialsymmetrie untersucht. Es ergaben sich Abweichungen von $\pm$ 5 μm um den Mittelwert 15 μm. Diese Messung entsprach der Beobachtung, daß an einigen Stellen eine größere Leckagemenge austrat.

Mit der bisher verwendeten Theorie der hydrostatischen Dichtung, die auf dem Ansatz einer laminaren Spaltströmung beruht, konnte das charakteristische Leckageverhalten nur wenig genau vorausgesagt werden, da die Spaltgeometrie während des Betriebes durch Einwirkung von Druck, Temperatur, Verschmutzung, gegebenenfalls auch Verschleiß, veränderlich ist. Die Messung der Spaltgeometrie während des Betriebes erlaubt nun, den Einfluß von Druck, Temperatur, Verschmutzung einzeln zu erfassen. Außerdem ist ein Vergleich mit Berechnungen möglich.

2.3 Einfluß der Dichtungsgeometrie

Neben der Spaltkontur und der Ringform gehören Lage und konstruktive Gestaltung der sekundären Abdichtstelle zu den bestimmenden Faktoren der Dichtungsgeometrie. Die sekundäre Abdichtstelle in Bild 5 besteht aus einer O-Ring/Stützring-Kombination, die in einer umlaufenden Nut an der Innenseite der Dichtringe angeordnet ist. Der rotierende Ring ist mit der Welle fest verbunden, der nicht rotierende Gegenring ist axial beweglich.

Die Notwendigkeit, den O-Ring mit einem zusätzlichen Ring abzustützen, ergibt sich aus dem Verhalten des O-Ringes bei hohen Drücken und geringen Axialbewegungen. Ohne Stützring ist nicht sicherzustellen, daß der O-Ring nicht in den Spalt extrudiert.

Die Verstülpung der Dichtring-Stirnfläche unter Druckbelastung ist abhängig von der axialen Lage der sekundären Abdichtstelle. Hierzu wurde ein Rechenprogramm zur Berechnung rotationssymmetrischer Schalen mit Übertragungsmatrizen verwendet. Ein Ergebnis der Verformungsrechnung ist in Bild 12 dargestellt. Es zeigt die Radialverformung des Dichtringes bei 160 bar Betriebsdruck und einer schrittweisen axialen Variation der Abdichtkante um 10 mm. Der Radialverformung von $w = 30\,\mu m$ entspricht eine um $\varepsilon = 28\,\mu m$ geänderte Spaltweite s am Außendurchmesser. Bei einem Abstand der Abdichtkante von $l_x = 8$ mm führt die Schrägstellung zu einem leichten Öffnen des Dichtspaltes, bei $l_x = 18$ mm läuft die Verformung in Richtung Schließen.

Für die praktische Ausführung spielen neben der axialen Lage der umlaufenden Nut auch die Stützringabmessungen und der Stützringwerkstoff eine Rolle. Diese Eigenschaften können bisher bei der Berechnung nicht berücksichtigt werden. Die Feinabstimmung der axialen Lage der sekundären Abdichtung muß deshalb im Versuch erfolgen.

Die Versuche wurden in dem in Bild 7 gezeigten Versuchsstand durchgeführt, der das vollständige Dichtungssystem aus Bild 4 in doppelter gegenüberliegender Ausführung enthält.
Das Druckverformungsverhalten der Stützringe wurde experimentel mit Hilfe einer hydraulischen Presse untersucht.

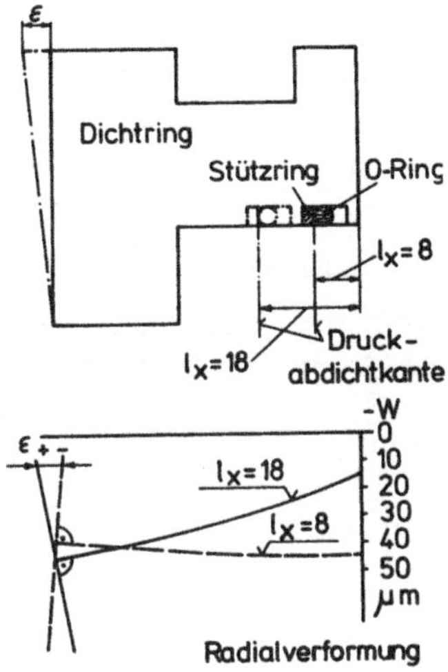

Bild 12 Einfluß der Druckabdichtkante auf die Verformung des Dichtringes

Die Ergebnisse der Verformungsrechnung konnten im Versuch bestätigt werden. Zur Variation der Abdichtstelle wurde der Stützring durch unterschiedlich breite Stahlringe ersetzt. Mit größer werdender Abdichtlänge l_x entsprechend Bild 12 nahm der schließende Charakter der Kennlinie zu, die maximalen Leckmengen wurden geringer. Es ist also möglich, durch geeignete Lage der sekundären Abdichtstelle die Leckage-Kennlinie zu beeinflussen.

Bei Versuchen mit fester Lage der O-Ring-Nut und Stützringen aus unterschiedlichen Werkstoffen wurden nicht die gleichen Kennlinien gemessen wie bei Verwendung von Stahlringen. Die angestrebte klare Trennung zwischen den Funktionen Abdichten durch den O-Ring und Stützen durch den Stützring, d. h. eine definierte axiale Lage der Abdichtstelle zwischen O-Ring und Stützring, konnte nicht erreicht werden. Voraussetzung für dieses Verhalten der O-Ring/Stützring-Kombination wäre eine genügende Härte des Stützringes, so daß Kräfte nur in axialer Richtung übertragen werden. In Bild 13 ist im unteren Teil dieses Verhalten schematisch dargestellt.

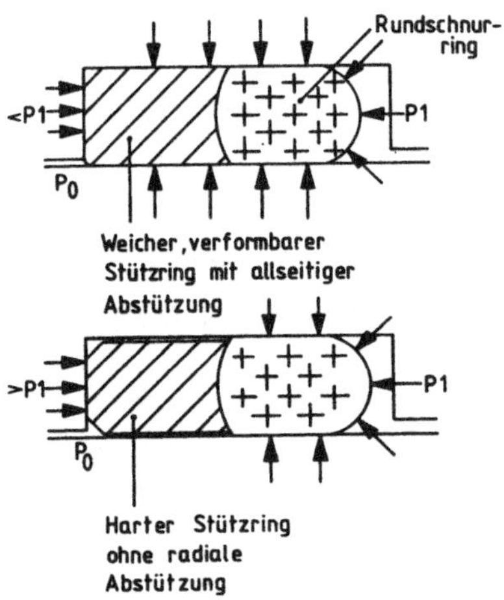

Bild 13 Einfluß der Härte des Stützringes (Schema)

Es wurden unterschiedliche PTFE-Qualitäten untersucht, aber selbst die relativ harten Stützringe aus PTFE mit Kohle/Graphit-Füllung zeigten nicht das gewünschte Ergebnis. Eine wesentliche Schwierigkeit bei PTFE-Stützringen liegt außerdem im schwer vorhersehbaren Fließverhalten in Abhängigkeit von Druck, Temperatur und Zeit.

Definierte Verhältnisse an der sekundären Abdichtstelle konnten durch Verwendung eines relativ weichen, verformbaren Stützringes erreicht werden. Auf Grund des elastischen Verhaltens des O-Ringes und des Stützringes wird der hydraulische Abdichtdruck entsprechend der schematischen Darstellung oben im Bild 13 gleichmäßig in die 3 Kontaktflächen eingeleitet. Für die Verformung des Dichtringes bedeutet das, daß die axiale Lage der Abdichtstelle mit der stirnseitigen Anlagenfläche zusammenfällt. Für die Versuchsdichtung wurde deshalb bei dieser Anordnung wegen stärkerer Verstülpung eine geringere Leckmenge gemessen.

2.4 Reibungsverhalten der sekundären Abdichtung

Eine leichte axiale Verschiebbarkeit des Gegenringes auf dem Gegenringträger ist Voraussetzung für die einwandfreie Funktion der Dichtung. Deshalb wurde das Reibungsverhalten an dieser Stelle untersucht. Ziel dieser Untersuchung war es, eine geeignete Form und eine Werkstoffkombination für O-Ring, Stützring und Gegenringträgeroberfläche zu finden, die diese leichte Verschiebbarkeit des Gegenringes bei einem Betriebsdruck von 150 bar und bis zu Temperaturen von 150 ^{o}C (kurzzeitig bis 300 ^{o}C) sicherstellt. Zusätzliche Anforderungen sind Unempfindlichkeit gegen Korrosionsangriff und beim Stütz- und O-Ring hohe Elastizität für eine gute Montierbarkeit.

In Bild 14 ist die Versuchseinrichtung schematisch dargestellt, mit der die Verschiebekraftmessung durchgeführt wurde. Eine Zylindernut, die der umlaufenden Nut des Dichtringes entspricht, kann mit einem Druck bis zu 200 bar beaufschlagt werden. Sie wird gegenüber einem Kolben, der dem Gegenringträger der HSD entspricht, nach oben und unten mit der zu untersuchenden O-Ring/Stützring-Kombination abgedichtet. Verschiebekraft und der Weg des Kolbens werden gemessen.

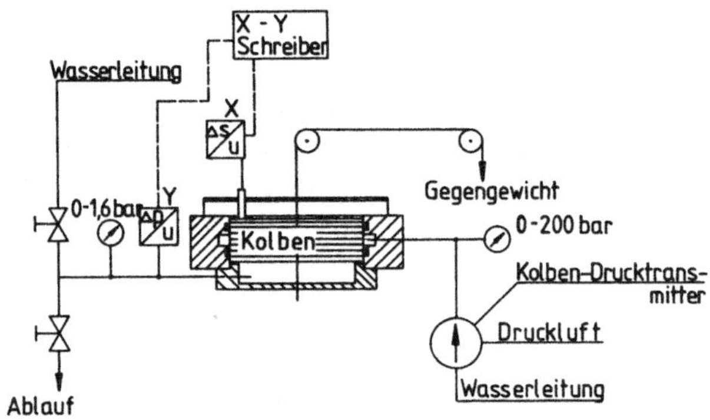

Bild 14 Versuchsaufbau zur Messung der Verschiebekraft

Tabelle 2 gibt eine Übersicht über die wichtigsten Verschiebeversuche. Es wurden drei verschiedene Stützringquerschnitte untersucht, außerdem O-Ringe verschiedener Härte ohne Stützring. Die Oberfläche des Kolbens war gehärtet, bei einigen Versuchen wurde der Einfluß des Montagefettes auf die Verschiebekraft untersucht. Für alle Stützring- und O-Ring-Qualitäten wurde in einem weiteren Meßaufbau die Temperaturbeständigkeit unter Druckbelastung überprüft.

Werkstoff			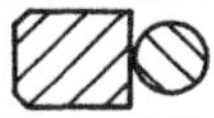	
PTFE rein	x	x	x	
PTFE + Glaskugeln	x	x		
PTFE + Kohle/Graphit	x	x	x	
PTFE + VA Pulver	x			
Trovidur	x	x	x	
Ultraform	x	x	x	
Parbak EP 90		x	x	
O-Ring EP 65° SH				x
O-Ring EP 70° SH				x
O-Ring EP 80° SH				x
O-Ring EP 90° SH				x

Tabelle 2 Übersicht über die Verschiebeversuche mit verschiedenen O-Ring/Stützring-Kombinationen

Als Abschluß der Untersuchung wurde im Dichtungsversuchsstand unter Anlagenbedingungen ein 2500-Stunden-Dauerlauf durchgeführt. Der Dauerversuch ermöglichte einen direkten Vergleich der beiden Werkstoffkombinationen hinsichtlich des Verschleißverhaltens.

3. Untersuchungen zu hydrodynamischen Dichtungen (HND)

3.1 Beschreibung der HND und Problemstellung

Axiale Gleitringdichtungen werden als hydrodynamische Dichtungen bezeichnet, wenn infolge besonders hoher Beanspruchung durch Druck, Temperatur, Umfangsgeschwindigkeit usw. die Funktionsfähigkeit nur durch konstruktive Maßnahmen sichergestellt werden kann, die gezielt hydrodynamische Effekte ausnutzen. Bei manchen Autoren wird auch von thermohydrodynamischen Gleitringdichtungen gesprochen [8].

Für die in Bild 1 und Bild 3 gezeigten Speisepumpen kommen HND zum Einsatz, in Hauptkühlmittelpumpen entsprechend Bild 2 werden sie alternativ zur HSD verwendet.

Im Gegensatz zur HSD ist die HND so konzipiert, daß die Druckkräfte der Spaltströmung nicht ausreichen, um den Spalt zu öffnen. Die Dichtflächen berühren sich, im Spalt werden zusätzlich zu den hydrodynamischen Druckkräften Flächenpressungen wirksam. Wegen der Mischreibung im Dichtspalt kommt der Wärmeabfuhr und der Werkstoffwahl besondere Bedeutung zu, als Gleitpartner werden in den meisten Fällen kohlekeramische Werkstoffe gegen Karbide (z. B. WC und SiC) verwendet. Die Leckage der HND ist konzeptbedingt um Größenordnungen kleiner als die der HSD. Bei mehrstufiger Ausführung ist dies aber nur an der letzten Stufe ein Vorteil.

In Bild 15 ist eine dreistufige HND für eine Hauptkühlmittelpumpe dargestellt. Bei diesem Dichtungssystem führt man auf der Hochdruckseite eine kontrollierte Leckage über Drosseln parallel zu den drei Dichtungsstufen. Dadurch wird erreicht, daß im Normalfall pro Stufe nur ein Drittel des Betriebsdruckes abgedichtet werden muß. Den schematischen Aufbau einer Stufe dieses Dichtungssystems zeigt Bild 16. Der Gleitring ist als Schrumpfverband bestehend aus Spannring, Kohlering und Stützring aufgebaut. Der Hartmetallring ist in den axial beweglichen Gegenring eingelassen. Die Dichtung ist so ausgelegt, daß im Notfall auch jede einzelne Dichtungsstufe den vollen Druck von 150 bar sicher abdichten kann. Deshalb kommt der Auslegung des Schrumpfverbandes besondere Bedeutung zu, da er in jedem Fall seine Festigkeit behalten muß.
Für die sichere Auslegung dieses Schrumpfverbandes wurde ein Rechenprogramm erarbeitet.

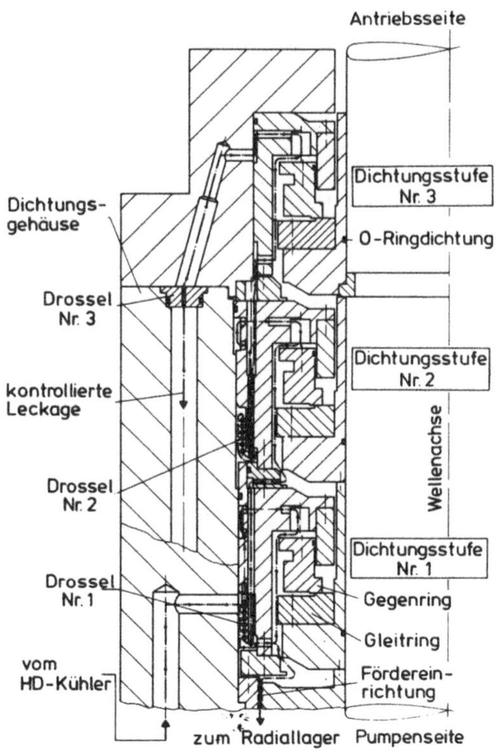

Bild 15
Dreistufige hydrodynamische Dichtung

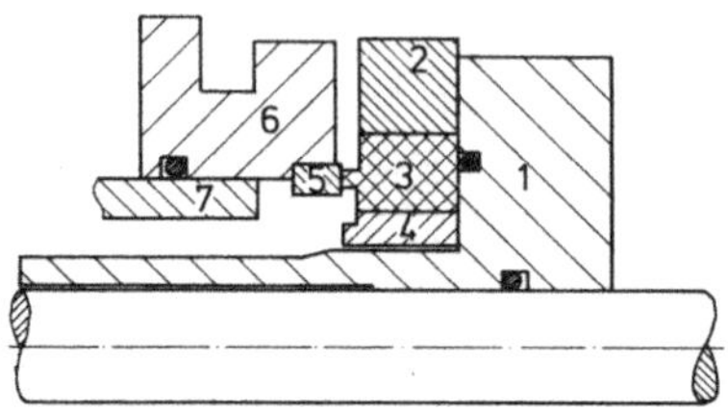

1 = Wellenschutzhülse
2 = Spannring
3 = Kohlering
4 = Stützring
5 = Hartmetallring
6 = Gegenringaufnehmer
7 = Gegenringträger

Bild 16 Schematischer Aufbau einer hydrodynamischen Dichtung

Hochbelastete HND für Speisepumpen werden von verschiedenen Herstellern in unterschiedlicher Ausführung angeboten. Qualifikationsvergleiche dieser Dichtungen hinsichtlich Verschleißverhalten, Belastbarkeit und Leistungsaufnahme existieren nicht. Für HND wurden deshalb Testläufe durchgeführt.

3.2 Berechnung eines Schrumpfverbandes

3.2.1 Voraussetzung

Der Gleitring der HND, entsprechend Bild 16, ist aus drei konzentrischen Ringen (Stahl/Kohle/Stahl) zusammengesetzt, die über einen Schrumpfsitz miteinander verbunden sind.

Bei Belastung des Ringverbundes durch zunehmenden Außendruck tritt aufgrund der Dehnungsdifferenzen zwischen Kohle und Stahl eine Lockerung des Schrumpfsitzes auf, der sich bei Überschreitung eines bestimmten Grenzdruckwertes in der Spannringfuge völlig öffnet, Bild 17 zeigt schematisch diesen Vorgang. In diesem Zusammenhang übernehmen lediglich Stütz- und Kohlering eine tragende Funktion, wohingegen der Spannring unbelastet bleibt. Die Dichtwirkung kann dabei solange erhalten bleiben, wie der Kohlering durch die axiale Druckbelastung an dem gegenüber dem Dichtspalt liegenden Rundschnurring angepreßt bleibt und durch Reibschluß verdrehsicher haftet. Wird danach der Druck wieder verringert, legt sich der Spannring wieder fest auf, wobei er gegenüber den anderen Ringen eine verschobene Lage aufweisen kann.

Aufgrund der verschiedenen Wärmeausdehnungskoeffizienten (und Elastizitätsmodule) dehnt sich Stahl bei Wärmewirkung stärker als Kohle aus. Bei Überschreitung einer bestimmten Grenztemperatur führt dieses ebenfalls zu einer Lockerung des Schrumpfverbandes entsprechend Bild 18.

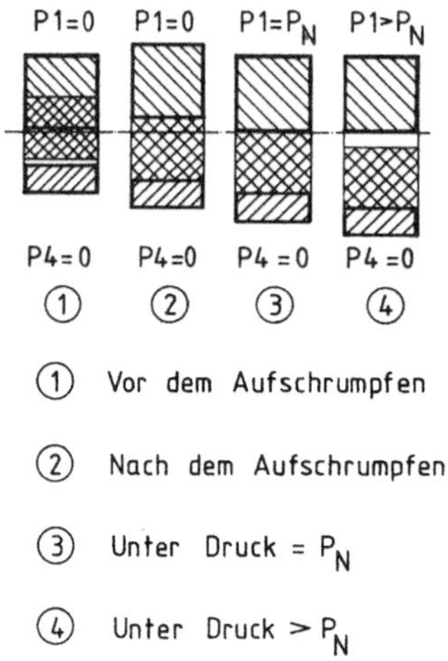

Bild 17
Radiale Bewegung der Ringe des Schrumpfverbandes bei Schrumpfpressung und Druckeinwirkung

P1 = Hochdruckseite
P4 = Niederdruckseite
P_N = Nenndruck

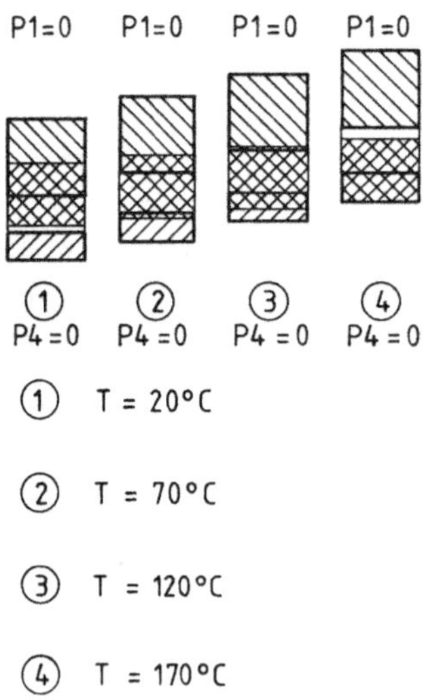

Bild 18
Radiale Bewegung der Ringe des Schrumpfverbandes unter Temperatureinwirkung

Bei der Berechnung wird eine homogene Temperaturverteilung innerhalb des Ringverbandes vorausgesetzt. Temperaturgradienten, die während des Betriebes infolge Reibungswärme innerhalb des Dichtspaltes entstehen, bleiben unberücksichtigt.
Des weiteren wird ein ebener Spannungszustand vorausgesetzt, da der Verband als Ringscheibe eines unendlich langen Rohres betrachtet wird. Zentrifugalkräfte infolge Rotation des Dichtringes werden vernachlässigt.

3.2.2 Lösungsweg

Unter Verwendung der Beziehung für dickwandige Rohre [9] wird für den Ringverbund ein Rechenprogramm erstellt, mit dem Ringspannungen, Fugenpressungen und Radienänderungen der Fugen berechnet werden können.

Ein ähnlicher Ansatz wurde auch bisher bei der Dimensionierung der Gleitringdichtung verwendet, dabei stand jedoch nicht die Festigkeit und somit Zuverlässigkeit der Schrumpfsitze im Vordergrund, sondern die Beanspruchung des Ringmaterials. Daher wurde nur der Kohlering als dickwandiges Rohr (zweiachsig) gerechnet, während für die Stahlringe die Kesselformel (gültig nur für dünnwandige Rohre) eingesetzt wurde.

In der vorliegenden Untersuchung werden alle Ringe des Verbandes mit den für den zweiachsigen Spannungszustand gültigen Beziehungen berechnet. Dadurch ist sichergestellt, daß die Ergebnisse auch auf Ringe großer Wanddicken anwendbar sind.

Die Berechnung wird dabei unterteilt in
- Belastungen durch den Schrumpfsitz und
- Beanspruchung durch Außendruck.

Die Gesamtbeanspruchung ergibt sich daher aus der Überlagerung dieser beiden Lasten.

3.2.3 Ergebnis

Als Ergebnis steht ein Rechenprogramm zur Verfügung, mit dem auf einem Tischrechner HP 9845 A im Dialog der Schrumpfverband nachgerechnet werden kann. Durch Variation der verschiedenen Parameter bzw. der Abmessungen der einzelnen Ringe ist eine Anpassung an die geforderte Druck- und Temperaturbelastung möglich. Das Programm errechnet die Belastungen der Ringe, dadurch können die mechanischen Eigenschaften der Werkstoffe besser genutzt werden.

Für einen untersuchten Dichtungstyp ergab die Nachrechnung, daß bei einem Druck von 150 bar eine Öffnung der Spannringfuge auftritt. Die folgenden Änderungsmöglichkeiten bieten sich an, um das Öffnen zu vermeiden:

- stärkere Vordehnung des Spannringes durch Erhöhung des Schrumpfübermaßes,
- Verringerung der Spannringsteifigkeit durch Herabsetzung der Wanddicke und
- Erhöhung der Steifigkeit des Stützringes durch Vergrößerung der Wanddicke.

3.3 Optimierung des Dichtungskreislaufes

Zur Beurteilung der Leistungsfähigkeit und der Eigenschaften von HND müssen neben dem Verhalten des eigentlichen dichtenden Elementes bestehend aus Gleitring und Gegenring auch die zum Betrieb der HND nötigen Hilfseinrichtungen untersucht werden. Zu diesen Hilfseinrichtungen gehört ein Hochdruckkühlkreislauf mit einem Hochdruckkühler, einem Schmutzabscheider, einer Umwälzpumpe oder einer in den Dichtungsbereich integrierten Fördereinrichtung sowie die Kühlwasserversorgung. Dichtung und Hilfseinrichtungen, hier als Dichtungskreislauf bezeichnet, wurden gemeinsam in einem Dichtungsversuchsstand untersucht.

3.3.1 Versuchsaufbau

Der Versuchsstand hat eine horizontal angeordnete Welle, die in radialer und axialer Richtung durch ölgeschmierte Gleitlager geführt ist. Der Antriebsmotor mit einer Leistung von 110 kW ist über einen Riemenantrieb mit der Welle verbunden. Durch Austausch der Riemenscheiben können Drehzahlen von 4200, 5800 und 6400 $^{1}/min$ eingestellt werden. Es können gleichzeitig 2 Dichtungen, die "back to back" zueinander angeordnet sind, untersucht werden.

Die Wasserführung des Versuchsstandes ist in 4 Kreisläufe unterteilt:

- Das Druckhaltesystem arbeitet mit vollentsalztem Wasser, das aus einem Speisewasserkessel mit Heizung über eine Kolbenpumpe der Dichtung zugeführt wird. Geregelt und gemessen wurden Systemdruck und Temperatur. Die Leckage der Dichtung kann aufgefangen und kontinuierlich gemessen werden.

- Die beiden HD-Kühlkreisläufe der 2 Dichtungen werden jeweils von der in die Dichtung integrierten Fördereinrichtung (z. B. Pumprad oder Fördergewinde) aufrecht gehalten. Gemessen werden Druck und Temperatur an Ein- und Austritt sowie der Förderstrom.

- Die Kühlwasserversorgung für den Wärmetauscher des Druckhaltesystems sowie für die Dichtungskühler und die Ölversorgungsanlage ist so ausgelegt, daß über Regelventile die entsprechenden Temperaturen konstant gehalten werden können.

Der Versuchsstand ist so eingerichtet, daß er ohne Aufsicht im Dauerbetrieb gefahren werden kann. Eine Störmeldeanzeige ermöglicht es, die Gründe für automatische Abschaltungen zu ermitteln, Bild 19 zeigt eine Ansicht des Versuchsaufbaues.

Bild 19 Versuchsstand für hydrodynamische Dichtungen

3.3.2 Versuchsprogramm

Es wurden 2 Dichtungen unterschiedlicher Bauart untersucht. Vor dem Einbau wurden Welligkeit, Ebenheit und Rauhigkeit der Dichtflächen und die Dicke der Kohleringe vermessen.

Zu Beginn der Versuche wurde ein Test bei stehender Welle durchgeführt, wobei der Druck in Stufen von 5 bar bis zum Höchstdruck von maximal 40 bar gesteigert und dann wieder abgebaut wurde.

Dann wurden die Versuche mit jeweils 500 h-Dauerläufen für die drei o.g. Drehzahlen durchgeführt. Bei den Dauerläufen wurde der Druck ebenfalls schrittweise erhöht und als Abschluß eine Messung bei stehender Welle durchgeführt. Zusätzlich wurden Messungen bei erhöhten Temperaturen und mit starken Temperaturänderungen gemacht. Nach jedem Versuchslauf wurden die Dichtungen ausgebaut, inspiziert und vermessen.

3.3.3 Versuchsergebnisse

Das Hauptergebnis der Versuche war, daß eine der untersuchten Dichtungen die Dauerläufe bei den drei verwendeten Drehzahlen und den zugehörigen Drücken ohne funktionsbeeinträchtigenden Verschleiß überstand. Bei der 2. Dichtung traten bei einer Drehzahl von 6400 $^{1}/min$ Schäden in Form von Wärmespannungsrissen im Hartmetallring auf. Diese Risse entstehen, wenn infolge zu geringer Leckage die entstehende Reibungswärme im Dichtspalt einen zu großen Wert annimmt und nicht richtig abgeführt werden kann. Das führt zu Verformungen der Dichtringe und damit zu örtlichen Überhitzungen.

Von den vielfältigen Einzelergebnissen soll die Leistungsbilanz der Dichtungen näher erläutert werden. Eine Berechnung der Leistungsaufnahme aus der gemessenen abgeführten Wärme ergab für die beiden untersuchten Dichtungskreisläufe unterschiedliche Werte. In Bild 20 ist die Leistungsaufnahme über der Drehzahl aufgetragen. Die Leistung gilt für jeweils zwei Dichtungen des gleichen Typs. Davon abzuziehen sind die Verluste des Versuchsstandes, die bei einer Messung in Luft ohne Dichtungen bestimmt wurden.

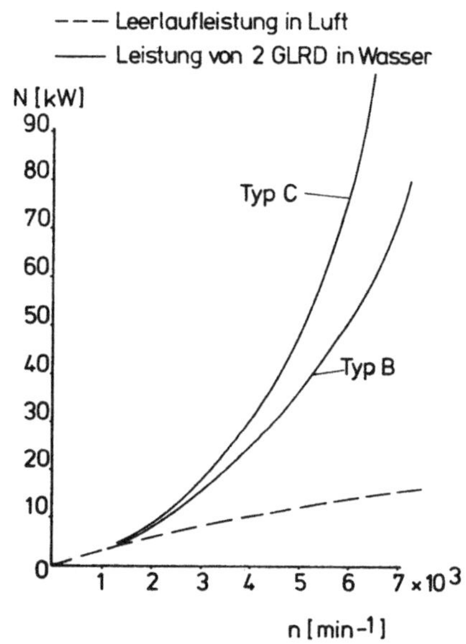

Bild 20 Leistungsaufnahme von zwei verschiedenen Dichtungssystemen

Für den Dichtungskreislauf B ergibt sich damit bei 6400 $^{1}/min$ eine Leistungsaufnahme von 44 kW, beim Kreislauf C von 54 kW.

Um eine genauere Analyse dieser unerwartet hohen Werte zu ermöglichen, wurden in einem weiteren Versuchsstand die Strömungsverluste der rotierenden Teile gemessen. Dadurch war es möglich, eine Aufteilung der Leistungsaufnahme vorzunehmen, die in Bild 21 für den Dichtungskreislauf B dargestellt ist. Es wird deutlich, daß nur 33 % der aufgenommenen Leistung an der Dichtfläche durch Reibung in Wärme umgewandelt wird. Mit dem Ziel einer geringeren Leistungsaufnahme des Dichtungskreislaufes erscheint es deshalb lohnend, die Strömungsverluste im HD-Kühlkreislauf zu analysieren und wenn möglich zu verringern.

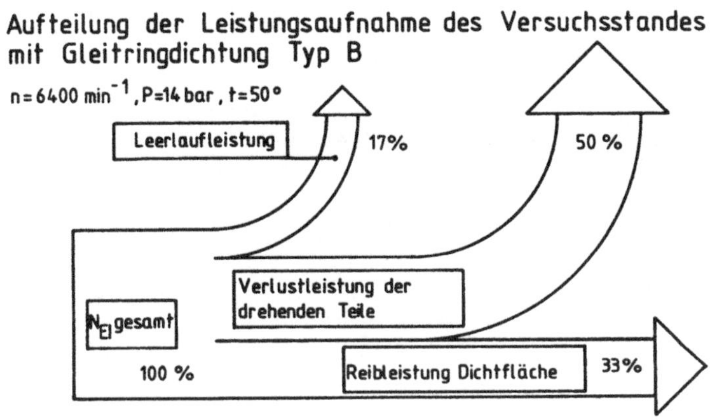

Bild 21 Aufteilung der Leistungsaufnahme des Versuchsstandes mit Gleitringdichtung Typ B

Schrifttum

1 Metcalfe, R.
A Fluid Mechanical Analysis of Axisymmetric Face Seals on the Basis of Constant Viscosity, Laminar Flow
Atomic Energy of Canada Limited,
Report AECL-4073 (1971)

2 Metcalfe, R.
Predicted Effects of Sealing Gap Convergence on Performence of Plain End Face Seals
American Society of Lubrication Engineers,
32nd Annual Meeting, Montreal 1977

3 KSB-Untersuchungsberichte 1967 - 1977
nicht veröffentlicht

4 Prandtl; Oswatitsch; Wieghardt
Strömungslehre
Vieweg 1965

5 Denny, D. F.
Some Measurements of Fluid Pressure between Plane Parallel Thrust Surfaces with Special Reference to Radial-Face Seal
Wear, No. 4, Oct. 1960, pp. 64 - 83

6 Batch, B. A.; Iny, E. H.
Pressure Generation in Radial-Face Seals
2nd Internat. Conf. on Fluid Sealing
(British Hydrom. Res. Assoc.) Cranefield, England
April 1964, paper F 4

7 Pape, I. G.
Fundamental Research on a Radial-Face Seal
ASLE-Trans. 11, 1968, pp. 302 - 309

8 Mayer, E.
Axiale Gleitringdichtungen
VDI-Verlag, Düsseldorf 1977

9 Roark R. J.; Young W. C.
Formulas for stress and strain

A U T O R E N V E R Z E I C H N I S

Bunk, Wolfgang, Prof. Dr.rer.nat.
Deutsche Forschungs- und Versuchsanstalt für Luft- und Raumfahrt e.V.,
Institut für Werkstoff-Forschung, Köln-Porz
RWTH Aachen, Lehrstuhl für angewandte Metallkunde

Datta, Rupendra, Dipl.-Ing.
Universität Karlsruhe, Institut für Maschinenkonstruktionslehre

Dechow, Reinhard, Dr.-Ing.
Klein, Schanzlin & Becker AG, Frankenthal

Etzold, Frank, Dr.-Ing.
Klein, Schanzlin & Becker AG, Frankenthal

Geyer, Manfred, Dipl.-Ing.
Deutsche Forschungs- und Versuchsanstalt für Luft- und Raumfahrt e.V.,
Institut für Werkstoff-Forschung, Köln-Porz

Glienicke, Joachim, Prof. Dr.-Ing.
Universität Karlsruhe, Institut für Maschinenkonstruktionslehre

Hafner, Karl Ernst, Dr.-Ing.
Klöckner-Humboldt-Deutz AG, Köln

Haller, Rudolf, Prof. Dr.-Ing.
Universität Karlsruhe, Institut für Maschinenkonstruktionslehre

Han, Dong-Chul, Dr.-Ing.
Universität Karlsruhe, Institut für Maschinenkonstruktionslehre

Hansen, Jörn, Dr.rer.nat.
Deutsche Forschungs- und Versuchsanstalt für Luft- und Raumfahrt e.V.,
Institut für Werkstoff-Forschung, Köln-Porz

Kalvoda, Franz Xaver, Dipl.-Ing.
Klein, Schanzlin & Becker AG, Frankenthal

Knoll, Gunter, Dr.-Ing.
RWTH Aachen, Institut für Maschinenelemente und Maschinengestaltung

Löhr, Reinhold, Dipl.-Ing.
Universität Karlsruhe, Institut für Werkstoffkunde I

Macherauch, Eckard, Prof. Dr.rer.nat.
Universität Karlsruhe, Institut für Werkstoffkunde I

Mayr, Peter, Priv.-Doz. Dr.-Ing. habil.
Institut für Härterei-Technik, Bremen

Peeken, Heinz, Prof. Dr.-Ing.
RWTH Aachen, Institut für Maschinenelemente und Maschinengestaltung

Schopf, Eckhart, Dr.-Ing.
Glyco-Metall-Werke Daelen & Hofmann KG, Wiesbaden

Schüler, Dietrich, Dr.-Ing.
Ruhr-Universität Bochum, Lehrstuhl für Maschinenelemente und Konstruktionslehre

Schulte, Walter, Dipl.-Ing.
Ruhr-Universität Bochum, Lehrstuhl für Maschinenelemente und Konstruktionslehre

Schwer, Manfred, Dipl.-Ing.
Universität Karlsruhe, Institut für Maschinenkonstruktionslehre

Seifert, Hans, Prof. Dr.-Ing.
Ruhr-Universität Bochum, Lehrstuhl für Maschinenelemente und Konstruktionslehre

Steeg, Michael, Dipl.-Ing.
Glyco-Metall-Werke Daelen & Hofmann KG, Wiesbaden

Sturm, Hans-Dieter, Ing.grad.
Klein, Schanzlin & Becker AG, Frankenthal

Widyanata, Johannes, Dipl.-Ing.
RWTH Aachen, Institut für Maschinenelemente und Maschinengestaltung

D E S K R I P T O R E N L I S T E

0 Technische Funktion des Tribosystems

01 Bewegungsübertragung, Führung 1-5, 1-7, 2-1, 2-2, 2-3, 2-4, 2-5, 2-6, 2-7, 2-8, 3-1, 3-2, 3-3, 3-4, 3-5, 3-6, 3-7, 3-9
02 Bewegungshemmung 1-5, 2-7
03 Kraft-/Energieübertragung 1-1, 1-5, 1-6, 1-7, 2-1, 2-2, 2-3, 2-5, 2-6, 2-7, 2-8, 3-2, 3-4, 3-5, 3-6, 3-7
04 Informationsübertragung
05 Materialtransport 1-1, 2-7
06 Abdichtung 2-8, 3-8, 3-9
07 Materialbearbeitung 1-3, 1-4, 2-9
08 Materialumformung 1-8, 1-9, 1-10, 1-11

1 Anwendungsgebiet

11 System, Maschine, Gerät, Bauteil, Produkt

111 Antriebstechnik

111.1 Lagerungen, Führungen 1-1, 1-5, 1-6, 1-7, 2-1, 2-4, 2-9, 3-2, 3-3, 3-4, 3-5, 3-6, 3-7
111.11 Gleitlager 1-1, 1-7, 2-2, 2-9, 3-1, 3-2, 3-3, 3-4, 3-5, 3-6, 3-7
111.12 Wälzlager 2-1, 2-4, 2-5, 2-6
111.13 Spitzenlager
111.14 Magnetlager
111.15 Sonstige Lager
111.2 Getriebe 2-5, 2-6
111.21 Zahnradgetriebe 2-5, 2-6
111.22 Reibgetriebe 2-5, 2-6
111.23 Kurvengetriebe 2-2, 2-3, 2-6
111.24 Sonstige Getriebe
111.3 Kupplungen
111.4 Bremsen
111.5 Dichtungen 3-8, 3-9
111.6 Dämpfungselemente

112 Kraft- und Arbeitsmaschinen

112.1 Kolbenmotoren 2-2, 2-7, 2-8, 2-9, 3-2, 3-4, 3-5
112.2 Pumpen, Verdichter 2-7, 3-1, 3-2, 3-3, 3-4, 3-9
112.3 Strömungsmaschinen 1-6, 3-1, 3-2, 3-3, 3-4, 3-9
112.4 Hydraulik, Pneumatik 3-4
112.5 Werkzeugmaschinen 3-2, 3-3, 3-4
112.6 Textilmaschinen 3-2, 3-4
112.7 Papiermaschinen 3-2, 3-4
112.8 Druckmaschinen 3-2, 3-4

113 Feinwerktechnik

113.1 Meßgeräte, Meßinstrumente 1-7
113.2 Optische Geräte
113.3 Phono- u. fernsehtechn. Geräte 1-7
113.4 Büromaschinen 1-7
113.5 Datenverarbeitungsmaschinen
113.6 Sonstige:
113.61 Großuhren 1-7

114 Fahrzeuge, Verkehr

114.1 Straßenverkehr 2-3, 2-7, 2-9, 3-2, 3-4
114.2 Spurgebundener Verkehr
114.3 Schiffahrt 1-6, 3-2, 3-4
114.4 Luftfahrt 1-6, 3-2, 3-4
114.5 Raumfahrt, Raketentechnik 3-2

115 Elektrotechnik

115.1 Elektromotoren, Generatoren 3-2, 3-3, 3-8
115.2 Elektrische Kontakte, Schalter
115.3 Elektroden

116 Grundstoffindustrien, Nahrungsmittel, Energie

116.1 Aufbereitungstechnik 1-2, 3-3
116.2 Bergbau, Tiefbohren 1-1, 1-2
116.3 Bau, Steine, Erden 1-1, 1-2
116.4 Land- und Forsttechnik 1-2
116.5 Meerestechnik 1-2
116.6 Hüttenwesen 1-2, 1-8, 3-3
116.7 Fördertechnik, Lagertechnik 1-2, 3-3
116.8 Gas- und Wasserversorgung
116.9 Kraftwerkstechnik 1-2, 3-3, 3-8, 3-9

12 Fertigungsverfahren, Werkzeuge

121 Urformen

121.1 Gießen 1-2,
121.2 Extrudieren 1-2
121.3 Pulvermetallurgie, Sintern

122 Umformen

122.1 Schmieden, Stauchen, Pressen 1-9, 1-11
122.2 Walzen 1-2
122.3 Ziehen 1-8, 1-9
122.4 Tiefziehen 1-4, 1-10
122.5 Biegen, Drücken

123 Fügen, Beschichten

123.1 Schrauben, Nieten
123.2 Klemmen, Einpressen
123.3 Schweißen 1-2
123.4 Beschichten 1-2, 1-4, 1-6

124 Trennen

124.1 Schneiden, Sägen
124.2 Drehen, Fräsen, Feilen 1-3, 1-4
124.3 Schleifen, Läppen, Polieren
124.4 Flüssigkeitsstrahlschneiden

125 Oberflächenbearbeitung

(Strahlen, Bürsten, Glattwalzen) 1-6

2 Beanspruchungsfall

21 Kontakt-/Bewegungsart

211 Kontaktform
211.1 Konformer Kontakt 1-1, 1-5, 1-6, 1-10, 1-11, 2-5, 2-8, 2-9, 3-1, 3-2, 3-3, 3-4, 3-5, 3-7
211.2 Kontraformer Kontakt 1-1, 1-7, 2-1, 2-3, 2-4, 2-6, 2-9

212 Bewegungsart

212.1 Normal-, Haftkontakt 1-1, 1-6, 3-9
212.2 Gleiten 1-1, 1-2, 1-4, 1-5, 1-6, 1-7, 1-8, 1-11, 2-2, 2-4, 2-5, 2-6, 2-7, 2-8, 2-9, 3-1, 3-2, 3-3, 3-4, 3-5, 3-7, 3-9
212.3 Wälzen 2-1, 2-2, 2-3, 2-4, 2-5, 2-6
212.4 Stoßen, Prallen 1-1, 1-2, 1-5
212.5 Strömen 2-7, 3-8, 3-9
212.6 Strahlen

22 Betriebsparameter

221 Bewegungsablauf

221.1 kontinuierlich 1-2, 1-4, 1-7, 1-8, 2-1, 2-4, 2-6, 2-7, 2-9, 3-1, 3-2, 3-3, 3-4, 3-7, 3-9
221.2 intermittierend, repetierend 1-1, 1-2, 2-2, 2-8, 2-9, 3-5
221.3 oszillierend, schwingend 1-5, 1-6, 1-7, 2-7, 2-9, 3-6, 3-9

3 Systemstruktur

31 Stoffliche Eigenschaften und Stoffparameter

311 Stoffpaarung Grund-/Gegenkörper

311.01 fest/fest 1-1, 1-4, 1-6, 1-11, 2-1, 2-2, 2-4, 2-9, 3-9
311.02 fest/fluid 2-7, 2-9, 3-2, 3-4, 3-9

311.11 Metall/Metall 1-1, 1-3, 1-5, 1-6, 1-8, 1-9, 1-10, 1-11, 2-1, 2-2, 2-3, 2-4, 2-5, 2-6, 2-8, 2-9, 3-3, 3-5
311.12 Metall/Mineral 1-1, 1-2, 1-6, 1-9
311.13 Metall/Polymer 1-5, 1-7, 3-9
311.14 Metall/Verbundwerkstoff 1-3, 1-4, 1-5, 3-1, 3-7

311.21 Mineral/Mineral
311.22 Mineral/Polymer
311.23 Mineral/Verbundwerkstoff

311.31 Polymer/Polymer 1-7
311.32 Polymer/Verbundwerkstoff

311.41 Verbundwerkstoff

312 Stoffart von Grundkörper, Gegenkörper, Zwischenstoff, Umgebungsmedium

312.1 Metalle und Halbmetalle 2-7
312.11 Stahl, Eisen (vgl.312.42) 1-1, 1-2, 1-3, 1-4, 1-5, 1-7, 1-8, 1-9, 1-10, 1-11, 2-1, 2-2, 2-3, 2-4, 2-5, 2-6, 2-7, 2-8, 2-9, 3-1, 3-2, 3-3, 3-4, 3-5, 3-7, 3-8, 3-9
312.12 Leichtmetalle 2-9, 3-2, 3-4, 3-7
312.121 Aluminium + Legierungen 2-8, 2-9, 3-2, 3-4, 3-7
312.122 Titan + Legierungen 1-6

312.13 Schwermetalle 2-9, 3-7
312.131 Blei/Zinn + Legierungen 2-9, 3-2, 3-3, 3-4, 3-6, 3-7, 3-8
312.132 Kupfer + Legierungen 2-9, 3-3
312.133 Nickel + Legierungen 1-6
312.134 Kobalt + Legierungen 1-2, 1-6
312.135 Edelmetalle 2-8

312.2 Minerale, keramische Stoffe
312.21 Minerale 1-1, 1-2, 1-6
312.22 Glas
312.23 Keramische Stoffe 1-6, 1-9, 3-9
312.24 Gestein 1-1
312.25 Beton
312.26 Schlacke, Asche

312.3 Organische Stoffe, Polymere
312.31 Einfache organische Stoffe 1-11
312.32 Polymere 1-1, 1-5, 1-7
312.321 Kunststoffe, Gummi 3-9
312.322 Pharmazeut. Stoffe, Kosmetika
312.323 Biologische Stoffe
312.324 Papier, Pappe
312.325 Holz (vgl. 312.45)
312.326 Leder

312.4 Verbundwerkstoffe 3-1
312.41 Verstärkte Kunststoffe 1-5, 3-9
312.42 Verstärkte Metalle 1-1
312.43 Cermets, Hartmetalle 1-1, 1-3, 1-4, 3-9
312.44 Schichtwerkstoffe 1-3, 1-6, 3-7
312.45 Holzwerkstoffe

312.5 Faser- und Textilstoffe

312.6 Körnige und stückige Stoffe

312.7 Flüssigkeiten, Fette, flüssige Mehrphasensysteme 1-10, 2-2, 2-4, 2-5
312.71 Anorganische Flüssigkeiten
312.711 Wasser, Elektrolyt 1-11, 3-1, 3-9
312.712 Metallschmelze
312.713 Salzschmelze
312.714 Flüssiggas
312.715 Silikonöl
312.72 Organische Flüssigkeiten 1-5, 2-5, 2-6, 2-9
312.721 Organische Lösungsmittel 1-5
312.722 Mineralöle 1-9, 1-11, 2-1, 2-2, 2-3, 2-4, 2-7, 2-8, 2-9, 3-3, 3-7, 3-8
312.723 Synthetische Öle 1-9, 2-5, 2-6, 2-7
312.724 Tierische u. pflanzl. Öle
312.725 Polymerschmelzen
312.726 Polymerlösungen 1-9, 2-7
312.73 Additive 1-11, 2-3, 2-4, 2-8, 2-9
312.74 Suspension 1-11
312.75 Emulsion
312.76 Fette 1-5, 2-4
312.77 Seifen 1-8, 2-4
312.78 Pasten, Kolloide
312.79 Sonstige:
312.791 Öl-Aerosol 2-2

312.8 Gase
312.81 Luft 1-1, 1-2, 1-3, 1-5, 1-6, 1-7, 1-9, 1-11, 2-3, 2-5, 3-3, 3-7, 3-8
312.82 Wasserdampf 1-1
312.83 Sauerstoff 1-1
312.84 Inertgas
312.85 Vakuum
312.86 Weltraumatmosphäre
312.87 Sonstige:
312.871 CO, CO_2, N_2, CHs 1-1
312.872 Wasserstoff 3-8

312.9 Verunreinigungen/Schmutz 2-8, 2-9, 3-9

313 Stoffparameter

313.1 Werkstoffabhängige Einflüsse
313.11 Zusammensetzung 1-1, 1-2, 1-3, 1-4, 1-5, 1-6, 1-10, 2-4, 3-7
313.12 Gefüge, Struktur 1-1, 1-2, 1-3, 1-4, 1-6, 1-7, 1-9, 2-6
313.13 Physikal.Stoffdaten 1-1, 1-2, 1-3, 1-4, 1-5, 1-8, 2-3, 2-4, 3-3, 3-6
313.14 Festigkeitsdaten/Härte 1-1, 1-2, 1-3, 1-4, 1-6, 1-9
313.15 Eigenspannungen 1-4, 1-6
313.16 Verträglichkeit 1-6

313.2 Oberflächenabhängige Einflüsse
313.21 Oberflächenenergie
313.22 Mech. Oberflächenbearbeitung 1-6, 2-1
313.23 Wärmebehandlung/Härten 1-2, 3-9
313.24 Elektropolieren
313.25 Oberflächenreinigung
313.26 Sonstige:
313.261 Verfestigen durch Strahlen 1-6
313.262 Verarbeitungsbedingungen/Härte 1-7

313.3 Adsorbierte Schichten 2-8

313.4 Oberflächenüberzüge
313.41 Anorganische Überzüge 1-3
313.411 Galvanische Überzüge, stromlose Abscheidungen 1-6, 3-9
313.412 Schmelztauchüberzüge
313.413 Gasphasenabscheidung, PVD, CVD 1-1, 1-3, 1-4, 1-6
313.414 Schweiß-, Guß-, Spritz-u.Sinterüberzüge 1-1, 1-2, 1-6, 3-9
313.415 Walzüberzüge (Plattierg.)
313.416 Glasuren, Emails
313.417 Thermochem.Schichten 1-6
313.418 Chemische Überzüge (Oxid-, Phosphatschichten)
313.42 Organische Überzüge
313.421 Farben, Anstriche
313.422 Gleitlacke

32 Formparameter

321 Konstruktive Gestaltung

321.1 Geometrie (Maßstab, Eingriff, Toleranzen) 1-5, 1-7, 1-11, 3-1, 3-2, 3-3, 3-4, 3-8, 3-9
321.2 Konstruktion 1-11, 2-7, 2-9, 3-2, 3-3, 3-4, 3-8
321.3 Einbau/Montagefehler 3-2, 3-4

321.4 Thermische Ausdehnung 3-4, 3-8

322 Oberflächenrauheit, Welligkeit 1-6, 1-7, 1-10, 2-1, 3-1, 3-7, 3-9

4 Tribologische Problemstellung

41 Oberflächen und Kontakte

411 Oberflächenzustand

411.1 Oberflächenmorphologie 1-4, 1-6, 1-11, 2-1, 3-7
411.2 Oberflächenstruktur, Randgefüge, Kontaktzone 1-1, 1-4, 1-6, 1-7, 1-10, 2-1
411.3 Oberflächenzusammensetzung 1-2, 1-4, 3-9
411.4 Grenzflächenreaktionen 2-8

412 Kontaktbildung

412.1 Kontaktmechanik, -elastizität 1-6, 3-1, 3-4, 3-5, 3-7
412.2 Wärmeübergang 1-9, 2-7, 3-4
412.3 Bindungscharakter, Adhäsion 1-9, 1-10

413 Meßgrößen

413.1 Grenzflächenspannung, -energie 1-4
413.2 Rauheit 1-6, 1-7, 1-10, 2-1, 2-2, 2-9, 3-1, 3-9
413.3 Kontaktfläche 1-6
413.4 Kontaktkräfte, -spannungen 1-6, 1-9, 1-11, 2-3, 3-7
413.5 Kontaktpotential, elektr. Kontaktwiderstand

42 Reibung und Energieverlust

421 Reibungsarten (vgl. 441)

421.1 Ruhereibung 3-9
421.2 Gleitreibung 1-1, 1-4, 1-7, 1-8, 1-9, 1-10, 2-2, 2-4, 2-6, 2-7, 2-8, 2-9, 3-1, 3-2, 3-3, 3-4, 3-5, 3-7, 3-9
421.3 Wälz-u. Rollreibung, Traktion 1-1, 2-1, 2-4, 2-5, 2-6
421.4 Bohrreibung
421.5 Reibschwingungen 1-6

422 Reibungs- u. Energieverlustmechanismen

422.1 Mech. akustische Prozesse 1-1, 1-6, 1-7, 1-9, 3-7
422.2 Thermische Prozesse 1-1, 2-8, 3-3, 3-9
422.3 Elektr. u. optische Prozesse

423 Meßgrößen

423.1 Bewegungsablauf 1-1, 1-6, 2-1, 2-2, 3-3
423.2 Reibungskraft, -energie u.ä. 1-1, 1-5, 1-6, 1-7, 1-8, 1-9, 1-10, 1-11, 2-1, 2-2, 2-4, 2-5, 2-6, 3-3, 3-7, 3-8, 3-9
423.3 Stick-slip-Größen 3-9
423.4 Temperatur 1-1, 1-9, 1-11, 2-1, 2-4, 2-7, 2-8, 3-3, 3-7, 3-8
423.5 Temperaturstrahlung
423.6 Schmierfilmhöhe 2-1

43 Verschleiß und Materialabtrag

431 Verschleiß- u. Materialabtragsarten

431.10 Gleitverschleiß 1-1, 1-2, 1-4, 1-7, 1-9, 1-10, 1-11, 2-2, 2-4, 2-9, 3-7, 3-9
431.20 Rollverschleiß 1-1, 1-2
431.31 Prallverschleiß 1-1, 1-2
431.32 Stoßverschleiß 1-1, 1-2
431.40 Schwingungsverschleiß 1-5, 1-6
431.51 Furchungsverschleiß 1-1, 1-2, 1-11
431.52 Korngleitverschleiß 1-1, 1-2, 2-9
431.53 Kornwälzverschleiß 1-2
431.60 Strömungsverschleiß 3-9
431.70 Strahlverschleiß
431.81 Kavitationserosion, Tropfenschlag
431.82 Elektroerosion 3-9
431.90 Ablation

432 Verschleiß- und Abtragsmechanismen

432.1 Oberflächenverformung 1-2, 1-4, 1-11, 3-9
432.2 Abrasion 1-1, 1-2, 1-3, 1-6, 1-11, 2-4, 2-9, 3-7
432.3 Oberflächenzerrüttung 1-1, 1-9, 1-11
432.4 Adhäsion 1-6, 1-7, 1-9, 1-11, 2-9, 3-7
432.5 Tribochemische Reaktion 1-6, 1-11, 2-4, 2-8

433 Verschleißerscheinungsformen 1-6, 2-9

434 Einlaufvorgänge 1-7, 2-1, 2-2, 2-9

435 Meßgrößen

435.1 Formänderung, Ritzwiderstand 3-6
435.2 Materialabtrag 1-1, 1-3, 1-4, 1-7, 2-2, 2-4, 2-9, 3-9
435.3 Lebensdauer, Tragfähigkeit 1-1, 1-6, 1-11, 2-9, 3-1, 3-6, 3-7, 3-9
435.4 Reaktionsschichtbildung 1-6, 2-4
435.5 Verschleißpartikel 1-2, 1-6, 2-9

44 Schmierung und Schmierstoffeigenschaften

441 Schmierungszustände

441.1 Festkörperreibung 1-4, 1-5, 1-6, 1-7, 1-11, 3-9
441.2 Grenzreibung 1-6, 1-9, 1-10, 1-11, 2-4, 3-1, 3-7
441.3 Mischreibung 1-5, 1-8, 1-9, 2-2, 2-3, 2-4, 2-8, 2-9, 3-1, 3-7
441.4 Vollschmierung hydrodynamisch 2-2, 2-7, 2-8, 2-9, 3-1, 3-2, 3-3, 3-4, 3-5, 3-8, 3-9
441.5 Vollschmierung EHD 2-1, 2-2, 2-3, 2-4, 2-6, 3-1, 3-5, 3-7, 3-8,
441.6 Vollschmierung hydrostatisch 3-8, 3-9
441.7 Vollschmierung Gasschmierung
441.8 Sonstige:
441.81 Aerosol-Schmierung 2-2

442 Schmierungsarten

442.1 Ölschmierung 1-9, 1-10, 2-1, 2-2, 2-3, 2-4, 2-6, 2-7, 2-8, 2-9, 3-2, 3-3, 3-4, 3-5, 3-8
442.2 Fettschmierung 2-4
442.3 Feststoffschmierung 1-4, 1-8, 1-9, 1-11

443 Schmierungstechnik

443.1 Schmierverfahren 1-10, 2-7, 2-9
443.11 Umlaufschmierung 2-1, 2-4, 2-6, 2-7, 2-8, 2-9, 3-3, 3-8
443.12 Verlustschmierung 1-10, 2-1, 2-7

443.13 Dauerschmierung 2-4, 2-7
443.2 Schmiersystem-Vorrichtung
443.3 Schmierstoffverbrauch 2-9, 3-8
443.4 Schmierstoffpflege 2-9
443.5 Sonstige:
443.51 Werkzeugbesprühung 1-11

444 Schmierstoffeigenschaften 1-8, 1-9, 1-10

444.1 Physikal. Eigenschaften 2-4, 2-8, 2-9
444.2 Mech. Eigenschaften (E.-Modul, Schermodul, Kompressibilität) 2-6, 2-7
444.3 Rheol. Eigenschaften (Viskosität, Pumpfähigkeit, Konsistenz) 1-8, 1-10, 2-2, 2-4, 2-5, 2-7, 2-9
444.4 Grenzflächen-Eigenschaften 2-4
444.5 Thermische Eigenschaften
444.6 Phys.-chem. Eigenschaften (Struktur, Löslichkeit, Wasserabscheidevermögen, Emulgierbarkeit, Schaumneigung u.ä.) 2-9
444.7 Chem. Eigenschaften (Flammpunkt, Oxidationsstabilität, Scherstabilität, Korrosionseigenschaften, chemische Zusammensetzung u.ä.) 1-10, 2-5, 2-7, 2-8, 2-9
444.8 Elektr. u. optische Eigenschaften
444.9 Anwendungsbezogene Eigenschaften (Geruch, Toxizität, bakteriol. Stabilität, Schmiereigenschaften, Verschleißschutzverhalten) 1-9, 2-4, 2-8, 2-9

5 Untersuchungsverfahren

51 Charakter der Untersuchung

511 Tribologische Untersuchung
511.1 Modellprüfung 1-2, 1-5, 1-6, 1-7, 1-8, 1-9, 2-1, 2-4, 2-5, 2-6, 2-7, 3-7
511.2 Praxisnahe Laborprüfung 1-1, 1-2, 1-3, 1-6, 1-8, 1-10, 1-11, 2-1, 2-2, 2-3, 2-4, 2-6, 2-7, 2-8, 2-9, 3-1, 3-3, 3-7, 3-8, 3-9
511.3 Feldversuch, praktischer Einsatz 1-1, 1-2, 1-3, 2-8, 2-9, 3-9

512 Nicht-tribologische Werkstoff- und Schmierstoffuntersuchung 1-3, 1-4, 3-6

52 Art des Untersuchungsverfahrens

521 Mech.phys. Prüfung (Rheometrie, Teilchenmessg., Schwingungsmessg.) 1-1, 1-4, 1-6, 1-7, 1-8, 1-9, 2-1, 2-2, 2-4, 2-6, 2-7, 2-9, 3-1, 3-3, 3-6, 3-7
522 Phys.-chem. Prüfung 1-1, 1-2, 2-8, 2-9
523 Chemische Analyse (einschl. spektrosk. Verfahren, Mikroanal.) 1-1, 1-2, 1-3, 1-4, 1-11, 2-9, 3-6
524 Akustische Verfahren 1-6
525 Thermische Verfahren 2-8
526 Elektr. u. magn. Verfahren
527 Optische Verfahren (visuelle Prüfung, photogr., mikroskop. u. hologr. Verfahren, Ellipsom.) 1-3, 1-4, 1-6, 1-7, 1-10, 1-11, 3-6

528 Durchstrahlungsverfahren (Röntgen-, Gamma-, Neutronen-Radiographie) 1-3, 1-4
529 Radioisotopverfahren

6 Interessenhintergrund

61 Entwicklungsgeschichte

611 Historische Entwicklung
612 Stand der Forschung 1-10, 2-1, 2-3, 2-7, 2-8, 3-1, 3-5
613 Neuentwicklungen 1-2, 1-3, 1-4, 1-6, 1-11, 2-3, 2-6, 2-7, 2-8, 2-9, 3-2, 3-4, 3-9
614 Forschungsstelle, Forscher 1-8, 1-11, 2-5, 2-7, 3-1, 3-3

62 Terminologie, Dokumentation

Normung

63 Ausbildung, Lehre

64 Systemgrundlagen

641 Werkstoffe 1-1, 1-2, 1-3, 1-4, 1-5, 1-7, 1-9, 1-11, 3-6, 3-7
642 Schmierstoffe 1-5, 1-9, 1-10, 2-2, 2-4, 2-5, 2-6, 2-7, 2-8, 2-9
643 Berechnung 1-1, 2-1, 2-2, 2-3, 2-7, 3-1, 3-2, 3-3, 3-4, 3-5, 3-8, 3-9
644 Konstruktion 1-1, 2-1, 2-2, 3-2, 3-3, 3-4, 3-5, 3-9
645 Fabrikation 2-8
646 Qualitätskontrolle
647 Auswahl 1-2, 2-8, 3-7
648 Vergleich 1-9, 2-4, 2-8, 3-1, 3-7
649 Toleranz

65 Einbau, Montage 2-9, 3-2, 3-4

66 Betrieb

661 Funktion 1-1, 1-6, 2-1, 2-7, 2-9, 3-8, 3-9
662 Kinematik
663 Einlauf, allg. Betriebseigenschaften 1-7, 1-10, 2-1, 2-7, 2-8, 2-9, 3-3, 3-6, 3-8
664 Stabilität 1-1, 2-7, 3-3, 3-6
665 Zuverlässigkeit, Sicherheit 1-1, 1-5, 1-6, 2-3, 2-7, 2-8, 2-9, 3-1, 3-2, 3-3, 3-4, 3-8, 3-9

67 Instandhaltung, Überwachung 1-1, 2-9

68 Organisation 2-9

69 Ergebnisanalyse

691 Schadensanalyse 2-4, 2-9, 3-6, 3-7, 3-9
692 Übertragbarkeit 1-1, 1-9, 1-10, 2-4, 2-8, 3-1, 3-2, 3-3, 3-4, 3-7, 3-9
693 Wirtschaftlichkeit, Kosten 1-1, 1-4, 1-11, 2-1, 2-6, 2-7, 2-9, 3-2, 3-4, 3-5
694 Volkswirtschaftliche Bedeutung 1-1, 1-4, 1-6, 2-1, 2-6, 2-7, 2-9, 3-1, 3-2, 3-4

06 Abdichtung 2-8, 3-8, 3-9
432.2 Abrasion 1-1, 1-2, 1-3, 1-6, 1-11, 2-4, 2-9, 3-7
312.73 Additive 1-11, 2-3, 2-4, 2-8, 2-9
432.4 Adhäsion 1-6, 1-7, 1-9, 1-11, 2-9, 3-7
313.3 Adsorbierte Schichten 2-8
441.81 Aerosol-Schmierung 2-2
312.121 Aluminium + Legierungen 2-8, 2-9, 3-2, 3-4, 3-7
313.41 Anorganische Überzüge 1-3
524 Akustische Verfahren 1-6
116.1 Aufbereitungstechnik 1-2, 3-3
116.3 Bau, Steine, Erden 1-1, 1-2
643 Berechnung 1-1, 2-1, 2-2, 2-3, 2-7, 3-1, 3-2, 3-3, 3-4, 3-5, 3-8, 3-9
116.2 Bergbau, Tiefbohren 1-1, 1-2
123.4 Beschichten 1-2, 1-4, 1-6
423.1 Bewegungsablauf 1-1, 1-6, 2-1, 2-2, 3-3
02 Bewegungshemmung 1-5, 2-7
01 Bewegungsübertragung, Führung 1-5, 1-7, 2-1, 2-2, 2-3, 2-4, 2-5, 2-6, 2-7, 2-8, 3-1, 3-2, 3-3, 3-4, 3-5, 3-6, 3-7, 3-9
412.3 Bindungscharakter, Adhäsion 1-9, 1-10
312.131 Blei/Zinn + Legierungen 2-9, 3-2, 3-3, 3-4, 3-6, 3-8
113.4 Büromaschinen 1-7
523 Chemische Analyse (einschl.spektrosk. Verfahren, Mikroanal.) 1-1, 1-2, 1-3, 1-4, 1-11, 2-9, 3-6
444.7 Chem. Eigenschaften (Flammpunkt, Oxidationsstabilität, Scherstabilität, Korrosionseigenschaften, chemische Zusammensetzung u.ä.) 2-5, 2-7, 2-8, 2-9
312.871 CO, CO_2, N_2, CHs 1-1
443.13 Dauerschmierung 2-4, 2-7
111.5 Dichtungen 3-8, 3-9
124.2 Drehen, Fräsen, Feilen 1-3, 1-4
112.8 Druckmaschinen 3-2, 3-4
528 Durchstrahlungsverfahren (Röntgen-, Gamma-, Neutronen-Radiographie) 1-3, 1-4
312.135 Edelmetalle 2-8
313.15 Eigenspannungen 1-4, 1-6
65 Einbau, Montage 3-2, 3-4
321.3 Einbau/Montagefehler 3-2, 3-4
663 Einlauf, allg. Betriebseigenschaften 1-7, 1-10, 2-1, 2-7, 2-8, 2-9, 3-3, 3-6, 3-8
434 Einlaufvorgänge 1-7, 2-1, 2-2, 2-9
431.82 Elektroerosion 3-9
115.1 Elektromotoren, Generatoren 3-2, 3-3, 3-8
121.2 Extrudieren 1-2
511.3 Feldversuch, praktischer Einsatz 1-1, 1-2, 1-3, 2-8, 2-9, 3-9
311.01 fest/fest 1-1, 1-4, 1-6, 1-11, 2-1, 2-2, 2-4, 2-9, 3-9
311.02 fest/fluid 2-7, 2-9, 3-2, 3-4, 3-9
313.14 Festigkeitsdaten/Härte 1-1, 1-2, 1-3, 1-4, 1-6, 1-9
441.1 Festkörperreibung 1-4, 1-5, 1-6, 1-7, 1-11, 3-9
442.3 Feststoffschmierung 1-4, 1-8, 1-9, 1-11
312.76 Fette 1-5, 2-4
442.2 Fettschmierung 2-4
312.7 Flüssigkeiten, Fette, flüssige Mehrphasensysteme 1-10, 2-2, 2-4, 2-5
116.7 Fördertechnik, Lagertechnik 1-2, 3-3

435.1 Formänderung, Ritzwiderstand 3-6
431.51 Furchungsverschleiß 1-1, 1-2, 1-11
313.411 Galvanische Überzüge, stromlose Abscheidungen 1-6, 3-9
313.413 Gasphasenabscheidg. PVD, CVD 1-1, 1-3, 1-4, 1-6
313.12 Gefüge, Struktur 1-1, 1-2, 1-3, 1-4, 1-6, 1-7, 1-9, 2-6
321.1 Geometrie (Maßstab, Eingriff, Toleranzen) 1-5, 1-7, 1-11, 3-1, 3-2, 3-3, 3-4, 3-8, 3-9
312.24 Gestein 1-1
111.2 Getriebe 2-5, 2-6
121.1 Gießen 1-2
212.2 Gleiten 1-1, 1-2, 1-4, 1-5, 1-6, 1-7, 1-8, 1-11, 2-2, 2-4, 2-5, 2-6, 2-7, 2-8, 2-9, 3-1, 3-2, 3-3, 3-4, 3-5, 3-7, 3-9
111.11 Gleitlager 1-1, 1-7, 2-2, 2-9, 3-1, 3-2, 3-3, 3-4, 3-5, 3-6, 3-7
421.2 Gleitreibung 1-1, 1-4, 1-7, 1-8, 1-9, 1-10, 2-2, 2-4, 2-6, 2-7, 2-8, 2-9, 3-1, 3-2, 3-3, 3-4, 3-5, 3-7, 3-9
431.10 Gleitverschleiß 1-1, 1-2, 1-4, 1-7, 1-9, 1-10, 1-11, 2-2, 2-4, 2-8, 2-9, 3-7, 3-9
444.4 Grenzflächen-Eigenschaften 2-4
411.4 Grenzflächenreaktionen 2-8
413.1 Grenzflächenspannung, -energie 1-4
441.2 Grenzreibung 1-6, 1-9, 1-10, 1-11, 2-4, 3-1, 3-7
113.61 Großuhren 1-7
312.43 Hartmetalle, Cermets 1-1, 1-3, 1-4, 3-9
116.6 Hüttenwesen 1-2, 1-8, 3-3
112.4 Hydraulik, Pneumatik 3-4
67 Instandhaltung, Überwachung 1-1, 2-9
221.2 intermittierend, repetierend 1-1, 1-2, 2-2, 2-8, 2-9, 3-5
312.23 Keramische Stoffe 1-6, 1-9, 3-9
312.134 Kobalt + Legierungen 1-2, 1-6
112.1 Kolbenmotoren 2-2, 2-7, 2-8, 2-9, 3-2, 3-4, 3-5
211.1 Konformer Kontakt 1-1, 1-5, 1-6, 1-10, 1-11, 2-5, 2-8, 2-9, 3-1, 3-2, 3-3, 3-4, 3-5, 3-7
321.2 Konstruktion 1-11, 2-7, 2-9, 3-2, 3-3, 3-4, 3-8
644 Konstruktion 1-1, 2-1, 2-2, 3-2, 3-3, 3-4, 3-5, 3-9
413.3 Kontaktfläche 1-6
413.4 Kontaktkräfte, -spannungen 1-6, 1-9, 1-11, 2-3, 3-7
412.1 Kontaktmechanik, -elastizität 1-6, 3-1, 3-4, 3-5, 3-7
221.1 kontinuierlich 1-2, 1-4, 1-7, 1-8, 2-1, 2-4, 2-6, 2-7, 2-9, 3-1, 3-2, 3-3, 3-4, 3-7, 3-9
211.2 Kontraformer Kontakt 1-1, 1-7, 2-1, 2-3, 2-4, 2-6, 2-9
431.52 Korngleitverschleiß 1-1, 1-2, 2-9
431.53 Kornwälzverschleiß 1-2
03 Kraft-/Energieübertragung 1-1, 1-5, 1-6, 1-7, 2-1, 2-2, 2-3, 2-5, 2-6, 2-7, 2-8, 3-2, 3-4, 3-5, 3-6, 3-7
116.9 Kraftwerkstechnik 1-2, 3-3, 3-8, 3-9
312.321 Kunststoffe, Gummi 3-9
312.41 Kunststoffe, verstärkte 1-5, 3-9
312.132 Kupfer + Legierungen 2-9, 3-3, 3-7
111.23 Kurvengetriebe 2-2, 2-3, 2-6
111.1 Lagerungen, Führungen 1-1, 1-5, 1-6, 1-7, 2-1, 2-4, 2-9, 3-2, 3-3, 3-4, 3-5, 3-6, 3-7
116.4 Land- und Forsttechnik 1-2
435.3 Lebensdauer, Tragfähigkeit 1-1, 1-6, 1-11, 2-9, 3-1, 3-6, 3-7, 3-9
312.12 Leichtmetalle 2-9, 3-2, 3-4, 3-7
312.81 Luft 1-1, 1-2, 1-3, 1-5, 1-6, 1-7, 1-9, 1-11, 2-3, 2-5, 3-3, 3-7, 3-8
114.4 Luftfahrt 1-6, 3-2, 3-4

435.2 Materialabtrag 1-1, 1-3, 1-4, 1-7, 2-2, 2-4, 2-9, 3-9
07 Materialbearbeitung 1-3, 1-4, 2-9
05 Materialtransport 1-1, 2-7
08 Materialumformung 1-8, 1-9, 1-10, 1-11
422.1 Mech., akustische Prozesse 1-1, 1-6, 1-7, 1-9, 3-7
444.2 Mech. Eigenschaften (E-Modul, Schermodul, Kompressibilität) 2-6, 2-7
313.22 Mech. Oberflächenbearbeitung 2-1
521 Mech. phys. Prüfung (Rheometrie, Teilchenmessg., Schwingungsmessg.) 1-1, 1-4, 1-6, 1-7, 1-8, 1-9, 2-1, 2-2, 2-4, 2-7, 2-9, 3-1, 3-3, 3-6, 3-7
116.5 Meerestechnik 1-2
113.1 Meßgeräte, Meßinstrumente 1-7
311.11 Metall/Metall 1-1, 1-3, 1-5, 1-6, 1-8, 1-9, 1-10, 1-11, 2-1, 2-2, 2-3, 2-4, 2-5, 2-6, 2-8, 2-9, 3-3, 3-5
311.12 Metall/Mineral 1-1, 1-2, 1-6, 1-9
311.13 Metall/Polymer 1-5, 1-7, 3-9
311.14 Metall/Verbundwerkstoff 1-3, 1-4, 1-5, 3-1, 3-7
312.1 Metalle u. Halbmetalle 2-7
312.42 Metalle, verstärkte 1-1
312.21 Minerale 1-1, 1-2, 1-6
312.722 Mineralöle 1-9, 1-11, 2-1, 2-2, 2-3, 2-4, 2-7, 2-8, 2-9, 3-3, 3-7, 3-8
441.3 Mischreibung 1-5, 1-8, 1-9, 2-2, 2-3, 2-4, 2-8, 2-9, 3-1, 3-7
511.1 Modellprüfung 1-2, 1-5, 1-6, 1-7, 1-8, 1-9, 2-1, 2-4, 2-5, 2-6, 2-7, 3-7
65 Montage, Einbau 2-9, 3-2, 3-4
312.133 Nickel + Legierungen 1-6
212.1 Normal-, Haftkontakt 1-1, 1-6, 3-9
125 Oberflächenbearbeitung 1-6
411.1 Oberflächenmorphologie 1-4, 1-6, 1-11, 2-1, 3-7
322 Oberflächenrauheit, Welligkeit 1-6, 1-7, 1-10, 2-1, 3-1, 3-7, 3-9
411.2 Oberflächenstruktur, Randgefüge, Kontaktzone 1-1, 1-4, 1-6, 1-7, 1-10, 2-1
432.1 Oberflächenverformung 1-2, 1-4, 1-11
432.3 Oberflächenzerrüttung 1-1, 1-9, 1-11, 3-9
411.3 Oberflächenzusammensetzung 1-2, 1-4, 3-9
312.791 Öl-Aerosol 2-2
442.1 Ölschmierung 1-9, 1-10, 2-1, 2-2, 2-3, 2-4, 2-6, 2-7, 2-8, 2-9, 3-2, 3-3, 3-4, 3-5, 3-8
527 Optische Verfahren (visuelle Prüfung, photogr., mikroskop. u. hologr. Verfahren, Ellipsom.) 1-3, 1-4, 1-6, 1-7, 1-10, 1-11, 3-6
312.72 Organische Flüssigkeiten 1-5, 2-5, 2-6, 2-9
312.721 Organische Lösungsmittel 1-5
312.31 Organische Stoffe, einfache 1-11
221.3 oszillierend, schwingend 1-5, 1-6, 1-7, 2-7, 2-9, 3-6, 3-9
112.7 Papiermaschinen 3-2, 3-4
113.3 Phono- u. fernsehtechn. Geräte 1-7
444.6 Phys.-chem. Eigenschaften (Struktur, Löslichkeit, Wasserabscheidevermögen, Emulgierbarkeit, Schaumneigung u.ä.) 2-9
522. Phys.-chem. Prüfung 1-1, 1-2, 2-8, 2-9
444.1 Physikal. Eigenschaften 2-4, 2-9
313.13 Physikal. Stoffdaten 1-1, 1-2, 1-3, 1-4, 1-5, 1-8, 2-3, 2-4, 3-3, 3-6
312.32 Polymere 1-1, 1-5, 1-7
312.726 Polymerlösungen 1-9, 2-7
431.31 Prallverschleiß 1-1, 1-2
511.2 Praxisnahe Laborprüfung 1-1, 1-2, 1-3, 1-6, 1-8, 1-10, 1-11, 2-1, 2-2, 2-3, 2-4, 2-6, 2-7, 2-8, 2-9, 3-1, 3-3, 3-7, 3-8, 3-9
112.2 Pumpen, Verdichter 2-7, 3-1, 3-2, 3-3, 3-4, 3-9

413.2 Rauheit 1-6, 1-7, 1-10, 2-1, 2-2, 2-9, 3-1, 3-9
114.5 Raumfahrt, Raketentechnik 3-2
435.4 Reaktionsschichtbildung 1-6, 2-4
111.22 Reibgetriebe 2-5, 2-6
421.5 Reibschwingungen 1-6
423.2 Reibungskraft, -energie u.ä. 1-1, 1-5, 1-6, 1-7, 1-8, 1-9, 1-10, 1-11, 2-1, 2-2, 2-4, 2-5, 2-6, 3-3, 3-7, 3-8, 3-9
444.3 Rheol. Eigenschaften 1-8, 1-10, 2-2, 2-4, 2-5, 2-7, 2-9
431.20 Rollverschleiß 1-1, 1-2
421.1 Ruhereibung 3-9
312.83 Sauerstoff 1-1
691 Schadensanalyse 2-4, 2-9, 3-6, 3-7, 3-9
312.44 Schichtwerkstoffe 1-3, 1-6, 3-7
114.3 Schiffahrt 1-6, 3-2, 3-4
122.1 Schmieden, Stauchen, Pressen 1-9, 1-11
423.6 Schmierfilmhöhe 2-1
642 Schmierstoffe 1-5, 1-9, 1-10, 2-2, 2-4, 2-5, 2-6, 2-7, 2-8, 2-9
444 Schmierstoffeigenschaften 1-8, 1-9, 1-10
443.4 Schmierstoffpflege 2-9
443.3 Schmierstoffverbrauch 2-9, 3-8
443.1 Schmierverfahren 1-10, 2-7, 2-9
313.414 Schweiß-, Guß-, Spritz- u. Sinterüberzüge 1-1, 1-2, 1-6, 3-9
123.3 Schweißen 1-2
312.13 Schwermetalle 2-9, 3-7
431.40 Schwingungsverschleiß 1-5, 1-6
312.77 Seifen 1-8, 2-4
664 Stabilität 1-1, 2-7, 3-3, 3-6
312.11 Stahl, Eisen (vgl.312.42) 1-1, 1-2, 1-3, 1-4, 1-5, 1-7, 1-8, 1-9, 1-10, 1-11, 2-1, 2-2, 2-3, 2-4, 2-5, 2-6, 2-7, 2-8, 2-9, 3-1, 3-2, 3-3, 3-4, 3-5, 3-7, 3-8, 3-9
423.3 Stick-slip-Größen 3-9
212.4 Stoßen, Prallen 1-1, 1-2, 1-5
431.32 Stoßverschleiß 1-1, 1-2
114.1 Straßenverkehr 2-3, 2-7, 2-9, 3-2, 3-4
212.5 Strömen 2-7, 3-8, 3-9
112.3 Strömungsmaschinen 1-6, 3-1, 3-2, 3-3, 3-4, 3-9
431.60 Strömungsverschleiß 3-9
312.74 Suspensionen 1-11
312.723 Synthetische Öle 1-9, 2-5, 2-6, 2-7
423.4 Temperatur 1-1, 1-9, 1-11, 2-4, 2-7, 2-8, 3-3, 3-7, 3-8
112.6 Textilmaschinen 3-2, 3-4
313.417 Thermochem. Schichten 1-6
321.4 Thermische Ausdehnung 3-4, 3-8
422.2 Thermische Prozesse 1-1, 2-7, 3-9
525 Thermische Verfahren 2-8
122.4 Tiefziehen 1-4, 1-10
312.122 Titan + Legierungen 1-6
432.5 Tribochemische Reaktion 1-6, 1-11, 2-4, 2-8
692 Übertragbarkeit 1-1, 1-9, 1-10, 2-4, 2-8, 3-1, 3-2, 3-3, 3-4, 3-7, 3-9
443.11 Umlaufschmierung 2-1, 2-4, 2-6, 2-7, 2-8, 2-9, 3-3, 3-8
312.4 Verbundwerkstoffe 3-1
313.261 Verfestigen durch Strahlen 1-6
443.12 Verlustschmierung 1-10, 2-1, 2-7
433 Verschleißerscheinungsformen 1-6, 2-9
425.5 Verschleißpartikel 1-2, 1-6, 2-9
313.16 Verträglichkeit 1-6

312.9 Verunreinigungen/Schmutz 2-8, 2-9, 3-9
694 Volkswirtschaftliche Bedeutung 1-1, 1-4, 1-6, 2-1, 2-6, 2-7, 2-9, 3-1, 3-2, 3-4
441.5 Vollschmierung EHD 2-1, 2-2, 2-3, 2-4, 2-6, 3-1, 3-5, 3-7, 3-8
441.4 Vollschmierung hydrodynamisch 2-2, 2-7, 2-8, 2-9, 3-1, 3-2, 3-3, 3-4, 3-5, 3-8, 3-9
441.6 Vollschmierung hydrostatisch 3-8, 3-9
212.3 Wälzen 2-1, 2-2, 2-3, 2-4, 2-5, 2-6
111.12 Wälzlager 2-1, 2-4, 2-5, 2-6
421.3 Wälz- u. Rollreibung, Traktion 1-1, 2-1, 2-4, 2-5, 2-6
313.23 Wärmebehandlung/Härten 1-2, 3-9
412.2 Wärmeübergang 1-9, 2-8, 3-4
122.2 Walzen 1-2
312.711 Wasser, Elektrolyt 1-11, 3-1, 3-9
312.82 Wasserdampf 1-1
312.872 Wasserstoff 3-8
443.51 Werkzeugbesprühung 1-11
112.5 Werkzeugmaschinen 3-2, 3-3, 3-4
693 Wirtschaftlichkeit, Kosten 1-1, 1-4, 1-11, 2-1, 2-6, 2-7, 2-9, 3-2, 3-4, 3-5
111.21 Zahnradgetriebe 2-5, 2-6
122.3 Ziehen 1-8, 1-9
665 Zuverlässigkeit, Sicherheit 1-1, 1-5, 1-6, 2-3, 2-7, 2-8, 2-9, 3-1, 3-2, 3-3, 3-4, 3-8, 3-9

1. Band

1-1 H. Grewe, H.-F. Wilms, Krupp Forschungsinstitut, Essen 63
Untersuchungen zur Minderung der im wesentlichen durch Abrasiv-Beanspruchung bedingten Verschleißschäden im Großanlagenbau

1-2 I. Kretschmer, H. Wahl, W. Wahl, Verschleiß-Technik, Stuttgart 161
Prüfung und Optimierung von Hartauftragschweißungen mit Fülldrahtelektroden bei vorwiegend abrasiver Beanspruchung

1-3 U. König, H. Grewe, Krupp Forschungsinstitut, Essen 197
Untersuchungen über Herstellung und Eigenschaften von Hartstoffschichten, die durch reaktives Aufdampfen abgeschieden werden

1-4 L. Paterok, Bernex, Langenfeld 251
Hartstoffbeschichtung durch thermochemische Abscheidung aus der Gasphase

1-5 R. Heinz, G. Heinke, Bosch, Stuttgart 329
Die Vorgänge beim Schwingungsverschleiß in Abhängigkeit von Beanspruchung und Werkstoff

1-6 P. Adam, MTU, München; E. Broszeit, K. H. Kloos, TH Darmstadt 409
Schwingungsverschleiß im Triebwerksbau

1-7 F. Dürr, Forschungsinstitut der Forschungsgesellschaft für Uhren- und Feingerätetechnik, Stuttgart 443
Reibung und Verschleiß der thermoplastischen Außenschicht bei feinmechanischen Kunststoffbauteilen

1-8 O. Pawelski, W. Rasp, T. Hirouchi, MPI für Eisenforschung, Düsseldorf 479
Rheologische Eigenschaften von Ziehseife für das Drahtziehen

1-9 K. Lange, T. Gräbener, Universität Stuttgart 505
Untersuchung der Möglichkeiten für eine technologische Schmierstoffprüfung für Verfahren der Kaltmassivumformung

1-10 E. Doege, K.-P. Witthüser, R. Grahnert, Universität Hannover 551
Untersuchung der Reibungsverhältnisse beim Tiefziehen

1-11 F. Dausinger, R. Conrad, Bosch, Stuttgart 577
Schmiermittelprüfung für die Halbwarmumformung

TRIBOLOGIE

Reibung · Verschleiß · Schmierung

Dokumentation
zu dem Forschungs- und Entwicklungsprogramm „Tribologie"
des Bundesministeriums für Forschung und Technologie (BMFT)

Herausgeber:
Projektträgerschaft „Metallurgie – Werkstoffentwicklung –
Rückgewinnung" des BMFT bei der DFVLR, Köln
Wissenschaftliche Leitung und Redaktion: W. BUNK, J. HANSEN, M. GEYER

Band 1 Abrasivverschleiß – Schwingungsverschleiß – Oberflächenbehandlung – Bearbeitungsverfahren

Erscheinungsdatum September 1981, 641 Seiten, 148,00 DM

ISBN 3-540-10800-9
ISBN 0-387-10800-9

Band 2 Elastohydrodynamik – Meß- und Prüfverfahren – Eigenschaften von Motorenölen

Erscheinungsdatum März 1982, 505 Seiten, 128,00 DM

ISBN 3-540-11298-7
ISBN 3-387-11298-7

Springer-Verlag
Berlin
Heidelberg
New York

GPSR Compliance

The European Union's (EU) General Product Safety Regulation (GPSR) is a set of rules that requires consumer products to be safe and our obligations to ensure this.

If you have any concerns about our products, you can contact us on ProductSafety@springernature.com

In case Publisher is established outside the EU, the EU authorized representative is:

Springer Nature Customer Service Center GmbH
Europaplatz 3
69115 Heidelberg, Germany

Batch number: 10697689

Printed by Printforce, the Netherlands